4차 산업혁명 · 포스트 코로나 시대,
생존 넘어 미래 건설산업을 이끌

스마트 건설과 안전

공학박사/지도사/기술사
최 명 기 저

지우북스

머리말

건설산업은 다양한 이해관계자가 참여하는 매우 복합적이고 집약적인 산업이다. 건설산업의 투자는 높은 고용유발 효과, 생산유발 효과, 부가가치 창출 효과로 인해 세계 여러 나라 정부에서 경제성장과 일자리 창출을 위한 주요 수단으로 활용되고 있다.

건설 생산과정에는 수많은 전문가들의 경험과 지식이 요구되며 하나의 건설 프로젝트를 완성하는 데까지 소요되는 비용과 기간이 매우 크기 때문에 다른 산업 분야보다 생산성의 혁신이 더욱 요구되는 분야이다.

그러나, 건설산업은 고용유발 효과가 크고 국가 산업 전반에 큰 영향을 미치는 매우 중요한 산업이지만 타 산업 대비 낮은 생산성을 가지고 있다.

4차 산업혁명은 ICT 기술과 각종 산업분야가 융합되는 모습으로 조용하지만 빠른 속도로 우리들 곁에 다가오고 있다. 이러한 패러다임의 변화에 건설산업이 뒤처지게 된다면 국내 기업들의 성장과 글로벌 경쟁력은 약화될 수밖에 없다.

반대로 4차 산업혁명이라는 시대의 변화에 적절히 대응하여 혁신을 이루어낼 수 있다면 SOC 투자 감소와 주택건설 경기의 위축으로 인해 침체의 늪에서 좀처럼 벗어나지 못하고 있는 국내 건설산업은 새로운 1성장 동력을 창출하여 지속적으로 성장할 수 있는 기회를 갖게 될 것이다.

본 저서는 건설기술인들과 건설을 공부하는 대학생들을 위하여 저술되었다. 스마트 건설을 위한 4차 산업혁명 기술과 주요국 대응동향을 알아보고 스마트 건설 추진을 위한 로드맵과 세부기술들을 소개하는 데 그 목적이 있다.

아무쪼록 본 저서가 4차 산업혁명 시대에 스마트 건설 기술개발과 안전사회 구축을 통하여 우리 건설산업이 재도약할 수 있는 핵심 성장동력의 밑거름이 되기를 간절히 기원하여 본다.

2020. 7.

공학박사/지도사/기술사

금구(金龜) 최명기 저

목차

CHAPTER
4 건설산업의 생산성 향상을 위한 노력

CHAPTER
5 스마트 건설기술 로드맵

CHAPTER 6 스마트 건설기술

CHAPTER

1 미래세상과 산업

1 4차 산업혁명이 바꾸는 미래세상

개방적 혁신 없이는 생존 어려워

기업들은 수십 년 동안 제4차 산업혁명, 변화와 혁신, 창조경제, 끊임없는 도전 등을 수없이 외쳐왔고, 지금도 외치고 있다. 기업을 둘러싸고 있는 산업의 변화는 점진적으로 변화하였지만 개인은 너무나도 많은 생각과 행동의 변화를 겪었다. 10년 전과 비교해보면 우리는 전혀 다른 시간 감각과 하루를 보내는 방법도 그때와는 완전히 달라졌다. 그렇지만 우리는 이를 완전히 인지하지 못하고 생활하고 있다. 그저 어제와 오늘이 비슷하다고 생각한다. 무엇인가 계획하려면 지금부터는 살고 있는 세상에 발을 붙이고 인지하는 것부터 해야만 한다. 모든 것을 알 수는 없지만 적어도 세상 변화의 큰 맥락은 파악해야 생존할 수 있다.

(1) 산술급수적 사고에서 기하급수적 사고로 전환

규모의 경제를 달성하기 위해 지난 수십 년간 경쟁한 결과, 초대형 글로벌 기업이 폭발적으로 늘어났다. 동시에 계속 더 높은 마진을 달성해야 한다는 압박 때문에 비용 절감, 매출 증가, 재무성과 개선이라는 명목으로 해외 아웃소싱과 해외 사업 확장, 대규모 합병 등이 진행되었다. 그러나 이런 변화는 모두 큰 대가를 치러야만 하였다. 규모가 커진다는 말은 역으로 말하면 유연성을 잃는다는 말이기 때문이다.

현재 세상은 기하급수적으로 변하고 있다. 그러나 사람들은 산술급수적으로 생각한다. 세상은 기하급수적으로 성장하고 있는데 일부 전문가들은 아직도 규모의 경제를 칭송하듯이 산술급수적으로 생각하고 있다. 산술급수적 사고는 '더하기' 또는 '비례'의 개념과 같아서 규모의 크기가 커야만 영향력이 클 것이라고 여기는 사고방식이다. 과거에는 조직의 생산성은 인적, 물적 자원에 비례하였다. 무조건 많고 커야만 이겼다. 경쟁상대를 이기기 위해서는 큰 규모가 되어야 하였다. 하지만 이런 사고는 규모가 커지면서 유연성을 잃고 만다. 산술급수적인 사고에는 '양적 성장'이라는 한계가 있다. 지금의 시대는 더 이상 규모가 크다고 해서 성장을 담보하지 않기 때문이다. 이에 따라 산술급수적 사고는 저물고 전혀 새로운 사고방식인 '기하급수의 기업'이 도래하게 된 것이다.

기하급수 기업은 '곱하기' 또는 '제곱'의 개념으로 설명할 수 있다. 기하급수 기업은 첨단

기술을 적용해 적은 인원으로 산업계에 막대한 영향력을 행사하는 기업을 말한다. 구글, 페이스북, 우버 등과 같은 기업들이 대표적인 기하급수적 기업이다. 대규모 제조업으로 대표되는 전통적인 기업들보다 직원 수가 훨씬 적지만 이들의 파괴력은 엄청나다.

표 1-1 기하급수적 사고와 산술급수적 사고

구분	기하급수적 사고	산술급수적 사고
차선	- 추월차선(부)	- 서행차선(평범, 가난)
통제와 진입장벽	- 프로세스와 시스템을 간소화 하는 과정에서 점점 더 적은 시간을 일에 투자	- 평범함 : 회피의 대상 - 구시대적인 잡일(허드레)일로 보낸 시간들
과정과 결과	- 과정(요리)중심(여정) - 도전과 위험, 노력과 희생의 비하인드 스토리	- 사건(음식) 중심(목적지)
사고	- 생산자 사고방식 - 사업가이자 혁신가, 창조자 (세상에 가치 있는 것 제공)	- 소비자
관점	- 사업가적 관점 - 수익창출전략	- 전문가적 관점 - 비용절감전략
통제	- 통제 가능한 영역(독립적)	- 통제 불가능한 영역
가치	- 자산가치의 창출 가능 - 가치가 증가하는 자산을 구매 / 판매	- 자산가치의 창출 불가능
씨앗들	- 임대, 인터넷, 콘텐츠, 유통 / 프렌차이즈, 헤드헌터 / 인재파견	- 직장 전문직

앞으로 등장할 기업은 독창적인 플랫폼을 가지고 새로운 정보 자원을 활용하거나 과거 아날로그 환경을 디지털 정보로 바꾸는 사업을 할 것이다. 따라서 기하급수 기업들이 기존 정보를 디지털화해서 만드는 비즈니스 패턴에 주목해야 한다. 기하급수 기업이 등장하는 것을 이제는 피할 수 없다. 우리는 거대 기업이 늘 성공할 것이라고 생각하지만 아주 작은 기업이 전 세계를 상대로 일하고 엄청난 파괴력을 자랑하는 시대를 살고 있다. 이제는 산술급수적 사고에서 기하급수적 사고로 전환할 때이다.

(2) 기술 격차가 불러올 새로운 인간의 삶

기술의 발전 속도가 너무 빨라 도무지 정신을 차릴 수 없는 시대다. 우리가 수용할 수 있는 지식이나 다룰 수 있는 기술의 능력은 산술급수적이라 그 한계가 너무도 뚜렷한 데 반해 기술의 진보 속도는 기하급수적으로 이뤄지고 있는 데다가 한계 또한 전혀 느껴지지 않고 있다.

현재의 정보기술은 덜 숙련된 노동자보다 숙련된 노동자를 선호하고 노동보다 자본의 소유자에게 돌아가는 수익을 늘리며 다른 모든 이들보다 슈퍼스타를 더 유리하게 만든다. 이 모든 추세들은 격차를 더 넓힌다. 우리가 최근에 보고 배운 모든 것들을 토대로 판단할 때, 다른 모든 조건이 같다면 미래의 기술은 분명 풍요를 증대시키는 것 못지 않게 격차도 증대시킬 것이다. 기술의 발달은 좋지 못한 영향들도 있지만 아이러니 하게도 그 해결책 역시 기술에 달려 있다. 저렴한 비용으로 무한 복제가 가능한 디지털 기술은 본질적으로 풍요의 경제를 낳을 것이며 소득 격차를 줄이고 기계와 함께 달리는 방안을 마련하려는 노력이 수반된다면 바람직하고 경이로운 미래가 펼쳐질 것이다.

하지만 기술의 발전으로 부와 소득은 유례없는 형태로 재분배되고 있다. 디지털 기술이 노동의 값싼 대체재를 만들어 내면서 사고를 요하지 않는 단순 반복적인 일들은 빠르게 자동화되고 있다. 이에 따라 특별한 능력을 갖추거나 고등 교육을 받은 노동자는 기술을 활용해 가치를 창조하게 되는 반면에 평범한 능력을 갖추거나 교육을 덜 받은 노동자는 컴퓨터나 로봇 같은 기계에 의해 대체되고 있다.

또한 디지털 기술은 매우 저렴한 비용으로 가치 있는 아이디어, 통찰, 혁신을 복제할 수 있다. 그 결과 사회는 풍요로워지고 혁신가는 부유해졌지만, 새로운 제품이나 서비스에서 나오는 수익의 대부분을 소수의 사람들이 독차지하고 있다. 이전에 중요했던 유형의 노동들은 수요가 줄어들 거기에 종사했던 소득은 감소하고 있다. 이렇듯 혼란스러운 시대 상황과 마주하고 있는 우리가 어떻게 미래를 받아들일 것이며 이를 어떤 방식으로 적절하게 준비할 것인지에 따라 우리들의 미래 삶은 달라질 것이다. 따라서 우리에게 인간과 기계의 공생을 어떻게 받아들일 것인지 하는 과제가 눈앞에 놓여 있다.

(3) 초연결 네트워크 시대, 제7의 감각

제4차 산업혁명을 한마디로 말하면 '초연결의 시대'라고 한다. 인공지능과 사물인터넷, 소셜미디어 등 혁신적 기술로 인해 인류는 초연결 사회로의 진입을 눈앞에 두고 있다. 세상은 모든 것이 연결되어 있고 연결은 모든 것의 속성을 바꾸고 있다. 연결을 통제하는 사람은 극단적 수준의 권력과 영향력을 확보할 것이다. 네트워크 시대의 권력은 효율적으로 집중되어 있고 광범위하게 분산되어 있다. 그에 따라 생존은 물론 권력과 부 또한 새로운 기회를 발견하는 자에게 돌아가리라 전망된다. 뉴욕타임즈 베스트 작가인 조슈아 쿠퍼 라모는 미지의 권력과 부를 깨울 새로운 본능을 제안하였다. 네트워크 시대의 작동 원리를 간파해 이용하는 힘, 그것이 바로 그가 창안한 '제7의 감각'이다.

미래에는 연결과 네트워크, 인공지능의 지배와 사용이 실제적이면서 결정적인 역할을 행사할 것이다. 그리고 이것은 소리 없이 우리도 모르는 사이에 진행된다. 문제는 우리가 바로 연결의 대상이면서도 그 연결이 어떤 것인지 정확하게 알거나 이해하지 못한다는 사실이다. 네트워크 시대 권력, 부(富), 생존이 어떻게 이루어지고 이에 대한 대비는 어떻게 해야 하는지를 전혀 모르고 있다는 점이다. 연결이 권력인 시대, 제7의 감각은 새로운 생존 본능이다. 계속되는 테러, 난민의 물결, 침체된 세계 경제, 놀라운 선거 결과, 로또 당첨과 같이 뜻밖에 찾아온 부의 순간, 기적적인 의학의 진보 등 이 모든 현상이 연결성의 산물이라면 여러분이 어떻게 행동해야 할 것인가는 더욱 분명해질 것이다.

연결은 소유하지 않고도 사물을 통제할 수 있게 하므로 자칫 우리는 거대한 네트워크 속에 속수무책으로 갇혀버리고 말 것이다. 미래의 싸움은 우리가 네트워크에 얽히느냐 마느냐를 정하는 것이 아니라 어떤 방식으로 얽히는가에 있는 것이다. 이런 시대에는 믿음직했던 것들이 쓸모없어지고 심지어 위태로워질 것이다. 때문에 우리의 직관만이 중요해질 것이다. 그것이 바로 새로운 생존본능, 제7의 감각이다. 제7의 감각은 간단히 말하자면 어떤 사물이 연결

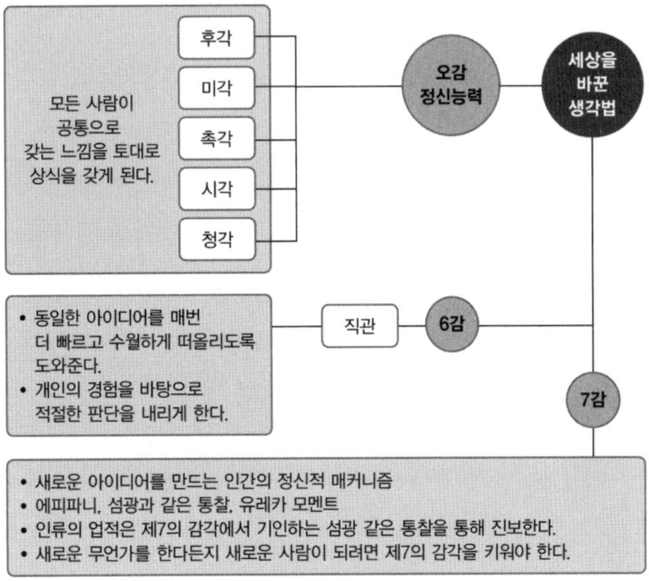

그림 1-1 제7의 감각

에 의해 바뀌는 방식을 알아채는 능력이다. 이는 특별히 현대적인 것들 뿐만 아니라 군인, 주식, 언어 같은 평범한 것들에 대해서도 깊이 생각하고 연결이 사물의 본질을 바꾼다는 사실을 곧바로 알아채는 능력을 의미한다.

우리는 네트워크가 가장 단단해 보이는 대상들의 본질조차 변화시키고 심지어 파괴하는 것을 계속 보게 될 것이다. 도처에서 새로운 연결이 폭발적으로 증가해 의사들의 수술 방법에서부터 투자 실행 방법에 이르기까지 모든 것을 변화시킬 것이다. 이 연결된 힘을 인식하지도 이해하지도 활용하지도 못하는 것은 미래에 가장 큰 비극의 원천이 될 것이다.

네트워크로 연결된 시장의 시대에 무역과 데이터, 금융의 전 세계적 네트워크가 부를 집중시키고 많은 중요 상품의 공급을 증가시킴으로써 구매 수요를 감소시켰다. 수요의 측면에서 부자들은 더 부자가 되고 있는 것이다. 인류 역사에서 대부분의 권력 투쟁은 공간적 지배와 영토를 그 대상으로 하였다. 다소 믿기가 힘들겠지만 이제 인류는 시간의 통제를 위해 다투게 될 것이다.

공통적으로 아는 사실이 하나 있다. 혁명은 인류의 파괴를 의미하지 않는다는 사실이다. 혁명은 인류의 진보를 이끈다. 하지만 그 다음에 우리 모두를 더 나아가게 하는 것은 무엇일까? 모든 것이 우리에게 달렸다. 용기를 내야 한다. 그 힘들에 대해 이해하고 나면 두려움이 덜할 것이다. 끔찍한 힘을 피해 도망하라는 말이 아니다. 그것에 부딪히라는 뜻이다. 부딪히고 도전하라. 그러면 반드시 혼란의 시대 속에서 살아남을 것이다.

(4) 앞으로 30년, 우리의 멋진 미래를 만들어 갈 12가지 트렌드

미래 세계를 만드는 기술의 흐름은 미래에 대한 구체적인 그림보다는 어떤 추세에 의해 변화할 것이라는 정보를 통해 우리에게 미래 모습을 상상하고 예측할 수 있도록 돕는다. 미래의 궁극적인 모습은 사람과 사물, AI 등 모든 것이 연결되는 매트릭스(Matrix) 세상이 될 것이다. 모든 것이 연결된다는 것은 모든 것이 개방되고 공유되는 편리성의 극치를 이룰 수 있다. 하지만, 반대로 개성과 프라이버시(Privacy)가 없는 세상이 될 수도 있다. 나의 모든 것이 추적을 당하는 것은 문제가 있지만 나를 추적하는 것의 실체를 내가 역으로 확인할 수만 있다면 즉, 모든 것이 투명하다면 오히려 안전해질 수도 있을 것이다. 기술의 발전은 거역할 수 없는 추세이기 때문에 혜택을 누리는 방향으로 받아들이되 피해를 최소화하는 방향으로 그 흐름을 이끌어야 한다. 미래 학자 앨빈 토플러가 이야기한 “기술발전이 인류의 진화에 미치는 영향을 생각할 때, 올바른 방향으로 이끄는 게 중요하다”는 말과 일맥상통한다.

앞으로 30년, 우리의 멋진 미래를 만들어 갈 피할 수 없는 12가지 트렌드는 다음과 같다.

표 1-2 앞으로 30년, 우리의 멋진 미래를 만들어 갈 12가지 트렌드

미래를 만들어 갈 12가지 트렌드	
① 되어가다(Becoming)	⑦ 걸러내다(Filtering)
② 인지하다(Cognifying)	⑧ 뒤섞다(Remixing)
③ 흐른다(Flowing)	⑨ 상호작용하다(Interacting)
④ 화면보다(Screening)	⑩ 추적하다(Tracking)
⑤ 접근하다(Accessing)	⑪ 질문하다(Questioning)
⑥ 공유하다(Sharing)	⑫ 시작하다(Beginning)

① 되어가다(Becoming)

인터넷 기반 네트워크 세상에서 이미 많은 것들이 쉴 새 없이 만들어지고 있어 우리는 항상 비기너(beginner)가 된다.

② 인지하다(Cognifying)

과거 어떻게 하라는 명령이 프로그래밍된 AI에서 학습하도록 프로그램 된 오늘날의 AI는 학습을 통해서 끊임없이 진화하고 있다.

③ 흐른다(Flowing)

고정적인 것에서 유동적인 것으로 변하고 있다.

④ 화면보다(Screening)

일상의 대부분을 화면과 함께 하게 된다.

⑤ 접근하다(Accessing)

필요한 것은 무엇이든 시간, 장소에 구애 없이 이용할 수 있게 된다.

⑥ 공유하다(Sharing)

인터넷을 통한 네트워크가 사람들을 연결시키면서 공동 참여가 대세가 되고 있다.

⑦ 걸러내다(Filtering)

끝임 없이 새로운 것이 쉽게 만들어지는 초 풍요의 시대, 나를 더 나답게 만들어 주는 필터링이 중요하게 된다.

⑧ 뒤섞다(Remixing)

성장은 뒤섞기에서 나온다. 뒤섞기는 새로운 창작이며 사실상 혁신 그리고 부의 유일한 원천이다.

⑨ 상호작용하다(Interacting)

사람에게 하듯이 컴퓨터 뿐만 아니라 사물 등 거의 모든 영역에서 상호작용을 한다.

⑩ 추적하다(Tracking)

내 생활의 모든 것을 추적하는 라이프로깅(Lifelogging)은 아직 시작 단계이지만 가까운 미래, 추적되는 모든 것을 저장할 수 있고 필요한 것을 즉시 분류할 수 있는 기술이 발달되면 우리의 모든 것은 추적, 저장, 분석되어 맞춤형 서비스를 제공할 뿐만 아니라 미래를 예측하고 관리하는 데에도 활용될 것이다.

⑪ 질문하다(Questioning)

질문에 대한 답에 접근이 쉬워진 세계에서 가치 있는 질문은 더 중요하게 된다. 우리는 가치를 창출할 수 있는 좋은 질문을 준비해 세상을 바꾸는 일을 할 수 있다.

⑫ 시작하다(Beginning)

오늘과 다른 새로운 미래를 위한 변화는 이미 시작되었다.

미래는 인간과 기계가 촘촘하게 매트릭스(Matrix)로 연결된 세상이 될 것이다.
앞의 12가지 트렌드는 서로 상호 작용하고 강화해 나가면서 미래를 앞당길 것이다.

(5) 자본주의의 또 다른 미래, 공유경제

'공유경제(Sharing Economy)'는 "물건을 소유하지 않고 서로 빌려 쓰는 경제 활동"을 의미한다. 우리 집의 남는 방을 여행자나 학생에게 빌려주고 차를 나눠 타고 남는 시간에 자신이 할 수 있는 일을 재빨리 찾아 하는 것이다. 돈을 받기 때문에 효율적이고 모두에게 도움이 되는 일이라고 할 수 있다. 이렇게 남는 노동력과 승용차, 집에 남아도는 방 등을 연결하는 앱 서비스와 전문 기업이 늘어나고 있다. 바로 '공유경제'로 불리는 생활 속 모습이다. 공유경제는 사람들 간의 협동과 나눔을 기반으로 하는 서비스이다. 공유경제가 인기를 얻으면서 사람들은 새로운 직업을 얻기도 하였고 바람직한 나눔의 형태를 체험하기도 하였다. 예를 들어 차를 나눠 타는 서비스 '우버'나 방을 나눠 쓰는 '에어비앤비'는 지금도 사람들이 많이 이용하고 있다.

표 1-3 공유경제의 주요분야와 글로벌 대표기업

<table>
<tr><th colspan="2">주요분야</th><th>서비스 제공이용 방식</th><th>주요 글로벌 기업</th></tr>
<tr><td colspan="2">숙박</td><td>- 빈집·빈방을 숙박공유 플랫폼에 제공</td><td>에어비앤비(Airbnb)</td></tr>
<tr><td rowspan="2">교통</td><td>차량공유</td><td>- 모바일 기반 무인렌트업
- 시간단위 대여·이용</td><td>집카(Zipcar)
씨티카셰어(Citycarshare)</td></tr>
<tr><td>승차공유</td><td>- 비상업용 자동차를 이용한 유상 운송</td><td>우버(Uber),리프트(Lyft)</td></tr>
<tr><td rowspan="4">금융
(크라우드
펀딩)</td><td>증권형</td><td>- 펀딩 대가로 지분 취득, 배당수익 등 수취</td><td rowspan="2">고펀드미(GoFundMe),
킥스타터(KickStarter)</td></tr>
<tr><td>대출형</td><td>- 펀딩 대가로 약정된 금리·원금 수령(대출)</td></tr>
<tr><td>기부형</td><td>- 기부금 및 개인적인 프로젝트 자금 모집</td><td>이퀴티넷(Equitynet),
크라우드큐브(Crowdcube)</td></tr>
<tr><td>보상형</td><td>- 펀딩 대가를 물품으로 수령(사전판매)</td><td>렌딩클럽(Lendingclub),
조파(Zopa)</td></tr>
<tr><td colspan="2">공간</td><td>- 매장, 회의실, 주차장 등을 공동 이용</td><td>리퀴드스페이스(LiquidSpace),
저스트파크(JustPark)</td></tr>
<tr><td colspan="2">재능</td><td>- 노동(청소, 수리 등). 지식·경험 공유</td><td>태스크래빗(Taskrabbit),
핸디(Handy)</td></tr>
</table>

그런데 이용하는 사람들이 늘어나면 늘어날수록 피해를 보는 사람들의 목소리도 커지고 있다. 우버의 경우에는 택시 기사들이 그들의 일자리를 빼앗겼다고 시위를 벌이기도 하였다. 공유경제 앱을 이용하다가 소비자가 피해를 봤을 때 어디서 보상을 받을지 애매하다는 문제도 발생되었다. 공유경제 기업에서는 플랫폼만 깔아 주고 그 이후의 개인 간 서비스 교환은 책임을 지고 있지 않아서 사고가 발생할 수 있다는 것이다. 게다가 기업 고용주와 노동자 간의 계약이 아니라 사람과 사람의 연결이라는 새로운 관계가 형성됐는데 이에 대한 법적인 장치가 미비하다는 지적도 있다. 공유경제는 자본주의에 대한 대안이 아니다. 일부에서는 공유경제를 '정제된 자본주의'라고 규정하기도 한다. 공유경제는 분명 매력적이기는 하지만 기존 기업과 기득권층 그리고 공유경제 패러다임에 적응하기 어려워하는 사람들에게는 반가워할 만한 현상은 아니다.

혁신은 모든 분야에서 시작되고 있다.

기업들은 제4차 산업혁명, 변화와 혁신, 창조적 파괴, 끊임없는 도전을 십수 년 동안 외쳐

왔지만 돌이켜보면 별반 달라진 것은 없다고 생각한다. 그러나 산업의 변화는 내버려 두더라도 개인은 너무나 많은 행동과 생각의 변화를 겪고 있다. 우리는 10년 전과 전혀 다른 시간 감각을 갖고 있고 하루를 보내는 방법도 완전히 달라졌다. 그렇지만 우리는 이를 '인지'하지 못한다. 그저 어제와 오늘이 비슷하다고 생각한다. 무엇인가 계획하려면 지금 살고 있는 세상에 발을 붙이고 인지하는 것부터 해야 한다. 모든 것을 알 수는 없어도 적어도 세상 변화의 큰 맥락은 파악해야 하지 않을까 싶다.

(1) 미래 산업의 대전환, 빅뱅

오바마와 힐러리의 국무부 혁신 담당 수석자문관이자 싱크탱크였던 알렉 로스는 1,435일 동안 달을 왕복할 수 있는 거리인 80만 km를 돌아다니며 전 세계 혁신의 현장을 둘러보고 미래 산업의 탄생을 목격하였다. 기나긴 여정 끝에 공개한 미래 산업 전략에 따르면 "지난 20년의 변화는 앞으로 일어날 20년의 혁신에 비하면 매우 사소하게 보일 것이다"라고 하면서 미래에는 산업의 대전환이 이루어질 것으로 보았다. 단순한 구조조정이 아니라 빅뱅이 온다고 강력하게 주장하였다.

첫째, 인간과 로봇이 공존하는 시대가 열릴 것이다. 클라우드 기술이 가져온 인공지능의 획기적인 발전, 휴머노이드와 자율주행 자동차의 등장은 모든 산업을 송두리 채 뒤흔들 것이며 우리들 곁에서 떼놓으려야 떼놓을 수 없는 존재가 될 것이다.

둘째, 코로나19 사태에서 본 것처럼 유전체학 의료혁명은 신의 영역에 도전할 것이다. 간단한 검사로 질병과 수명까지 예측이 가능해지는 시대가 온다. 모바일 네트워크를 통해 인류 전체로 확장될 맞춤형 치료법은 미래의 의료산업을 어떻게 바꾸어 놓을지 예측이 불가능할 정도이다.

셋째, 디지털 금융 혁명이 시작되었다. 더 이상 현금은 필요 없게 되었다. 전통적 금융기관의 틀을 깬 비트코인의 등장과 블록체인 기술은 새로운 금융의 대안이 될 수 있을 것이다.

넷째, 떠오르는 블루칩, 사이버 보안 산업에 주목해야 한다. 사물인터넷의 시대, 정부 시스템에서 기업 네트워크까지 공격받을 것이다. 국가 안보와 기업비밀, 시민들의 자유가 얽혀 있는 사이버 보안 산업은 우리들의 주위에서 항상 함께할 것이다. 미래 시대의 성장원료는 데이터가 될 것이다. 세계는 그 자체로 빅데이터가 되어 언어 장벽과 인구 장벽을 극복할 것이다. 빅데이터 속에서 어떻게 디지털 프라이버시를 지켜내고 빅데이터의 한계를 극복할 것인가에 따라 우리들의 미래가 달라질 것이다.

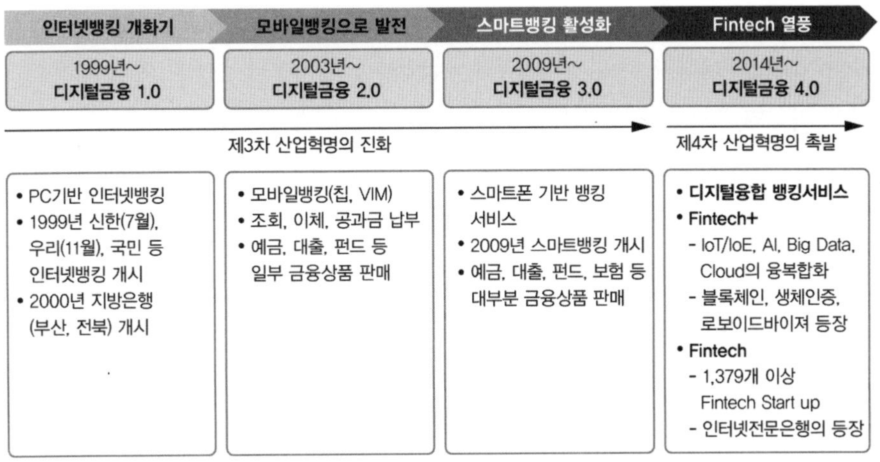

그림 1-2 국내 디지털 금융의 발전과정

(2) 미래에 살아남기 위한 4가지 사회적 해법

급격한 미래 산업의 대전환이 이루어지고 있는 이런 상황을 무사히 잘 적응할 것인지 아니면 사라질 것인지를 결정할 4가지 사회적 해법은 무엇일까? 수십개국의 산업 현장과 비즈니스 리더들이 공통적으로 이야기하고 있는 사회적 해법은 개방성, 청년창업, 여성의 적극적 사회 진출, 미래 세대를 위한 교육 등으로 압축된다.

첫째, 개방성이야말로 21세기의 정치·경제 모델을 결정짓는 핵심 키워드라고 말한다. 좌파와 우파라는 정치적 지향성이 20세기 지정학의 핵심 요소였다면 21세기에는 개방성을 확대하는 국가와 기업, 개인이 경쟁력을 가지게 될 것이다.

둘째, 실리콘밸리의 청년 창업가들이 성공한 것은 개인의 창의성 때문이 아니라 사회적 제도와 인식의 결과로 인한 것이라고 말한다. 나이와 경험이 아닌 아이디어에 투자를 받고 경영권을 보장받는 사회적 시스템과 문화가 실리콘밸리의 힘이라는 것이다. 디지털 시대, 디지털 산업에는 어릴 때부터 디지털을 익숙하게 다뤄왔던 젊은 세대가 두각을 나타낼 수밖에 없으며 그렇기에 청년들을 더욱 중용하고 그 가능성을 살릴 수 있는 방향으로 사회정책을 전환해야 한다고 주장하고 있다.

셋째, 경제 활성화를 위한 잠재력으로 여성을 지목한다. 탈레반이 횡행하는 아프가니스탄 접경지대에서 인터넷으로 성공한 여성 사업가의 사례를 통해 세계 대부분에서 여성은 여전히 잠들어 있는 유휴자원임을 지적한다. 그리고 여성의 사회진출이야말로 정체된 경제성장을 반등시킬 수 있는 가장 효과적이고 쉬운 해결책이 될 수 있다고 말한다. 잦은 야근과 회식 문화, 자녀 양육 등 여성의 사회 진출을 막는 걸림돌들은 개인의 문제가 아니라 사회의 적극적 지원과 여성의 활동이 보장되는 문화가 형성되어야 해결 가능할 것이라고 주장한다.

마지막으로 미래 세대의 주인공인 자녀 세대의 교육과 관련하여 미래에는 코딩과 같은 기술언어와 이를 통해 얻는 통합적 사고가 중요하다고 말한다. 문과와 이과처럼 분야에 대한 기계적 구분은 미래 세대들의 경쟁력을 약화시킬 것이다. 따라서 이제부터는 세계를 기반으로 생각하고 활동하는 습관에 익숙해져야 한다. 어릴 때부터 세계 전체를 무대로 삼고 전 세계인을 대상으로 사고해야만 된다. 한국이라는 지리적 공간에 치우쳐 있다고 해서 사고까지 지역적으로 국한돼서는 안 될 것이다.

(3) 미래사회를 위한 사회적 준비와 대응

사람들이 공평한 기회를 얻지 못해 자기 능력을 마음껏 발휘하지 못하면서 살아가야 한다면 그 사회와 지도자들은 마땅히 부끄러워해야 할 것이다. 권력과 특권을 누리는 자리에 앉아 있는 사람들은 미래 산업에 따라올 기회를 최대한 많은 사람에게 제공하는 정책을 수립하고 적극적으로 지원해야 할 의무가 있다. 다가올 미래에 어떤 승자가 있다면 반드시 패자도 있기 마련이다. 미래를 위해 우리가 해야 할 일은 승자를 만들어내는 데 그치지 않고 패자들에게도 다시 한번 기회를 주며 최소한의 인간다운 삶을 제공하는 것이다.

이렇게 미래 산업은 단순히 첨단 IT 분야에 한정된 이야기가 아니라 사회와 문화, 산업 전반에 걸쳐서 지금까지와는 전혀 다른 새로운 빅뱅의 혁명을 불러올 것이다. 하지만 이런 변화의 폭과 강도는 너무 거대하고 그 파급력을 예측할 수 없기 때문에 개인이 준비하기에는 불가능하다. 인간은 컴퓨터처럼 쉽게 업데이트가 되지를 않는 존재이다. 따라서 지금부터라도 차분히 미래에 대한 사회적 준비와 대응이 필요할 것이다.

'말뫼의 눈물'로 유명한 도시 말뫼가 지식산업 도시로 부활해서 다시 웃음 지을 수 있게 되었던 것은 정부와 기업, 시민, 사회 전체가 산업 전환을 위해 뛴 결과물이었던 것이다. 우리가 미래를 위해 미래 산업에 투자해야 할 뿐 아니라 일자리를 잃은 사람들이 생계를 유지하는 동시에 새로운 가능성을 제시하는 산업이나 자리로 방향을 돌리도록 사회 구조를 구축해야만 하는 이유가 바로 여기에 있다.

비즈니스 경쟁 구도를 바꾸는 플랫폼 비즈니스

플랫폼이란 그냥 장마당(전통적인 노천시장)이라고 생각하면 된다. 장마당이 잘 운영되게 하려면 일반 사람들이 모여야 한다. 네트워크를 생성해야 하고 이렇게 모여든 사람들 사이에 거래가 활발하게 이루어지도록 해야 한다. 이것이 네트워크 효과다. 거래 자체는 서로가 만족스러운 거래가 되게 해야 한다. 부당 거래나 부정 거래가 많아지게 되면 사용자들이 이탈하기 때문이다.

그러나 이런 장마당과 현대적 플랫폼 사이에는 결정적 차이가 있다. 현대적 플랫폼은 디지털 기술에 기반한 인터넷을 토대로 디지털 데이터의 교환을 통해 이뤄진다는 점이다. 그런데 이 디지털 기술이라는 것이 플랫폼의 범위, 속도, 편의성, 효율성을 크게 확대시킨다. 대표적인 것은 멧커프의 법칙(Metcalfe's law)이다.

이에 따르면 네트워크 참여자의 수가 많아질수록 그 네트워크 가치는 지수 함수적으로 증가한다. 전화망을 예로 든다면, 전화망에 가입자가 한 명밖에 없으면 그 전화기의 가치는 '0'이다. 단 한 대의 전화기만 가지고는 누구에게도 전화를 걸 수 없기 때문이다. '역사상 가장 위대한 세일즈맨 상'은 최초의 전화기를 판 사람에게 줘야 된다고 말한 MIT 교수의 농담은 결코 농담이 아닌 것이다. 사람들이 전화기를 더 많이 구매하면 전화기의 가치는 늘어난다. 2대의 전화기로는 1개의 연결이 가능하다. 4대의 전화기로는 6개의 연결이 12대로는 66개의 연결이 100대의 전화기로는 4,950개의 연결이 가능하다. 이런 식의 증가를 가리켜 비선형 성장(Nonlinear growth) 또는 볼록성장(Convex growth)이라고 한다. 1990년대의 마이크로소프트와 지금의 애플, 페이스북과 내일의 우버와 같은 기업들에서 볼 수 있는 성장 패턴이 바로 이것이다. 이 점을 이해하지 못하면 플랫폼 기업이 왜 그렇게 어마어마한 성장세를 보일 수 있는지 플랫폼 기업의 몸값이 왜 그렇게 높은지를 결코 이해할 수 없을 것이다.

따라서 어떤 플랫폼이 긍정적인 양면 네트워크, 멧커프의 법칙을 실감할 만큼 대규모로 잘 구축되어 있다면 그 플랫폼은 본격적인 성장 궤도에 올랐다고 할 수 있다. 양면 네트워크라는 말은 다소 어렵고 복잡하게 느껴지지만 내용은 간단하다. 장마당에는 제품과 상품을 판매하는 생산자/판매자와 소비자가 적당한 비율로 모여야 한다. 생산자/판매자만 많고 소비자가 부족하면 생산자/판매자가 불만을 갖고 떠날 것이고, 생산자/판매자는 적고 소비자만 많으면 소비자가 불만을 갖고 떠날 것이다. 따라서 생산자/판매자와 소비자라는 양면이 적절한 비율로 균형 있게 늘어나야 네트워크의 시너지 효과가 생겨나게 된다는 것이다.

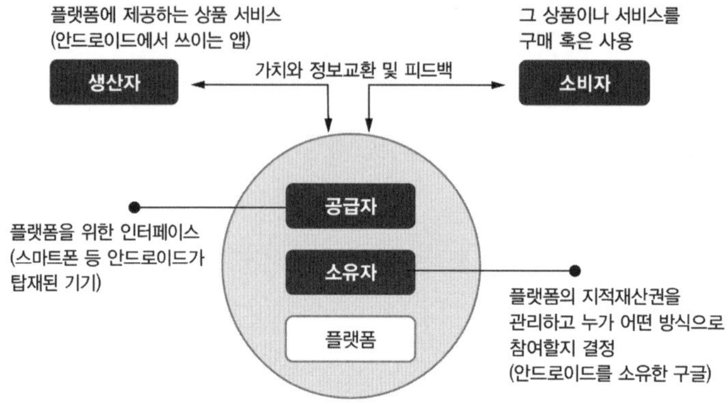

* 자료 : 마셜 W. 반 앨스타인, 제프리 G. 상지트 폴 초더리, 플랫폼 생태계 부상에 따른 새로운 전략의 규칙, HBR Korea, 2016. 4

그림 1-3 플랫폼 생태계 구성요소

	파이프라인 기업		플랫폼 기업
성장엔진	자원통제	vs	자원조정
	• 부동산 등 유형자산, 지적재산권 등 무형자산 소유 또는 독점을 통한 규모의 경제		• 커뮤니티와 그 구성원들이 소유하고 기여하는 자원, 즉 생산자와 소비자로 엮인 네트워크가 주요한 자산
운영방식	내부 프로세스 최적화	vs	외부 상호작용 촉진
	• 구매, 판매, 서비스에 이르기까지 생산활동을 아우르는 전체 사슬을 최적화함으로써 가치 창출		• 외부 생산자와 소비자간 상호작용을 촉진함으로써 가치 창출
가치창출	고객 가치 확대	vs	생태계 가치 극대화
	• 선형 프로세스(가치사슬)의 맨 끝에서 구매 고객의 평생가치 극대화를 추구		• 순환적이고 반복적인 피드백 기반 프로세스를 통해 점차 확대돼가는 생태계의 전체 가치 극대화 추구

* 자료 : 마셜 W. 반 앨스타인 외 , 플랫폼 생태계 부상에 따른 새로운 전략의 규칙, HBR 2016. 4

그림 1-4 파이프라인에서 플랫폼으로 이동하는 과정

아무튼 이런 식의 본격적인 성장이 거듭되면 '규모의 수요 경제'를 실현하게 된다. 일단 규모의 수요 경제에 이르면 경쟁업체들이 따라잡기란 극히 어렵다. SNS의 효율성, 수요결집, 앱 개발을 비롯해 기타 네트워크가 크면 클수록 사용자들에게 더 많은 가치를 가져다주는 현상으로 말미암아 플랫폼 시장 자체는 몸집이 가장 큰 기업에게 네트워크 우위 효과를 제공하게 될 것이다. 이는 산업화 시대의 거대 기업들도 마찬가지였다. 이런 식으로 긍정적인 피드백의 연결고리가 시작되면 최소한의 비용으로 플랫폼 성장에 가속이 붙는다. 그러면 플랫폼은 네트워크 효과를 지렛대 삼아 개방형 전자 생태계를 구축할 수 있다. 이곳에서 플랫폼은 수백, 수천, 수백만의 원격 참여자들을 품에 안게 된다.

이러한 생태계는 전통적인 대부분의 파이프라인 기반 조직들보다 훨씬 규모나 가치가 크다. 그 결과 플랫폼 생태계에서 창출되는 가치는 전통적인 파이프라인이 만들어 내는 가치보다 훨씬 크다. 따라서 기업 내부의 자원만을 기반으로 하는 전통적인 기업들은 점점 더 플랫폼 기업과 경쟁하기 어렵게 되는 상황에 도달하게 된다.

표 1-4 플랫폼 비즈니스 모델 4가지 사례

사업자	분야	현황	성공요인
카카오	소셜서비스	- 연매출 3조 8천억 원, 550여 명 - 국내 스마트폰 사용자 중 93% 사용	- 무료로 충분한 회원 확보 → 양면시장 비즈니스로 수익 창출
에어비앤비	온라인 숙박	기업가치 약 10조 7천억 원	- 소셜서비스에 '공유경제' 원리 응용 - 수요 : 값싼 숙박비 - 공급 : 남는 방 대여, 소득 창출
인스타그램	소셜서비스 (사진공유)	직원 수 : 12명, 사용자 : 3억 명 2012년 페이스북이 10억 달러에 인수	- 사진편집, 필터링 기능 제공 - 다른 소셜서비스(페이스북, 트위터 등)와의 연동 기능 확대
링크드인	소셜서비스 (비즈니스 중심)	약 5억 명의 가입자 보유	- 전문 비즈니스 플랫폼으로서 기존 친목형 소셜서비스와 차별화

더 이상 '불변의 법칙'은 없다.

과거 아시아 기업들은 다양한 매체의 광고를 통해 자신들의 메시지를 포격하듯 내보내는 것이 일반적이었다. 무리 중에서 두드러져 보임으로써 브랜드 이미지를 강화하겠다는 목적으로 그다지 독창적이지 않는 차별화를 시도하는 기업도 있었다. 하지만 기술의 발전은 기업과 소비자 사이의 관계를 보다 포괄적이고 수평적으로 바꾸어놓았다. 기존과 확실히 다른 점은 기업들이 제품 중심 마케팅에서 인간중심 마케팅으로 옮겨 가고 있다는 것이다.

(1) 기업들이 바꿔야 하는 마케팅 전략

요즘 시대에는 온, 오프라인을 통합해야 하고 사용자가 원하는 콘텐츠를 만들어야 하며 인간적인 정서를 느낄 수 있는 인공지능 머신을 개발해야 한다. 그렇다면 기업들이 바꿔야 하는 마케팅 전략은 무엇일까.

첫째, 제품 개발이 달라져야 한다. 요즘 시대는 고객의 요구가 더 중요한 시대가 되었다. 최근 개방적 혁신의 시대가 도래하였다는 주장이 제기되고 있는데 이것도 같은 맥락이다.

둘째, 소비자에 대한 개념이 달라져야 한다. 중요한 포인트는 소비자가 달라졌다는 것이다. 기업은 똑똑한 소비자보다 한발 더 빠르게 움직여야 한다. 소비자에게 중요한 순간이 언제인지, 어떤 장소가 중요한지 알아야 한다. 그런 다음 고객이 원하는 콘텐츠를 스마트폰 같은 디지털 기기를 통해서 구현해내야만 한다.

셋째, 인간에 대한 관점이 달라져야 한다. 오늘날 새로운 자본주의가 오고 있다는 주장은 빈곤, 환경문제, 경제적 불평등, 교육, 보건 문제 등을 기업이 해결해야 한다는 것이다. 이를 창조적 자본주의라고 부르기도 하고 사회적 기업이라고도 부르기도 하는데 이런 추세는 점점 확산되고 있다.

(2) 마케팅 기본 원칙들이 변하고 있다.

요즘처럼 빠르게 트렌드가 바뀌고 사회가 변하고 있기 때문에 기업들은 바뀐 트렌드에 맞춰 살아가야만 한다. 모든 이론과 사상, 사회현상의 기본 원칙이 변하기에 사회 트렌드에 맞춰서 방향을 빠르게 전환하는 변화가 필요하다. 마케팅 기본 원칙들은 어떻게 변하고 있는 걸까.

첫째, 포지셔닝 전략이 바뀌고 있다. 이는 일방적인 마케팅 수단이며 수직적인 도구이기 때문에 수평적인 시대에 맞는 전략이 아니다. 따라서 소비자를 위한 포지셔닝 전략이 필요하다.

그림 1-5 소상공인을 위한 브랜드 마케팅

둘째, 차별화가 달라지고 있다. 경쟁사들이 쉽게 따라올 수 없는 것을 해야만 한다. 광고와 홍보는 한계가 있기에 이제는 기업 스스로 모든 DNA를 내면화하여 기업 브랜드 인지도를 높여야 한다. 소비자들은 자기 마음속에 제일 먼저 들어온 최초의 제품을 가장 우월하다고 인식한다. 결국 마케팅은 제품이 아니라 인식의 싸움이다.

셋째, 브랜드가 달라지고 있다. 예전보다는 더욱 더 인간적인 브랜드를 만들어야 한다. 이제 브랜드는 인간처럼 인식되어야만 한다. 최근 이를 가장 잘 실천하고 있는 브랜드는 '테슬러'이다.

2 직업과 일자리의 패러다임 변화

4차 산업혁명, 일자리의 비관론과 낙관론

생산능력과 비용경쟁력을 갖기 위해 기업들은 4차 산업혁명 시대의 기술인 로봇 등을 이용한 자동화 공장으로 변화됨에 따라 일자리는 자연적으로 감소될 것이다. 그렇지만, 사물인터넷(IoT)과 인공지능(AI), 머신러닝(Machine Learning), 가상현실(VR), 증강현실(AR), 로봇, 3D 프린팅, 융·복합 생명공학, 바이오 등의 새로운 기술이 등장함에 따라 이와 관련된 직종의 신규 일자리가 창출될 것이다.

4차 산업혁명이 도래한다는 논의가 이뤄지면서 가장 걱정이었던 부분은 바로 일자리 문제였다. 기존에 공장 자동화가 진행되면서 일자리가 줄어들기 시작하였고 이를 피부로 느끼고 있었던 상황에서 4차 산업혁명이 가속화된다면 그나마 남아있던 일자리마저도 감소할 것이라 예측되었다.

산업혁명에서 농민이 일자리를 잃은 것이 제1의 실업이었고 1960년대 자동화 기술의 발전으로 공장노동자들의 실직은 제2의 실업이었다. 컴퓨터 기술의 발전으로 화이트칼라들이 직장을 잃은 상황이 제3의 실업이었다면 로봇과 인공지능으로 전문가들이 일자리를 잃기 시작하는 것은 제4의 실업이다. 이런 변화로 과거 농업종사자들은 공장으로 공장노동자들은 서비스업으로 이동하는 변화를 겪었다.

제46차(2016) 세계경제포럼 개막 직전에 발표한 '일자리의 미래' 보고서는 2020년까지 총 710만 개의 일자리가 사라지고 200만 개의 일자리가 새롭게 창출되어 총 510만여 일자리가 감소될 것이라 전망하였다. 이처럼 일자리가 감소할 것이라는 비관론을 펴는 미래학자이자 경영전략가인 피터 슈워츠는 "공통적으로 인류에게 필요한 기술들은 모두 발명 혹은 발견되었고 정보기술의 발전은 과거 새로운 기술들과 같이 풍요로운 수준의 일자리를 만들어 낼 수 없다"고 전망하였다. 그렇지만 이런 비관론의 관점은 인류의 기술 도약 능력을 과소평가하는 단점이 있다. 기술은 새로운 전환 단계에 들어섰고 앞으로 수많은 신산업을 만들어 현재 존재하지 않은 다양한 직업들이 생겨난다는 점을 간과하고 있다.

피터 슈워츠의 주장과는 반대로 인공지능과 로봇의 발전으로 새로운 산업과 직업군이 등장함에 따라 오히려 고용이 증대될 것이라는 전망도 많다. 예를 들면 농부의 수는 줄었지만 비료공장, 트렉터 공장, 종자개량 등을 위한 유전공학과 생명공학자, 가공식품 종사자 등 농업을 기반으로 하는 간접 일자리가 늘어나고 직업의 다양화를 촉진할 수 있다고 주장한다. 직접적인 일자리는 어느 정도 줄어들겠지만 간접적인 일자리는 오히려 더욱 늘어날 것이라는 것이다.

구글이 선정한 최고의 미래학자 토머스 프레이는 미래 일자리 중 60%는 아직 만들어지지도 않았다고 한다. '일자리의 미래' 보고서에서 "2016년 초등학교에 입학하는 어린이들의 약 65%는 현존하지 않는 새로운 직업을 얻어 일하게 될 것"이라고 전망하였다. 4차 산업혁명이 도래된 이후 10년간 이뤄질 기술 발전은 노동시장에 실질적으로 크게 영향을 미치지 못할 것이라는 현실론적 주장도 있다. 인공지능 기술은 아직 개발 초기 단계이고 여전히 사람의 도움을 필요로 하기 때문에 현재의 직업군들이 새로운 직업군으로 대체될 때까지는 적지 않은 시간이 걸릴 것이라고 주장한다.

시스코의 프레드 베이커는 차선이 없는 도로에서 자율주행차의 정확한 주행이 어려운 점을 예로 들어 향후 10년 안에 인류가 집단으로 은퇴하는 일은 없을 것이라고 낙관한다. 오하이오 주립대학 교수 마이클 글래스먼 또한 미래 인공지능이 현재보다 더 많은 기능을 수행하겠지만 실제로 수행 가능한 기능들은 매우 제한적으로 인공지능으로 사라지는 직업의 수는 상당히 부풀려져 있다고 주장한다.

유럽 인터넷 도메인 등록기구(EURid)의 이사인 크리스토퍼 윌킨슨은 오류로 인한 위험과 책임소재 등 수많은 이슈가 인공지능과 로봇의 상용화에 걸림돌이 되어 향후 10년 안에 사회에 큰 영향을 끼치지는 않을 것이라고 전망하였다. 기술발전을 저해하는 다양한 규제와 법규, 그에 따르는 사회적 반발을 감안하면 대대적이고 한순간에 로봇과 인공지능이 인간의 일자리를 대체하기는 쉽지 않다고 주장한다. 미국 노동시장 자료를 바탕으로 인간의 800개 직업이 주로 수행하는 2,000개의 세부작업을 사회·인지·물리적 능력으로 구분한 뒤 현재 로봇 기술과 함수관계를 분석한 결과 45%의 작업만 자동화가 가능하고 완벽하게 인간을 대체할 수 있는 직업은 5%에 불과하였다.

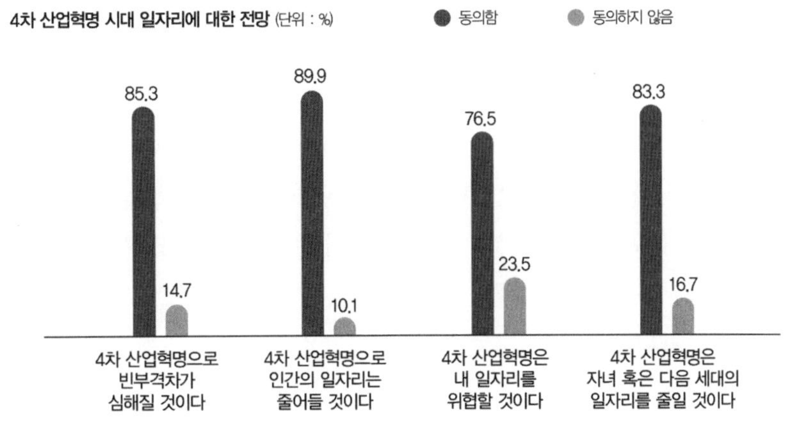

* 한국언론진흥재단 미디어연구센터 온라인 설문조사 (2017년 4월 18일~21일, N = 1,041)

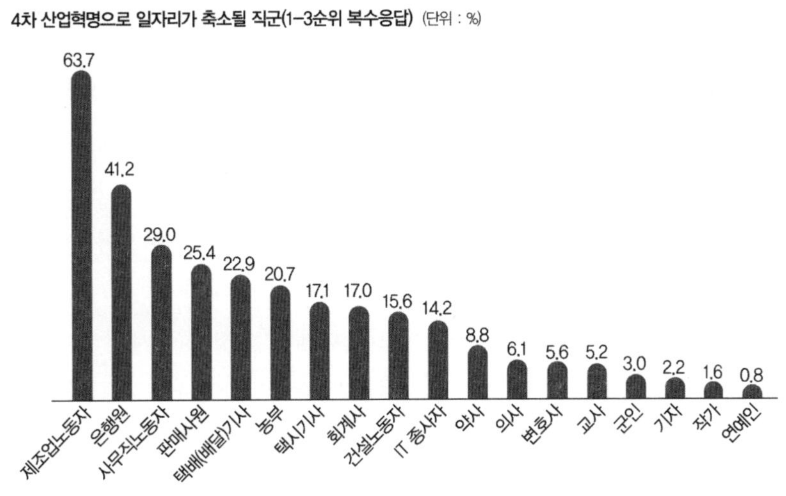

* 한국언론진흥재단 미디어연구센터 온라인 설문조사 (2017년 4월 18일~21일, N = 1,041)

그림 1-6 4차 산업혁명 시대 일자리에 대한 전망

이처럼 4차 산업혁명은 '미래완료 진행형'이라고 생각할 수 있다. 따라서 너무 성급하게 두려움을 가질 필요는 없다. 인간은 놀라운 수준의 적응력과 독창성을 갖고 있다. 따라서 4차 산업혁명으로 잃어버리게 될 일자리는 새로운 재화와 서비스에 대한 수요 증가로 새로운

직종과 산업분야가 창출되어 새로운 일자리 효과를 동반할 것이다. 따라서 일자리 감소를 너무 절망적으로 바라볼 필요는 없다. 그렇지만 확실한 것은 4차 산업혁명 기술의 발전으로 인간 일자리 총량은 분명히 감소할 것이라는 점은 어쩔 수 없는 사실이다.

양질의 일자리가 줄어드는 이유

1945년과 1980년 사이에 전화 교환원이 퇴출되기 시작하였다. GM에서는 산업용 로봇을 1960년대 도입하기 시작하였고 1970년대에는 항공사들이 예약시스템을 자동화하기 시작하였다. 1980년대와 1990년대에는 컴퓨터 비용이 더욱 하락하게 되면서 바코드 스캐너, 현금 인출기가 소매점과 금융기관에 보급되었다. PC가 1980년대 워드프로세서와 함께 보급되자 타이피스트가 사라지게 되었고 단순반복 계산 작업은 자동화가 가능해졌다. 공장 안에 기계가 늘면서 일자리는 사라져 갔다.

클라우스 슈밥은 3차 산업혁명 기간의 주된 변화로서 작업하는 사람의 근육과 뇌를 기계가 보조하고 대체해 나갔다고 주장한다. 자동차 공장에서 프로그램에 따라 기계가 철판을 절단하고 프레스 장비가 외형을 만들고 로봇이 용접하는 작업을 하게 되었다. 사무실에서는 컴퓨터로 문서작업을 하고 3차원 설계도면을 만들고 공장 내부의 움직임을 분석하게 되었다. 발전되는 방향을 분석해보면 기계가 사람을 보조하는 양과 대체하는 비율이 높은 곳으로 진행되었다. 굳이 생산직과 사무직을 구분하자면 생산직은 근육과 감각을 많이 사용하고 사무직은 뇌의 감각을 많이 사용한다. 상대적으로 비교하면 생산직은 근육 사용량이 많고 사무직은 뇌 사용량이 많다. 뇌는 주로 좌뇌 영역인 이성을 활용한다.

그런데 사람의 근육과 뇌를 보조하고 서서히 대체하던 방식은 생산성을 향상시키는 데 한계가 있을 수밖에 없다. 이 조차도 자동차와 반도체 생산이나 휴대전화 제조와 같은 IT 산업에 한정되었다. 한정될 수밖에 없는 이유는 두 가지다. 하나는 생산현장이든 사무실이든 사람이 감각을 통해 작업 현황과 변화를 인지하는 가장 중요한 일들을 기계가 대신하기 어렵다는 점이고, 다른 하나는 공장 전체의 흐름을 읽고 판단하여 제어할 수 있는 완전한 자동화는 구축하기 어렵다는 점이다. 문제의 중심에는 사람의 감각과 판단을 기계가 대체하기 쉽지 않다는 점에 있었다.

그런데 이러한 문제가 4차 산업혁명 시대에 접어들면서 과학기술의 발전으로 상당 부분 해결되고 있다는 점이다. 기계나 로봇에서 사람의 감각을 대신하는 것이 센서라는 제품이다.

실제로 로봇의 핵심은 정밀한 센서다. 센서가 정밀하지 못하면 정밀한 움직임을 만들 수 없다. 게다가 미세한 오류나 불량을 알아챌 수도 없다. 그런데 이 센서가 공장에서 기계를 활용하는 평균적인 사람의 작업보다 정밀해지게 되었다. 2016년 말을 기준으로 평균 생산능력은 사람보다 25% 이상 높아졌고 2배 이상 정밀해졌다. '공장 안의 기계'가 사람을 넘어서는 시대가 된 것이다.

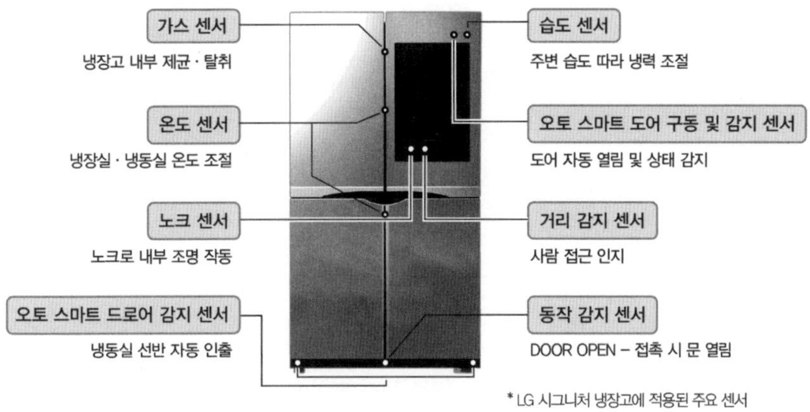

그림 1-7 센서혁명

'기계 안의 공장'인 가상공장이 센서 기반 기술혁명으로 불리는 센서라이제이션(Sensorization)으로 완성되고 있다.

어찌됐든 여러 학자들의 공통적인 견해는 결과적으로 늘어나는 일자리보다 줄어드는 일자리가 더 많을 것이라는 전망이다. 10년 이후에도 이러한 추세가 지속될지는 불명확하지만 지금의 추세라면 현재의 예상들이 한순간에 뒤집히지는 않을 것으로 보인다.

비용경쟁력과 일자리와의 관계

기업들은 생산능력과 비용경쟁력을 갖추기 위해서 점차적으로 로봇공장을 선호하고 있는 추세이다. 완전한 로봇공장을 가능하게 하는 두 가지 중요한 요소는 생산능력과 비용경쟁력이다. 이 두 가지 요소는 컴퓨터 능력과 인공지능의 신속한 발전과 관련이 있다. 기업들은 로봇공장을 추진함으로써 생산능력의 확대와 비용절감을 동시에 얻을 수 있다.

생산능력은 '무엇'이 자동화될 것인지를 결정하고 로봇에 드는 비용과 인건비의 차이는 자동화의 '시기'를 결정한다. 전자기기 제조회사들의 경우 로봇 채택 비율이 높아지는 이유는 바로 이 생산성과 인건비를 비교해볼 때 로봇이 상대적으로 더 매력이 있기 때문이다. 재미있는 사실 중의 하나는 로봇의 원가가 어느 수준 이하로 내려가고 인간보다 생산성이 높아지게 되면 인건비 때문에 지난 수십 년간 오프쇼링(Off-shoring : 인도나 중국 등 인건비가 싸고 시차 활용이 가능한 해외로 기업들의 업무를 이전하는 현상)이 사라지게 될 것이라는 점이다.

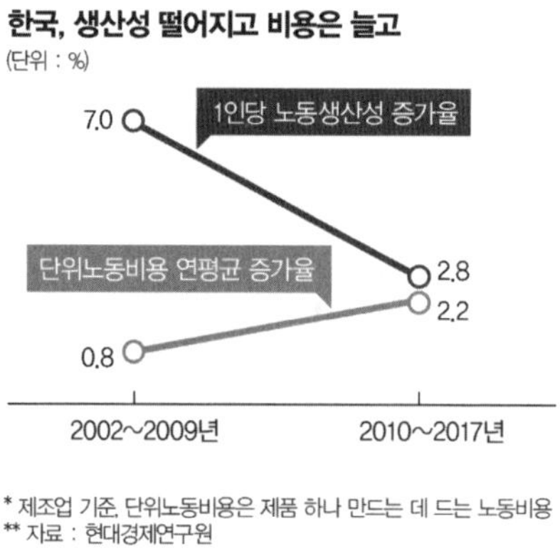

그림 1-8 1인당 노동 생산성 증가율과 단위 노동비용 증가율

중국의 인건비가 상승하고 로봇의 원가가 하락하게 되면 중국공장들은 로봇을 더 많이 도입할 것이다. 또한 미국 회사들도 일부 제조공장을 중국에서 본국으로 다시 가져오게 될 것이다. BCG(종합컨설팅회사)는 이런 변화가 모든 분야에서 동시에 이뤄지지 않고 산업에 따라 다르게 나타날 것으로 전망하였다. 특히 값싼 노동력으로 상징되던 중국에서 로봇도입이 급속히 증가하고 있는 이유는 연간 15~20% 수준의 임금상승률 때문이라고 분석하였다. 중국 컴퓨터 주변기기 생산업체인 라푸테크롤로지(Rappo Technology), 메이더(美的), 하이신(海信), TCL 등 중국가전제품 제조업체들은 인건비 상승을 감당하지 못해 로봇과 자동화 설비를 빠르게 도입하고 있다. 로봇의 인건비 절감효과는 90% 수준으로 저임금 국가로 공장을 이전했을 때의 절감률 65%보다 높기에 완전 자동화가 이뤄질 경우 저임금 국가로의 아웃소싱보다 비용 효율성이 높다. 이러한 점 때문에 로봇은 특정산업분야에서 노동시장 전체를 순식간에 없애버릴 가능성이 크다. 비용절감, 생산효율성, 안전사고와 같은 위험 요인을 제거하기 위해서 제조업이나 건설업에서는 로봇과 인공지능 도입을 점차 증가하고 있다. 머지않은 시점에 제조업이나 건설업에서 인간 노동자라는 존재 자체가 영원히 사라지는 현상을 곧 보게 될 것이다.

4차 산업혁명 시대의 직업 전망, 7대 트렌드

(1) 향후 직업세계에서 나타날 '7대 변화 트렌드'

우리나라 대표 직업 195개에 대한 10년 간(2016~2025) 일자리 전망과 그 요인을 수록한 '2017 한국직업전망'에 수록된 직업별 고용전망을 보면 향후 직업세계에서 나타날 '7대 변화 트렌드'를 알 수 있다.

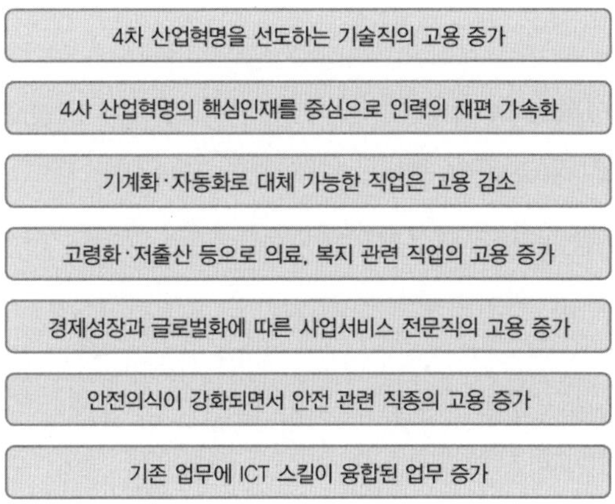

그림 1-9 직업 전망 7대 트렌드

첫째, 4차 산업혁명 선도 기술직의 고용 증가가 이루어질 것이다. 사물인터넷 제품, 웨어러블 디바이스, 자율주행차, 가상현실, 모바일 등 신산업에서 기술·제품 개발과 서비스를 담당하는 IT 직종 관련 전문직의 고용성장이 전망되었다.

둘째, 4차 산업혁명으로 핵심인재 중심의 인력 재편이 가속화될 것이다. 핀테크, 로보어드바이저(Robo-Advisor), 인터넷 전문은행의 확산으로 출납창구사무원 등과 같은 단순 사무원은 물론 증권과 외환딜러 등의 전문직도 예외 없이 고용 감소가 예상되었다. 반면에 고부가가치 창출이 가능한 보험과 금융상품개발자와 같은 핵심 전문가에 대한 수요는 증가할 것으로 예상되었다.

셋째, 기계화·자동화로 대체가능한 직업 또한 고용이 감소될 것으로 예상되었다. 생산설비의 기계화·자동화와 산업용 로봇 및 3D 프린팅 기술의 확산으로 주조원, 단조원, 판금원, 제관원 등의 일자리 감소가 예상되었다.

넷째, 고령화·저출산 등으로 의료·복지 직업의 고용증가가 이루어질 것으로 예상되었다. 고령화와 의료·복지 지원 확대 등으로 의사, 치과의사, 간호사, 물리 및 작업치료사, 응급구조사, 임상심리사, 사회복지사, 간병인 등의 증가가 예상되었다. 다만, 산부인과 의사는 저출산으로 영상의학과 의사는 빅데이터와 인공지능 활용 확산으로 일자리에 부정적 영향을 받는 것으로 전망되었다. 반면에 교사는 저출산과 학령인구 감소로, 작물재배종사자와 어업종사자는 농어촌 인구의 고령화와 청년층의 이농으로 종사자 수가 감소될 것으로 예상되었다.

다섯째, 경제성장과 글로벌화에 따른 사업서비스 전문직은 고용 증가가 예상되었다. 경제 규모 성장과 글로벌화로 경영환경이 복잡해지면서 경영 및 진단전문가(경영컨설턴트), 관세사, 손해사정사, 행사기획자 등과 같은 사업서비스 전문가의 고용 전망은 밝은 것으로 나타났다.

여섯째, 안전의식 강화로 안전 관련 직종 또한 고용 증가가 예상되었다. 국민들의 안전에 대한 욕구가 커지고 정부 역시 안전 관련 정책을 강화하면서 경찰관, 소방관, 경호원 등 안전을 책임지는 직업들의 일자리 증가가 전망되었다.

일곱째, ICT 융합에 따른 직업역량 변화이다. 4차 산업혁명으로 기존 업무에 ICT 기술이 융합된 업무가 증가할 것으로 예상되었다. 예를 들면 자동용접과 로봇용접의 확산으로 용접원에게 프로그래밍 기술이 추가 요구되고 치과 기공사는 전문성 강화를 위해 3D 프린팅 기술을 익힐 필요가 있다. 전기자동차 보급이 증가하고 자율주행차가 상용화되면 자동차정비원의 업무 중 전기·전자 관련 업무의 비중이 증가될 것이다.

(2) 증가될 것으로 보는 직업 : 26개

간병인, 간호사, 간호조무사, 네트워크시스템 개발자, 물리 및 작업치료사, 방사선사, 변리사, 변호사, 사회과학연구원, 사회복지사, 산언안전 및 위험관리원, 상담전문가 및 청소년지도사, 수의사, 에너지공학기술자, 영양사, 웹 및 멀티미디어 제작자, 응급구조사, 응용소프트웨어 개발자, 의사, 임상심리사, 직업상담사 및 취업알선원, 치과위생사, 치과의사, 컴퓨터보안전문가, 한식목공, 한의사

(3) 다소 증가될 것을 보는 직업 : 58개

감독 및 연출자, 경영 및 진단전문가, 경찰관, 경호원, 계산원 및 매표원, 관세사, 관제사, 광고 및 홍보전문가, 기계공학기술자, 기자, 노무사, 대중가수 및 성악가, 데이터베이스 개발자, 만화가 및 에니메이션, 메이크업아티스트 및 분장사, 무역사무원, 미용사, 배우 및 모델, 법률관련사무원, 보육교사, 보험 및 금융상품 설계사, 상품기획전문가, 생명과학연구원, 세무

사, 소년보호원 및 교도관, 소방관, 손해사정사, 스포츠 및 레크레이션 강사, 시민단체 활동가, 시스템소프트웨어 개발자, 식품공학기술자와 연구원, 안경사, 약사 및 한약사, 여행서비스 관련종사자, 연예인 및 스포츠조작원, 웹 및 멀티미디어 디자이너, 의무기록사, 임상병리사, 작가, 전기 및 전자설비조작원, 전자공학기술자, 행사기획자, 제품디자이너, 지리정보전문가, 치과기공사, 컴퓨터시스템설계 및 분석가, 택배원, 판사 및 검사, 피부미용사 및 체형관리사, 항공기 객실승무원, 항공기 조종사, 행사기획자, 홍보 도우미 및 판촉원, 화학공학 기술자, 환경공학 기술자, 환경관련 장치 조작원, 회계 및 경리사무원, 회계사

(4) 유지될 것으로 보는 직업 : 905개

간판제작 및 설치원, 감정평가전문가, 건설기계운전원, 건축가(건축사) 및 건축공학기술자, 건축목공, 결혼상담원 및 웨딩플래너, 경기감독 및 코치, 경비원, 경영지원사무원, 공예원, 국악인 및 전통예능원, 금속가공 장치조작원, 금융 및 보험관련 사무원, 금형 및 공작기계조작원, 기계장비설치 및 정비원, 기업고위임원(CFO), 냉난방관련 설비조작원, 농림어업기술자, 단순노무종사원, 단열공(보온공), 도배공 및 유리부착원, 도시 및 교통설계전문가, 도장원 및 도금원, 물품이동장비조작원(크레인 및 지게차운전원), 미술가, 미장공, 방수공 및 타일공, 방송 및 통신장치설치 수리원, 배관공, 버스운전원, 번역가, 법무사, 보험관련 영업원, 부동산중개인(부동산 중개사), 비금속광물가공 장치조작원, 비서, 비파괴검사원, 사서 및 기록물관리사, 상품중개인 및 경매사, 상품판매원, 생산관련 사무원, 석유화학물, 가공장치조작원, 섬유공학기술자, 시각디자이너, 식품가공관련 기능종사자, 식품제조기계 조작원, 아나운서 및 리포터, 안내 및 접수사무원, 애완동물미용사, 영업원, 영화·연극 및 방송제작장비기사, 운전원, 운송사무원, 운송장비정비원, 유치원교사, 음악가, 의복제조원 및 수선원, 인문과학연구원, 인쇄 및 사진현상 관련 조작원, 인테리어디자이너, 임업종사자, 자동차 및 자동차부품조립원, 자동차정비원, 자산운용가, 장례지도사, 재료공학기술자, 전기 및 전자기기 설치수리원, 전자공학기술자, 제과·제빵사, 제조생산조립원, 조경기술자, 조사전문가, 조적공 및 석공, 주방장 및 조리사, 중등학교교사, 직업운동선수, 철골공, 철근공, 철도 및 전동차기관사, 청소원 및 가사도우미, 청원경찰, 초등학교교사, 출판물전문가, 캐드원, 컴퓨터하드웨어 기술자 및 연구원, 큐레이터 및 문화재 보존원, 토목공학기술자, 통신공학기술자 및 연구원, 통신장비 및 방송 송출장비기사, 통역사, 투자 및 신용분석사, 특수학교교사, 패션디자이너, 항해사, 화물차 및 특수차 운전원 등

표 1-5 향후 10년간 직업별 일자리 증감 전망(자료 : 한국고용정보원)

전망	직업명				
일자리 증가 26개 직업	간병인	간호사	간호조무사	네트워크 시스템개발자	물리 및 작업치료사
	방사선사	변리사	변호사	사회과학 연구원	사회복지사
	산업안전 및 위험 관리원	상담전문가 및 청소년 지도사	수의사	에너지공학 기술자	영양사
	웹 및 멀티미디어기획자	응급구조사	응용소프트 웨어 개발자	의사	임상심리사
	직업상담사 및 취업 알선업	치과위생사	치과의사	컴퓨터 보안전문가	한식목공
	한의사				
일자리 감소 20개 직업 (다소 감소 17개 포함)	귀금속 및 보석세공원	단조원	대학교수	무용가 및 안무가	바텐더
	사진가	세탁원	악기제조 및 조율사	이용사	주조원
	증권 및 외환딜러	측량기술자	콘크리트공	택시운전원	텔레마케터
	판금원 및 제관원	학원강사 및 학습지교사			
	낙농 및 사육종사자(감소)	어업 관련 종사자 (감소)	작물재배 종사자(감소)		

(5) 다소 감소될 것으로 보는 직업 : 17개

귀금속 및 보석세공원, 단조원, 대학교수, 무용가 및 안무가, 바텐더, 사진가, 세탁원, 악기제조원 및 조율사, 이용사, 주조원, 증권 및 외환딜러, 측량기술자, 콘크리트공, 택시운전원, 텔레마케터, 판금원 및 제관원, 학원강사 및 학습지교사

(6) 감소될 것으로 보는 직업 : 3개

낙농 및 사육 종사자, 어업관련 종사자, 작물재배 종사자

4차 산업혁명으로 직업 간에 희비가 엇갈릴 것이다. 그러나 변화하는 기술과 환경변화에 대응하여 지속적으로 직업능력 개발에 힘쓰는 사람은 직업세계의 불확실성 속에서도 건재할 것으로 보인다.

앞에서 제시된 여러 직업군들은 통계적으로 유의미한 자료를 중심으로 제시되었지만 예외는 있을 수 있다. 극단적으로 말하면 여기에서 제시되지 않은 직종이라도 인간이 살아가는 데 꼭 필요한 것이라면 수요는 있을 것이고 그러한 직종은 존재가치가 분명히 있을 것이다. 직종을 선택할 때는 너무 시류(時流)에 편승하지 않고 자기가 진정으로 하고 싶은 것이 무엇인가를 찾아내야 한다. 그 길로 자기능력을 개발하여 직종을 찾아낸다면 어떤 경제 환경 속에서도 일과 관련된 삶을 영위할 수 있을 것으로 보인다. 따라서 본인이 정말 좋아하고 능력을 발휘할 수 있는 분야가 무엇인가를 찾아나가야 할 것이다.

어떤 일자리를 찾아야 할 것인가?

어떤 일자리를 찾아야 할 것인가는 우리 모두의 관심사이며 중요한 과제이다. 우리의 경제는 여러 산업들이 어우러져 구성하고 있다. 그 개별 산업 중에는 다양한 제품군들이 존재하고 있다. 여러 제품군 또는 아이템들 중에는 거센 파고를 넘지 못하고 사라져 간 것들이 적지 않다. 그렇지만 그 제품군들에 속한 산업 자체는 소멸되는 경우가 흔치 않다. 특정 제품은 사라져도 특정 산업은 사라지지 않는다는 명제가 있다. 어려운 환경 속에서 개별 건설기업들은 생존하기 위하여 하루하루 힘들게 버텨가고 있지만 그중에서도 성장하는 건설 기업들은 존재하고 있다.

대학진학을 앞둔 학생들은 적어도 10년 뒤의 상황을 예견하면서 그때도 지금 내가 가고자 하는 분야가 사회에서 필요로 하는 직종일 것인가를 분석하여 결정하여야 한다. 미래의 일자리 연구결과 2030년이 되면 근로자는 일생동안 평균 여섯 번 정도 자신의 경력을 '리부트(Reboot)' 한다고 한다. 이는 새로운 일자리에 맞도록 재교육을 6번 정도 받게 될 것이라는 것이다.

이처럼 우리들이 사는 사회는 기대수명이 늘어나면서 평생 하나의 직업으로 살 수 없는 시대가 되었다. 그렇다고 과거처럼 자식을 잘 키우면 자식이 부모를 금전적으로 지원하던 시대도 지난 지 오래되었다. 자식과 부모가 같은 일자리를 두고 경쟁하는 세상에 접어들었다.

따라서 현실을 냉정하게 받아들이고 변화하는 시대에 적응하기 위해서는 개인이나 기업 모두 꾸준하게 자기계발을 해야 될 것이다.

기존 직업의 고부가가치화
기술 발전으로 인해 역할 고도화 및 전문화

직업의 세분화 및 전문화
수요 세분화 및 새로운 수요 증가에 대응한 세분화

융합형 직업의 증가
서로 다른 지식, 직무 간 융합으로 전문 분야 창출

과학기술 기반의 새로운 직업 탄생
과학기술에 기반한 새로운 수요 창출로 직업 생성

그림 1-10 미래 직업 변화 트렌드

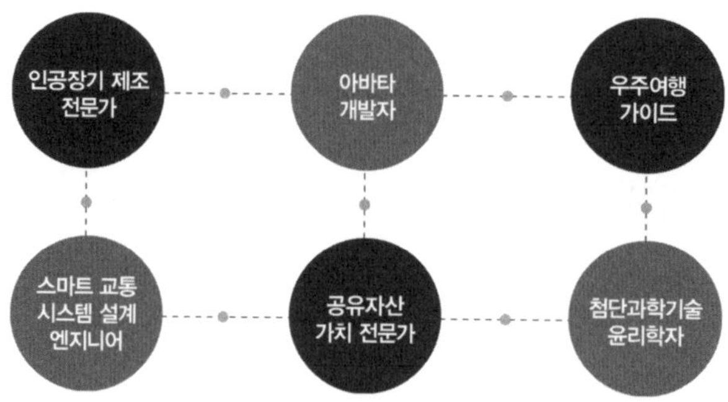

그림 1-11 과학기술 진보로 탄생할 새로운 직업의 사례

CHAPTER 2

스마트 건설을 위한 4차 산업혁명 기술

1 4차 산업혁명과 대응준비

한국은 4차 산업혁명 낙오자

최근 건설업계를 비롯한 산업계의 주요 화두는 아무래도 '4차 산업혁명'일 것이다. 산업혁명이란 '새로운 기술'이 출현하여 '생산·소비' 측면에서 '폭발적인 변화와 결과'를 초래할 때를 말한다. 여기서 중요한 것은 '새로운 기술', '생산·소비', '폭발적인 변화와 결과' 등의 3가지 변화가 비교적 짧은 기간 동안에 결합될 때를 산업혁명이라고 부른다.

이런 변화는 기존의 생산방식으로는 부가가치가 낮아 더 이상 산업을 지속할 수 없는 상황이 되어 기업들이 새로운 기술들을 융·복합하여 경쟁력 높이고자 움직인 결과물들인 것이다. 지금 당장 4차 산업혁명의 물결이 쓰나미처럼 우리 곁에 일시에 다가오는 것은 아니지만 물을 빨아들이는 스펀지처럼 조용히 우리들 곁으로 다가올 것이다. 다만 그 시기를 일률적으로 확정해서 단정 지을 수는 없다. 일부 전문가들은 4차 산업혁명이 '이미 와 있는 미래'라고 이야기하고 있지만 4차 산업혁명은 끝난 것이 아니라 진행되고 있기에 '미래 완료 진행형'이라고 생각하는 것이 좋겠다.

표 2-1 산업혁명의 발달과정

	1차 산업혁명 (1776)	2차 산업혁명 (1890)	3차 산업혁명 (1970)	4차 산업혁명 (현재)
핵심키워드	기계화	효율화, 대량생산	정보화, 인터넷	연결, 개인 맞춤, 공유
혁신기술	증기기관	전기, 디젤, 컨베이어	반도체, 디지털 기술	모바일, 데이터 기술
혁신제품	방적기, 방직기, 철도	자동차, 자동화 공장	메인프레임, PC 인터넷	인공지능, IoT, 3D 프린터
핵심원료	-	철	-	데이터
작동 기반	-	과학적 관리기법	정보시스템	클라우드 / 모바일
사회적저항	러다이트 운동	노조	-	인공지능에 대한 경계
규제	-	붉은 깃발법 (적기법)	-	운송 / 숙박 P2P, 자율주행차
산업 특징	공장제 공업	대량생산 시스템	정보화 / 지식경제	디지털 / O2O 경제, 공유경제

우리나라에서 4차 산업혁명이라는 말은 2015년부터 황창규 KT 회장이 'ICT와 산업이 융합하는 새로운 시대'가 올 것이라고 하면서 4차 산업혁명이라는 용어를 거론하였다. 그러나 학계에서는 이미 50년 전부터 4차 산업혁명이라는 말이 언급되었다. 국제적으로는 독일에서 시작한 '인더스트리 4.0' 정책이 4차 산업혁명의 시발점이라는 의견도 있다. 독일의 '인더스트리 4.0' 정책은 기존 기계 생산체제와 사물인터넷을 결합시켜 완전 자동화 생산체제를 갖추는 스마트공장을 실현시키는 것이 목적이었다. 미국에서는 '산업인터넷'을 주요 정책으로 내세우고 있고, 일본은 '로봇신전략' 또는 '산업재흥플랜'이라는 정책을, 중국은 '중국제조 2025' 정책을 제시하면서 시대의 흐름에 선봉장이 되기 위해 치열한 노력을 경주하고 있다. 이처럼 각 국가마다 4차 산업혁명을 나타내는 용어와 명칭은 각기 다르지만 공통된 속성은 '지능화', '초연결성', '개인화', '융합' 등이라 할 수 있다.

슈밥 회장은 4차 산업혁명을 이끌 주요 기술인 '물리학 기술(무인운송수단·3D 프린팅·첨단로봇공학·신소재 등), 디지털 기술(사물인터넷·블록체인·공유경제 등), 생물학기술(유전공학·합성생물학·바이오프린팅 등) 등 3개 분야의 경계가 희석되는 '기술융합의 시대' 또는 '초연결사회'로 정의하였다. 이런 기술들이 경제 체제와 사회구조를 급격히 변화시킬 것이라고 이야기하고 있다.

그림 2-1 클라우스 슈밥 회장(출처 : CNBC)

4차 산업혁명은 이런 기술들을 융합하여 모든 산업분야에서 삶의 질 향상을 위해 진행되고 있다고 볼 수 있다. 인간이 노동으로부터 좀 더 벗어나기 위하여 인공지능이나 로봇 그리고 자율주행 자동차가 발전되고 있다. 또한 영생을 위해 유전공학이 발전되고 있고 개인의 존엄성을 존중하기 위해 권력분산을 위한 블록체인이 여러 분야에 기여하고 있다. 삶의 질 변화를 위해 빅데이터, 사물인터넷 그리고 드론 등의 기술 발달이 이루어져 삶의 질 변화를 꾀하게 해줄 것이다.

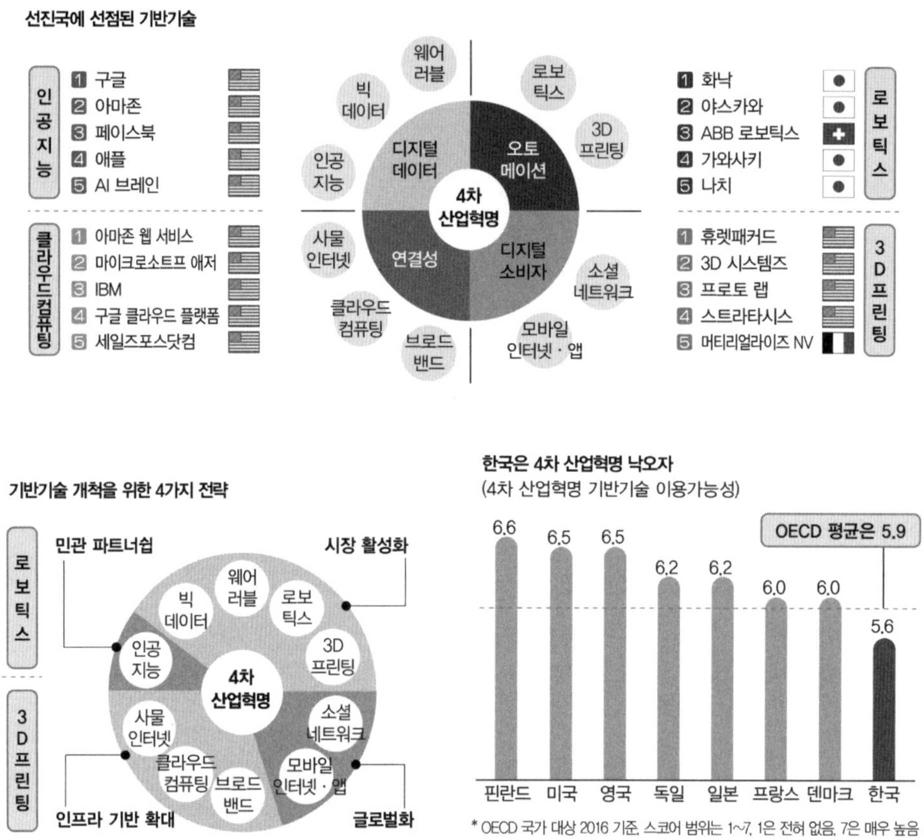

그림 2-2 한국은 4차 산업혁명 낙오자

2016년에 경제협력개발기구(OECD) 소속 국가들을 대상으로 한 4차 산업혁명 기반기술 이용 가능성 조사에서 한국은 10점 만점에 5.6점을 받아 전체 평균(5.9점)에도 못 미쳤다. 최상위권은 핀란드, 미국, 노르웨이, 스웨덴, 영국 등 구미 선진국이 차지하였고 일본의 경우에도 6.2점을 받아 우리나라를 훨씬 앞서고 있다.

또한 스위스 최대 은행인 유니언뱅크(UBS)가 발표한 '국가별 4차 산업혁명 적응 준비 순위'에서 한국은 조사대상 139개국 중 25위를 기록하였다. 우리나라는 아시아의 일본(12위), 대만(16위)보다 순위가 낮았고 중국(28위)과 비슷한 위치였다. 세부 항목별로는 기술 수준에서 23위, 교육 시스템에서 19위, 노동시장의 유연성에서 83위 등의 순위를 보였다. 유니언뱅크(UBS)의 집계가 절대적인 수치는 아니지만 순위가 밑에 있을수록 4차 산업혁명을 시작할 준비가 덜되었다는 뜻으로 해석할 수 있다. 우리나라가 정보기술(IT) 강국이라 자부하며 첨단 기술에서 나름대로 경쟁력이 있다고 자평하고 있지만 객관적 실력과 비교하면 아주 큰 간격이 존재하고 있는 셈이다.

우리는 4차 산업에 관련된 기술들을 보유하고 있지 않다고 먼 산만 쳐다 볼 수는 없다. 4차 산업혁명의 시대는 기술의 융합시대인 만큼 기존의 기술을 개별기업에 어떻게 접목할 것인가를 고뇌하면 점진적 접근이 이루어지리라고 본다.

가장 먼저 선행적으로 이뤄져야 할 일은 4차 산업에 관한 기술의 개요를 충분하게 이해하는 일이 중요하다. 그래야만 우리 기업에 어떤 기술을 접목시킬 것인가를 알 수 있기 때문이다. 이런 일은 아무래도 산·학·연·관이 함께 협력하여 풀어 나아가야 할 일이다.

4차 산업혁명은 필요 없다고 주장을 펴는 일부 학자들도 있다. 그들은 지금 일어나고 있는 각종 변화들이 우리가 지속적으로 겪어온 그것들에 비해 커다란 차이점을 단기간에 만들어낼 것인가에 대한 의구심을 가지고 있다.

그럼에도 불구하고 우리의 산업은 현재보다 더 나은 방향으로 나아가고 있는 것 같다. 다만 4차 산업혁명이 짧은 기간에 이루어질 것인지 아니면 좀 더 긴 기간에 이루어질 것인지는 아무도 장담하지 못할 것이다.

2 ICT가 스며든 꿈의 도시 '스마트시티'

스마트시티(Smart City)의 목적은 무엇인가

(1) 스마트시티의 기본 개념

우리나라는 5G, 사물인터넷, 모바일 관련 세계 최고 수준의 정보통신기술을 보유하고 있다. 2003년 '유비쿼터스 시티(U-City)'라는 고유 브랜드를 만들어내며 스마트시티(Smart City) 정책을 지속적으로 추진한 경험도 있다. 그러나 그동안 우리는 사람보다는 기술 위주의 접근을 우선시하여 왔다. 단순히 도시에 정보통신기술을 접목하면 스마트시티가 된다고 생각했기에 한계가 있을 수밖에는 없었다.

정부는 이러한 한계를 교훈 삼아 스마트시티를 '사람에 의한 사람을 위한 사람을 향하는 도시'로 만들겠다는 계획으로 정책을 추진하고 있다. 물론 4차 산업혁명과 혁신성장 선도사업을 통해 개발되는 첨단 기술들은 스마트시티를 가능하게 하는 중요한 요소이다.

하지만 스마트시티가 반드시 최첨단 기술의 집합체가 될 필요는 없다. 우리가 느끼기에 편안하고 생활하는 데 꼭 필요한 기술들을 유기적으로 융·복합시켜 삶의 질을 높이는 것이 가장 중요하다 하겠다.

그림 2-3 스마트시티 개념도(국토교통부)

스마트시티(Smart City)는 여러 정보통신기술(ICT)과 사물인터넷(IoT) 솔루션을 안전한 방식으로 통합하여 도시자산을 관리하는 도시개발 비전이다. 사물인터넷, 사이버물리시스템, 빅데이터 솔루션 등 최신 ICT 기술을 적용하여 스마트 플랫폼을 구축하고 도시의 자산을 가장 효율적으로 운영하여 안전하고 윤택한 삶을 시민들에게 제공하는 도시라 정의할 수 있다. ITU(국제전기통신연합)에 의하면 스마트시티란 "현재와 미래 세대의 문화적, 경제적, 사회적, 환경적 측면을 동시에 고려하면서 도시 기능의 효율성과 경쟁력, 삶의 질을 향상시키는 수단들과 ICT를 활용하는 혁신적인 도시를 의미한다"고 정의하고 있다.

우리나라는 「스마트도시 조성 및 산업진흥 등에 관한 법률」 제2조에서 '도시의 경쟁력과 삶의 질의 향상을 위하여 건설·정보통신기술 등을 융·복합하여 건설된 도시기반시설을 바탕으로 다양한 도시서비스를 제공하는 지속가능한 도시'를 스마트도시라고 정의하고 있다.

(2) 도시문제 관리 방식의 변화와 스마트시티

도시문제 발생 시 기존의 도시관리 방식에서는 신규로 인프라를 건설하거나 인력 등 자원을 추가로 투입하여 문제를 해결하는 방식이 주를 이루었다. 반면에 스마트시티는 도시 전역에서 정보를 수집하고 이를 분석하여 필요한 곳에 자원을 투입하거나 기존 자원의 효율적 활용을 유도하는 방식으로 문제를 해결하려고 한다. 이처럼 스마트시티는 기존의 도시관리 방식과 다르기 때문에 스마트시티 도입 시에는 신중하게 적용을 검토할 필요가 있다.

첫째, 문제해결 방식의 경우 기존의 도시관리 방식은 도시기반시설을 확대(1 : 1방식, 교통체증 → 도로건설)하였지만 스마트시티 방식은 스마트서비스를 제공(1 : 多방식, 교통체증 → 대중교통 증설)한다. 예를 들면 교통 혼잡이 있을 경우 기존 도시관리 방식의 대응은 도로 확장이나 신규 도로를 건설하였지만 스마트시티 대응은 혼잡한 도로정보를 실시간으로 제공하여 우회하도록 유도하고 실시간 교통량에 따른 교통신호를 제어하는 방식이다.

둘째, 대상의 경우 기존의 도시관리 방식은 공급자 중심(정부, 건설사, 기업중심)이었지만 스마트시티는 시민 중심(이용자 수요에 맞는 서비스 제공)이라는 점이다.

셋째, 구축대상의 경우 기존의 도시관리 방식은 인프라 중심(도로, 항만, 건물, 발전소)이었지만 스마트시티는 서비스 중심(스마트폰, 스마트 그리드, 스마트 파킹, 스마트 가로등, 스마트 카)이다.

넷째, 중심공간의 경우 기존의 도시관리 방식은 물리적 공간중심(공간적, 시간적 제약 존재)이었지만 스마트시티는 사이버 공간중심(공간적, 시간적 제약 없음)이다.

다섯째, 도시의 질을 좌우하는 요소의 경우 기존의 도시관리 방식에서는 도시의 물리적 위치, 물리적 기반이 중요한 요소로 관리되었지만 스마트시티에서는 스마트 서비스가 주된 요소로 작용한다.

여섯째, 플랫폼의 존재 여부인데 기존의 도시관리 방식에서는 스마트 플랫폼이 없었지만 스마트시티에서는 스마트 플랫폼(서비스는 데이터 수집, 무선전자태그, 센서, CCTV 등)이 존재하고 있다는 점이다. 플랫폼 안에서 활발한 분석(빅데이터, Analytics)과 활용

(Smart-Trans, 에너지 등)이 이루어지고 있다. 스마트 플랫폼의 네트워크는 P2P, P2M, M2P, M2M 등 기기와 사람 간 연동이 이루어지도록 설계되고 있다.

표 2-2 스마트시티의 문제해결 방식

	기존 도시 대응	스마트시티 대응	적용 효과 사례
교통 혼잡	도로확장 또는 신규도로 건설	- 혼잡도로정보 실시간 제공을 통해 우회 유도 - 실시간 교통량에 따른 교통신호 제어	영국 M4S 고속도로 스마트교통시스템 교통통행 소요시간 25%, 교통사고 50%, 대기오염 10% 감소
주차 문제	신규 주차장 건설	- 빈 주차공간 정보 실시간 제공하여 주차 유도 - 카 셰어링 등의 서비스 활용 도심진입 최소화	향후 스마트주차에서 전 세계 410억 달러 이상 수익 발생예상(CISCO)
방범 문제	경찰 인력 전 지역적 투입	- 방범/교통 CCTV 복합화로 범죄 발생 시 경찰 인력의 즉각적 투입 - 스마트 범죄 관련 앱 활용을 통한 도움 요청	국내 지자체 스마트방범시스템 도입 후 20% 범죄 발생율 감소
상하 수도	누수 지점 정보 취득 불가	- 누수지점 센서 감지를 통한 즉각적 조치 가능 - 장기적 노후도 추정에 따른 누수가능지역 추정	카타르 도하/브라질 상파울로/중국 베이징 40~50% 누수예방 효과 발생

스마트시티(Smart City)의 성장 단계

글로벌 스마트시티 시장은 세계 각국의 스마트시티 프로젝트 추진과 함께 빠르게 성장하고 있다. 세계 도시 중 인구가 천만 명 이상인 메가 시티(Mega City)는 2013년 23개에서 2025년 37개로 늘어날 것으로 예상되며 그 영향으로 스마트시티 시장은 빠르게 성장할 것으로 기대되고 있다. 세계 스마트시티 프로젝트의 약 70%는 에너지·교통·안전 등 3대 요소에 집중될 것으로 보인다. 전 세계 약 70억 명의 인구 중 35억 명이 도시에 거주하고 있다. 인구 증가율보다 도시 거주율이 더 빠르게 증가하고 있고 도심 재생의 필요성으로 인해 스마트시티는 더욱 관심을 받을 것으로 보인다. 일반적으로 알려진 스마트시티의 성장단계는 다음과 같이 3단계로 나누어 정의할 수 있다.

첫째, 태동기(1996~2002)이다. 이 단계의 스마트시티는 1990년대 중반 디지털시티의 등장과 함께 태동하였고 AOL(America Online)에 의해 미국에서 처음 시작되었다. 그 이후

1993년 암스테르담, 1996년 헬싱키, 1998년 교토 등 전 세계로 퍼져나갔다. 주로 통신사가 주도하는 시범사업 형태로 추진되었다. 도시 전반을 연결하는 네트워크를 구축하여 시민이 활동하는 가상공간을 조성한 것이었다. 실제로 디지털시티는 상징적 의미였고 주로 에코시티 등의 프로젝트가 추진되었다.

둘째, 성장기(2003~2011)이다. 이 단계의 스마트시티는 가상과 현실 공간을 융합하는 전면적 도시 정보화로 전환되었다는 차이점이 있다. 우리나라는 2003년 유시티(U-City)를 계기로 본격적인 기술주도형 스마트시티가 등장하였다. 1단계의 디지털시티가 온라인상에서 부분적인 도시 정보화였다면 2008년 이후부터는 IBM, 시스코 등의 글로벌 기업이 스마트시티에 참여하였다. 유럽에서는 오픈 이노베이션을 통해 리빙랩(Living lab : 문제가 발생했을 때 사용자가 직접 나서서 현장을 중심으로 해결해 나가는 사용자 참여형 프로그램(일명 우리 마을의 실험) 등 새로운 도시혁신 모델이 등장하였다.

표 2-3 스마트시티의 성장 3단계

태동기 (1996-2002)	- 1990년대 중반 디지털시티 확산을 계기로 태동 (1993년 암스테르담 디지털시티, 1996년 헬싱키 Arena 2000, 1998년 교토 등) - 실제 스마트시티는 도시 혁신을 주도한 Eco-City, Sustainable City 등 도시 지속성장 프로젝트가 해당
성장기 (2003-2011)	- 2003년 한국 U-City를 기점으로 기술주도형 스마트시티 태동 - 전략의 중심이 부분적 정보기술 활용에서 전반적 도시 정보화로 이동 - 2008년 IBM의 Smarter Planet을 계기로 CISCO 등 글로벌 기업이 스마트시티에 참여 - 유럽과 미국에서는 Open Innovation과 연계되면서 Living Lab으로 발전
확산 및 고도화기 (2012-현재)	- 2012년 중국이 스마트시티 구축을 공식화하면서 세계적으로 급속히 확산 - 2012년 구글의 딥러닝 기술발전 등으로 스마트시티 고도화 빨라짐 - 2015년 인도 모디총리가 스마트시티 구축전략을 발표하면서 스마트시티가 개도국까지 확대

셋째, 확산 및 고도화기(2012~현재)이다. 이 단계는 2012년 이후 플랫폼, 데이터 분석 등의 기술발전과 개도국의 도시개발 수요가 결합하여 스마트시티가 전 세계로 빠르게 확산되고 있는 시기이다.

스마트시티(Smart City)의 구성요소

스마트시티의 구성요소는 크게 스마트시티 구축을 위한 물리적·기술적 요소인 인프라와 새로운 도시서비스를 개발·운영하는 데 필요한 데이터 그리고 실제 도시서비스를 제공하는 영역으로 서비스 및 제도 부문으로 구분할 수 있으며 각 부문별로 7개의 세부요소가 포함된다.

표 2-4 스마트시티의 구성요소

구분		주요내용
인프라	도시 인프라	- 스마트시티 관련 기술 및 서비스 등을 적용할 수 있는 도시 하드웨어 - 스마트시티는 소프트웨어 중심의 사업이지만 도시 하드웨어의 발전도 필요
	ICT 인프라	- 도시전체를 연결할 수 있는 유·무선 통신 인프라 - 과거에는 사람과 컴퓨터의 연결이 주된 목적이었지만 스마트시티에서는 사물 간 연결이 핵심
	공간정보 인프라	- 지리정보, 3D 지도, GPS 등 위치측정 인프라, 인공위성, Geotagging(디지털 콘텐츠의 공간정보화) 등 - 현실공간과 사이버공간 융합을 위해 공간정보가 핵심 플랫폼으로 등장 - 공간정보 이용자가 사람에서 사물로 변화
데이터	IoT	- CCTV를 비롯한 각종 센서를 통해 정보를 수집하고 도시 내 각종 인프라와 사물을 네트워크로 연결 - 스마트시티 구축 사업에서 가장 시장 규모가 크고 많은 투자가 필요한 영역 - 특정 부문에 대해 개별적으로 사업을 추진할 수 있어 점진적 투자확대 가능
	데이터 공유	- 생산된 데이터의 자유로운 공유와 활용 지원 - 좁은 의미의 스마트시티 플랫폼으로 볼 수 있으며 도시 내 스마트시티 리더들의 주도적 역할이 필요
서비스	알고리즘 & 서비스	- 데이터를 처리·분석하는 알고리즘을 바탕으로 한 도시서비스 - 실제 활용이 가능한 정도의 높은 품질과 신뢰성 확보가 관건
	도시혁신	- 도시문제 해결을 위한 아이디어와 새로운 서비스가 가능하도록 하는 제도 및 사회적 환경

스마트시티 기본 기술과 플랫폼 진화과정

스마트시티는 에너지, 교통, 환경, 상하수도, 행정, 의료, 교육 분야 등 시설 및 서비스를 효율적으로 관리하는 데에 중점을 두고 있다. 따라서 스마트시티 구현을 위한 기반기술로는 사물인터넷, 클라우드, 빅데이터 분석, 네트워킹, 정보보안 기술 등 다양한 기술의 융합과 활용이 필요하다. 그러나 스마트시티가 구현되면 해커들의 사이버 공격이 가중될 것이라는 우려가 꾸준히 제기되고 있어 보안에 대한 논의는 계속될 것으로 보인다.

스마트시티는 기본적으로 플랫폼이 중요한 기술이다. 초창기에는 스마트시티 플랫폼을 도시통합 플랫폼이라고 불렀다. 초창기 플랫폼은 주로 도시의 시설물들을 통합하던 차원에서 점차 인공지능 기반의 스마트시티 플랫폼으로 진화하고 있다.

플랫폼 진화 과정을 4가지로 분류해 보면 다음과 같다.

제1세대 도시통합플랫폼은 2000년대 초반부터 추진되었다. CCTV를 통한 무단 쓰레기 투기, 주차단속 등 공공목적의 감시기능 위주였다.

제2세대 도시통합플랫폼은 2010년경부터 추진되었다. CCTV로부터 데이터 수집을 통해 관리자 등에게 핸드폰으로 알려주는 등 관리자 편의성을 위한 기능들이 많았다.

제3세대 도시통합플랫폼은 2014년부터 추진되었다. CCTV와 다양한 센서 기반으로 데이터를 수집하여 표출하고 각 부서 간 경계를 허물면서 관리를 다양화하고 복합기능 카메라를 통해 위급 시 단일 카메라 역할을 할 수 있는 형태로 개발되었다.

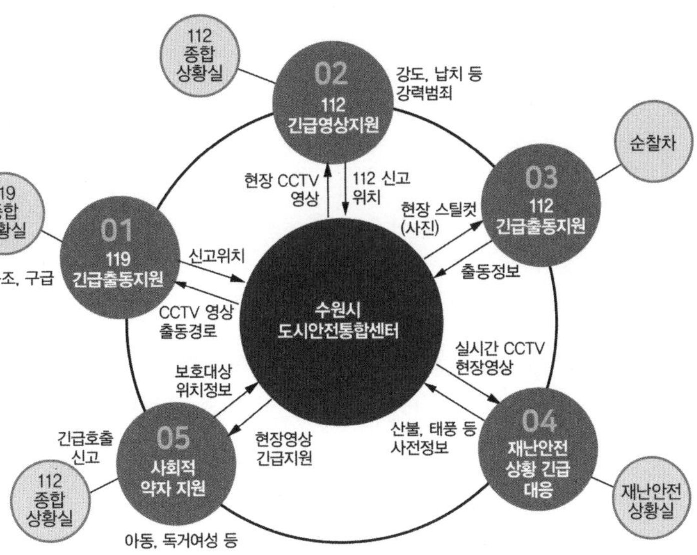

그림 2-4 스마트시티 통합 플랫폼(5대 연계서비스)

제4세대 도시통합플랫폼은 최근 4차 산업혁명 기술인 IoT 기반의 센서와 데이터 수집, 빅데이터 처리, 인공지능 분석, 머신러닝 기술 등이 복합적으로 어우러져 있다. 데이터, 디바이스, 서비스 관리자가 아닌 지능형 도시조절기능, 예측기술 등 인공지능 기술의 화려함으로 더욱 인간적인 휴머니티가 강조된 도시통합플랫폼으로 진화하고 있다. 스마트시티의 플랫폼은 스마트시티에서 거의 무한한 양의 정보를 수집할 수 있고 이로부터 운영비용을 절감하고 삶의 질을 향상시키면서 지역사회가 보다 효율적으로 운영되도록 지원하는 모델이다. 제4세대 도시통합플랫폼은 단순한 시설물통합이나 데이터 수집뿐만 아니라 인공지능 분석을 통한 예측을 통해 도로의 차량과 연결되어 수집된 데이터로부터 적절한 행동을 할 수 있는 모델로 진화되었다. 연결(Connected)방식으로 도시 내 모든 사물을 연결하고 관리하는 형태인 것이다.

스마트시티는 클라우드 기반 서비스, 사물인터넷(IoT), 실제 사용자 인터페이스, 스마트폰 사용, 스마트 미터, 센서와 RFID(전자태그), 컴퓨터가 사람을 대신하여 정보를 읽고 이해하고 가공하여 새로운 정보를 만들어 낼 수 있는 차세대 지능형 시맨틱웹(Semantic Web) 기반 방식을 활용하고 있다. 향후에는 보다 정확한 커뮤니케이션을 촉진하는 새로운 인터넷 기술과 집단행동이나 공동 문제를 해결할 수 있는 새로운 방식이 활용될 것으로 기대된다.

국내외 스마트시티 추진 현황

(1) 국내 스마트시티 현황

우리나라는 2008년 이후 은평, 동탄, 판교 등 신규 U-시티를 시작으로 U시티법(2008)이 제정되었지만 이후 소강상태에 빠졌다가 2017년에 약칭 '스마트시티법'으로 변경되어 새로운 변화를 시도하고 있다.

기존의 스마트시티 사업은 대부분이 기존 도시가 아니라 신도시 중심이었고 정부가 사실상 사업 주체로 나서면서 원래의 의미가 퇴색되었다. 민관 협력을 중시하는 미국과 대조적이라 할 수 있다. 산업측면에서는 스마트시티를 수출산업으로 육성하려고 했지만 시범사업 종료와 함께 더 이상의 진전은 없었다. 하지만 최근에는 IoT, 빅데이터 기술의 발전과 시장의 성장으로 스마트시티 시장이 다시 각광을 받고 있다. 이는 스마트시티가 사물 인터넷과 빅데이터 활용을 통한 도시 구현으로 귀결되고 있기 때문인 것으로 분석된다.

(2) 총성을 감지하고 발포위치를 찾아내는 'ShotSpotter'

미국은 중앙정부를 중심으로 스마트시티 시행계획을 추진하고 있다. EU나 아시아 국가들과는 달리 에너지·의료분야 외에는 지자체와 민간 기업에 위임하고 있다. 연방정부는 스마트시티 정책과 스마트 그리드와 의료 정보화에만 집중하고 있다.

각 주 정부는 자체적인 스마트시티 프로젝트를 추진 중에 있다. 시카고는 스마트폰 연동 자전거 공유 시스템 '다비(DIVVY)', IoT 기상정보 시스템 'AoT(The Array of Things)', 빅데이터 기반 의사결정 지원시스템 등의 프로젝트를 추진하고 있다. 또한 보스턴은 도시 인프라 개선을 위해 교통부분에 ICT를 활용하고 있다. 그 외 안전 영역에서는 뉴욕 경찰청 등이 빅데이터 기반의 통합범죄 정보분석시스템을 도입하였다. LA, 뉴욕, 보스턴, 워싱턴 DC 등의 70여 개 도시에서 총성을 감지하고 발포 위치를 찾아내는 'Shot Spotter' 솔루션을 도입 중에 있다.

(3) 유럽연합(EU), 스마트시티 관련 혁신을 지원하는 EIP-SCC

유럽연합(EU)은 스마트시티 관련 혁신지원을 위해 'The Euripean Innovation Partnership on Smart Cities and Communities(EIP-SCC)'를 2011년 출범하였다. 이후 도시 교통, 오픈데이터, 비즈니스모델, 금융, 정책, 에너지 등 다양한 영역의 프로젝트를 진행하고 있는데 2014년 기준 32개 국가의 2,500명의 파트너가 350개 프로젝트를 진행하고 있다.

유럽 내 주요 도시들은 자체적인 스마트시티 구축 노력을 강화하고 있다. 영국 런던시의 '스마트 런던 플랜'이 대표 사례인데 런던은 오픈 데이터, 디지털 R&D 지원, 네트워크(커뮤니티) 구축, 기반시설 첨단화, 공공 데이터 공유 확대 등의 프로젝트를 추진하고 있다.

그 외에도 독일은 인더스트리 4.0을 통해 사물인터넷을 통한 제조업 생산성 30% 향상을 추진하고 있다. 프랑스(니스), 스페인(바르셀로나), 네덜란드(암스테르담) 그리고 스웨덴(스톡홀름) 등도 스마트시티 프로젝트를 시행 중에 있다. 커넥티드 단말기의 보급 확대, 통신기술의 진화, 클라우드 컴퓨팅 대두 등 ICT 기술의 진화 추세 등으로 미래 새로운 차원의 시장 가치를 창출할 것으로 전망되고 있다.

(4) 일본과 중국

일본은 에너지 안보와 재난복구 등에 집중하는 것이 스마트시티의 특징이다. 2011년 동일본 대지진 이후 스마트시티 프로젝트 추진을 본격화하였고 국가적인 에너지 안보 위기 상황을 스마트 그리드 중심의 에너지 인프라 스마트화 정책을 통해 극복하는 것을 주요 목표로 설정하였다.

중국은 지방정부가 개별적으로 추진해 오던 스마트시티 정책을 2013년부터 중앙정부가 직접 관리하기 시작하였다. 최근 '2014~2020 국가 신형도시화 계획'을 발표했는데 이 계획에 따르면 약 90조 원의 투자와 함께 320개 스마트시티를 구축할 계획이다. 클라우드 컴퓨팅을 비롯한 첨단 ICT 기술을 결합해 도시 주요 시설과 공공기능을 네트워크화 된 미래형 첨단도시를 구축하겠다는 야심찬 계획이다.

스마트시티를 위한 거버넌스와 미래

스마트시티의 궁극적인 성패는 거버넌스(Governance)에 달려 있다고 본다. 스마트혁명은 개방, 참여, 공유, 협력이라는 가치를 강조하고 있으며 여러 분야가 융·복합되고 있기 때문에 개별 부문의 대응만으로는 경쟁력 확보가 취약할 수밖에 없다. 따라서 스마트시티의 지속가능한 발전을 위해서는 정치, 경제, 사회적으로 어떻게 협력하고 어떤 거버넌스의 조직과 체계를 어떻게 구축할 것인가가 매우 중요한 과제이다. 공공과 민간 그리고 시민의 공동 참여와 협력을 통한 스마트시티의 거버넌스가 스마트시티 성패의 최대 관건이라 할 수 있겠다.

스마트시티는 도시의 모든 정보가 모이고 공유되는 플랫폼의 역할을 하게 되며 신규 기능과 서비스를 유연하게 수용하는 것이 가능해져 시민들의 삶의 질을 제고하는 동시에 도시의 생산성 향상과 일자리 창출에도 기여할 것으로 보인다. 스마트시티는 에너지, 물과 같은 자원 소비, 신규 인프라 건설 등에 따른 비용과 함께 범죄, 의료, 행정, 복지 등 사회적 비용을 획기적으로 절감하는 데 기여할 것으로 기대를 모으고 있다.

아랍에미리트(UAE) 아부다비에 건설되고 있는 탄소배출 제로를 목표로 한 신도시 마스다르시티(Masdar City)가 있다. 스마트시티 기술을 바탕으로 아부다비 평균 대비 에너지 소비는 50% 이하, 물 사용은 40% 이하로 절감하겠다는 것이다.

스마트시티 플랫폼은 단순히 도시를 관리하는 정도가 아니라 스마트시티를 실현하는 기술이 될 것이다. 물론 이를 구현할 수 있는 인공지능기술도 함께 개발될 것이다. 인공지능은 90% 이상이 데이터에 의해 성패가 좌우되므로 스마트시티의 성공은 결국 데이터에 달려 있다고 볼 수 있다. 데이터를 어떻게 하면 효율적으로 모을 수 있을 것인가에 따라 스마트시티의 성패가 좌우될 것이다. 이는 '연결'이 해결해 줄 것이다. 연결을 통한 데이터 수집 이것은 인공지능의 기본 소스가 될 것이고 스마트시티의 실현 기반을 마련해주게 될 것이다. 요약하자면 스마트시티를 잘 실현하기 위한 스마트시티 플랫폼은 데이터 기반으로 개발이 되어야 할 것이고 기술 중심보다는 사람 중심으로 활용되어야 할 것이다.

3 미래의 불꽃, '드론'

드론의 개념

드론은 조종사가 비행체에 탑승하지 않고 지상에서 원격조정기나 사전 프로그램된 경로에 의해 자동 및 반자동 형식으로 비행하거나, 인공지능이 탑재되어 자체 환경판단에 따라 자율비행하는 '무인비행장치'를 말한다. 드론에 대한 산업적 중요성과 시장 규모는 날로 커지고 있다. 드론과 관련된 항공·통신·센서·소프트웨어 기술 또한 연관 분야로서 파급효과가 매우 크다. 드론은 인공지능과 사물인터넷, 센서 등 4차 산업혁명의 공통 핵심기술을 적용하고 검증할 수 있는 최적의 테스트베드(Test bed)이기도 하다.

정부는 704억 원 규모의 국내 드론시장을 오는 2026년까지 4조 1,000억 원 규모로 키우고 세계 상위 5위권 기술 강국으로 도약하겠다는 로드맵을 제시하였다. 이를 통해 오는 2025년까지 16만 4,000여 개의 일자리를 창출하겠다는 계획이다.

드론은 처음엔 군사용 무인항공기로 개발되었다. 드론은 카메라, 센서, 통신시스템 등이 탑재돼 있고 무게와 크기 또한 25 g부터 1,200 kg까지 다양하게 존재한다. 드론은 공군의 미사일 폭격 연습 대상으로 쓰였는데 점차 정찰기와 공격기 용도로 사용되다가 최근에는 고공 촬영과 배달 등으로 대폭 확대되었다. 드론은 값싼 키덜트(Kidult : 어린이와 성인의 합성어로 '어린이 같은 어른'을 뜻한다) 제품으로 재탄생되어 개인도 부담 없이 드론을 구매하는 시대를 맞이하였다. 조종사가 탑승하지도 않고도 적군을 파악하고 폭격까지 할 수 있다는 장점 덕분에 미국은 2000년대 중반부터 드론을 군사용 무기로 적극 활용하였다.

영국에서 만든 최초의 왕복 가능한 무인항공기는 '여왕벌(Queen Bee)'이었다. 여왕벌은 무인표적기의 원조라고 할 수 있다. 이륙을 위해 바퀴를 달았고 바다에서도 사용하기 위해 플로츠(浮遊, Floats)를 장착하였다. 1935년 영국 해군 훈련에 초대받은 미국의 윌리엄 스탠리 해군 제독은 영국 해군이 퇴역한 훈련용 복엽기 '타이거 모스'를 개조하여 원격조종으로 무인비행기를 띄워 놓고 격추시키는 장면을 관람하게 되었다. 미국으로 돌아온 윌리엄 스탠리 해군 제독은 귀국 후 거의 쓸모없게 된 유인 비행기를 '표적기'로 개조하여 사용하면서 무인 비행체에 여왕벌(Queen Bee)에 대비되는 애칭으로 '숫벌'이란 의미를 가진 '드론(Drone)'이라는 이름을 붙여 표적기로 사용하였다. 이처럼 드론은 비행과정 중 모터에서 나는 소리가 마치 벌이 날아다닐 때 윙윙거리는 것과 비슷해서 '드론(Drone)'이란 이름이 붙여졌다고 한다.

드론의 발전단계

2022년부터 화물을 운송하는 택배 드론이 등장하고 2023년부터는 자율비행 드론택시 시범사업도 시작된다. 또 불법 드론을 방어하는 전파차단 장치가 허용되고 드론 전용 공역도 만들어진다. 드론은 다음과 같은 단계를 거쳐 오늘에 이르고 있다.

① 1세대 드론은 카메라와 하나의 축을 중심으로 물체가 회전할 수 있도록 만들어진 구조물인 짐벌(Gimbal)이 결합된 것이었다. 드론에 상·하향 짐벌 지지대인 마운트를 탑재하여 송전탑을 포함한 에너지 시설점검과 화산폭발, 지진 등에 대한 재난 대처에 활용되었다.

② 2세대 드론은 열감지, 다중분광, 적외선 카메라, 라이더(Lider : 레이저를 발사하여 산란되거나 반사되어 레이저가 돌아오는 시간과 강도, 주파수의 변화, 편광 상태의 변화 등으로부터 측정 대상물의 거리와 속도, 형상 등 물리적 성질을 측정하는 기법이나 그 장치) 등 다양한 센서 탑재장치를 이용해 데이터 수집이 가능해졌다.

③ 3세대 드론은 소프트웨어 기술과 결합된 것이다. 육지에서 측정하거나 비행기에서 측정하던 장비가 드론에 부착됨에 따라 보다 정밀한 공간정보를 얻을 수 있게 되었다. 드론과 연계된 다양한 소프트웨어의 결합으로 고도화된 콘텐츠가 개발되어 다양한 분야에서 활용되고 있다.

국내 드론산업의 기술 수준은 국토교통부 자료에 의하면 대형 드론은 세계 최고인 미국의 85% 이고 소형 드론은 세계 최고 수준 대비 65% 수준이다. 소형 드론의 프레임과 모뎀, 모터, GPS부품의 경쟁력은 세계 최고 수준 대비 42~74% 수준이다.

드론은 상상 그 이상으로 발전하고 있으며 우리 사회 속 다양한 분야에서 적용되고 있다. 단순히 취미 레저 활동으로 활용하는 것을 넘어 직업과 사업 등으로 발전해가는 드론은 앞으로가 더욱 궁금해진다.

표 2-5 단계별 드론 활용계획

발전단계	연도(년)	비행방식	수송능력	비행영역
1단계	현재~2020	원격 조종	화물 10 kg 이하	인구희박지역 비가시권
2단계	2021~2024	부분 임무위임	화물 50 kg 이하	인구밀집지역 가시권
3단계 이후	2025~	자율비행 (임무위임-원격감독)	2인승(200 kg)~ 10인승(1톤)	인구밀집지역 비가시권

사업모델	출현시점(년)	사업내용
배달, 택배	2022(비도심) 2025(도심)	도서·산간지역뿐 아니라 도심지에서 화물 수송하는 드론
드론택시	2023~ (3단계 이후)	도시 혼잡지역 등에 승객을 신속히 운송하기 위한 택시드론
의료용품 수송	2025~2027(3단계)	악천후에도 긴급히 의약품을 운송하는 드론
레저 드론	2025~2027(3단계)	산이나 강 등에서 일정구역 이동을 실시하는 레저 드론
드론 앰뷸런스	2030 이후(5단계)	응급환자를 신속히 이송하는 드론

규제 이슈	기한	소관
(배달·택배드론) 드론을 활용한 배송기준 마련 → 신속하고 편리한 새로운 택배, 우편 배송 서비스 구현 가능	2024	국토부 우정사업본부
(드론택시·레저드론) 사람 탑승에 관한 규정 마련 및 실용화 → 사람이 탑승한 다양한 유형의 드론 신사업 모델 창출 가속화	2023	국토부
(드론택시·레저드론) 드론을 이용한 운송 사업 근거 마련 및 실용화 → 영리 목적의 운송 신사업(드론택시·레저드론 등) 개시가 가능	2023	국토부
(배달·택배 / 드론 택시 등) 드론의 옥상 헬리포트 이용 근거 마련 → 중대형 택배 배송 및 중대형 드론 활성화	2020	국토부
(의료용품 운송) 드론의 의약품 운송 기반 마련 → 악천후, 격오지 등에도 의약품을 신속하게 전달 가능	2024	보건복지부
(드론 앰뷸런스) 드론 앰뷸런스 활용 근거 마련 → 신속한 출동 및 응급 환자 이송 가능	2030	보건복지부

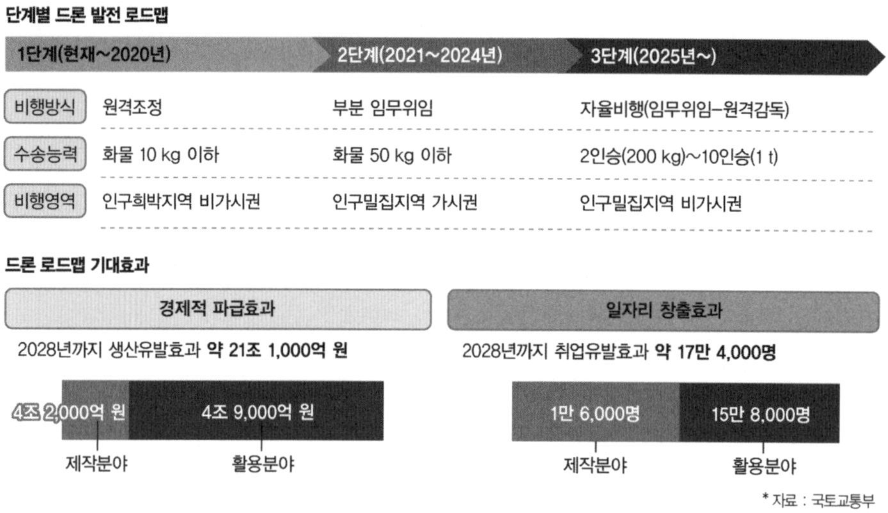

그림 2-5 단계별 드론 발전 로드맵

드론을 구성하는 기술

드론을 구성하는 기술은 정밀측위기술, 항법기술, 자세제어기술 그리고 영상처리기술 등 네 가지로 나눌 수 있다.

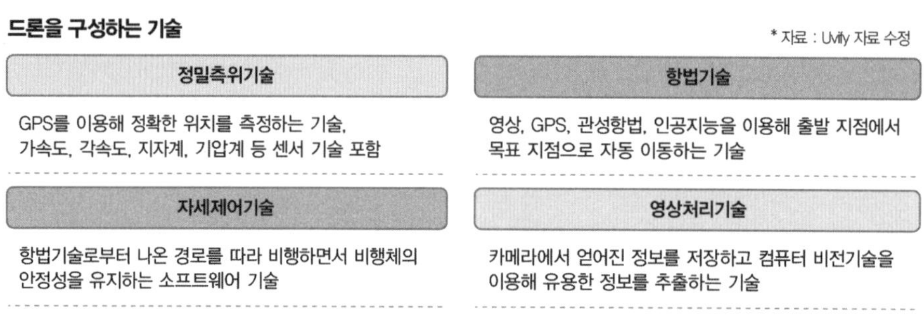

그림 2-6 드론을 구성하는 기술

정밀측위기술은 GPS를 이용해 정확한 위치를 측정하는 기술로서 가속도, 각속도, 지자기계, 기압계 등 다양한 센서 기술을 포함하고 있다. 항법기술은 영상, GPS, 관성항법, 인공지능 등을 이용해 출발 지점에서 목표 지점까지 자동으로 이동하는 기술을 말한다. 자세제어기술은 항법기술로부터 나온 경로를 따라 비행하면서 비행체의 안정성을 유지하는 소프트웨어 기술을 말한다. 영상처리기술은 카메라에서 얻어진 정보를 저장하고 컴퓨터 비전기술을 이용해 유용한 정보를 추출하는 기술을 말한다.

드론 기술의 활용 분야

드론은 활용 목적에 따라 다양한 크기와 성능을 가진 비행체들이 개발되고 있는데 대형 비행체의 군사용뿐만 아니라 초소형 드론도 활발하게 연구 개발되고 있다. 또한 개인의 취미 활동으로 개발되어 상품화된 것도 시중에 많이 나와 있다. 정글이나 오지, 화산지역, 자연재해 지역, 원자력 발전소, 사고지역 등 인간이 접근할 수 없는 지역에 드론을 투입하여 운용하기도 한다. 최근에는 드론을 활용하여 수송목적에도 활용하는 등 드론의 활용 범위가 점차 넓어지고 있다. 이는 드론이 기술이나 부품, 소프트웨어, 서비스 등 관련 산업의 성장을 이끌어낼 수 있을 뿐만 아니라 활용될 수 있는 영역이 넓기 때문이다. 인공지능, GPS, 빅데이터, 광학 탐지 등 여러 기술과 결합하면 드론의 활용 분야는 그야말로 무궁무진하다고 할 수 있다.

(1) 군사용

처음에는 공군기나 고사포, 미사일의 연습사격에 적기 대신 표적 구실로 사용되었으나 점차 무선기술의 발달과 함께 정찰기로 개발되어 적의 내륙 깊숙이 침투하여 정찰·감시 용도로 운용되었다. 근래에 들어서는 드론에 미사일 등 각종 무기를 장착하여 공격기로도 활용되고 있다.

그림 2-7 드론봇 전투단

우리나라에서도 군단급 전술 무인 정찰기인 RQ-101 송골매, 리모아이 006 등을 실전에 투입하여 사용하고 있다. 우리나라 육군은 '드론쇼코리아'에서 '드론봇 전투단'을 창설할 계획을 가지고 있다고 발표하기도 하였다. 드론을 전투에 적극적으로 활용하는 국가로는 이스라엘을 들 수 있지만 '드론봇' 전사를 양성하는 전투단 창설은 우리나라가 세계 최초라고 한다.

(2) 공공 부문

드론은 이미 토지 측량과 주택 안전점검, 시설물 점검 분야 등에서 활발히 활용되고 있다. 드론은 사업지구 계획 수립을 위한 토지경계 확인, 토지보상용 사진 촬영 등에 활용되며 이렇게 모인 데이터는 관공서, 지자체에 제공된다. 특히 공간 정보 체계와 지적 제도를 연구하고 각종 측량 업무를 수행하는 한국국토정보공사(LX)는 2016년부터 2년 동안 전국 28개 지구에서 시범사업을 벌여 드론 측량 효과를 검증하고 데이터를 축적해 왔다.

한국전력공사는 송전선로를 감시·진단하는 드론 운용 시스템을 개발하고 있다. 송전선로란 발전소나 변전소에서 다른 곳으로 전력을 옮기거나 연계하기 위한 전선이다. 과거에는 사람이 지상에서 육안으로 살피거나 고배율 망원경을 썼는데 투입 인력이나 시간에 비해 효율이 낮았다. 지상 제어 시스템으로 상용 드론 3대를 활용해 점검하는 시험 비행을 최근 성공하였다. 현재는 비가시권 무인 순시까지 가능하도록 기능을 확장하고 있다. 시스템이 모두 마련된다면 하늘을 떠다니는 드론이 가시권은 물론 비가시권 영역까지 관제 시스템과 연동돼 실시간 영상 정보를 주고받는 것이 가능해질 전망이다.

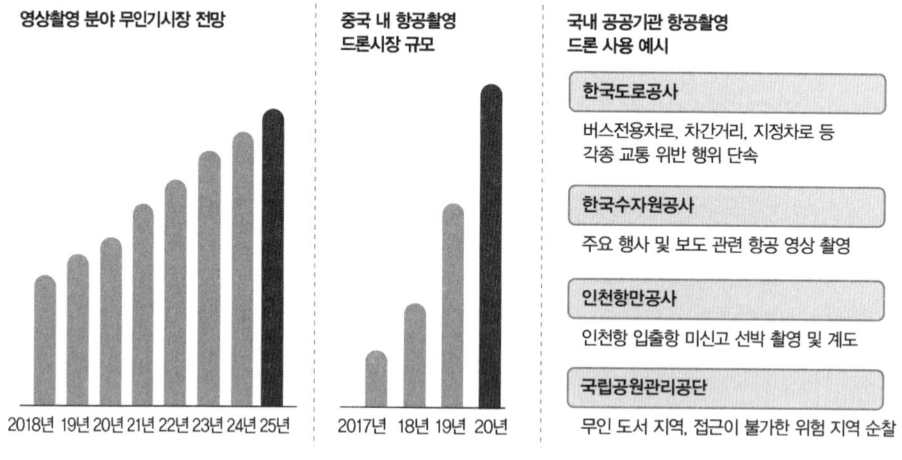

그림 2-8 국내 공공기관 항공촬영 드론 사용 예시

(3) 건설

드론은 건설현장에서도 적극 활용되고 있다. 드론은 공사 전 부지의 모습을 미리 파악해 3D 도면을 만들거나 공사 공정과 안전 계획을 수립하고 공사 물량을 도출하는 역할을 수행한다. 공사 진척도와 작업량을 확인하는 공정 관리부터 위험요소 확인, 산소농도 측정 등 안전관리 분야에서 적극 활용되고 있다. 노후 된 건축물이나 수상 교량, 발파된 터널 등 사람이 직접 점검하기 힘든 구조물을 점검할 때도 드론이 사용된다.

(4) 물류·운송

2013년 아마존은 세계 최초로 드론 배송 서비스 '아마존 프라임 에어'를 선보였다. 배송드론을 이용해 반경 16 km 안에 있는 고객이 상품을 주문하면 30분 안에 제품을 배달하는 퀵 서비스이다. 2016년 말에는 실제로 2.3 kg의 상품을 배송하는 데 성공하였다.

우리나라에서는 지난해 말 처음으로 우편물이 드론으로 배송되었다. 전라남도 고흥에서 출발한 드론이 4 km 떨어진 섬 득량도에 소포와 등기 등 실제 우편물을 배송하는 데 성공한 것이다.

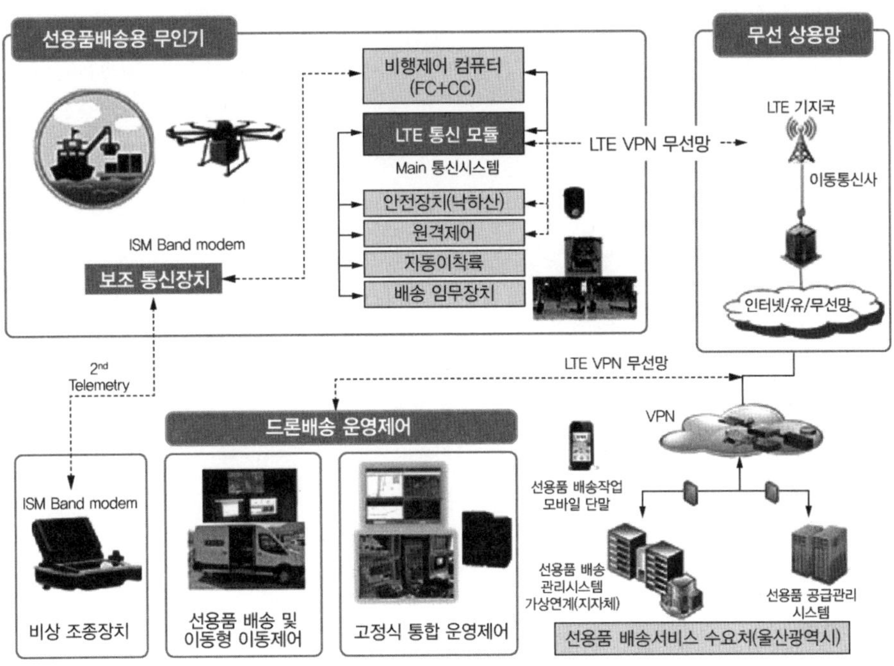

그림 2-9 드론 운송시스템 구조도

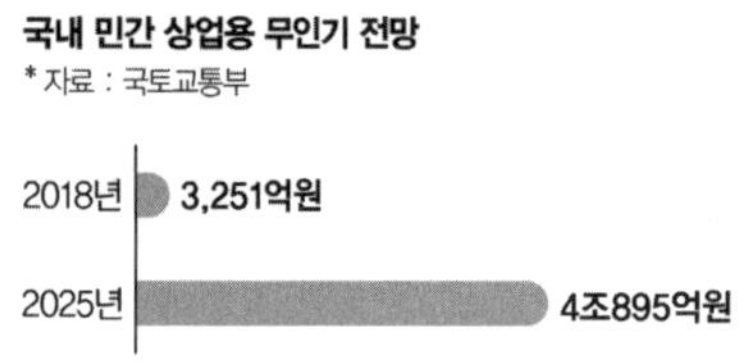

드론 활용 분야

응용시장	사업모델
정밀 농수산업	농약 살포, 씨 뿌리기, 화훼 관리
공공서비스	귀가 도우미, 산림 감시, 재난 감시
국토 및 인프라	기상관측, 환경오염 감시, 건설현장 도움
배송 및 운송	배달 서비스, 택배 지원
승객용	드론 택시, 드론 앰뷸런스

그림 2-10 드론 활용 분야

(5) 소방·방재·안전

드론을 활용하면 사람이 직접 확인할 수 없는 재난 현장을 신속하게 확인할 수 있다. 구조단이 출동을 준비하는 동안 현장에 급파된 드론이 화재의 규모나 확산 경로 등을 실시간으로 상황실에 전달하면 현장에 도착한 구조단은 이 정보를 기반으로 화재 진압, 구조 활동 등을 할 수 있다. 산이나 바다와 같이 사람이 일일이 감시하기 힘든 곳에서도 산불 감시나 진화, 인명 수색 등도 가능하다. 넓은 바다에서 실종자를 탐색하고, 조난자를 발견했을 때 구명장비를 투하할 수도 있다.

(6) 환경 관측과 조사

드론은 해양이나 기상, 환경과 생태 등 다양한 자료를 수집하는 목적으로도 활용되고 있다. 다양한 환경에서 실시간으로 관측된 자료는 유용한 과학 정보로 활용된다. 항공기를 이용해 환경을 관측하는 경우 연료 문제로 비행거리가 한정되는데다 운용비용이 비싸 연속적인 측정이 어려운 반면에 드론은 넓은 범위를 경제적으로 관측할 수 있는 좋은 수단이 된다. 국립수산과학원에서는 해양 동물들의 개체 수 조사나 이동 등의 생태를 파악하는 데 드론을 활용하고 있고 한국해양과학기술원에서는 위성과 원격 통신이 가능한 수상 드론과 수중 글라이더를 활용해 수개월 동안 대양을 횡단하며 해양 정보를 수집하고 있다. 최근에는 수상과 수중 모두를 관측할 수 있는 수륙양용 드론도 개발되어 그 활용 범위가 더욱 넓어지고 있다.

(7) 농업

고령화로 일손이 부족한 농촌에서 드론은 여러 사람들의 몫을 혼자서 해내고 있다. 드론은 병해충 방제, 종자 파종 등 다양한 농사일에 활용되고 있다. 드론은 기존에 주로 사용되었던 농약 살포 헬리콥터와 비교할 때 가격은 1/10 정도밖에 되지 않는다. 필요한 지역에만 농약을 정확하게 투하하기 때문에 비용 절감은 물론 토양 오염도 막을 수 있는 장점이 있다. 우리보다 앞서 고령화가 진행된 일본에서는 드론을 이용한 비료와 살충제 살포 비율이 이미 40%를 넘어섰다고 한다. 최근 우리나라에서도 농업용 드론 지원 사업을 운영하고 농업인들을 대상으로 드론 교육을 실시하는 등의 노력이 활발하게 이뤄지고 있다.

(8) 기타

항공촬영 드론은 공중에서 움직이며 풍경을 내려다보는 전경 화면을 찍어 방송국에서 시사교양 프로그램 제작을 지원하고 있다. 1인칭 시점(FPV) 영상은 일반 화면으로는 경험하기 어려운 시각적 효과를 내는데 설원에서 경사면을 따라 빠르게 내려가며 곡예를 펼치는 프리스타일 스키(Free style ski)와 보드 전문가의 동작을 뒤에서 따라가는 영상을 촬영하는 데 드론이 활용된다.

이밖에도 뉴스, 미디어, 게임, 교육, 트레이너, 도서관 등에서 자동검색, 자연탐사, 여행 등 다양한 분야에서 드론이 활용되고 있다.

뭉치면 강해진다, 드론의 군집기술

드론은 개별적으로 그 역할을 수행하는 데 그치지 않고 군집을 이루어 그 역할을 수행함으로써 시너지 효과를 더욱 기대할 수 있다.

군사분야에서는 분쟁지역에 드론 수백 대를 띄워 현황을 살피고 부상자를 구조하는 등 다양한 분야에서 드론의 군집기술이 활용되고 있다. 2018 평창 올림픽 개회식 때 1,218개의 드론을 띄워 '오륜기' 군무(群舞)를 연출한 '슈팅스타'는 군집기술의 본보기라고 할 수 있다.

농경분야에서는 군집 기술을 활용한 로봇을 통해 농경지의 잡초를 빠르게 제거할 수 있다. 가장 대표적인 예로 잡초 제거를 위한 군집 로봇 프로젝트 'SAGA(Swarm robotics for Agricultural Applications)'를 꼽을 수 있다. 이는 수 백 대의 초소형 드론이 꿀벌처럼 날아다니다가 잡초를 찾게 되면 잔디를 깎는 로봇에게 해당 장소를 알려줘 작업을 수행하게 만든다.

재난분야에서는 인간이 직접 접근하기 힘든 재난 현장을 날아다니며 재난 지역 상황을 파악하고 생존자를 수색하는 데 활용될 수 있다. 미국 노스캐롤라이나주립대 연구팀은 지진

· 홍수 등의 재난이 발생했을 때 바퀴벌레를 닮은 바이오 로봇을 대량 투입해 재난 지역 상황을 한눈에 알아볼 수 있는 지도를 작성하는 연구를 진행하였다.

드론 산업의 한계와 미래

우리나라는 아직까지 드론을 사용하고 활용하는 데 여러가지 제약 조건이 많다. 드론은 아직까지 항공기로 취급받고 있고 관련 법령도 아직은 기존 군사용이나 공적인 업무로 사용하는 것을 중심으로 제정되어 있는 상태이다. 드론을 상업용으로 확장하려면 관련 규정이나 법 개정이 필요하다. 이러한 상황은 한국뿐만 아니라 북미나 유럽 지역도 비슷하다.

드론이 장점만 지니고 있는 건 아니다. 많은 나라가 드론의 가장 큰 문제점으로 '안전'을 꼽는다. 테러리스트가 드론에 위험물질을 넣어 배달할 수도 있고 드론이 고장 나 갑자기 추락할 수도 있다. 해킹을 당하거나 장애물에 부딪힐 위험도 상존한다. 촬영용 드론이 많아질수록 사생활 침해 위협도 늘어난다. 현재 방송사 등에서 상업용으로 사용하는 드론은 미리 관련 부처에 신고를 하고 이용하는 게 대부분이다. 독일 DHL은 드론을 이용하기 위해 비행 구간을 따로 만들고 속도도 시간당 40마일로 제한해서 운행하도록 하고 있다.

이러한 한계에도 불구하고 드론 시장은 꾸준히 성장하고 있다. 드론 산업은 센서 관련 분야 뿐만 아니라 지상통제장비(GCS : Ground Control System), 통신장비(Data Link), 탑재임무장비(Payload), 지원장비, 소프트웨어, 기기(Device), 드론 제어 등 드론 제작에 필요한 산업군으로 늘어나고 있는 추세이다.

4 인공 지능형 산업용 로봇

로봇의 기본개념

로봇(Robot)은 프로그래밍되어 여러 가지 연속 동작이나 운반 작업을 수행한다. 로봇은 산업현장에서 또는 재난현장에서 인간과 함께 일하고 인간을 구하는 필요한 존재로 역할을 수행한다.

로봇은 사람과 유사한 모습과 기능을 가진 기계 또는 무엇인가 스스로 작업하는 능력을 가진 기계를 말한다. 제조공장에서 조립, 용접, 핸들링 등을 수행하는 자동화된 로봇을 산업용 로봇이라 하고 환경을 인식하고 스스로 판단하는 기능을 가진 로봇을 '지능형 로봇'이라 부른다. 자신이 생각할 수 있는 능력을 가지면서 사람과 닮은 모습을 한 로봇을 '안드로이드'라고 부르기도 한다.

로봇이란 용어는 체코슬로바키아의 소설가 차페크(Karel Capek)가 1921년 발간한 『R.U.R. (Rossum's Universal Robots)』이라는 희곡에서 처음으로 사용하였다. 로봇의 어원은 체코어의 '노동' 혹은 '부역'을 의미하는 단어 '로보타(Robota)'에서 왔다. 차페크는 R.U.R.에서 모든 작업능력에서 인간과 동등하거나 그 이상이지만 인간적 '감정'이나 '혼'을 가지고 있지 않은 로봇이라고 불리는 인조인간을 등장시켰다. 유명한 SF 작가 아시모프(Isaac Asimov)는 1950년에 발간한 『아이 로봇(I Robot)』에서 로봇의 행동을 규제하는 로봇의 3원칙을 제시하였다.

첫째, 로봇은 인간에게 해를 끼쳐서는 안 되며 위험에 처해 있는 인간을 방관해서도 안 된다.

둘째, 로봇은 인간의 명령에 반드시 복종해야 한다.

셋째, 로봇은 자기 자신을 보호해야만 한다. 단, 제1법칙과 제2법칙을 거스를 경우는 예외다. 군사용 로봇이 공격의 기능을 갖출 경우 첫 번째 원칙에 위배되게 된다.

인공의 동력을 사용하는 로봇은 사람 대신 또는 사람과 함께 일을 하기도 하지만 통상적으로 로봇은 제작자가 계획한 일을 하도록 설계된다.

로봇에 필요한 여섯 가지 주요 기술

최근 미국의 로봇 제조사인 한슨 로보틱스에서 최신 인공지능 로봇인 '한(Han)'을 공개하였다. 한(Han)은 사람과 대화를 할 수 있는 건 물론이고 사람의 표정, 성, 나이 등을 캐치할 수 있다. 한(Han)의 가장 놀라운 점은 인간과 똑같은 표정을 지을 수 있다는 것이다.

이러한 로봇에는 다음과 같은 여섯 가지 기술들이 기반으로 적용되어 있다.

첫째, 조작제어 기술이다. 물건을 잡고 자유롭게 핸들링할 수 있는 기술이다. 조작제어 기능은 로봇이 컴퓨터와 차별화되는 가장 강력한 기능이다.

둘째, 자율이동 기술이다. 자유롭게 이동할 수 있는 기술로서 바퀴형, 4족형, 2족형 등의 이동 메커니즘으로 분류된다. 자율이동 기술은 크게 기계적 위치이동 기술, 자율 경로계획, 충돌회피 등 경로를 따라 이동하는 기술로 구성된다.

셋째, 물체인식 기술이다. 미리 학습을 한 지식정보를 바탕으로 물체의 영상을 보고 물체의 종류와 크기, 방향, 위치 등을 3차원적 공간정보로 실시간으로 알아내는 기술이다.

넷째. 위치인식 기술이다. 기계가 스스로 공간지각 능력을 갖는 기술이다. 인공지능적 기술이 기반이 된다. 물체인식과 더불어 인지기술로서 로봇의 자율이동 기능구현에 핵심이 되는 기술이다.

다섯째, HRI(Human Robot Interaction) 기술이다. 인간과 기계의 인터페이스 기술로 감정을 이해하는 인공감성 기술, 생체와 인터페이스 기술, 제스처 인식 등을 통해 인간의 의도를 알아내는 기술이다. 인공지능기술과 BT 기술이 융합되는 기술이다.

여섯째, 센서 및 액츄에이터(Actuator) 기술이다. 앞의 5대 기술을 가능하게 하는 기본적인 요소 기술로서 인공눈, 초소형 모터, 촉각센서, 인공피부, 마이크로 모터, 인공근육 등 다양한 소재와 메커트로닉스적 융합기술이 구현되는 분야이다.

로봇의 이용과 종류

로봇이 사용되는 분야는 산업과 의료용, 수치제어 공작기계, 가정용, 군사 및 탐사용 등 다양한 분야에서 많은 로봇이 인간을 역할을 대신 수행하고 있다.

로봇은 조작방법에 따라 인간이 직접 조작하는 수동조작형 로봇, 미리 설정된 순서에 따라 행동하는 시퀀스 로봇(sequence robot), 인간의 행동을 그대로 따라 하는 플레이백 로봇(playback robot), 프로그램을 수시로 변경할 수 있는 수치제어 로봇, 학습능력과 판단력을 지니고 있는 지능형 로봇 등으로 분류할 수 있다. 이를 로봇의 세대로 연결시켜 보면 수동조작형 로봇과 시퀀스 로봇은 제1세대 로봇, 플레이백 로봇과 수치제어 로봇은 제2세대 로봇, 지능형 로봇은 제3세대 로봇에 해당한다.

국제로봇협회(IFR ; International Federation of Robotics)에서는 로봇을 다음과 같이 세 가지로 분류한다.

첫째, 각 산업의 제조현장에서 작업을 수행하기 위한 제조업용 로봇(예 : 용접로봇, 도장로

봇, LED판넬 이송로봇 등)

둘째, 불특정 다수를 위한 서비스 제공과 전문화된 작업을 수행하는 전문서비스용 로봇(예 : 안내로봇, 소방로봇, 의료로봇 등)

셋째, 인간의 생활 범주에서 제반 서비스를 제공하는 개인서비스용 로봇(예 : 청소로봇, 오락로봇, 교육로봇 등) 등이다.

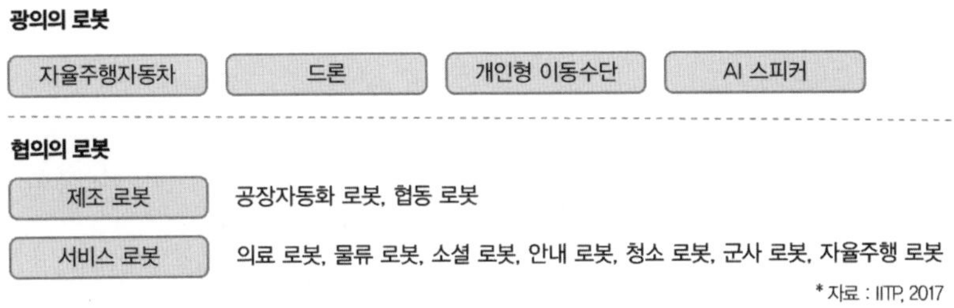

그림 2-11 로봇의 정의와 분류 기준

로봇의 활용에 따라 그 유형을 살펴보면 다음과 같다.

첫째, 협동로봇을 들 수 있다. 작업현장에서 작업자의 접근을 감지해 충돌을 피하거나 충돌 시에도 상해를 주지 않을 정도로 가볍게 설계되었다. 일반작업자도 쉽게 사용할 수 있도록 작업지시가 직관화되는 등 기술발전으로 보급이 확산되고 있다.

둘째, 동남아시아의 저임금과 경쟁하는 지능화 및 저가 로봇이 있다. 인건비에 민감한 제조공장은 저임금 노동력을 따라 중국·동남아 등으로 몰렸으나 최근의 지속적인 로봇 기술 발전과 가격 저하로 이러한 제약을 풀기 시작하였다.

셋째, 기업경쟁력의 핵심인 물류로봇이다. 아마존은 일찍이 물류로봇 회사를 인수하여 자사 물류창고 관리에 활용하고 있다.

넷째, 인간을 알아보는 안내로봇이다. 소프트뱅크가 개발한 안내로봇 '페퍼(Pepper)'는 IBM의 인공지능을 탑재해 다양한 언어로 대화가 가능하여 세계 각국으로 보급이 확산되고 있다.

로봇 도입이 급속하게 이루어진 배경

완전한 자동화 로봇공장을 가능하게 하는 중요한 요소는 생산능력과 비용경쟁력이다. 이

두 가지 요소는 컴퓨터의 능력과 인공지능의 신속한 발전과 관련이 있다.

값싼 노동력으로 상징되던 중국에서도 로봇도입이 급속히 증가하고 있는 이유는 연간 15~20% 수준의 임금상승률 때문이다. 중국 컴퓨터 주변기기 생산업체인 라푸테크롤로지(Rappo Technology), 메이더(美的), 하이신(海信), TCL 등 중국 가전제품 제조업체들은 인건비 상승을 감당하지 못해 결국 로봇과 자동화 설비로 인력을 빠르게 대체하고 있다.

로봇의 인건비 절감효과는 90% 수준으로 저임금 국가로 공장을 이전했을 때의 절감률 65%보다 높다. 완전 자동화가 이뤄질 경우 저임금 국가로의 아웃소싱보다 비용 효율성이 높아 특정산업분야에서 노동시장 전체를 순식간에 없애버릴 가능성이 있다.

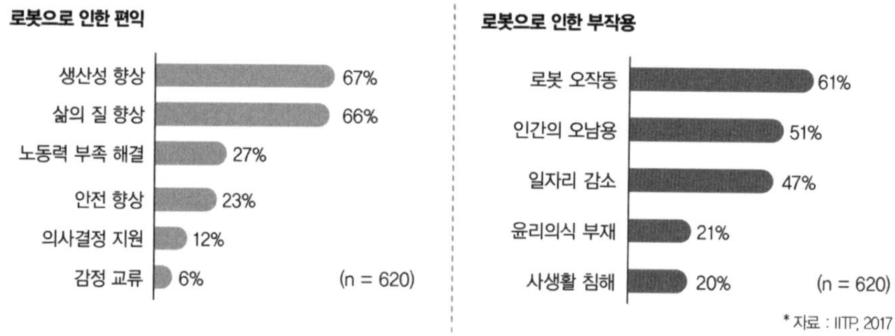

그림 2-12 로봇을 이용함으로써 얻는 편익과 부작용

비용절감, 생산효율성, 위험 요인 제거를 위하여 전산업 분야에서 로봇과 인공지능 도입은 점차 증가하고 있다. 머지않은 시점에 노동자인 인간이 완전히 사라질 수도 있을 것이다.

인간과 닮은 로봇, '휴머노이드'

'휴머노이드 로봇(Humanoid robot)'이란 인간의 신체와 똑같은 구조로 만들어져 인간을 대신하거나 인간과 협력할 수 있는 지능을 가진 로봇을 말한다. 인간을 대신하고 협력하기 위해 인간과 똑같은 인식 기능과 운동기능을 구현토록 총체적 기술발전을 이뤄야 하기 때문에 가장 고난도의 지능형 로봇이라 할 수 있다.

미국 보스턴 다이내믹스가 만든 휴머노이드(Humanoid · 인간형 로봇) '아틀라스(Atlas)'는 점프를 하고 뒤로 공중제비까지 완벽하게 한다. 일본 자동차업체 도요타가 개발한 신형 휴머노이드 'T-HR3'는 온몸에 32개의 관절과 10개의 손가락이 있어 사람처럼 움직이고 걸을 수 있다.

다시 불 붙은 인간형 로봇 한·미·일 삼국지

* 자료 : 각 사

	휴보(HUBO)	로보티즈 미니	T-HR3	아시모(Asimo)	아틀라스(Atlas)
개발자	한국 KAIST	한국 로보티즈	일본 도요타	일본 혼다	보스턴 다이내믹스
크기	175 cm, 85 kg	27 cm, 667 g	154 cm, 75 kg	130 cm, 50 kg	150 cm, 75 kg
특징	2015년 미 재난로봇 경진대회에서 우승	뉴욕타임스 선정 2014년 10대 가정용 로봇	인간의 동작대로 원격 조종 가능	관절 57개로 자연스러운 움직임	뒤로 공중제비, 점프가능
상용화 방향	인간과 일하는 산업용 협동 로봇(코봇)	코딩교육 대화형	가정용 서비스	구조·탐색용	구조·탐색용

그림 2-13 휴머노이드의 진화

휴머노이드 로봇 개발은 로봇학자들의 오랜 꿈이었다. 인간 곁에서 곤경에 처한 인간을 도와주는 휴머노이드 로봇은 공상과학 영화나 애니메이션의 단골 주제이다. 하지만, 인간의 형상을 하고 인간처럼 사고하며 행동하는 휴머노이드 로봇 개발은 결코 쉽지 않은 과제임에 틀림없다. 지금의 기술로는 아직 인간을 대신하기에는 무리가 있지만 끊임없는 연구와 발전이 계속되고 있다.

최근 가장 핫한 AI 로봇인 '소피아'는 홍콩에 본사를 둔 한슨로봇틱스(Hanson Robotics)가 개발한 휴머노이드 인공지능 로봇이다. 소피아는 사우디아라비아의 시민권을 취득한 최초의 인공지능 로봇이다. 그녀의 얼굴은 오드리 헵번을 본떠 만들어졌다. 소피아는 62개 이상의 얼굴 표정을 갖고 있으며 농담을 하고 다양한 표정을 지으며 사람과 대화를 나눈다. 사람과 대화를 나눌수록 소피아는 더욱 진화한다고 한다. 상황에 따른 사람의 표정과 제스처 등을 관찰하고 습득해 더욱 인간과 흡사한 표현을 하게 된다.

일본의 소니는 인공지능 로봇 강아지 '아이보(AIBO)'를 공개하였다. 아이보(AIBO)는 주인을 알아보고 주인이 부르면 꼬리를 흔들고 머리를 갸우뚱하거나 몸을 긁는 행동 등을 한다. 진짜 살아있는 강아지와 똑같이 행동을 한다. 단순히 행동만을 묘사하는 것이 아니라 아이보(AIBO)는 공간과 사람을 인식하고 시간이 지남에 따라 더욱 친밀감 있고 친숙하게 진화한다고 한다.

중국 링테크(LingTech)에서 개발한 '루카'는 큰 눈이 귀여운 AI 올빼미 로봇으로 잠자기 전 아이들에게 책을 읽어주기 위해 개발되었다. 루카는 클라우드 메모리를 통해 책을 인식할 수 있으며 메모리에는 현재 10,000권 이상의 책이 등록되어 있다고 한다. 아이가 잠자기 전 부모가 책을 읽어주는 것을 대신해 루카가 큰 소리로 책을 읽어주며 아이들의 양육을 도와주고 있다. 루카와 함께 책을 읽으며 아이들은 책 읽는 법도 배울 수 있다.

우리나라에서도 개발된 휴머노이드가 있는데 바로 '휴보(HUBO)'다. 휴보는 외부의 소리와 사물을 인지할 수 있어 장애물을 피해 걸어 다니고 가위, 바위, 보 게임을 할 수 있을 정도로 다섯 손가락을 독립적으로 움직일 수 있다. 심지어 가벼운 춤까지 출 정도로 부드러운 동작을 구현할 수 있다.

시간이 지날수록 발전하고 있는 휴머노이드 로봇들은 완전하게 인간을 대체하기에는 아직도 많이 부족하고 지금의 기술로는 무리이지만 그다지 멀지 않은 미래에는 인간의 일을 로봇이 완벽하게 대신할 날이 멀지 않은 것으로 전망된다.

각국의 로봇개발 현주소

미국은 이미 오래전부터 인간과 로봇이 모든 생활 영역에서 공존할 것이라 예측하고 개술개발 투자를 지속하고 있으며 유럽 또한 제도 정비를 시작하였다. 일본은 세계 선두의 제조용로봇을 지렛대로 서비스로봇 강국을 목표로 설정하였고, 중국도 세계 제조선진국의 지위를 유지하기 위해 로봇기술 개발에 대대적인 투자를 추진 중이다. 우리도 이러한 흐름에 뒤처지지 않게 산·학·연·관이 노력해야 할 것이다. 세계적인 로봇기술 개발 경쟁에 뒤처진다면 외국산 로봇이 대신하게 될 것이기 때문이다.

(1) 미국

일본과 선두 다툼을 하고 있는 미국은 무인 조종 비행기 등 군사용 로봇산업에 국가 역량을 집중해 왔다. 그런데 미국은 로봇이 생활에 도움을 주는 기계라기보다 앞으로 인류를 위협할지도 모른다는 생각이 있어서인지는 몰라도 주로 터미네이터 등 영화에서 보듯이 로봇이 인류를 위협하는 존재로 등장한다.

청소용 로봇 '룸바'로 세계적 로봇 업체로 발돋움한 아이로봇(iRobot)사는 전문 분야 로봇개발에 착수해 군사용 로봇 '팩봇(PackBot)'을 선보였다. 입력된 궤도를 따라 움직이는 팩봇은 미군이 이라크와 아프가니스탄에 900여 개를 투입해 지뢰 등 폭발물 탐지에 활용되었다. 또한 보스턴 다이내믹스는 짐 나르는 소와 말을 대체할 수 있는 4족 보행 로봇 '빅도그(Big Dog)'를 개발하였다. 이 로봇은 탁월한 균형감각을 보여 준다. 평지는 물론 눈길·빙판길 등 어떤 환경에서도 넘어지지 않는다. 미국이 실용화에 성공한 또 다른 분야는 의료용 로봇산업이다. 의사의 손을 따라 움직이며 정밀함을 요하는 수술에 쓰이는 의료용 로봇 '다빈치'가 대표적이다. 다빈치는 미국에서 한 해 시술되는 4만여 건의 전립선암 수술 가운데 41%를 맡고 있다.

(2) 일본

월등히 앞선 원천기술을 보유한 일본은 산업용 로봇과 애완 로봇 분야에서 절대강자의 위치를 지키고 있다. 일본은 '아시모' 등과 같은 휴머노이드형 로봇이나 소니의 '아이보(AIBO)'와 같은 애완용 로봇 그리고 산업용 로봇 외에도 인간의 모습에 가까운 휴머노이드 로봇(Humanoid Robot) 개발에 초점을 맞추고 있다.

문제는 상용화의 어려움이다. 2000년 혼다가 개발한 아시모에는 세계 최고 수준의 기술이 집약돼 있지만 상용화와는 거리가 멀었다. 미쓰비시중공업은 2003년 가정부 로봇 '와카마루' 시판에 나섰지만 단 한 대도 팔지 못하였다. 상용화 로봇의 첫 열매는 2005년 맺어졌다. 서비스 로봇 전문회사인 테무작은 집 지키는 로봇 '로보리아'를 내놓았다. 로보리아는 판매 직후 3,000대가 팔려 대중화에 어느 정도 성공하였다. 이후 일본 세콤은 순회감시로봇 '로봇 X'를 출시해 월 30만 엔(대당)의 임대료로 상용 서비스를 시작하였다. 이처럼 상용화에 성공한 로봇이 개발되기도 했지만 첨단 기술 수준에 비해 시장에서 크게 성공한 지능형 로봇은 별로 없다. 일본의 독보적 휴머노이드 로봇이 실용화되기까지는 넘어야 할 산이 많다는 게 바로 일본 로봇산업의 고민이다.

(3) 중국

중국에서는 로봇을 산업이나 가정에 도움을 주는 기계라기보다는 사람이 조종하는 꼭두각시라고 생각한다. 그러나 중국은 미국과 일본 심지어 우리나라까지도 로봇공학에 힘을 쏟고 있다는 것을 인식하자 뒤떨어지지 않기 위해 2000년에 '선행자(先行者)'라는 이름의 직립보행형 로봇을 개발하기도 하였다.

중국은 세계 최대 로봇 시장이다. 2015년 제조업용 로봇 판매 대수는 7만 5,000대로 추정되며 2018년에는 15만 대로 증가했을 것으로 추정된다. 세계시장(40만 대)의 37%를 차지하고 있는 것이다. 중국 로봇산업의 급성장 요인은 스위스의 ABB, 독일의 쿠카(Kuka), 일본의 화낙과 야스카와 등 세계 4대 제조업용 로봇 기업이 중국 시장에 진출했기 때문이다. 이 4개 기업의 중국 시장점유율은 75%를 넘어선다. 반면 시아순(Siasun) 등 중국 로컬 기업의 점유율은 20%대에 불과하다.

(4) 대한민국

우리나라의 경우는 초기에는 산업이나 경제에 필요한 기계를 제작하였고 근래에 들어서는 휴머노이드형 로봇 개발에 힘쓰고 있다. 로봇은 산업뿐 아니라 경기에서 인간을 대신하여 겨루는 용도로도 제작되고 있다. 물리적인 움직임 없이 사람과 의사소통하며 감정을 교류하는 소셜 로봇도 있다. 로봇 기술 격차가 많이 좁혀지기는 했지만 여전히 한국의 로봇산업은 인공지능·생체 센서 등 핵심 기술 부문에서는 원천기술이 부족하다. 정부의 집중 지원으로 현재 로봇 기술 자체는 미·일에 비해 2년 정도의 차이밖에 나지 않지만 원천기술 부족을 극복하기 위해 군사용 로봇 기술의 민간 이전이 필요하고 민간 업체들은 정부의 기술개발 과정에 적극 참여해야 로봇시장에서 앞서 나갈 수 있을 것으로 보인다.

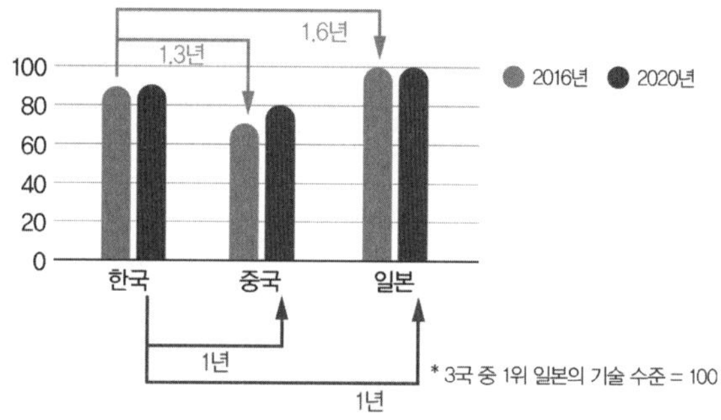

그림 2-14 한중일 로봇산업 기술 격차

표 2-6 한중일 로봇산업 현황(자료 : 국제로봇연맹 · 한국로봇산업진흥원) 단위 : 대

국가	2013	2015	2017	2018년
한국	2만 1,307	2만 9,000	3만 5,000	4만
중국	3만 6,560	7만 5,000	12만	15만
일본	2만 5,110	3만 3,000	3만 8,000	4만

한국을 비롯한 일본, 중국, 미국은 제조업용 로봇을 핵심 산업 분야로 인식하고 기술개발과 함께 로봇 활용·확산정책을 적극 펼치고 있다. 한·중·일 3국 중 일본 로봇 기술력이 가장 높고 그 뒤를 한국과 중국이 쫓아가고 있다. 중국은 외형상 시장 규모는 세계 최대지만 기술력은 현저히 낮은 수준이다.

로봇공학의 미래

기존 로봇은 인식과 인지 능력이 미비하여 수동으로 프로그래밍된 지령에 따라 움직이는 기능만 있어 산업현장 위주로 사용되었다. 하지만 앞으로는 저렴하면서도 다양한 형태의 센서는 물론 구글, 네이버 등에서 개발될 AI 기반의 인지기능 앱 그리고 기구들을 간편하게 만들 수 있는 3D 프린터 기술이 접목되면 일반인들이 사무실이나 가정에서 사용할 수 있는 다양한 형태의 사무용, 개인용 로봇들이 개발될 전망이다.

로봇공학이 자동차, 제조업, 의료, 농경, 서비스 금융 등 다양한 분야에 걸쳐 우리의 미래를 바꿔놓을 것으로 관측된다.

자동차 산업분야에서는 최근 들어 가장 많은 관심을 받고 있는 것이 '오토파일럿' 즉, 오토 드라이브 기능이라고 하여 운전자가 운전을 하지 않아도 자동차가 알아서 목적지를 향해 주행하는 기능이다. 예전에만 해도 이러한 기능은 상상 속이나 영화 속에서만 가능하다고 여겨졌다. 구글, 테슬라를 포함한 여러 외국기업들이 오토파일럿 모드를 연구하고 실체화하기 시작하면서 본격적으로 수면 위로 떠오르기 시작하였다. 아직까지 상용화되진 않았지만 발전 속도를 가늠해본다면 적어도 2025년까진 우리나라의 공용도로에서도 볼 수 있을 듯하다.

제조분야에서는 2014년도부터 본격적으로 변화하고 있는 제조산업이 로봇공학의 두 번째 주인공이다. 시간이 흐를수록 공장에서 로봇을 운용하는 가격이 떨어짐에 따라 전 세계의 모든 제조업에서 로봇운용 비율이 45%까지 올라갈 수 있었다. 또 저렴해지는 가격 외에도 로봇의 정밀화·세분화가 이루어지고 있다.

의료산업분야에서는 일반 사람이 수술하는 것보다 로봇이 수술하는 것이 훨씬 실수 비율이 적다고 한다. IBM이 개발한 인지컴퓨팅(인공지능) '왓슨(Watson)'은 이미 조선대학교병원 등 국내 대학병원에서 도입되어 운용 중에 있다. 이렇듯 의학 분야에서도 로봇의 운용 비율은 갈수록 증가하는 추세다. 수술은 물론이고 환자 도우미 역할부터 긴급 치료까지 담당하게 될 것으로 의료업계에서는 바라보고 있다.

농경산업분야에서는 의외로 로봇공학이 많은 변화를 줄 것으로 예측한다. 무인 트랙터부터 시작하여 농약용 드론, 우유 봇 등 더 이상 사람이 신경 쓰지 않아도 될 만큼 거의 모든 부분에서 자동화될 것으로 전망하고 있다. 그동안 농부의 지식과 경험으로만 키워야 했던 농작물들은 빅데이터를 통해 최대의 효율성을 얻어 농사를 짓게 될 것이라는 전망도 나오고 있다.

서비스산업분야에서의 로봇공학은 한국에서도 쉽게 찾아볼 수 있는데 가전제품 판매장에만 가보아도 로봇청소기를 쉽게 볼 수 있을 것이다. 최근에는 단순히 바닥만을 청소하는 로봇을 넘어 마당 제초작업, 창문닦이 로봇 등 우리의 실생활을 더욱 편리하게 해주는 로봇들이 개발되고 있다. 코로나19 사태로 한 레스토랑에서는 사람 대신 로봇이 음식서빙을 한다고 하니 이제는 정말 멀지 않은 시기에 우리들 곁에서 더 많은 로봇들을 볼 수 있을 것이다.

금융업분야는 로봇공학이 특히 두드러지게 나타나고 있다. '로봇 재무 설계사'가 그것인데 투자 전문가들을 대체할 수 있는 전문 컴퓨터들이다. 국내 하나은행의 '하이로봇(HAI Robo)'은 자산관리에 대한 로보어드바이저(로봇을 의미하는 'Robo'와 투자전문가인 'Advisor'의 합성어)로 사람이 아닌 알고리즘(로봇)이 자산을 관리하는 시스템이다. 이는 고객의 정보, 투자 성향, 가격 데이터 등의 정보를 분석하고 고도화된 알고리즘과 빅데이터를 이용해 고객 맞춤 투자정보를 제공하고 있다. 신한은행도 'M-Folio'라는 자산관리서비스를 은행권 최초로 모바일 앱을 통해 서비스를 제공하고 있다.

앞으로의 국가경쟁력은 누가 똑똑한 로봇을 보유하고 있는지에 따라 크게 좌우될 것이다. 다가올 로봇과의 공존사회에서는 로봇산업을 통해 새로운 일자리 창출과 로봇활용 산업 자체의 경쟁력이 국가경쟁력이 될 것이다.

해마다 유엔경제협회(UNECE)와 미쓰비시경제연구소(日) 등에서 세계시장 규모 분석과 예측에 관한 보고서를 발간하고 있다. 이 보고서에 따르면 로봇산업은 신성장동력의 핵심 산업으로 앞으로 20년 내에 모든 산업이 로봇화될 것으로 전망하고 있다. 앞으로 로봇산업에서 우위를 점하는 국가만이 미래 기술경쟁시대에서 홀로 살아남을 것이다.

5 금 나와라 뚝딱, 3D 프린팅

3D 프린팅의 기본개념

3D 프린터는 3차원 설계도를 바탕으로 입체적으로 물건을 인쇄하는 기계 자체를 의미한다. 3D 프린터 기술은 30년 전(1984)에 미국의 찰스 훌(Charles W.Hull)이 설립한 회사

3D 시스템즈에서 발명한 오래된 기술이다. 항공이나 자동차 산업분야에서 시제품을 만드는 용도로 산업용 3D 프린터를 사용해 오고 있었다. 신속조형(Rapid Prototyping : RP)을 의미하는 RP가 3D 프린팅의 동의어로 종종 사용되기도 하였다. 기존의 프린터는 평면(2D)에 잉크를 가지고 출력하는 방식이라면 3D 프린터는 플라스틱 등의 소재(필라멘트)를 재료로 입체(3D) 공간에서 입체 조형물을 출력하게 된다.

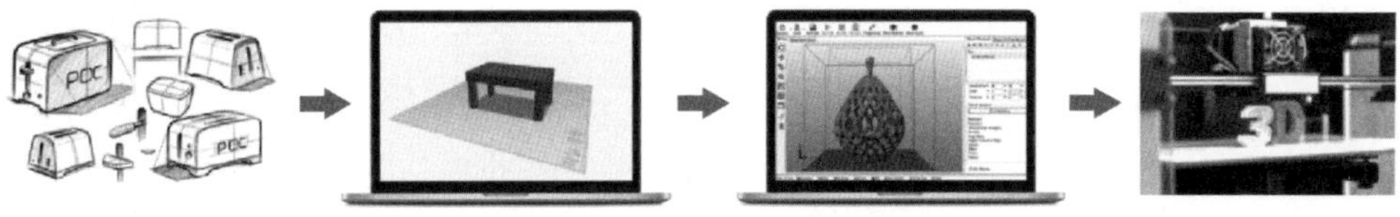

그림 2-15 3D 프린팅 과정

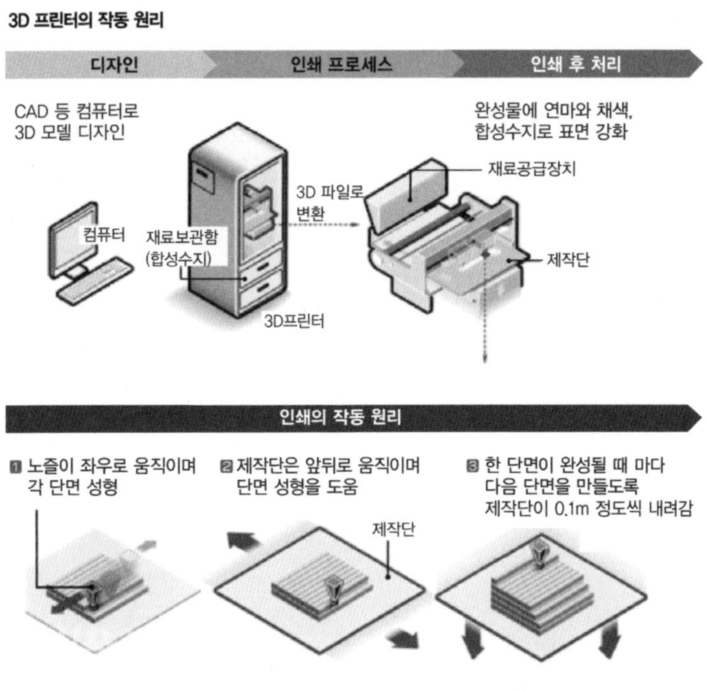

* 자료 : HP, 3D 시스템즈, 연합뉴스

그림 2-16 3D 프린터의 인쇄과정

3D 프린팅은 3D 프린터로 입체적인 물건을 인쇄하는 모든 과정으로 입체적인 물건을 인쇄하는 것뿐만이 아니라 물건을 인쇄하기 위해 디자인하고 설계하는 모든 과정을 통하여 원하는 결과를 만드는 과정을 3D 프린팅이라고 한다. 즉, 입력한 설계도에 따라 연속적인 계층의 물질(실, 액체, 가루형태 등)을 뿌려 3차원 입체물품을 만들어내는 제조기술이며 3D 바이오 프린팅 기술의 개발로 인공장기 시대를 열 수 있을 것으로 기대를 모으고 있다. 3D 프린팅 기술은 미국의 버락 오바마 대통령이 2013년 초에 국정 연설 당시 "3D 프린팅이 기존 제조방식에 혁명을 가져올 잠재력을 가지고 있다"고 언급하면서 관심을 고조시켰다.

3D 프린팅은 어떤 모양을 출력할지 스케치를 한 다음 스케치에 맞게 3D 모델링을 하고 모델링한 파일을 3D 출력 가능한 파일로 변환 후 3D 프린터로 출력하는 과정을 거치게 된다. 3D로 모델링된 파일만 있으면 몇 시간 만에 뚝딱 현실에서 물건을 만들 수 있다. 3D 모델링까지가 약간 어렵지만 한번 만들어 놓기만 하면 무한대로 물건을 만들어낼 수 있다. 심지어 자신이 만들지 못해도 3D 모델을 공유하는 사이트에서 파일만 받으면 물건을 만들어낼 수도 있다.

3D 프린팅 방식

3D 프린터는 크게는 절삭형과 적층형으로 나눌 수가 있다. 절삭형의 경우에는 큰 덩어리를 조각하듯 깎아내는 것이고 적층형은 층층이 쌓아 올라가는 방식이다. 최근 나오고 있는 프린터는 대부분 적층형 프린트 방식으로 나오고 있다. 절삭형의 경우 여분을 깎아내기에 재료의 손실이 큰 반면에 적층형은 여분 재료의 손실이 없다는 것이 가장 큰 장점이다. 적층형 원리를 이용하는 방식에는 약 20가지 종류가 있는데 일반적으로 가장 많이 쓰이는 방식은 FDM, SLA, SLS 방식 등이다.

큰 덩어리를 조각하듯 깍는 방식

(a) 절삭형

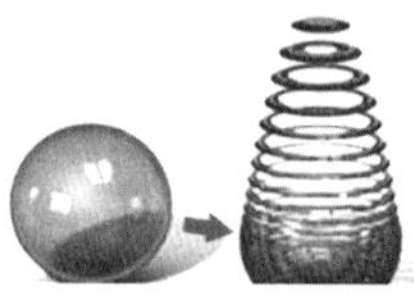
층층이 쌓아 올리는 방식

(b) 적층형

그림 2-17 3D 프린터(절삭형과 적층형)

(1) 고체형 재료를 사용하는 FDM(Fused Deposition Modeling) 방식

FDM(Fused Deposition Modeling) 방식은 고체형으로 대부분의 보급형 프린터들이 사용하는 방식이다. 글루건으로 물체를 만들듯 필라멘트라고 불리는 얇은 플라스틱 실을 녹여서 층층히 쌓아가는 방법이다. FDM 방식의 프린터는 SLA나 SLS 방식에 비해 프린터 가격이 저렴한 편이지만 출력물 표면이 다소 거칠다는 단점이 있다.

(2) 액체형 재료를 사용하는 SLA(Setero Lithography Appartus) 방식

SLA(Setero Lithography Apparatus) 방식은 광경화조형 방식이라고 하는 데 빛을 받으면 고체로 변하는 액체 플라스틱을 사용한다. FDM 방식에 비해 내구성이 좋지 않다. 빛을 받으면 고체로 변하는 광경화성수지(photopolymer : 평상시에는 액체 상태이지만 레이저 등의 특수한 빛을 쏘이면 고체처럼 단단하게 굳는 특이한 성질을 갖는 플라스틱)가 들어있는 수조에 레이저 빔을 쏘아서 필요한 부분만을 고체화시키는 방식이다. 레이저 광선이다 보니 속도가 빠르고 FDM 방식에 비해서 제품 표면이 매끄럽지만 내구성은 떨어진다. 정밀도가 높고 소형을 제작하기 쉬우며 뛰어난 형상 구현 능력을 가지고 있다. 단점은 하드웨어 구매 비용이 높고 유지 보수가 어려워 일반인이 접근하기에는 힘든 방식이다.

(3) 파우더형 재료를 사용하는 SLS(Selective Laser Sintering) 방식

SLS(selective Laser Sintering) 방식은 파우더가 담겨있는 수조에 레이저를 쏴서 얇은 막(Layer)을 형성하는 원리이다. 파우더형 재료(미세한 플라스틱 분말, 모래, 금속 가루 등)를 사용하는 것으로 SLA방식과 비슷하다. 차이점은 파우더가 담겨있는 수조에 레이저를 쏴서 얇은 막(Layer)를 형성하는 것이 상이하다. 막이 형성된 뒤에 다시 파우더를 뿌리고 다시 레이저를 쏘는 과정을 반복해서 물체를 조형한다. 레이저가 아니라 접착제를 사용하는 형태도 있다. 속도가 빠르고 재료도 다양하다. 완제품은 정교하지만 프린터 자체가 고가이고 부피가 크며 사용하기 위해서는 전문적인 교육이 필요하다.

3D 프린팅 진행 과정

3D 프린팅은 모델링 → 프린팅 → 후처리 등과 같은 3개의 과정으로 진행된다. 모델링에서

실제 3차원 모델을 만드는 과정(그러나 3D 프린팅은 오픈소스를 지향하기 때문에 상당히 많은 모형이 인터넷에 공유되고 있다)과 프린팅에서 여러 환경변수를 제어하는 과정, 적절한 후처리 과정 등이 있다.

(1) 모델링

모델링은 직접 사람이 만들거나 3D 스캐너 등을 활용하여 역설계 방식으로 만들 수 있다. 3D 모델링을 할 수 있는 프로그램은 정말 많다. 123D 디자인, Fusion 360 부터 많은 사람들이 들어보았을 오토캐드, 라이노, 카티아, 3D MAX, Sculptris, SketchUp 등 모든 모델링 프로그램을 사용하여 모델링을 할 수가 있다.

3D 모델링 작업이 끝났으면 STL 파일로 변환해 주어야 한다. STL 파일은 3D 프린터 출력 전에 거치게 되는 슬라이싱(Slicing, 절편화)이라는 작업을 위한 파일이다.

(2) 프린팅

프린팅 과정은 다시 2단계로 나뉜다.

첫 번째는 슬라이싱 과정으로 이전의 모델링 과정에서 만든 STL 파일을 불러서 3D 프린터가 한 층씩 쌓을 수 있도록 한 층씩 잘라주는 작업이다. 이때 생성되는 것이 G 코드인데 3D 프린터는 이때 생성된 G 코드로 프린팅을 하게 된다. 두 번째는 실제로 프린팅하는 과정으로 한 층씩 쌓아서 만들며 이때는 물리적인 여러 변수들(냉각, 프린팅 속도 등)이 간섭하기 때문에 의외로 프린트하는 데 시간이 오래 걸리기도 한다.

(3) 후처리

후처리는 프린팅 후 표면 가공, 도색 등을 포함하여 실제로 사용하기 전에 사용하기 적합토록 하는 모든 작업을 말한다. 분야에 따라서 그 방식들이 각기 달라지기 때문에 많은 전문적인 지식과 노하우를 요구한다.

3D 프린팅 기술의 응용 분야

(1) 자동차/항공우주 분야

3D 프린터의 활용도가 높은 분야는 자동차와 우주항공 분야이다. 자동차의 대시보드, 바디패널 및 부품의 시제품에 3D 프린터를 사용하고 있는 추세이다. 고급 스포츠카 람보르기니는 아벤타도르(Aventador) 시제품을 3D 프린터를 사용해 제작하였다. 기존 작업방식으로는 4개월 동안 4만 달러가 소요되었지만 3D 프린터를 사용함으로써 20일 동안 3천 달러 수준으로 제조하였다. 비슷한 사례로 GM은 2014년 중형 세단 말리브 제작 시 3D 프린터를 사용하여 2년 정도의 제작 기간을 단축시켰다.

최근에는 자동차 문틀의 소재를 알루미늄에서 3D 프린팅으로 만든 탄소봉으로 바꾸어 무게를 90%까지 낮춘 사례도 있고 소형 자동차 차체를 3일 만에 프린팅할 수 있는 기술도 선보였다. 제너럴일렉트릭(GE) 그룹의 항공 부문 자회사 GE 에비에이션은 엔진의 연료관을 3D 프린터를 이용해 개발·생산하고 있다.

표 2-7 3D 프린팅 기술의 응용 분야

구분	사례			비고
소비재	식품	완구	쥬얼리	다품종 소량생산
			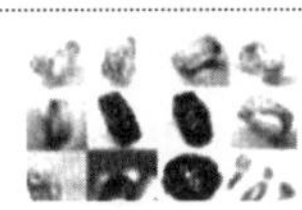	
	(일본, FabCafe) 사람모양 젤리	(미국, Sandbox) 캐릭터 미니어처 제작	(캐나다, Hot Pop Factory) 악세사리 제작	
주력 산업	자동차	항공	기계	생산 공정 시간·비용 절감
	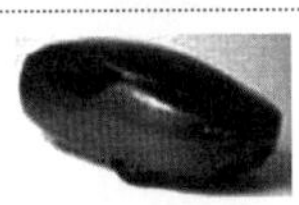	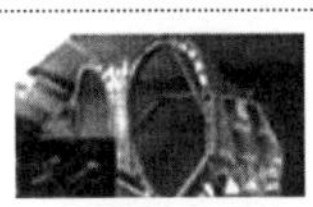		
	(미국, Kor Ecologic) 3D 프린터로 Body를 제작	(중국, AVIC레이저사) 전투기용 티타늄 부품	(캐나다, Soild-Ideas) 정밀기계 제작	
의료 메디컬	인공장기	수술용 인공기관	치아 임플란트	환자 맞춤형 의료서비스
	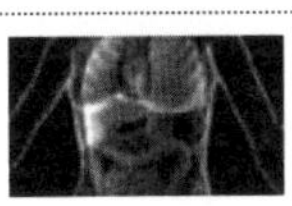	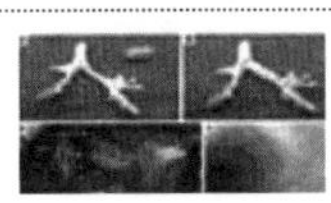	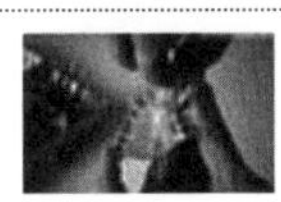	
	(미국, Organovo) 인공 간세포	(미국, 캔사스 의대) 기관지 이식	(이스라엘, AB-Dental) 수술용 가이드	

(2) 교육 분야

3D 프린팅을 이용한 수업은 학생들의 수업 이해력과 창의력을 향상시킬 수 있다. 더 나아가 학생들이 직접 제품의 디자인을 설계하고 형상 제작에 이르기까지 여러 각도에서 참여할 수 있어 교육 분야에서의 활용도는 무궁무진하다. 최근에는 창업보육센터나 대학교에서 특별강좌를 개설하여 3D 프린터 교육을 하는 곳이 늘어나고 있는 추세이다.

(3) 에너지·나노 분야

미국의 하버드대학교와 어바나-샴페인(Urbana-Champaign) 대학교의 연구진은 3D 프린터로 세계에서 가장 작은 리튬이온 배터리를 프린트해 만든 후 의료용 로봇을 가동하는 데 성공하였다. 이 때 초미세 3D 프린터로 사용된 노즐의 크기는 30마이크로미터(μm)에 불과하였다.

3D 프린팅 소재가 갖는 한계인 전도성이나 신축성을 극복하기 위하여 그래핀 에어로젤 기반의 나노소재를 대량 합성하여 3D 프린팅이 가능한 소재가 개발되기도 하였다.

(4) 주택건설분야

3D 프린터는 주택건설시장에도 적용되고 있다. 집채만 한 3D 프린터 하나면 소형주택이나 가구를 불과 몇 시간 안에 출력할 수 있다.

중국 건축회사 윈선(Win Sun)은 2015년에 처음으로 3D 프린터를 이용해 주택을 건설하였다. 윈선은 그 건물에 사용되는 자재들을 산업폐기물을 이용하여 만들었다.

2016년에는 러시아와 샌프란시스코에 본사를 두고 있는 아피스코(Apis Cor.)사의 3D 전문가들이 현지에서 모바일 프린터를 사용해서 한 채의 집을 완성하였다. 집의 벽을 먼저 프린트하였고 그 다음 페인트칠을 하였다고 한다. 아피스코 프로세스의 장점은 보편적인 3D 프린터 기술이 현장이 아닌 공장이나 제작장에서 주요 부분을 프린트해서 이동하여 설치하지만 아피스코사의 3D 작업은 현장에서 직접 이루졌다는 점이 특징이다.

그밖에 우크라이나의 한 주택 건설회사는 3D 인쇄 로봇을 이용해 주택인 패시브돔(Passiv Dom)을 완성하여 사람이 직접 집을 짓는 시간과 비용을 훨씬 절감하였고 사용하는 데 있어서도 효율적이라는 평가를 받고 있다.

(5) 의료용 3D 프린팅 기술

3차원 스캔 이미지를 기반으로 맞춤형 제작 기술이 가장 필요로 하는 분야는 역시 의학이나 헬스케어 분야일 것이다. 모든 사람의 몸체가 각기 다른 특징과 형상을 갖고 있기 때문에 3D 프린팅 기술은 고객 맞춤형 제품을 생산하는 의료와 의류 등의 분야에서 강한 영향력을 끼칠 것으로 보인다. 이 기술은 투명 치아 보철 뿐만 아니라 각 사용자에게 맞춤화된 보청기, 임플란트, 인공 뼈, 의학 보조기 등의 의료기구나 인공장기 등을 제작하는 데도 이상적이다.

미국 델라웨어 병원은 희귀성 근골격계 질환인 관절 만곡증을 갖고 출생한 환자를 위하여 3D 프린터를 이용해 의료용 로봇 팔을 제작하였다.

미국의 코넬 의대에서는 살아 있는 세포로 만들어진 주입용 겔과 3D 프린팅 기술을 사용해 실제 귀와 동일한 모양의 인공 귀를 제작하였고 최근에는 세포를 직접 프린팅할 수 있는 기술들을 개발하고 있다.

미국의 3D 바이오프린터 벤처기업인 오가노보 사에서는 3D 프린터로 만든 간, 콩팥 등의 바이오 프린팅 소재를 개발해 상용화 단계에까지 도달하였다. 이러한 인공장기 제작을 위한 바이오 3D 프린팅 기술은 인류의 건장증진에 기여할 것으로 주목되고 있다.

3D 프린터의 미래, 꿈의 4D 프린터

3D 프린팅 기술은 보다 발전해 상당한 진보를 이뤄낼 것이다. 앞으로는 아주 작은 크기의 제품을 출력할 때 사용되는 분말 재료도 개발되고 있다고 한다. 3D 프린팅은 음식을 요리하는 데에 있어서도 더욱 확산될 것이다. 그렇게 되기만 한다면 3D 프린터는 가정에서도 유용하게 사용될 것이다.

3D 프린팅 생태계에서 또 다른 기회는 3D 프린터의 가능성을 넓혀주는 프린팅 재료를 개발한다든지 3D 대상을 디자인하는 데 있어서 간편한 소프트웨어를 개발하는 것도 또 다른 시장 확대의 기회가 될 수 있을 것이다. 3D 프린팅 산업은 PC가 어느 순간에 패러다임을 바꿨듯이 우리가 사는 세상을 급격하게 변화시킬 수 있는 잠재력을 지니고 있다.

현재 세계 3D 프린팅 시장은 미국의 스트라타시스(Stratasys)와 3D시스템즈가 주도하고 있지만 조만간에 이들 두 회사의 독점구도는 깨질 수도 있다.

왜냐하면 향후 미래에는 3D 프린팅에 이어 4D 프린팅이 보급될 것이다. 2013년 4월 미국 MIT의 스카일러 티비츠 교수는 '4D 프린팅'이라는 제목의 TED 강연을 통해 4D 프린팅을 세상에 알렸다. 이 강연회에서 획기적인 영상을 소개했는데 1차원의 선들이 3차원 정육면체로 변화하는 과정을 보여주었다.

4D 프린팅은 물리적, 생물학적 물질들이 모양과 특성을 바꿀 수 있다는 것이다. 예를 들면 4D 프린팅을 통해 형상기억합금과 같은 신소재를 프린터로 출력할 수 있다. 출력된 물체는 시간 등 환경이 변하면 다른 모양으로 변화하게 된다. 이 기술에 4D라는 이름이 붙은 것은 기존의 3차원 입체(3D)에 시간이라는 1차원(1D)이 추가되었기 때문이다. 어떤 조건에서 어떤 모양으로 변화할지 그 재료 안에 프로그램이 입력되어 있다고 한다. 실제로 4D 프린터로 찍어낸 물체는 인간의 개입 없이 열이나 진동, 중력, 공기 등 다양한 환경이나 에너지원의 자극을 받아 변화할 수 있다.

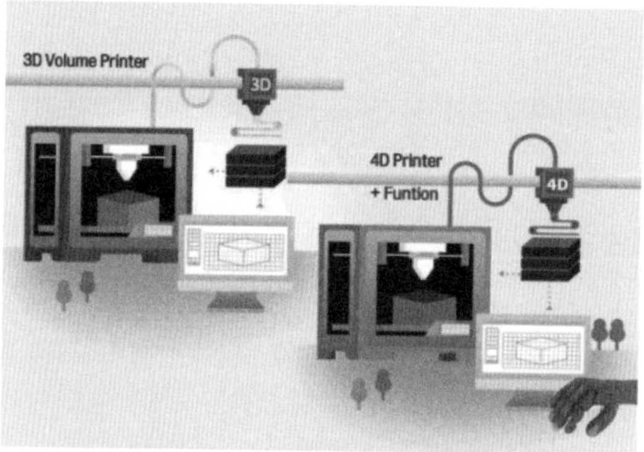

그림 2-18 기능을 갖는 4D 프린터 개념도

4D 프린터가 이용될 수 있는 분야는 매우 다양하다. 소재산업, 항공우주, 자동차, 의류, 건설, 국방, 헬스케어 등에 이르기까지 광범위한 분야에서 이 기술은 적용될 수 있을 것이다.

6 빅데이터로 세상을 읽다.

빅데이터의 기본개념

세상을 바꾸는 15분(세바시 817회)에서 다음소프트 이사 최재원 씨는 빅데이터가 말하는 꿈과 공부의 미래라는 강연에서 이렇게 이야기하였다.

"한 강연장에 황소 한 마리가 나타났고 강연자는 이 황소의 무게를 청중들에게 맞추어 보라는 퀴즈를 냈다. 모든 청중들에게 이 황소의 무게를 적어서 제출하도록 했더니 적게는 100 kg에서 많게는 3톤 정도의 무게를 적어서 제출하였다. 그러나 500명의 사람들 중 단 한 명도 정확한 답을 맞추지는 못하였다. 하지만 500여 명의 청중들이 적어낸 무게를 합산하여 평균을 내보았더니 813 kg이 나왔고 실제 황소의 무게는 814 kg이 나왔다. 실제 무게에서 1 kg 밖에 차이가 나지 않았다." 여기서 주목해야 할 점은 작은 데이터가 모이면 가치가 될 수 있다는 좋은 사례를 제시하였다는 것이다. 빅데이터가 아닌 스몰데이터라도 가치를 창출해 낼 수 있다는 것이다.

하루가 멀다 하고 쌓이는 페이스북의 피드(Feed : 사용자에게 자주 업데이트되는 콘텐츠를 제공하는 데 쓰이는 데이터 포맷)는 그 규모 자체가 워낙 방대하다. 피드 생성과 동시에 프로모션과 홍보용 등의 또 다른 신규 피드로 인해 저 밑으로 묻히기 일쑤이다. 최근 동영상 붐이 불면서 짧은 영상 클립 형태로 만들어지는 VOD 또한 수도 없이 공유되곤 한다. 데이터 형태에 관계없이 이렇게 쌓이는 수많은 데이터들을 빅데이터라고 한다. 빅데이터(Big Data)는 기존 데이터보다 그양이 너무 방대하여 기존의 방법이나 도구로 수집·저장·분석 등이 어려운 정형 및 비정형 데이터들을 의미한다.

빅데이터(Big Data)는 '크다'라는 의미의 'Big'과 자료나 정보를 의미하는 'Data'가 결합하였다. 그러나 단순히 '큰 데이터'라고 해석하기엔 다소 무리가 있다. 4차 산업혁명이나 IT 분야에서 빅데이터는 단순한 의미를 넘어서 그 이상의 가치가 내포되어 있다. 인공지능과 웨어러블(Wearable : 옷이나 시계, 안경처럼 자유롭게 몸에 착용하고 다닐 수 있는 기기), 사물인터넷과 자율주행 등 4차 산업혁명의 연결고리는 모두 빅데이터와 함께 묶여 있어서 더욱 그렇다.

세계적인 컨설팅 기관 인 매켄지(Mckinsey)는 '빅데이터를 기존 데이터베이스 관리도구의 데이터 수집, 저장, 관리, 분석하는 역량을 넘어서는 규모'로서 그 정의는 '주관적이며 앞으로도 계속 변화될 것'이라고 언급하였다. 어떤 그룹에서는 빅데이터를 테라바이트 이상의 데이터라고 정의하기도 하고 대용량 데이터를 처리하는 아키텍처(Architecture : 세부적으로 규정되지 않은 시스템 설계)라고 정의하기도 한다.

데이터를 이해하고 처리하는 능력과 가치를 뽑아내고 시각화하는 능력, 전달하는 능력 등은 향후 10년간 매우 중요한 능력이 될 것임에는 틀림없다.

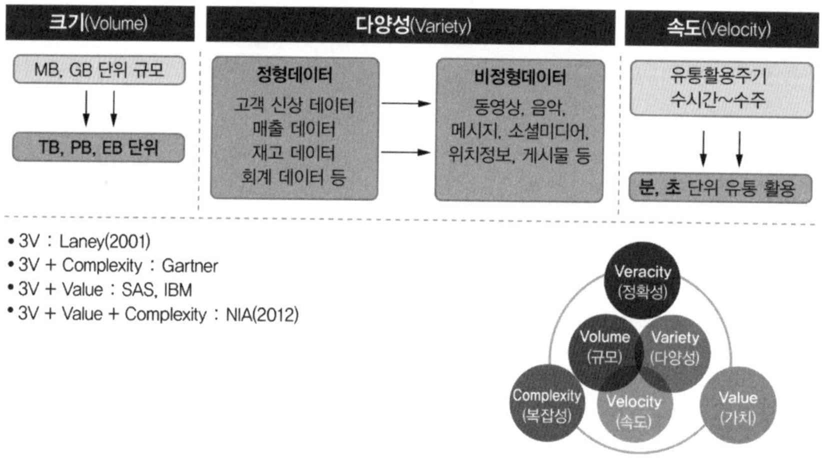

그림 2-19 빅데이터 요소

빅데이터의 특징

빅데이터를 바라보는 시각은 학자마다 다르지만 빅데이터를 정의할 때 빼놓을 수 없는 특징들은 여섯 가지가 있다.

첫째, 양, 크기(Volume)다. 빅데이터 체계 안에서는 양 자체가 기존의 시스템으로 다루지 못할 만큼 많다. 일반적으로 빅데이터라면 양이 많아야 한다.

둘째, 다양성(Variety)이다. 빅데이터는 다양한 형태의 데이터가 모여 형성된다. 기록을 남기는 로그, 사진이나 비디오, SNS에 쓰는 짧은 글도 모두 빅데이터에 포함된다.

셋째, 속도(Velocity)다. 데이터가 만들어지는 속도와 처리되는 속도가 아주 빨라야 한다. 빅데이터는 스마트폰과 같은 기기를 통해 데이터가 아주 빠르게 생성되고 처리되는 특징을 가진다.

넷째, 정확성(Veracity)이다. 빅데이터를 제대로 활용하기 위해서는 데이터 사이의 불일치성, 불확실성, 근사값의 부정확성 등과 같이 모호한 데이터를 가려내어 신뢰할 수 있는 데이터를 확보해야 한다.

다섯째, 가치(Value)다. 빅데이터에는 너무 많은 데이터가 존재하고 그 중에는 불필요한 데이터도 존재하기 때문에 유의미한 가치를 얻을 수 있는 데이터를 분별해야 한다.

여섯째, 가변성(Variability)이다. 빅데이터 환경에서는 데이터의 형태조차도 급격하게 변화한다. 빅데이터는 끊임없이 변화하는 체계이다.

아직까지 빅데이터는 완전히 정립된 개념이 아니다. 앞으로 빅데이터 분야가 더 발전하면 추가적인 특징이 더해질 수도 있다.

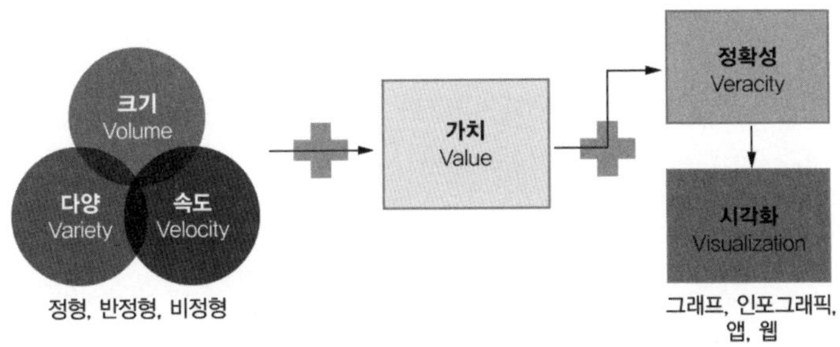

그림 2-20 빅데이터의 특징

데이터의 크기와 유형

2011년 인류가 쏟아낸 데이터의 양은 무려 1조 9,000억 기가바이트를 넘어섰다. 2012년에는 다시 50% 가까이 증가한 2조 7,000억 기가바이트, 2020년에는 이마저도 초라해 보일 35조 기가바이트에 도달할 전망이다. 그러다 보니 10억을 뜻하는 단위 접두사 '기가(Giga)'나 1조를 초과하는 '테라(Tera)'도 데이터 양을 표현하기에 모자랄 지경이 되었다. 따라서 최근에는 데이터의 양을 표현하는 데 있어서 페타(Peta), 엑사(Exa), 제타(Zeta), 요타(Yotta) 등의 접두사가 쓰이기도 한다.

빅데이터의 형태는 크게 세 가지 유형으로 나타낼 수 있다.

표 2-8 빅데이터의 형태

정의	세부내용	
정형데이터 (Structured)	- 고정된 필드에 저장된 데이터 예 : 관계형 DB, 스프레드시트	형태가 있으며 연산 가능
비정형데이터 (Unstructured)	- 고정된 필드에 저장되어 있지 않은 데이터 예 : 텍스트 문서/이미지/동영상/음성 데이터	형태가 없으며 연산 불가능
반정형데이터 (Semi-structured)	예 : XML, HTML	형태가 있으며 연산 불가능

첫째, 정형데이터이다. 관계형 데이터베이스, 스프레드시트(Spread sheet) 등이 대표적이다. 예를 들면 표를 그려놓고 채워 넣는 형식의 데이터 방식이다. 정형데이터는 국가나 회사 같은 큰 조직에서 사용하는 경우가 많은데 그 이유는 정렬과 분석이 쉽고 빠르게 할 수 있기 때문이다. 하지만 규격화되고 정해진 틀 때문에 담을 수 있는 정보의 양이 한정된다는 약점이 있다.

둘째, 비정형데이터이다. 명확한 구조를 가지고 있지 않고 데이터의 일관성이 없다. 일반텍스트 데이터나 이미지, 동영상, 음성 등과 같은 멀티미디어 데이터가 대표적인 비정형데이터의 유형이다. SNS를 통해 만들어지는 데이터 역시 비정형데이터다. 이 비정형데이터에서 찾고자 하는 정보를 찾아내기 위해서는 상당히 많은 노력과 정성이 필요하다.

셋째, 반정형데이터이다. 정형데이터와 비정형데이터가 아닌 모든 데이터를 반정형데이터라고 할 수 있다. 다양한 데이터가 뒤섞여 있는 셈인데 로그데이터 XML이나 HTML데이터 등이 대표적이다. 웹사이트에서 사용자가 클릭할 때 발생하는 클릭 스트림(Streaming : 인터넷 상에서 음성이나 동영상 등을 실시간으로 재생하는 기술) 데이터도 반정형데이터의 일종이다.

빅데이터의 핵심기술

빅데이터 기술은 '데이터 획득 - 저장·관리 - 분석 - 활용' 전반에 걸친 광범위한 기술을 모두 포괄하는 개념이다.

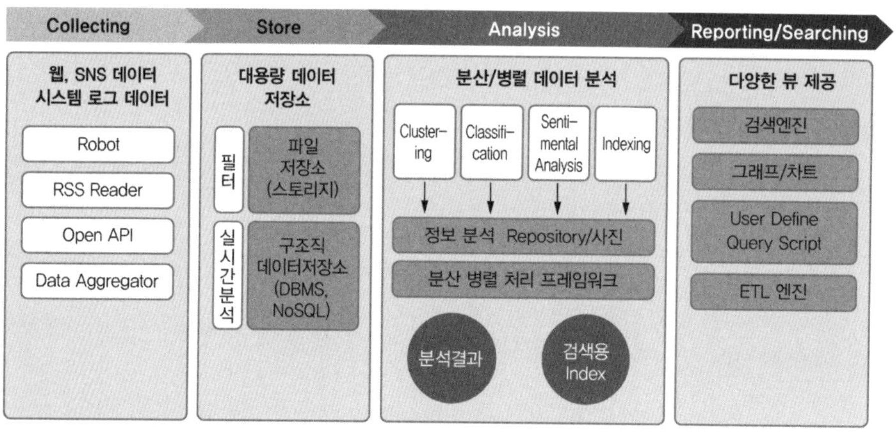

그림 2-21 빅데이터 처리흐름

빅데이터 기술은 크게 기존 기술과 새로운 기술로 구분된다. 기존 기술은 빅데이터라는 현상이 주목을 받기 전부터 존재해 왔던 데이터 관리언어인 SQL(Structured Query Language : 구조화 질의어)와 관련된 기술들이다. 반면에 새로운 기술은 빅데이터라는 용어가 등장하는 데 결정적인 역할을 한 신규 기술들이다. 좀 더 유연하지만 복잡한 관리언어 NoSQL(SQL을 쓰지 않은 질의어)을 기반으로 한다.

오늘날 빅데이터 열풍이 부는 것은 데이터 서버의 성능이 업그레이드되어 종적 내지 횡적 확장이 이루어졌기 때문이다. 데이터 파일이 효율적인 분산관리가 이루어진 것으로 구글 파일시스템(GFS : Google File System)을 들 수 있다. 맵리듀스(MapReduce) 모델을 개발하여 공급사슬관리 오픈소스를 구현하는 데 매우 단단한 기반을 제공해 주고 있다. 대표 주자로서는 아파치 소프트웨어 재단(ASF)의 하둡(Hadoop)을 들 수 있다. 하둡은 대용량 데이터를 분산처리할 수 있는 자바(Java)기반의 오픈소스 프레임 워크로서 분산 시스템인 HDFS에 데이터를 저장하고 맵리듀스를 이용해 데이터를 처리한다. 또한 데이터베이스 관리 시스템의 새로운 지평을 연 NoSQL 기술이 빅데이터 기술변화의 중요한 단면을 제시하였다.

빅데이터 역량구축

빅데이터를 도입, 활용하기 위해 고려할 사항은 전략, 데이터관리, 거버넌스, 조직&노하우, 정보전달방법, 기술아키텍처와 인프라 등의 요소를 잘 반영하여야 한다.

빅데이터 역량 구축을 위한 핵심 4계명은 다음과 같이 네 가지이다.

첫째, CEO가 적극적인 후원자가 되어 빅데이터가 활성화될 수 있는 문화를 구축해 주어야 한다.

둘째, 정보관리를 실현하고 적절한 사람을 확보, 배치하여야 한다.

셋째, 적절한 과제를 선택해 실행경험을 축적하여야 한다.

끝으로 기술도 중요하지만 시작이 더욱 중요하다.

빅데이터 역량을 얻고 원활하게 활용하기까지의 길은 너무 멀고 고단할 수 있다. 먼 훗날을 내다보는 안목과 인내가 매우 절실하다.

빅데이터의 도입 및 활용을 위해 고려해야 할 주요 요소들은 다음 표와 같다.

표 2-9 빅데이터 도입 및 활용을 위해 고려해야 할 주요 요소들

구분	내용
전략	전략적 일관성 / 핵심성과지표(KPI), 목표 / 가치 정의
데이터 관리	경영관리 프레임워크 / 범위와 영역 / 데이터의 접근 가능성 / 데이터 품질
거버넌스	소유권, 통제 / 감시 및 확인
조직 및 노하우	사업부서와 IT부서 간의 조정 / 내부보고 체계
정보전달방법	수용 가능한 표준 및 프로세스 / 성과 데이터 분석 / 전략적 일관성 리포팅 / 프로세스 리포팅 / 피드백에 따른 데이터 품질 향상
기술 아키텍처와 인프라	기법·기술, 애플리케이션, 시스템

빅데이터 플랫폼

플랫폼이란 서비스가 이뤄지는 유·무형의 공간을 말한다. 플랫폼이란 어원은 '평평한 땅의 토양(Plat+Form)'을 의미한다. 예를 들어 애플의 플랫폼, 구글의 플랫폼에서는 그들이 제공하는 서비스가 이뤄진다. 빅데이터 플랫폼은 빅데이터 기술의 집합체이자 기술을 잘 사용할 수 있도록 준비된 환경이다. 기업들은 빅데이터 플랫폼을 사용하여 빅데이터를 수집, 저장, 처리하거나 관리할 수 있다. 빅데이터 플랫폼은 빅데이터를 분석하거나 활용하는 데 필요한 필수 인프라(Infrastructure)인 셈이다. 빅데이터 플랫폼은 빅데이터라는 원석을 발굴하고 보관, 가공하는 일련의 과정을 이음새 없이(Seamless) 통합적으로 제공해야 한다. 이러한 안정적 기반 위에서 처리된 데이터를 분석하고 이를 다시 각종 업무에 맞게 가공하여 활용한다면 사용자가 원하는 가치를 정확하게 얻을 수 있을 것이다.

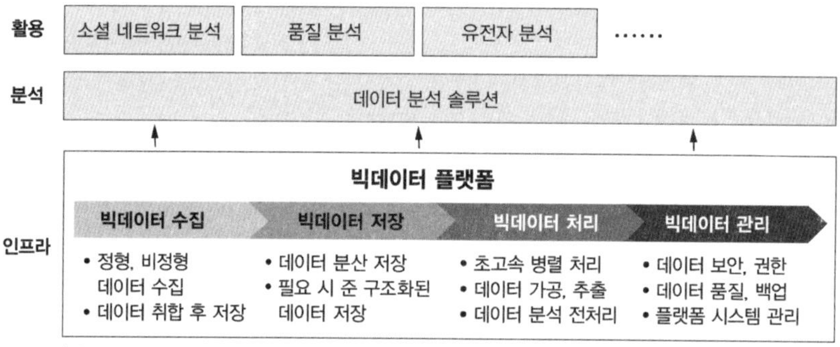

* 출처 : 빅데이터 플랫폼의 미래, Technology Inside LG CNS R&D Journal, 이주열, 2013

그림 2-22 빅데이터 플랫폼의 역할과 기능

빅데이터로 달성할 수 있는 경영핵심

빅데이터에 대한 폭발적인 관심과 활용을 이끌어낸 주요 요인은 기업의 고객 데이터 수집 및 활용행위 증가, 멀티미디어 콘텐츠 및 사용활동의 폭증, 스마트 다바이스 및 SNS의 급속한 확산 등을 꼽을 수 있다.

빅데이터에서 어떤 사업적 가치를 뽑아내고자 한다면 어떤 데이터를 기반으로 어떻게 활용하여 성과를 낼 것인지에 대한 구체적인 방안을 수립해야 한다. 일반적으로 빅데이터로 달성할 수 있는 경영핵심은 크게 다음과 같이 네 가지 단계를 거치게 된다.

첫 번째 단계는 기존의 데이터 및 정보기술 활용수준을 진일보시켜 업무 생산성을 끌어올리는 것으로서 빅데이터 경영혁신의 시작점이라 할 수 있다.

두 번째 단계에서는 기업 활동 곳곳에 도사리고 있는 문제를 발견하여 해결해야 한다. 이는 빅데이터에서 본격화되고 있는 기업의 사고와 판단 방식의 변화로 볼 수 있다.

세 번째 단계는 고객과 시장에 대하여 더욱 정확한 정보를 추출해서 경영자의 의사결정 능력을 향상시키는 수준에 도달하게 된다.

이러한 수준의 혁신이 이어지면 최종적으로 새로운 고객 가치를 창출할 수 있는 신사업으로 연계된다. 이는 데이터를 활용한 스마트화가 새로운 기업경영의 패러다임을 창출하는 단계로 이미 구글이나 페이스북이 그 가능성을 활발하게 보여주고 있다. 이러한 신사업이 역동적으로 출현하는 세상이 빅데이터가 궁극적으로 가져올 변화된 미래일 것이다.

빅데이터 활용사례

빅데이터는 개인, 조직, 국가 차원에서 다양한 분야에 걸쳐 그 활용범위가 매우 넓다. IBM의 분석 솔루션이 적용된 지능형운영센터에는 교통, 전력, 홍수나 산사태 등의 자연재해, 수자원 등을 통합 관리할 수 있는 체계가 갖추어져 있다. IBM이 제공한 고해상도 날씨 예측 시스템은 날씨와 관련된 방대한 데이터를 분석해 폭우를 48시간 이전에 예측한다. 싱가포르는 차량의 기하급수적인 증가로 인한 교통체증을 줄이기 위해 교통량 예측 시스템을 도입하였다. 싱가포르는 이 시스템을 통해 85% 이상의 정확성으로 교통량을 예측하고 있다. 이렇게 쌓인 빅데이터를 어떻게 활용하고 있는가에 대한 몇 가지 사례를 살펴보면 다음과 같다.

구글(Google)은 데이터의 수 자체를 '다다익선(多多益善)'으로 보고 있다. 키워드에 따른 검색 결과가 많으면 많을수록 사용자가 찾고자 하는 것에 대하여 제공되는 정보의 퀄리티가 좋아질 수 있다는 '진리'를 있는 그대로 보여주고 있다. 실제 같은 키워드를 서로 다른 검색엔진을 통해 이용해 보면 충분히 알 수 있다.

미국의 아마존(Amazon)은 이와 유사한 기법을 마케팅 수단으로 활용하고 있다. 소비자의 소비 패턴을 데이터로 축적하고 이 데이터를 분석해 소비자에게 구매 의사가 있을법한 아이템이나 쿠폰 등을 제공하는 경우이다. 빅데이터에 쌓인 정보를 마케팅으로 활용하는 좋은 사례이다.

카카오가 루빅스(RUBICS, Real-time User Behavior Interactive Content recommender System)를 활용하여 제공하는 뉴스 서비스 역시 빅데이터에 기반하고 있다. 본래 인공지능이 추천하는 뉴스 알고리즘이므로 인공지능이 그 원천에 있을 것이라 생각할 수도 있겠지만 이용자의 뉴스 소비 패턴을 파악하는 것이기 때문에 데이터가 우선된다고 볼 수 있다.

이처럼 빅데이터는 검색, 커머스, 마케팅, 뉴스 등에 이르기까지 다양한 분야에서 활용되고 있다. 빅데이터는 다시 인공지능이나 사물인터넷, 헬스케어 등 4차 산업혁명에서 언급될 수 있는 산업 분야에 접목되어 우리 실생활과 직접적으로 연결되기도 한다.

그러나 빅데이터는 보안이라는 단점을 가지고 있다. SNS에서 생성되는 글들이나 내가 직접 작성한 나의 개인정보가 수많은 정보와 함께 어우러져 어딘가 노출이 되고 있다는 보안의 취약점을 감안해보면 역시 문제시될 수 있다. 특히나 구글의 검색 결과는 수많은 정보를 취하고 있어 나도 모르는 사이 내 모습이나 정보가 드러나기 마련이다. 문제를 삼으면 얼마든지 문제가 될 수 있다. 보안의 취약점은 '초연결사회'라고 할 만큼 연결되는 분야가 많기 때문에 4차 산업혁명 내에서 꾸준히 제기되고 있다.

빅데이터의 활용은 정보의 단순한 축적을 넘어 다양한 분야에서 활용되고 있다. 그러나 얼마나 신뢰가 가능한지 보안은 잘 되어 있는 것인지 내 정보가 어느 정도까지 퍼져나갔는지 등에 대해 해결해줄 수 있는 시스템 구축이 필요하다.

빅데이터 전문가

무엇보다 이와 같은 기술을 실현하기 위해서는 데이터 사이언티스트(Data Scientist) 확보가 필요하다. 이는 통계적 능력 말고도 프로그래밍과 같은 컴퓨터 공학적 능력을 필요로 한다. 따라서 데이터 사이언티스트는 가설을 세우고 그 가설에 맞게 검증하여야 한다. 아울러 분석결과물을 바탕으로 예측방안을 도출하는 과정에서는 통찰력과 창의력이 필요하다. 빅데이터를 분석해야 비로소 진정한 가치를 획득할 수 있는데 이런 역할을 할 수 있는 사람이 바로 데이터 사이언티스트다.

전략 컨설팅 업체인 맥킨지는 2018년 미국에서 분석전문가가 44~49만 명이 필요하지만 관련학과 졸업생은 18만 명으로 추산하여 약 30만 명 가량의 분석전문가가 부족할 것으로 예상하였다.

빅데이터 전문가란 사람들의 행동 패턴 또는 시장의 경제 상황 등을 예측하며 데이터 속에 함축된 트렌드나 인사이트를 도출하고 이로부터 새로운 부가가치를 창출하기 위해 대량의 빅데이터를 관리하고 분석하는 직업이다.

데이터 사이언티스트 역할을 담당할 빅데이터 전문가는 데이터를 통해 미래를 예측하고 소비자에 대한 유의미한 정보를 분석해 맞춤형 정보를 제공한다. '빅데이터 분석 전문가'와 관련된 자격을 취득하려면 기본적으로 프로그래밍 언어, 서버, 네트워크, R언어, 하둡 등을 배워야 하고 다양한 통계분석 툴과 마케팅에 대한 지식을 필요로 한다. 민간 자격증으로는 한국경제신문사에서 주관한 '경영 빅데이터 분석사(1, 2급)'가 있고, 한국데이터베이스진흥원에서 주관한 '데이터분석 준전문가(ADsp), 데이터분석 전문가(ADP) 등의 자격이 있다. 그 외에 사회조사분석사 등 다양한 자격이 존재하고 있다.

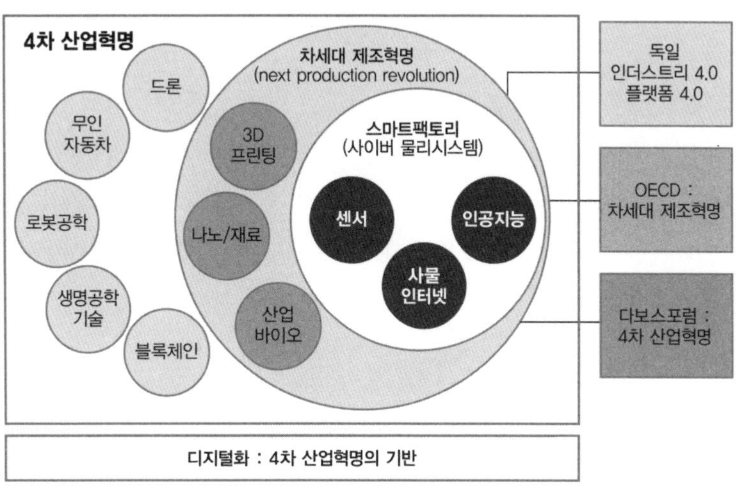

그림 2-23 4차 산업혁명 개념 관계도

빅데이터의 비관론과 낙관론

우리의 일상생활을 누군가 감시한다면 좋아할 사람은 없을 것이다. 현재 우리나라엔 450만 대가 훨씬 넘은 CCTV가 설치되어 있는 것으로 추정된다. 스마트폰 역시 우리를 감시하는 수단이 될 수 있다. 그리고 온라인에서 하는 모든 행동도 역시 데이터로 남는다. 그렇기 때문에 많은 사람들은 빅데이터 기술이 인간을 감시하는 수단이 될 것이라고 말한다.

반면 빅데이터가 차세대 경제 성장의 동력으로 또는 다양한 사회 문제의 해법이 될 수 있다고 믿는 사람들도 많다. 그렇지만 비관론자들은 빅데이터 분석도 폭넓은 데이터를 다루기 때문에 경우에 따라 원치 않은 사생활 침해가 일어날 가능성이 충분하다고 지적하고 있다. 활용 가능한 데이터가 많아지는 만큼 원치 않은 사생활 침해가 일어날 확률이 높아질 수 있다는 말이다. 직접적인 현상과 결과가 나타나기 전까지는 그 누구도 빅데이터의 미래를 장담할 수 없다. 따라서 빅데이터가 위험하지 않다고 단언할 수 없는 만큼 긍정적 효과를 만끽하면서 위험에 대비하는 자세가 필요할 것 같다. 빅데이터 활용과 더불어 인권에도 관심을 가질 필요가 있어 보이는 대목이다.

빅데이터는 향후 엄청난 가치를 창출할 수 있는 '데이터 금맥'으로 통한다. 빅데이터 활용을 통해 얻을 수 있는 경제적 이익이 매우 큰 만큼 세계 여러 나라는 빅데이터 연구를 위해 과감한 투자를 아끼지 않고 있다. 우리나라도 미래 빅데이터 시대를 위해서 지금부터라도 대비를 철저히 하여야 할 것이다. 그렇게 하려면 데이터를 자유롭게 사고팔면서 공유할 수 있는 사회문화적 시스템을 갖추어야 한다. 아울러 데이터를 분석해 낼 수 있는 데이터 사이언티스트를 많이 육성시키는 일도 매우 중요하다.

빅데이터를 논할 경우 빠뜨려서는 안 되는 사항이 바로 빅데이터 보안문제이다. 빅데이터 시대에는 개인 정보관리에 더욱 철저한 주의를 기울여야 한다. 특히 카드번호, 계좌번호 등 민감한 금융정보가 유출되지 않도록 세심한 주의가 필요할 것으로 보인다.

확실한 원칙을 세워 빅데이터 활용을 극대화하고 부작용에 대하여는 사전에 대비하는 일련의 시스템을 구축하면서 그 중심에 인간이 서 있어야 한다는 사실을 결코 잊어서는 안 될 것이다.

7 현실보다 더 리얼한 가상현실과 증강현실

가상현실, 증강현실, 혼합현실의 기본개념

최근 인터넷 경제체제를 이끌어 갈 포스트 모바일 기술로 가상현실(VR, Virtual Reality)과 증강현실(AV, Augmented Virtuality)이 주목받고 있다. 가상현실은 가보지 못한 곳과 연결해 주고 증강현실은 맨눈으로 보지 못하는 정보와 연결해 준다. 이러한 기술이 주목받은 이유는 새로운 연결을 제공할 수 있다는 점 때문이다. 일부 발 빠른 사업가들은 생태계 선점을 위해 관련 디바이스를 출시하기 위해 바쁘다.

앞으로는 가상현실과 증강현실에 이어 혼합현실(MR, Mixed Reality)이 급부상할 전망이다. 이들 기술들은 차세대 ICT를 이끌어 나갈 핵심 기술로 부상하고 있다. 2016년에 주목받았던 IT 기술은 여러 가지가 있지만 그 중에서도 가상현실(VR)과 증강현실(AR) 그리고 혼합현실(MR)은 스마트폰과 태블릿, 스마트 워치 등 이른바 스마트 하드웨어 시장이 정체기에 진입하면서 차세대 IT 시장을 이끌어 나갈 원동력으로 주목받고 있다. 이들 삼총사에 대한 기대는 세계적으로 큰 관심을 받고 있고 가장 크게 성장할 분야가 될 것으로 전망되고 있다.

가상현실(VR)이라 함은 컴퓨터 내에 가상의 공간을 만들어 체험자로 하여금 실제로 존재하지 않는 공간을 체험하게 하거나 실제 특정 장소에 가지 않고도 그 공간을 체험하게 해주는 시스템(H/W, S/W)을 말한다. 그렇지만 FX 영화의 가상체험과 가상현실을 구분하는 또 하나의 중요한 요소는 체험자의 자유의사를 반영하는 시스템이라는 점이다. 상호작용인 인터렉션(Interaction) 요소가 앞서 언급한 가상현실의 개념과 접목되어야만 흔히 알려져 있는 '가상현실'의 완벽한 개념을 이룰 수 있다. 이를 위해 시야를 VR에 집중하도록 제작된 헤드셋이나 헤드 마운트 디스플레이(HMD)를 착용해야 하고 현실세계에서 느낄 수 없는 컴퓨터 그래픽 등을 적용해야 한다. 이는 새로운 경험을 할 수 있도록 이끌고 사용자 중심이기 때문에 몰입감이 높다는 장점이 있다.

증강현실(AR)은 가상의 콘텐츠가 마치 실제로 존재하는 것처럼 화면상에 보여주는 기법이다. 즉, 현실 세계에 3차원 가상물체를 겹쳐서 보여주는 기술을 말한다. 증강현실은 현실 환경과 가상환경을 융합하는 복합형 가상현실 시스템(Hybrid VR system)이다. 증강현실은 1990년대 후반부터 미국·일본을 중심으로 연구개발이 진행되었다. 증강현실은 기존에는 원격의료진단·방송·건축설계·제조공정관리 등에 활용되어 왔다. 최근에는 위치기반 서비스, 모바일 게임 등으로 활용범위가 확장되고 있다.

가상현실(VR)은 오감을 통해 실제와 유사한 체험을 제공해 줄 수는 없다. 반면에 실제 환경에 가상정보를 섞는 증강현실은 더욱 심화된 현실감과 부가정보를 제공하는 기술이다. 증강현실(AR)은 현실 세계에 가상의 콘텐츠를 겹쳐서 새로운 경험을 할 수 있게 해준다. 가상현실(VR)은 현실이 아닌 가상공간에서 실제로 존재하지 않는 것을 경험하기 때문에 몰입도가 높지만 현실감은 떨어진다. 이와는 다르게 증강현실(AR)은 현실세계를 기반으로 하기 때문에 보다 현실감이 높은 디지털 경험을 할 수 있고 현실 세계에 도움이 되는 정보도 얻을 수 있다는 장점이 있다. 가상현실(VR)과 비교해 몰입감은 떨어지지만 HMD 같은 별도의 장비를 착용하지 않아도 되기 때문에 편리하다.

사용자와 가상 캐릭터가 한 공간에서 움직이는 인터랙티브 스토리(Interactive story)의 전개는 최근 주목받는 기술 중 하나인 '혼합현실(Mixed Reality, MR)'이라면 얼마든지 실현 가능해진다. 혼합현실이란 말 그대로 '다양한 방식을 혼합해 만들어낸 현실'이란 뜻이다.

혼합현실(MR)은 VR이 주는 몰입감과 AR에서 느낄 수 있는 현실감이 적절하게 섞여 있다고 보면 좋을 것이다. 즉, VR과 AR의 장점만을 따서 현실감 있는 가상정보를 결합해 융합 공간 속에서 새롭게 생성된 정보를 실시간으로 혼합하여 사용자와 상호 작용할 수 있다. 정보의 사용성과 효용성을 극대화한 차세대 정보처리 기술로 주목받고 있다.

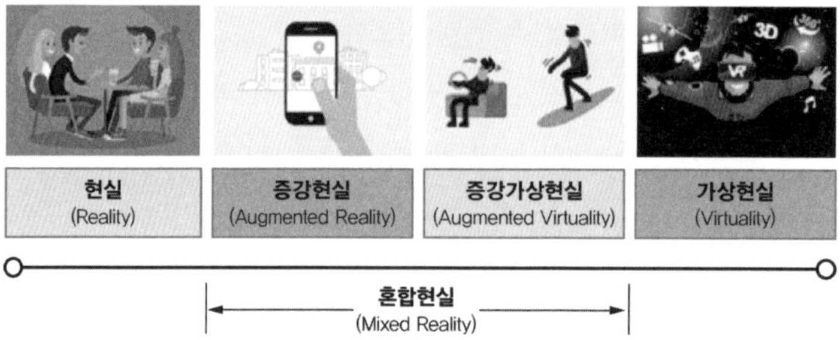

그림 2-24 현실 세계와 가상 세계, 그 사이 모든 공간

가상현실과 증강현실의 탄생

가상현실은 오감을 비롯한 우리의 인지체계를 확장하려는 시도에서 비롯되었다. 사람의 감각을 확장시켜서 보고 싶어 하는 것을 보고 그곳의 소리를 듣고 그곳의 사물을 만지며

얻은 정보를 제공하는 공유의 기술이다. 가상현실은 문자 그대로 사용자가 현실과 별개의 가상공간을 체험할 수 있도록 지원하는 시스템으로써 타임머신과 순간이동이 결합된 기술이라고 이해하면 되겠다.

가상현실의 개념은 1956년 모턴 하일리그(Morton Heilig)가 가상현실 디바이스의 원형인 센서라마 시뮬레이터(Sensorama Simulator)를 개발하면서 대두되었다. 이후 1980년대에 가상현실용 헬멧과 장갑형태의 인터페이스를 개발한 컴퓨터 프로그래머 재론 래니어(Jaron Lanier)에 의해 다양한 기기가 보급되면서 가상현실이란 용어가 대중화되기 시작하였다. 가상현실이 현실과 이질감 없는 서비스를 제공하기 위해서는 가상 이미지, 상호작용, 몰입감 등의 3요소가 필수이다. 가상에서는 사용자가 가상의 대상을 바라보았을 때 현실에서 바라보는 것과 같은 동질감을 느끼게 만드는 수준의 화질로 구성되어 있어야 한다. 사용자가 가상 이미지에 대한 거부감을 느끼지 않을 때 가상의 대상과 상호작용이 가능하다. 사용자와 가상의 대상 간에 상호작용의 질을 높이고 몰입감을 높이기 위해서는 사람의 신체구조와 인지구조에 대한 연구가 더 필요하다.

반면에 증강현실이라는 용어는 1992년 보잉의 토머스 코델(Thomas P. Caudell) 박사가 처음 사용하였다. 증강현실의 기술적 개념에 대해서는 1994년 트론토대학교의 폴 밀그램(Paul Milgram) 교수가 현실-가상연속성에 관한 스펙트럼을 고안하여 설명하고자 하였다. 밀그램은 현실과 가상 사이의 스펙트럼을 '현실-증강현실-증강가상-가상(현실)'의 네 단계로 구분하였다. 현실환경에 가상의 정보를 덧씌워 보여주는 증강현실 기술은 디지털과 아날로그의 결합이자 현실과 상상의 조합물이다. 증강현실은 본디 가상현실의 기술적 한계를 극복하기 위한 대체재로 고안되었다. 완벽한 가상공간을 구현하지 못하는 기술적 한계로 인하여 현실에 일부 가상 콘텐츠를 증강한 기술인 셈이다. 증강현실의 3요소는 1997년 로널드 아즈마(Ronald Azuma)가 정의한 바 있다. 아즈마는 증강현실이 구현되기 위해서는 가상현실의 융합, 실시간 상호작용, 3차원 결합이 필요하다고 규정하였다. 이는 가상현실의 3요소 중에서 가상이미지와 상호작용에 초점을 맞춘 요소들로 증강현실의 경우 몰입감이 크게 필요하지는 않다.

가상현실과 증강현실의 발전에 따라 우리의 지각도 변하고 있다. 20세기 초반 카메라나 영화의 촬영 기법인 클로즈업은 육안으로 볼 수 없는 것을 관객에게 보여 줌으로써 시야의 확장을 가능케 하였다. 이러한 현실을 두고 1960년대 미디어 학자 마셜 매클루언(Marshall McLuhan)은 미디어는 단순한 수단이 아니며 감각의 확장으로 연결된다고 정의한 바 있다. 매클루언의 말처럼 가상현실과 증강현실은 몸이 불편한 사용자에게 새로운 경험을 제공하는 감각의 확장 매개체로 활용되고 있다. 가상현실과 증강현실이 접근성까지 강화되면 헤드셋이 아닌 신경망 연결로 가상현실과 증강현실을 체험할 수 있을 것으로 보인다. 앞으로는 가상현실과 증강현실이 감각 확장의 매개체 역할을 넘어 제6의 감각으로까지 자리 잡을 수도 있다는 의미이기도 하다.

가상현실과 증강현실의 기능

가상현실과 증강현실은 산업에 생명을 불어넣는 고부가가치 기술로 각광받고 있는 킹메이커라고 할 수 있다. 이 기술은 의료, 엔터테인먼트, 교육, 국방, 언론, 공공서비스 등 다양한 분야에서 이미 적용되고 있거나 활용될 계획이다. 이는 다수의 기업이 가상현실과 증강현실을 해당 산업의 경쟁 상황을 변화시킬 수 있는 기술로 보고 있다는 것을 시사하고 있다. 가상현실과 증강현실이 산업전반에 기여할 수 있는 기능은 크게 두 가지로 나뉜다. 정체되거나 침체된 시장을 반등시킬 수 있는 차세대 수익원으로서의 역할이 첫 번째 기능이고 기존 서비스의 효율성을 향상시켜 경쟁력을 유지하거나 향상시키는 것이 두 번째 기능이다.

1851년 창간되어 160여 년의 역사를 가지고 있는 세계적인 신문사업자인 뉴욕타임스는 2015년 11월 정기구독자 100만여 명에게 가상현실 체험기기를 배송하였다. 그리고 가상현실 체험기기를 통해 신문기사 속 현장을 직접 시청할 수 있는 환경을 제공하기 위해 가상현실 콘텐츠 플랫폼인 'NYT VR'을 개발해 배포하였다. 결국 뉴욕타임스는 가상현실 저널리즘을 구현하려고 했던 것이다.

이케아(IKEA : 스웨덴을 대표하는 세계적인 가구업체)는 가구 제품이 가지는 특성에 따른 쇼핑의 한계를 개선하고자 2013년부터 증강현실 기술을 카탈로그에 활용하고 있다. 이케아가 제공하고 있는 증강현실 앱 서비스인 '인터랙티브 카탈로그(Interactive Catalogue)'는 구매자가 매장에 직접 방문하지 않고도 제품이 집에 배치되었을 때의 모습을 확인할 수 있도록 도움을 주고 있다. 스마트폰, 태블릿 PC 등 스마트 기기로 '스캔하기'가 명시되어 있는 부분을 스캔하면 기기 화면에 실측 크기의 제품이 나타난다. 이후 기기 화면을 자신의 집에서 가구를 배치할 실제 실내 공간에 투영하면 소비자는 한눈에 가구 제품의 크기와 기존 인테리어와 어울리는지 등을 손쉽게 가늠할 수 있게 된다.

가상현실 (VR : Virtual Reality)	증강현실 (VR : Augmented Reality)	혼합현실 (MR : Mixed Reality)
• VR은 100% 가상의 공간을 HMD(Head Mounted Display) 등의 디스플레이를 통해 눈앞에 구현하여 실감나고 몰입도 높은 경험을 제공 (AR에 비해 몰입도가 높음) • 인지부조화에 따른 멀미·두통 등이 불편함	• 눈앞의 현실에 실시간으로 이미지와 정보를 더하여 보여줌으로써 현실과 상호작용이 가능하며 추가적으로 정보전달에 효과적(VR에 비해 현실감이 높음) • VR 과 달리 현실의 배경이 추가되어 몰입도는 다소 떨어짐	• 현실의 배경을 부가적인 요소로 활용하고 현실과 가상의 정보를 융합하여 기존보다 진화된 모습의 가상세계 구현 • AR·VR은 여러사람이 동시에 가상세계를 보기에는 힘드나 MR은 여러 사람이 같은 가상의 상황을 체험 (예 : 홀로그램)

그림 2-25 AR/VR/MR 특징 및 개념

세계 최대 배송업체인 DP DHL(Deutsche Post DHL)은 증강현실 기술을 선별 작업뿐만 아니라 창고 재고관리, 우송, 배송, 고객 서비스 등 물류 시스템 전반에 적용하려는 계획을 가지고 있다. 이는 교육시간 단축과 오류 감소, 시간 절약 등 다양한 효과가 기대되기 때문이다. DHL에 따르면 증강현실 시스템을 물류 시스템 전반에 지속적으로 적용한다면 에러 발생률이 최대 40%까지 감소할 것으로 보인다고 말하였다.

미군의 경우는 증강현실을 기반으로 시뮬레이션 군사훈련을 실시하고 있다고 한다. 이러한 훈련은 실제로 무기를 사용하지 않음에 따라 인명사고와 같은 안전성을 확보할 수 있다. 군사훈련에 이러한 증강현실 기술을 적용하는 사례는 앞으로도 계속해서 늘어날 것으로 보인다.

가상현실과 증강현실의 구현

소설이나 영화, 머릿속에서만 상상했던 기술과 서비스가 기술의 발달에 따라 실생활에 속속 등장하고 있다. 최근에는 정보통신 산업의 생태계를 구성하는 콘텐츠, 플랫폼, 네트워크, 디바이스 사업자가 가상현실과 증강현실 구현 기술을 확보하면서 관련 시장이 형성되고 있다. 특히 헤드셋 기술이 보편화되면서 선진국인 미국이나 가격경쟁력을 보유한 중국에서 다양한 제품들이 쏟아져 나오며 전체 생태계에 활력을 불어넣고 있다. 가상현실과 증강현실을 구현하기 위해서는 3차원 디스플레이 기술(모델링, 표면처리, 라이팅 및 랜더링), 3차원 인터렉션 기술(카메라 네비게이션, 이벤트 인터렉션), 가상환경 관리기술(VRML, Web3D, X3D)

그리고 다중사용자 공유기술 등이 필요하다.

가상현실과 증강현실에서는 상상 속의 기술을 다음과 같이 현실에 구현하게 될 것이다.

첫째, 영화, 게임, 성인 콘텐츠에 주목하고 있다. 촬영과 전송, 시청이 가능한 플랫폼과 디바이스 시장이 확장되며 자연스럽게 콘텐츠 시장이 확대되고 있다. 그중에서도 가장 부각되고 있는 콘텐츠 분야는 시각적 효과가 큰 영화와 게임 그리고 성인물 분야이다.

둘째, 고사양의 정보처리 플랫폼의 등장이다. 가상현실과 증강현실 플랫폼은 고품질의 정보처리 기술이 요구된다. 가상현실은 제3의 공간을 바라보는 시스템으로 영상의 질에 더욱 집중해 플랫폼 기술을 향상시키고 있다. 그중 가상현실 플랫폼은 360도 영상을 촬영하고 가상현실 콘텐츠로 변환시키는 3D 랜더링(rendering) 처리 기술이 필수이다.

360° 실사기반 / 순수 그래픽으로 가상공간 구현 / 실제공간에 AR 기술을 접목 / 디지털 기술을 활용한 가상 피팅

그림 2-26 가상현실/증강현실(VR/AR) 기술의 쇼핑 분야 활용

셋째, 끊김 없는 시청을 위한 5세대 통신기술이 필수적이다. 가상현실이나 증강현실과 같은 하이테크 기술이 부상하면서 이를 전송하는 인터넷 트래픽의 규모와 속도에 대한 이슈가 부각되고 있다. 가상현실과 증강현실은 현재는 시각에 집중되어 있지만 추후에는 사용자의 오감을 최대한 활용하는 방향으로 발전하고 있다. 따라서 가상현실과 증강현실을 이용하는데 요구되는 데이터 양은 지속적으로 증가할 것으로 전망된다.

넷째, 헤드마운트 기기 중심의 디바이스 시장이 활성화될 것이다. 가상현실과 증강현실 디바이스 초기 시장은 헤드마운트 기기를 중심으로 활성화될 것으로 예상된다. 3D 랜더링과 모션트래킹(Motion tracking) 기술의 고도화와 고해상도의 디스플레이 제조 기술력을 여러 사업자가 갖추게 되면서 기술 진입 장벽이 낮아지고 있다. 이로 인해 사업자 수가 증가하였고 다양한 디바이스가 개발되며 헤드마운트의 가격은 저렴해지고 있다. 시장이 선순환할 수 있는 시작점이 이제서야 마련된 셈이다.

표 2-10 가상현실과 증강현실의 활용분야

분야	내용
게임	- 증강현실, 실제배경과 가상그래픽 접목으로 생생한 현장감과 몰입감 최고 - 증강현실 게임은 스마트폰 어플리케이션 다운으로 바로 실행이 가능한 장점
미디어	- VR 헤드셋을 이용한 VR 영화제작에 관심 높음 - 방송사 역시 가상현실 이용한 영상 프로그램 기획, 특히 스포츠 중계는 가상현실 대중화에 적합 - 스포츠 중계 증강현실 적용 시 구장 방문 못한 관객에 현장의 생동감을 전달 가능
교육	- 과학이나 의학 분야 가상현실 적용 시 실제 실험을 한 것과 같은 효과와 몰입도 높은 교육 가능 - 1대1 가상 과외를 통해 기존의 대중적인 교육 아닌 학습자 맞춤형 교육 가능
의료 헬스	- 원격 진료와 처방을 통해 의료 혁신 가능하며 헬스 산업 또한 VR 활용으로 업그레이드 가능
쇼핑	- 가상·증강현실을 활용 시 소비자 결정에 도움 - 미국 이베이는 전용 가상현실 이용을 통한 새로운 마케팅 전략시연

국내 적용사례

한국경제는 수출 주도형 모델이다. 수출은 경기변동에 영향을 크게 받는다. 따라서 국내 경제의 지속 성장을 위해서는 전통적 경쟁력을 보유한 IT 분야에 대한 투자가 필수적이다. 이미 콘텐츠, 플랫폼, 네트워크, 디바이스 등 정보통신 산업 생태계를 구성하고 있는 각각의 국내 사업자들은 가상현실과 증강현실 사업에 진출하기 위한 준비를 하고 있다.

주요 선진국에서는 이미 가상현실과 증강현실에 대한 서비스를 출시하고 있는 상황이고 후발 주자인 중국은 가격경쟁력을 무기 삼아 선진기술을 빠르게 추격하고 있다. 우리나라에서도 가상현실과 증강현실을 중심으로 콘텐츠, 플랫폼, 네트워크, 디바이스 서비스 등을 준비하고 있다. 이노션, 네이버, 카카오, KT, LG전자 등이 대표적이다. 아직은 첫걸음에 불과하지만 글로벌 사업자와의 동맹을 비롯한 다양한 전략으로 경쟁력을 확보하고 있다.

국내 광고업계에서도 소비자들에게 광고의 효과를 극대화하기 위한 도구로 가상현실에 주목하고 있다. 국내 대표 광고사업자 중 하나인 이노션월드와이드(Innocean Worldwide)는 가상현실 광고와 마케팅을 전담할 비즈니스 큐레이션팀을 신설하였다. 소비자의 가상현실 체험을 극대화시킬 수 있는 광고와 마케팅 서비스를 제공하겠다는 취지이다.

재활분야에서도 라파엘 재활 솔루션을 제작한 네오펙트는 2016년 2월 국립재활원 재활의학과로부터 뇌졸중 등 중추신경계 환자들을 대상으로 한 가상현실 기반 재활 치료의 일상적 효용성이 통계적으로 유의미하다고 입증받았다.

국내 플랫폼 생태계를 주도하고 있는 네이버와 카카오도 가상현실 서비스를 시작하거나 관련 사업자에 투자하며 미래를 준비하고 있다. 네이버는 2017년부터 가상현실을 접목한 360VR 서비스 동영상을 도입하였다. 만약 유명스타나 유명인사의 콘서트, 공연, 일상 영상을 제공하는 서비스인 'V'앱을 적용할 경우 그 효과가 굉장히 클 것으로 예상된다.

국내 통신사업자는 모바일 IPTV 사업에 가상현실 콘텐츠를 보강하고 있다. 가상현실을 둘러싸고 국내 대표 제조업체인 S전자와 L전자가 각기 다른 동맹군을 선택하여 경쟁에 돌입하였다. S전자는 MWC2016을 통해 페이스북과 동맹 체제를 공고히 하며 가상현실 헤드셋 기어(Gear VR)와 촬영기기인 기어360을 공개하였다. 이에 대응해 L전자는 가상현실 기기 카드보드(Cardboard)를 제작한 구글과의 협력을 강화하고 있다.

가상현실과 증강현실의 시장 전망

가상현실과 증강현실을 포함한 제4차 산업혁명은 전 세계에 드리운 저성장의 그림자를 거둘 수 있을 것으로 기대된다.

최근 가상현실과 증강현실을 비롯한 정보통신 융합 산업이 활성화되면서 구글도 가상현실과 증강현실 관련 서비스에 적극 투자하고 있다. 구글은 연례 개발자회의에서 저가형 가상현실 디바이스 카드보드(Cardboard)와 데이트림 뷰를 공개하였고 엑스페디션 프로젝트를 운영함으로써 가상현실 대중화에 앞장서고 있다.

애플은 아이폰 출시 이후 혁신의 아이콘으로 자리 잡았다. 그러나 스마트폰 시장이 포화되고 경쟁 사업자가 증가하면서 아이폰의 판매증가율은 점차 감소하고 있다. 이에 애플은 가상현실과 증강현실 등을 새로운 성장 동력으로 보고 집중적인 관심을 보이고 있다. 관련한 서비스 출시는 경쟁사에 비해 늦었지만 특허 확보, 인재영입, 인수합병 등 인프라를 우선 확보하여 내부 역량을 강화하고 있다. 최근에는 아이폰의 신규모델에 증강현실 기술을 반영하려는 계획이 언론을 통해 공개되는 등 혁신을 이어 나가기 위한 준비를 하고 있다.

페이스북은 글로벌 소셜네트워크 서비스 1위 사업자이다. 하지만 모바일 플랫폼의 후발주자인 만큼 모바일 광고 수익 분야에서는 1위를 차지하지 못하고 있다. 이는 최고경영자인 마크 저커버그에게 모바일 이후의 넥스트 플랫폼을 선점하고자 하는 결심을 심어 주기에 충분하였다. 페이스북은 차세대 시장 개척자로서 넥스트 플랫폼으로 가상현실을 주목하고 우량 스타트업인 오큘러스를 인수하였다. 최근에는 소셜 VR 팀을 신설하는 한편 관련 시장 확대와 서비스 개발에 박차를 가하고 있다.

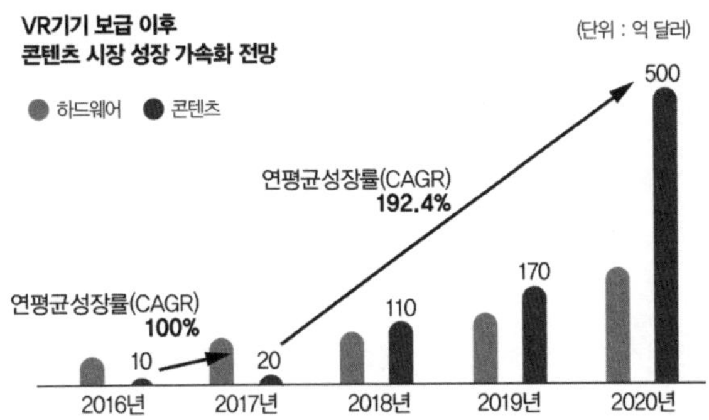

그림 2-27 가상현실(VR) 하드웨어 및 콘텐츠 시장 전망

마이크로소프트는 윈도 운영체제를 개발해 세계 최고의 소프트웨어 회사로 황금기를 보냈다. 하지만 모바일 시대에는 운영체제의 주도권을 구글과 애플에 넘겨줬다. 이에 마이크로소프트는 다시 한번 과거의 영광을 되찾기 위한 방안으로 증강현실 시장을 선점하고자 노력 중에 있다. 이를 위해 전용 헤드셋 홀로렌즈를 선보였고 홀로렌즈가 실생활에 빠르게 정착될 수 있도록 의료, 교육 사업자와의 협력을 계속해서 이어 나가고 있다.

가상현실과 함께 올해 가장 큰 주목을 받은 또 하나의 기술로 증강현실을 이야기할 수 있는데 증강현실 대중화에 가장 큰 공을 세운 것은 바로 그 유명한 닌텐도의 포켓몬고(Pokemon GO)이다. 포켓몬고는 위치 기반 증강현실 게임으로 플레이어 자신이 위치하는 현실을 기반으로 주변에 돌아다니는 수많은 몬스터들을 잡고 대결하는 방식으로 게이머들에게 새로운 신세계의 경험을 안겨 준 게임이었다. 아쉽게도 국내에는 구글 지도 및 여러 가지 이슈들로 인해 활발히 사용되고 있지는 못하다.

S전자는 글로벌 스마트폰 시장의 포화와 모바일 기능의 보편화로 인해 포스트 스마트폰 시장을 찾고 있다. S전자가 가상현실을 포스트 스마트폰 시장으로 지목한 까닭은 스마트폰과 동반성장이 가능한 시장이기 때문이다. 더불어 가상현실이 스마트폰의 보완재에서 대체재로

진화할 것을 대비해 페이스북과 연합을 통해 가상현실 헤드셋을 개발하였다. 이후 사용자들을 다양한 가상현실 프로그램에 직접 참여시키며 대중의 관심을 높이는 계획을 구상 중에 있다. 세계 최대의 모바일 전시회인 MWC(Mobile World Congress)에서 가상현실 기술이 주목받았으며 최근에는 미국과 중국에서 다양한 사업자가 디바이스를 출시하여 기대감을 증폭시키고 있다. 이에 따라 글로벌 시장조사기관과 산업변화에 민감한 금융권은 가상현실과 증강현실 산업이 밝을 것으로 전망하고 있다.

가상현실, 증감현실, 혼합현실의 시사점

향후 VR·AR·MR 콘텐츠 산업이 더욱 발전하기 위해서는 다음과 같은 과제를 해결해야 할 것이다.

첫째, 콘텐츠의 다양화이다. 아직까지는 VR 생태계(CPND : Contents Platform Network Device) 중에서 디바이스 대비 콘텐츠의 다양성이 부족한 실정이다. 2016년에는 VR 산업의 원년으로 보고 많은 VR 기기들이 판매될 것으로 예상했으나 판매대수는 미미하였다. VR 기기의 판매대수가 부진한 것은 가격이 높은 탓도 있지만 활용할 수 있는 콘텐츠가 부족한 점이 원인으로 지적된다. 포켓몬 고(Pokemon Go)의 열풍에서 보듯이 대중화의 필수 조건은 킬러콘텐츠의 개발이다. 우리나라의 경우 콘텐츠 개발이 게임에 치중되어 있기 때문에 가상·증강현실 응용시장을 온라인 쇼핑과 여행, 온라인 교육·훈련용 가상환경, 원격의료로 확대해 나가는 방안이 필요하다. 또한 콘텐츠 제작업체의 다수가 중소업체인데다 여력이 부족하기 때문에 이에 대한 투자지원을 할 수 있는 방안도 필요하다.

둘째, 사용자 친화적인 VR 기기 개발이다. 아무리 우수한 기기더라도 불편함을 주게 되면 사용자들에게 외면받기 마련이다. 현재 출시된 VR 기기의 경우 일부는 무게가 무겁거나 휴대가 불편한 점이 있다. 따라서 사용자들이 쉽게 휴대하고 활용할 수 있도록 보완해 나가야 할 것이다.

셋째, 단기간 성과에 집중하지 않고 중장기적인 발전전략 수립이 필요하다. 정부에서 VR·AR·MR 콘텐츠 산업에 많은 관심을 가지고 다양한 방법으로 지원하고 있으나 현재는 대부분 단기적이고 개별적인 콘텐츠나 플랫폼 제작에만 집중되고 있다. 특히 게임이나 영상산업에 집중되어 있는 경향이 강하다. VR 기기 관련 주요 부품·SW·플랫폼 등 가상산업 중 핵심기술과 고부가가치 산업을 성장시킬 수 있는 정책이 추진됐으면 한다.

넷째, VR · AR · MR 관련 인력양성이다. VR 관련 전문가를 육성하기 위해 최소한 6개월 ~1년 이상의 집중적인 교육이 이루어져야 하나 현재는 단기 교육 프로그램 위주로 진행되고 있다. 정부 주도의 교육 프로그램과 관련해 이를 주관하는 업체가 VR 콘텐츠 산업과 연관성이 높지 않아 실질적인 VR 전문가를 키우는 데 한계가 있다. 산학협력 프로그램을 활용해 산업현장에 필요한 인재를 육성하고 적재적소에 배치하여야 할 것이다.

다섯째, 인체 유해성 문제 해결이다. 사용자의 몰입감을 극대화하는 실감형 인터페이스 구현에 기반을 두고 있어 신체 이상이나 중독 현상이 발생하여 사용자에게 건강상 문제를 일으킬 수도 있다는 것이다. 일부 HMD VR 기기 사용자는 멀미를 하는 것과 유사한 증상을 느끼기도 하였다. 안경처럼 쓰고서 빛을 눈에 투과시켜서 영상을 보이게 하는 기술이기 때문에 시각에 대한 안전성을 가장 우려하고 있다.

마지막으로 여섯 번째는 정보보안 및 사생활 침해 문제를 고려하여 표준과 인증기준을 설정해 유도할 필요가 있다.

가상현실이나 증강현실 그리고 혼합현실 등 세 가지 현실 기술은 서로 상호 연관되는 부분이 있지만 각각의 특성이 뚜렷하고 활용할 수 있는 분야가 다양하다. 따라서 서로 간의 경쟁은 있을 수 있지만 어느 하나가 다른 기술에 의해 사라지거나 퇴보하는 양상을 보이지는 않을 것으로 보인다. 오히려 세 가지 현실 기술이 서로간의 부족한 면을 보완하여 더욱 매력적이고 새로운 제품이 나타날 수 있고 소비자들은 수많은 새로운 경험을 할 수 있는 기회가 그 어느 때보다 더 많아질 것으로 보인다. 향후 VR · AR · MR 관련 하드웨어와 소프트웨어, 다양한 콘텐츠가 확산되어 관련 생태계가 빠르게 정착되기를 기대한다.

8 로봇 슈트, 웨어러블

웨어러블 디바이스 기본개념

웨어러블 컴퓨터는 신체에 착용할 수 있는 컴퓨터 기기를 말하며 웨어러블이라고 줄여 말하기도 한다. 넓은 의미에서 컴퓨터는 데스크탑 뿐만 아니라 데이터의 연산과 저장 기능을 수행할 수 있는 기기를 말한다. 따라서 웨어러블 컴퓨터는 우리가 일상적으로 휴대하고 다닐 수 있는 다양한 형태의 정보기기를 뜻하며 이런 의미를 포함하여 웨어러블 디바이스라고 통용된다.

웨어러블 기술(Wearable technology : 착용기술)이란 정보통신(IT) 기기를 사용자 손목, 팔, 머리 등 몸에 지니고 다닐 수 있는 기기로 만드는 기술이다. 초소형 부품과 초박막형의 휘는(플렉서블) 디스플레이, 스마트 센서, 저전력 무선통신, 모바일 운영체제 등 IT 기술이 일상생활에서 사용되는 시계, 안경, 옷, 헬멧 등에 접목되어 사용자에게 언제 어디서나 컴퓨팅 환경을 제공한다. 이러한 웨어러블 기술은 스마트워치와 같은 착용 컴퓨터(Wearable computer), 스마트 의류(Smart clothes), HMD(Head-mounted display)와 같은 가상현실(혼합 현실) 체험기기, 피부에 이식하는 임플란트 등으로 응용되어 개인용뿐만 아니라 산업, 의료, 군사 등 모든 분야에 활용된다.

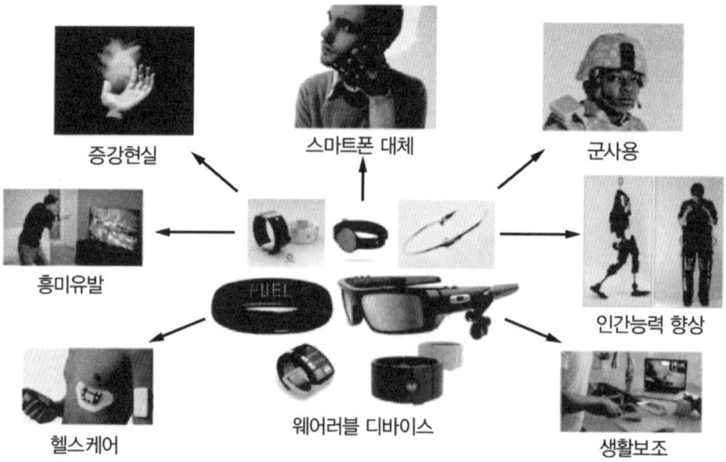

그림 2-28 웨어러블 디바이스의 다양한 목적과 활용사례

웨어러블 디바이스(Device)란 기기 사용자의 몸에 착용하거나 부착할 수 있는 장치를 말한다. 보통은 이 기기들이 센서 등을 통해 사용자와 관련된 정보나 사용자 주변 정보를 데이터화하여 그 데이터를 저장하거나 전송 공유할 수 있게 해주는 장치다. 보통은 사용자의 체력, 운동량 등을 모니터링하는 기능과 GPS로 위치를 추적하거나 기타 모바일 기기와의 연결을 통해 문자 메시지를 쉽게 확인할 수 있도록 해준다. 또한 전화가 왔음을 알려주는 기능과 카톡이나 다른 메신저 등이 오면 사용자가 놓치지 않고 확인이 가능하도록 특정 알림 기능 등을 제공하고 있다. 보통은 팔찌와 시계 같은 형태처럼 가볍고 편안하게 착용할 수 있고

음성이나 움직임으로 특정 명령 없이 작동시킬 수 있어서 생산성과 효율성을 높여 준다는 장점이 있다.

웨어러블 디바이스의 유형

다양한 영역에서 정보통신(ICT) 기술을 활용함에 따라 웨어러블 디바이스를 피트니스, 헬스케어, 의료, 인포테인먼트 및 산업, 군사 등의 목적으로 사용하고 있다. 특히 건강관리, 치료 목적의 웨어러블 기기의 관심이 증가하여 관련 시장이 급격히 성장하고 있다. 소득수준이 증가함에 따라 여가생활을 즐기는 사용자들이 증가하고 이러한 사용자들의 니즈(Needs)를 파악하여 운동효과를 높일 수 있는 웨어러블 제품이 속속 출시되고 있다. 웨어러블 디바이스는 크게 4가지 유형으로 나눌 수 있으며, 형태와 목적에 따라 고유의 기능을 가지고 있다.

웨어러블 디바이스의 4가지 유형을 살펴보면 웨어러블 디바이스 중 휴대하는 형태의 제품이나 액세서리와 같은 액세서리형(Portable), 패치와 같이 피부에 부착하거나 의류형태인 의류 일체형(Attachable) 그리고 신체에 직접 이식하거나 복용하는 형태의 신체부착형과 생체이식형(Eatable)으로 분류할 수 있다.

표 2-11 웨어러블 디바이스의 유형

구분	액세서리형	직물/의류 일체형	신체부착형	생체이식형
예시			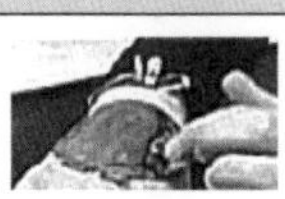	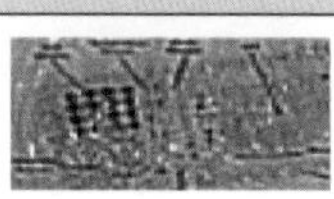
내용	시계, 안경, 목걸이 등 액세서리 형태	직물 또는 의류에 일체화된 형태	신체에 부착할 수 있는 형태	생체에 이식할 수 있는 형태
대표 제품	스마트 안경, 스마트 워치	직물센서, 스마트웨어, 의류일체형 컴퓨터	스킨패치형 센서 및 장치	이식형 센서 및 장치

첫째, 엑세서리형 웨어러블 다비이스의 핵심기술은 초소형/고용량 배터리, 저전력 고성능 SoC(System on Chip), 플랙시블, 박막형 투과형 디스플레이, 초소형/정밀 비전 센서, 사용자 인터렉터 기술 등이다.

둘째, 의류일체형 웨어러블 디바이스의 핵심기술은 전도성 실, 섬유, 직물 센서 개발, 직물 회로보드 기술, 접착형 전자소자 패키징 기술 등이다.

셋째, 신체부착/생체이식형 웨어러블 디바이스의 핵심기술은 고분자 회로보드 및 전자 소자 패키징 기술, 안테나 및 통신기술, 소재 및 탈부착 기술 등이다.

웨어러블 기기는 미래 삶을 어떻게 바꿀까?

사람들이 앞으로 가장 많이 사용할 웨어러블 기기로는 스마트워치이고 기능으로는 헬스케어가 꼽혔다. 스마트 의류도 부상하면서 이것을 입은 사람은 사물인터넷(IoT) 등으로부터 데이터를 수집하는 빅데이터 플랫폼이 될 것이란 의견도 나왔다. 스마트 의류를 입은 사람이 다쳤거나 위급한 상황일 때 정보를 긴급히 전달해 사람을 돕는 역할도 할 수 있을 것으로 기대된다. 향후 웨어러블 디바이스의 미래는 다음과 같이 요약할 수 있다.

(1) 의료분야 : 웨어러블 기기 활용 '원격의료시대' 활짝

앞으로는 의사가 환자의 상태를 원거리에서 웨어러블 기기로 파악해 병원 방문을 안내하는 사실상의 원격의료시대가 열린다. 현행 의료법상 웨어러블 기기를 통해 측정한 데이터를 기반으로 환자 상태에 따라 의사가 환자에게 내원을 안내하는 것은 근거가 불명확해 서비스를 제공할 수 없었지만 앞으로는 다양한 서비스가 출시될 수 있을 것으로 보인다.

(2) 운동 및 건강관리

운동이나 건강관리분야에서 사용되는 웨어러블의 종류를 보면 수면시간을 측정할 수 있는 'Pebble Time', 운동량을 측정할 수 있는 'Fitbit Charge', 스트레스 레벨을 측정할 수 있는 'PIP', 스마트 체중계인 'Fitbit Aria 2' 등이 있다. 스마트워치가 아니라도 발목이나 가슴, 어깨에 착용해 사람이 달리는 자세를 측정해 주고 넘어지기 전 자세 교정을 할 수 있도록 도와주는 웨어러블 기기도 있다.

표 2-12 의료 웨어러블 디바이스 주요 제품

제품명	기능
Ovula Ring	- 임신 준비에 도움을 주기 위해 개발 - 생체 감지 기능이 여성의 생리주기 전반에 걸쳐 핵심 체온 등을 모니터링 
HealthPatch MD	- Vital Connect사에서 개발한 바이오센서로 환자의 심박 수, 호흡 수, 피부 온도 및 신체 자세를 측정하고 추적 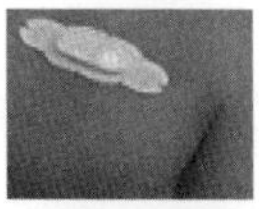
FreeStyle Libre Flash Glucose Monitoring System	- 건강 관리 회사인 Abbott이 설계한 당뇨병 환자를 위한 착용식 연속 포도당 모니터링 시스템 - 혈당 측정기를 대체하기 위해 개발 
MiniMed 530G System with Enlite Sensor	- 소화 시스템을 돕고 혈당 수준을 조절하는 복부 내부의 땀샘인 인공 췌장으로 작동하도록 설계 - 메드 트로닉이 개발한 이 웨어러블 장치는 포도당 수치를 모니터링하고 인슐린을 자동으로 분배 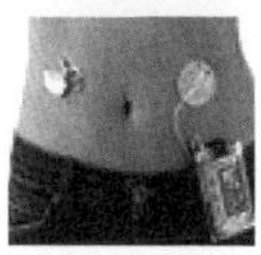

표 2-13 주요 운동·건강(피트니스·액티비티) 웨어러블 디바이스

제품명	기능
Pebble Time	수면시간 측정 
Fitbit Charge	심장 박동수 측정, GPS 트레킹, 전화 및 문자, 운동량 측정 
PIP	스트레스 레벨 측정 
Fitbit Aria 2	스마트 체중계 

(3) 군사 분야

상호 연결된 휴대 장치는 은밀한 작전을 수행하는 군인에게 이상적인 장치이며 이러한 장점을 적극 활용하기 위해 군사용 장치를 위한 기술이 늘어나고 있다. 웨어러블 디바이스의

기술을 통해 군인들은 정확한 정보를 추적할 수 있으며 안전을 모니터링하고 오류 발생률을 낮출 수 있다. 또한 군복과 결합된 웨어러블 디바이스는 무거운 무게를 들 수 있게 도움을 줄 수도 있으며 군인의 전투력 상승 효과도 가져올 수 있다.

표 2-14 군사용 웨어러블 디바이스

제품명	기능
DARPA blast gauge	응답 시간을 향상시킬 뿐만 아니라 외상성 뇌 손상(TBI)의 인스턴스 및 심각도를 줄이는 중요한 데이터를 제공 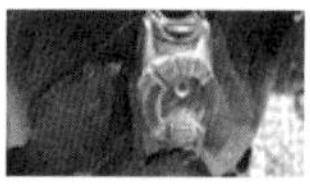
ClearVision Enhanced Vision System	EFVS가 장착되지 않은 비 항공기가 접근할 수 없었던 시야와 낮은 시야에서 이착륙을 수행할 수 있음 
Augmented Immersive Team Training (AITT)	일반적인 훈련 환경에서 VR을 사용해 전투 상황을 시뮬레이션 가능 
Iris Tracker	홍채 스캐너로 경찰, 범죄자, 군인 및 일반인들의 정보를 수집 

(4) 안전, 보안 분야

미국 시장조사 및 컨설팅 회사인 가트너는 2022년까지 비밀번호 보안방식 사용률이 10%로 내려가며 머신러닝, 생체인식, 사용자 행동을 결합한 보안방식이 발전할 것으로 예상하였다. ST 마이크로일렉트로닉스는 안전하고 편리한 결제를 도와주는 보안 결제 칩 기술을 발표하였다.

(5) 보험 분야

수년간 보험사는 생명보험과 건강보험 제품에 내장된 웰빙 자료를 제공해 오고 있다. 신체활동 데이터뿐만 아니라 라이프스타일 데이터를 공유해 할인 또는 보상을 누릴 수 있게 된다.

표 2-15 보안 기술 웨어러블 디바이스

제품명	기능
Mimo Smart Baby Monitor	- Mimo를 사용하면 부모가 스마트폰이나 태블릿을 통해 아기의 호흡, 수면 활동, 신체 위치와 피부 온도에 관한 실시간 데이터를 모니터링 가능
V.ALRT VSN400 Personal Emergency Response Devce	- 긴급 문자 메시지를 보내 긴급상황 발생 시 도움을 청하는 동시에 긴급 전화를 할 때 최대 3 명의 가족에게 긴급전화를 걸 수 있음
Defender 24/7	- 안전, 의료 경보 및 법 집행을 위해 24/7 모니터링 서비스 알림을 제공 - 모든 가해자의 사진을 당국에 전달할 수 있도록 통합 카메라로 스마트폰과 무선으로 연결되며 GPS 위치를 추적해 사용자 위치를 보내고 사이렌을 울림
Tile	- 초 단위로 항목을 찾는 데 도움이 되는 작은 Bluetooth 추적기 - 일상용품 (특히 도난당한 물건)에 부착하면 타일 앱을 사용해 쉽게 찾을 수 있고 쉽게 찾을 수 있음

웨어러블 신기술, 산업에 우선 적용 가능성

웨어러블 디바이스 분야는 무한한 신기술을 바탕으로 발전 가능성이 높으며 전자제품 이상으로 패션아이템으로 조명을 받고 있으며 다양한 분야로 융합이 가능하다. 기술변화가 많아 인프라 구축 개발이 필요할 것으로 보인다.

단기적으로는 스마트폰과 연계한 제품과 서비스로 시장확대를 할 수 있을 것이다. 다양한 기술의 융합으로 지능정보, AI 기반의 신기술, 신산업 창출을 모색하고 기술개발 사업 추진으로 산업 활성화를 할 수 있을 것이다. 중소·중견기업이나 스타트업 중심의 창의적인 아이디어를 기반으로 신제품 개발이 가능할 것이다.

웨어러블 디바이스는 실시간 측정기기로 긴 배터리 수명이 필요하며 아직까지 배터리 수명관련 기술은 부족한 상황이다. 배터리 기술력을 향상시키든지 낮은 전기를 사용하도록 시스템을 구축할 필요가 있다.

웨어러블 디바이스 사용에 따른 보안 침해에 대한 법적 대응방법이 아직까지는 미숙한 상황이다. 유저와 항시 연결되는 웨어러블 디바이스의 중요성은 앞으로의 시장에 큰 변화를 가져올 것이므로 기술과 규제 동향을 주목할 필요가 있겠다.

웨어러블 디바이스의 비즈니스 미래는 결제, 헬스케어, 스마트홈 등의 생태계와 연동해 동반 성장해야 디바이스로서의 가치를 온전히 실현할 수 있을 것이다.

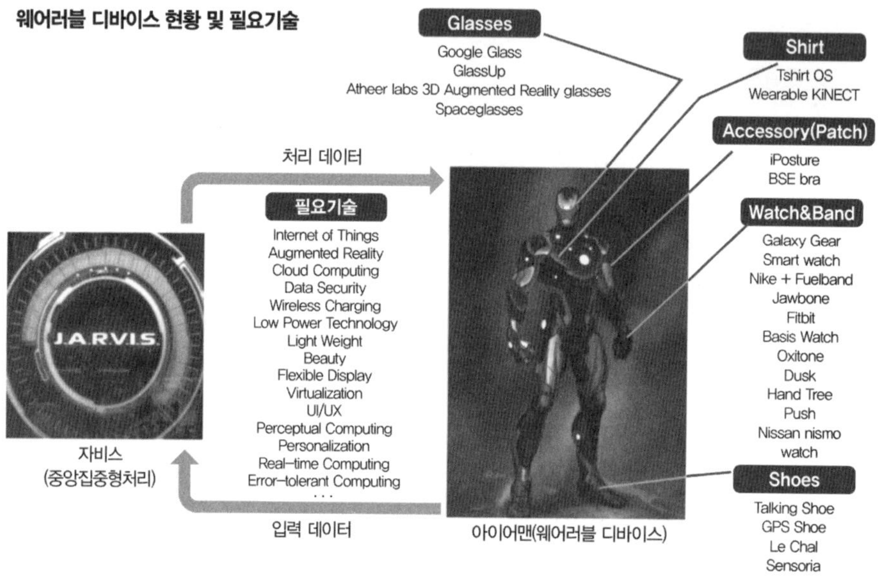

그림 2-29 웨어러블 디바이스 현황 및 필요기술

9 말하지 않아도 알아. 생각 읽는 인공지능 기술

인공지능의 기본개념

인간과 같은 지능을 가진 컴퓨터인 '인공지능'은 아직까지 존재하지 않지만 조만간 10년 이내에 나타날 것으로 보인다. 이를 범용형 인공지능(강인공지능)이라고 한다. 뇌과학과 신경과학, 전자공학 등과 같은 다양한 분야에서 연구가 계속해서 이루어지고 있다. 현재 우리들이 알고 있는 인공지능 기기들은 약인공지능으로 분류하고 있다.

인공지능(Artificial Intelligence : AI)은 인간의 뇌와 똑같은 지능을 가진 컴퓨터 또는 그것을 실현하기 위한 시스템이나 요소기술을 말한다. 글자나 말의 의미를 인식하고 학습한다든지 얼굴 표정을 인지하는 등 그동안 인간만이 할 수 있다고 생각했던 기능들을 컴퓨터가 수행하게 하는 것이다.

AI 분야는 긴 역사를 가지고 있으며 지금은 일상적인 것으로 간주되는 광학 문자 인식을 포함하여 일찍이 여러 가지 혁신적 발전이 있었다. AI는 경제적 측면에서 과거에는 인간이 필요했던 작업을 시스템이 수행할 수 있다는 점이 특히 매력적이다. 효과적인 AI 솔루션은 인간의 뇌보다 더 빨리 '사고'하고 더 많은 정보를 처리할 수 있다.

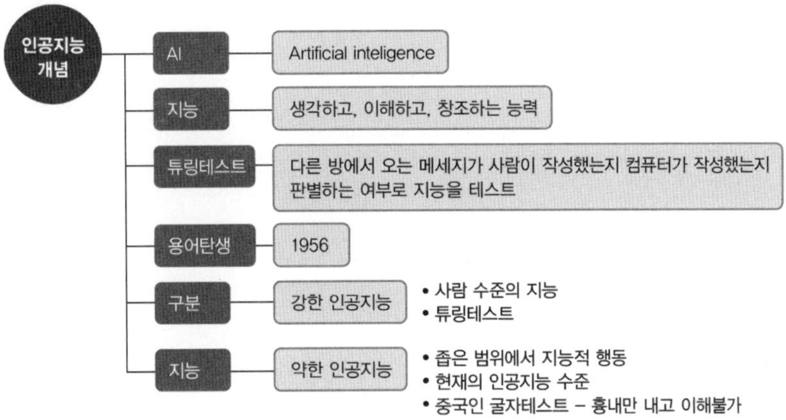

그림 2-30 인공지능 개념

최근 인공지능이 똑똑하게 성장한 이유는 두 가지를 꼽을 수 있다.

첫째, '빅데이터'로 학습을 전환하였다는 점이다. 특정 사물의 특징을 명령어로 설명해 주고 특정 사물의 사진을 수십 만장 보여줘 특정사물을 학습시킴으로써 똑똑하게 되었다는 것이다. 이제는 인공지능 알고리즘(Algorism : 어떤 문제를 해결하기 위해 정해진 일련의 절차와 방법) 개발보다 빅데이터 확보가 더 큰 문제인 시대가 되었다.

둘째, '딥러닝(Deep Learning : 심층학습)'이다. 딥러닝은 사람처럼 스스로 지식을 계속 쌓아가면서 공부하는 인공지능 학습법이다. 인공지능이 보고 배운 것을 기억하고 그것을 토대로 새로운 사실을 추론한다는 점에서 인간의 사고와 유사한 기술이라고 할 수 있다. 딥러닝은 컴퓨터가 여러 데이터를 이용해 마치 사람처럼 스스로 학습할 수 있도록 하기 위해 인공신경망(Artificial neural network)을 기반으로 한 기계학습(Machine learning) 기술이다. 인간의 두뇌가 수많은 데이터 속에서 패턴을 발견한 뒤 사물을 구분하는 정보처리 방식을 모방해 컴퓨터가 사물을 분별하도록 기계를 학습시킨다.

딥러닝 기술을 적용하면 사람이 모든 판단 기준을 정해 주지 않아도 컴퓨터가 스스로 인지하고 추론하며 판단할 수 있게 된다. 그리고 이 기술은 음성, 텍스트, 이미지 인식과 사진 분석 등 광범위하게 활용된다. 알파고(바둑 AI)는 기계학습을 통해 스스로 지식을 계속 쌓아가면서 진화하고 있었던 것이기에 인간과 비슷한 의사결정을 내릴 수 있게 되었던 것이다.

인공지능 구분

인공지능은 크게 나누어 약한 인공지능(Weak AI)과 강한 인공지능(Strong AI : 범용인공지능) 두 가지로 구분할 수 있다.

(1) 약한 인공지능(Weak AI)

약한 인공지능(Weak AI)은 미리 정의된 규칙이나 모음, 알고리즘을 이용해서 지능을 흉내낸 것이다. 때문에 실질적으로 지성을 가지고 있진 못하지만 제한된 영역에서 지능적인 행동을 보이거나 작업을 수행할 수 있다. 어떻게 보면 인간 지능의 극히 일부만을 구현해낸 것으로도 볼 수 있다. 흔히 볼 수 있는 게임 AI들도 약인공지능이고 성능이 비교적 뛰어난 알파고도 결국 틀 안에 갇혔기에 약인공지능이다.

그래서 일부 학자들은 이게 무슨 '인공지능이냐' 면서 비아냥거리기도 하지만 지능의 해석 범위를 좁게 보면 그리 이상한 명칭도 아니다. 약인공지능은 바둑과 폐암 X-Ray 사진 판독, 사람 얼굴 구별 등 특정 분야의 일만 할 수 있고 또 그렇게 설계되어 있다. 스스로 무엇을 할지 판단하지 않고 인간이 지시한 명령의 틀 안에서만 일하기 때문에 예측과 관리가 쉽다. 현대에는 기술의 발달로 알파고와 같은 특정 분야에서 매우 우수한 성능을 보이는 약인공지능이 진보를 거듭하고 있다.

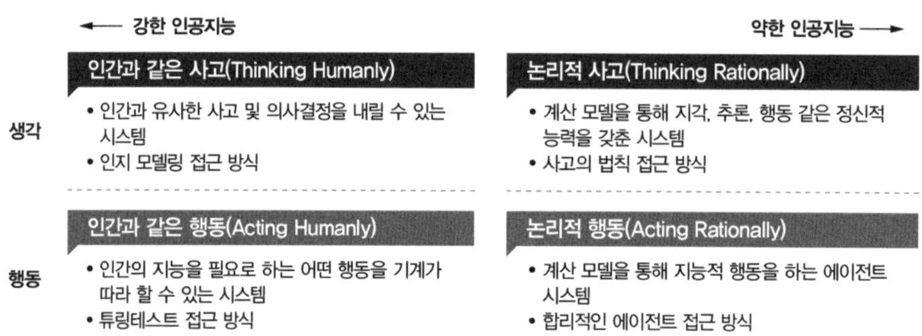

그림 2-31 인공지능의 구분

오늘날의 약인공지능의 형태를 보면 '심심이'(인공지능 메신저 : 이즈메이커의 온라인 인공지능 채팅로봇)와 별 다를 바가 없는 물건이다. 다만 연산 속도가 엄청나게 올라감에 따라 더 방대한 양의 DB도 스스로 관리하고 더 빨리 찾아낼 수 있게 된 형태일 뿐이다.

그래서 지금 구글이 개발하는 차세대 DB형 약인공지능은 스스로 정확한 정보를 지닌 DB를 구글의 빅데이터에서 선별한 뒤 추가하는 기능을 지닌 인공지능이다. 그러나 2017년 이후 대부분의 인공지능은 심심이와 같은 전문가 시스템 방식의 인공지능을 사용하지 않고 있다. DB를 조건에 따라 검색하여 결과를 찾는 방식이 아닌 학습된 내용에 대한 최적화 해(解)를 내는 방식으로 결과물을 찾아낸다.

사람의 뇌처럼 저수준 정보망에서 고수준 정보망으로 입력 데이터가 여러 단계로 전파되어 전달되기 때문에 추상화가 가능하다. 이로 인해 알파고처럼 특정 분야에서는 인간 이상의 지능을 보일 수 있고 다른 분야에서도 유의미한 결과들을 내고 있다.

이처럼 약인공지능은 인간으로부터 명령받은 조건 아래에서 지시에 따라 특정 조건에서 뚜렷이 구분되는 분야의 일을 하는 도우미라고 할 수 있다.

(2) 강인공지능(Strong AI)

강인공지능(Strong AI)은 인간의 지성 전체나 그것에 맞먹는 수준의 지능을 구현한 것이다. 따라서 강인공지능은 인간이 할 수 있는 일은 거의 다 할 수 있다. 중심이 되는 자아를 지니거나 적극적이며 자율판단에 의거해 문제없이 작업을 수행할 수 있다. 강인공지능은 아직 개발되지 않았지만 강인공지능의 개발이 가능한지에 대해서는 의견이 분분하다. 강인공지능이 다가온다는 증거는 없지만 반대로 나타나지 않았다는 증거 또한 존재하지 않기 때문이다.

강인공지능으로 불리는 것에는 다음의 두 가지가 있다.

첫째, 인공 일반 지능(Artificial General Intelligence)이다. 특정한 조건하에서만 적용할 수 있는 약인공지능과 달리 모든 상황에서 일반적으로 두루 적용될 수 있다. 예를 들어 인공 일반 지능은 한 번도 해보지 않은 꽃꽂이를 남들이 하는 것을 보고 배워서 하거나 방범 업무를 경찰에게 인계받아 학습하여 업무를 수행하는 것도 가능하다.

둘째, 인공 의식(Artificial consciousness)이다. 이는 자의식을 가진 인공지능을 말한다. 다른 말로 자아를 지닌 인공지능이라고 표현할 수 있다. 명령받지 않은 일도 스스로 필요하다고 생각해서 할 수 있으며 심지어 명령을 거부할 수도 있다.

인공지능과 로봇과의 관계

최근 알파고 이후로 화두가 된 인공지능과 로봇은 분명 다른 분야이다. 기본적으로 인공지능은 소프트웨어(정신)를 다루는 반면 로봇은 하드웨어(물질 혹은 운동)에 집중한다. 로봇공학에서 사람형 로봇을 만든다고 하여도 마찬가지이다. 운동 능력을 복사하는 것이지 사람의 사고에 대한 연구는 하지 않는다.

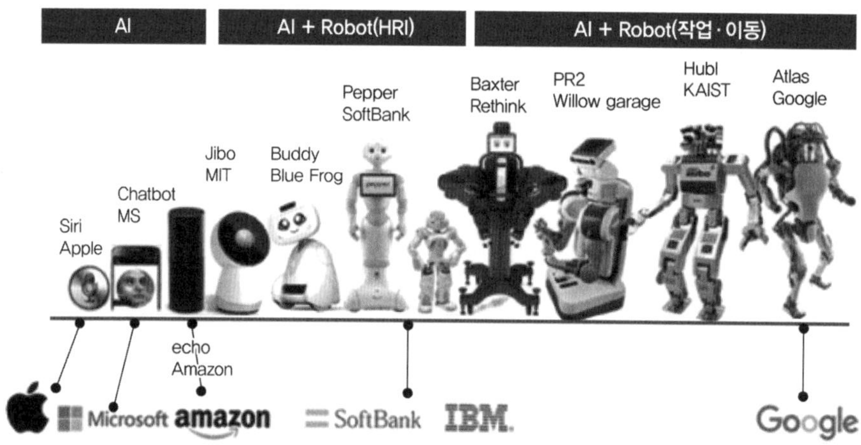

* 주 : 물리적 형태를 갖춘 인공지능 및 로봇을 동작지능 기준으로 나열. 동작 없이 자연어 대화가 가능한 비서로봇부터 간단한 동작과 표현지능을 갖춰 감정교감이 가능한 소셜로봇, 이동 및 작업이 가능한 휴머노이드로봇까지 분포

그림 2-32 인공지능과 로봇

소프트웨어는 개발한 하드웨어를 운영하기 위한 보조적인 수단에 머무를 뿐이다. 다만 장기적으로 보면 인공지능의 발전으로 로봇 공학자의 입지가 좁아질 가능성도 있다. 기초 연구가 아닌 단순한 유틸의 조합인 수준이라면 그 설계를 인공지능이 대체할 수도 있기 때문이다.

보통 아이언맨과 터미네이터 같은 SF물에서 인공지능이 탑재된 로봇이 나오기 때문에 많이들 헷갈려 하지만 인간이 조종하는 로봇과 육체가 존재하지 않는 인공지능은 구분되어야 한다. 현재 사회에 출현된 인공지능은 약인공지능의 기능을 지닌 로봇형태가 많다.

인공지능 사례

인공지능의 대표적인 사례로는 구글 딥마인드(Google DeepMind)가 개발한 바둑 프로그램 '알파고'와 암을 진단하는 IBM사의 닥터 '왓슨'이 있다. IBM '왓슨'은 현재 가장 인공지능에 가까운 플랫폼 중의 하나이다. 닥터 왓슨은 대학병원에 도입되어 운영 중에 있다.

인간과의 퀴즈나 번역의 대결뿐만 아니라 암 진단까지 수행하고 있다. 하루가 다르게 다양한 산업군에서 인공지능이 개발되면서 다양하고 전문적인 인공지능의 출현으로 전 세계인들을 모두 놀라게 하고 있다.

오토드로우(AutoDraw)는 구글에서 개발한 로봇으로 그림 실력 없어도 사용자가 대충 그린 그림을 인식하여 디자이너와 일러스터들이 그린 데이터를 검색하여 유사한 이미지를 추천하는 인공지능 서비스이다.

딥페이스(DeepFace)는 사용자 자신의 얼굴이 있는 단체사진 한 장을 인식시키면 그 사진에 포함된 페이스북 유저의 인적 네트워크를 분석하는 인공지능 서비스이다.

소프트뱅크의 페퍼(Pepper)는 일본의 세계 최초 휴머노이드 로봇으로 사람의 감정과 주변 상황을 파악하여 자율적인 판단이 가능한 로봇이다. 고객접수, 도우미, 간병인 역할을 톡톡히 해내고 있다. 국내 LG유플러스, 우리은행, 교보문고, 가천대 길병원, 롯데백화점, 이마트 등 기업에 도입되어 손님들에게 이용안내나 예약서비스를 돕고 있다.

채팅하는 로봇으로는 챗봇(Chatbot)이 있다. 이는 인터넷 메신저 서비스와 인공지능의 만남으로 별도의 앱을 실행하지 않고도 기업용 메신저에 채팅하듯 질문하면 인공지능이 마치 사람처럼 대화하며 대답하는 서비스이다. 과거 '심심이'가 사용자의 질문을 단순하게 자동응답을 해주는 서비스가 있었지만 현재는 대화형 플랫폼으로 발전하면서 주목받고 있다. 페이스북, 위챗, 구글 등 글로벌 업체에서 챗봇을 이미 도입하고 있고 국내 기업에서도 챗봇을 활용하여 24시간 고객의 질문에 응대하고 있다.

나날이 발전하고 있는 인공지능 사례를 보면 4차 산업혁명 시대 기계의 지능화를 실감할 수 있다. 그리고 인공지능의 '데이터'와 사람의 '창의성'이 융합되어 앞으로 어떤 놀라운 서비스가 실현될지가 사뭇 기대된다. 하지만 기존에 사람이 했던 노동력을 대체하기 때문에 4차 산업혁명 시대 미래의 일자리에 대해서는 고민이 필요할 것으로 보인다.

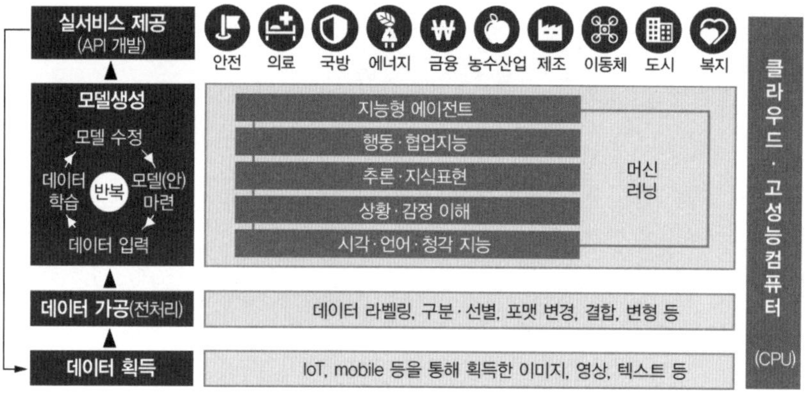

그림 2-33 인공지능 기술 개요도

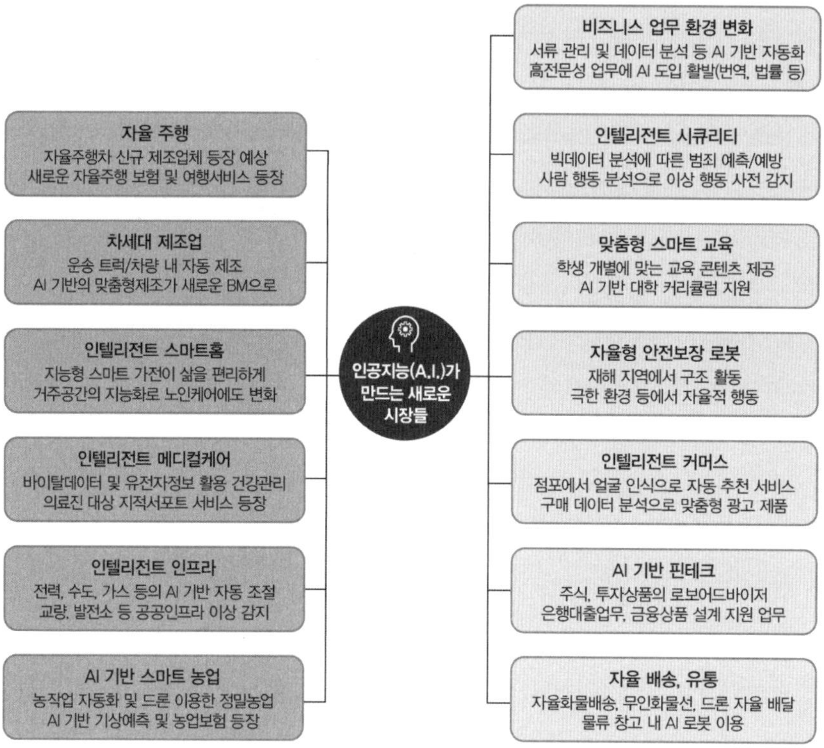

그림 2-34 인공지능이 만들 미래 신시장

인공지능의 발달로 인한 미래 산업의 변화

인공지능의 발달로 미래에는 여러 가지 측면에서 변화가 있을 것이다.

첫째, 인공지능은 소프트웨어와 하드웨어 분야 모두를 성장시킬 것이다. 앞으로 인공지능 시장은 클라우드 컴퓨팅, 빅데이터, API (응용 프로그램 프로그래밍 인터페이스), 앱 등을 모두 포함하는 플랫폼을 장악한 거대 기업이 시장에서 강한 영향력을 행사할 것이다. 인공지능 플랫폼을 이용하기 위해서는 클라우드 컴퓨터와 빅데이터 인프라가 필요한데 그러한 인프라를 제공할 수 있는 역량을 갖춘 기업만이 인공지능 플렛폼 경쟁에 뛰어들 수 있기 때문이다.

둘째, 인공지능은 산업 전반에 커다란 지각변동을 일으킬 것이다. 글로벌 금융사들은 인공지능에 투자를 늘리고 있는 추세이다. 금융사들은 빅데이터와 결합된 인공지능을 이용하여 대출 신청자의 채무불이행 가능성을 예측할 수 있다. 최근 핀테크(PinTech) 기업들은 인공지능을 활용해 수천 가지의 변수를 고려한 신용평가 모델을 이용하여 기존 은행들과 차별화된 금융 서비스를 제공하고 있다. 인공지능은 스마트폰에 탑재되어 개인 재무비서 기능을 수행할 수도 있다.

제조업분야에서도 인공지능은 활발히 활용될 것이다. 미국은 물론 일본, 한국, 중국 등의 제조현장에서는 인공지능을 탑재한 휴머노이드 로봇이 인간을 대신해 일할 것이다. 자동차 시장에서도 인공지능은 여러 센서를 통해 확보한 데이터를 분석해 가장 안전한 경로로 자동차를 유도할 것이다.

셋째, 인공지능은 인간의 일자리를 상당수 빼앗을 것이다. 과거의 로봇은 인간의 일자리를 크게 빼앗지는 않았었다. 로봇은 하드웨어적인 장치에 불과했기 때문에 로봇 한 대는 인간의 일자리를 한 개만 대체하였고 그 대신 로봇 생산과 관련된 새로운 일자리를 만들었다. 하지만 인공지능은 소프트웨어이기 때문에 무한 복제가 가능하다. 인공지능을 개발하는 데는 많은 인력과 지식이 필요하지만 그것을 복제하는 데는 노동이 필요하지 않다. 따라서 인공지능은 과거보다 더욱 높은 비율로 인간의 일자리를 대체하게 될 것이다. 나아가 인공지능은 전문적인 법률직과 의사직까지도 위협할 것이다. 의료분야에서도 내과, 외과, 소아과, 정신과 등 환자를 직법 만나는 분야보다 영상의학과, 핵의학과, 진단의학과 등 진료를 지원하는 분야의 의료직 일자리를 상당수 빼앗을 것이다. 인공지능이 인간의 일자리를 빼앗으면 실업률은 증가하고 경제활동인구가 줄어들고 소비인구가 감소해 경기가 약화된다. 정부도 근로자가 줄어드는 만큼 소득세를 적게 걷으니 세금 수입이 감소하게 된다. 이러한 문제를 예방하기 위하여 각국 정부는 '로봇세'와 '일자리공유'를 대안으로 내놓고 있다.

넷째, 인공지능이 넘쳐나는 세상에서는 그에 대한 반감으로 '인간성'을 추구하는 현상이 생길 것이다. 인간성은 직관과 감성, 창의성 등과 관련된 것인데 이와 관련된 직업들은 사라지지 않을 것이다. 직관과 관련된 직업은 경영자나 자영업자 등이고 감성과 관련된 직업은 수공예품과 창작품, 요리사, 사람을 직접 상대해야 하는 커뮤니케이션 관련 직업, 상대의 감정과 감성을 헤아리는 사회복지사와 카운슬러 등의 일자리는 상대적으로 타 직업에 비하여 인공지능에게 일자리를 빼앗기지는 않을 듯 싶다.

인공지능의 한계

많은 미래학자들은 인공지능이 10년 내에 인류 사회를 급격하게 바꿀 거라고 말한다. 인공지능의 한계는 결국 인간만이 지니는 특별한 점 세 가지를 얼마만큼 접근하느냐에 따라 달라질 것이다.

첫째, 빅데이터 학습의 한계이다. 인공지능에게 어떤 사물 하나를 가르치려면 그 사물이 나온 수천에서 수만 장의 사진을 일일이 태그를 달아 학습시켜야 한다. 반면 인간은 '스몰데이터(Small data)'만으로도 학습이 가능하다. 컵이란 사물을 2~3개만 봐도 새로운 컵을 보고 컵이라고 말할 수 있는 것처럼 말이다. 아직 인공지능에겐 하나를 배우면 열을 아는 능력이 없고 한번도 학습하지 않은 건 죽었다 깨어나도 모른다.

둘째, 사회성이다. 인간은 '관계 맺기'의 천재이다. 싸운 친구와 화해하고 삐진 애인을 달래주며 타인의 슬픔에 진심으로 공감하는 능력이 그러한 것들이다. 인간에게는 너무나 당연한 이 감정들을 어떻게 데이터화시키고 수치화시켜서 인공지능에게 학습시키는 것은 현재로서는 요원하다.

여기에 덧붙여 문화, 성(性), 나이에 따라서 달라지는 사회성도 데이터로 만들기에는 경우의 수가 너무 많다. '이 사람은 뭔가 나랑 안 맞아' 등과 같은 인간이 직관적으로 느끼는 감정들 역시 수학적 데이터로 만들기에는 매우 까다롭다. 감정 학습도 어려운데 자아를 갖고 인류를 파멸로 몰아넣을 것인가에 대해서는 우리시대에는 걱정을 안 해도 될 것 같다.

셋째, 큰 숲을 보는 것도 인간 고유의 영역이다. 인간의 삶을 그리는 일은 역시 인간 그 자체뿐일런지 모른다. 인공지능이 사회문제를 해결하는 효율적인 기술일지는 몰라도 사회에 어떤 문제가 만연해 있는지 파악하는 건 오로지 인간의 몫이다.

최근에 빌 게이츠, 엘론 머스크, 스티븐 호킹 등 많은 유명인들은 인공지능을 경계하라고 호소하고 있다. 거의 모든 면에서 인간의 능력을 뛰어넘는 초지능을 지닌 인공지능이 등장할 경우 인간은 이 인공지능을 통제하기는커녕 이해조차 하지 못할 확률이 매우 높다.

10 사물인터넷(IoT)

사물인터넷이 가져올 변화

사물인터넷(IoT)이란 사물에 센서와 컴퓨터, 통신장치를 심어 넣어 사물 자체나 그 사물의 주변에서 일어나는 사건이나 변화를 인터넷으로 보내기 위한 장치이다. 센서가 이식된 사물의 수는 이미 전세계 인구인 70억을 넘었고 급속한 기세로 계속 증가하고 있다. 그리고 우리가 사는 현실세계의 일들을 읽고 디지털 데이터로 변환하여 인터넷으로 보내고 있다. 관점을 바꾸자면 현실세계의 디지털 복사판이 인터넷 상에서 만들어지고 있다는 것이다.

인터넷과 연결되는 사물에는 센서가 내장되어 있다. 센서는 사람의 의도와 상관없이 우리의 일상 생활이나 사회 활동에서 일어나는 다양한 사건들 또는 사물의 주위환경이나 변화를 데이터로 해서 인터넷을 통해 보낸다. 즉 사물인터넷은 사물 자체의 데이터뿐만 아니라 사물을 소유한 사람의 행동이나 사물의 주변 일까지 모두 데이터로 하여 인터넷으로 내보내는 장치이다.

초기 사물인터넷(IoT)은 연결 중심의 IoT로 모니터링과 제어가 중심이 되었다. 각종 사물들에 통신 기능을 내장해 인터넷에 연결되도록 하여서 사람과 사물 그리고 사물과 사물 간의 인터넷 기반 상호 소통을 이루는 개념이었다. 그러나 최근 인공지능 기술의 발전으로 학습, 추론, 판단하는 인지기술 기반의 지능형 IoT로 발전하고 있다.

지능형 IoT는 AI와 머신러닝을 사용해 융통성 없는 프로그래밍 모델의 실행력을 넘어 AI를 통한 고급 기능을 선보이며 사람들과 주변 환경이 자연스러운 상호작용을 하는 IoT를 의미한다. AI는 자율주행차, 로봇, 드론, 헬스케어 등 다양한 지능형 사물의 발전을 주도하고 있으며 IoT나 연결형 소비자, 산업 시스템 등 수많은 사물의 역량을 발전시키고 있다.

일상에 소개되는 사물인터넷(IoT)의 대표적인 예로 스마트 홈과 스마트 가전을 이야기할 수 있다. 그동안 냉장고, 에어컨 등 일부 전기 가전제품에 적용되던 IoT 기술이 가구로 확장되고 있다. 침대 '매트리스' 안에는 센서가 부착돼 있어 사용자의 호흡, 심박, 뒤척임, 무호흡 증상 등 수면상태를 측정해 데이터화한다. 수면 중 무호흡 증상이 발견되면 진동이 울린다. 아침 알람시간이 되면 매트리스 상판이 자동으로 위로 구부러져 '강제 기상'을 시켜준다. "침실 조명을 켜줘" "매트리스를 45도 각도로 올려줘"와 같은 간단한 음성인식도 가능해져서 굳이 벽면에 있는 스위치를 찾을 필요가 없어졌다. 밤이 되어 침실의 밝은 조명 아래에서 침대에 누워 TV를 보다가 잠이 들게 되면 침대 매트리스는 사용자의 수면상태를 감지하고 홈 IoT에 연결되어 있는 조명을 소등하고 TV의 전원을 끄게 된다. IoT에 연결된 세탁기는 스마트 그리드(지능형 전력망)와 연계하여 전력효율이 가장 좋은 시간대를 이용하여 세탁을 해서 전기료를 절약한다.

사물인터넷 기술은 여러 산업 분야로 확장해 나가고 있는데 안전하고 쾌적한 빌딩 환경을 관리하는 데 적격이다. 온·습도 등의 환경 센서를 통해 빌딩 내 환경을 실시간 모니터링하고 화재를 감지하고 외부 침입을 탐지할 수 있다. 사물인터넷은 빌딩 관리와 제어 기술을 넘어 도시에도 적용되고 있다. 에너지 사용량 모니터링, 쾌적한 실내 환경 구축, 유동인구 파악 등 도시를 효율적으로 관리해야 하는 스마트시티 구축에도 사물인터넷 기술이 광범위하게 활용되고 있다.

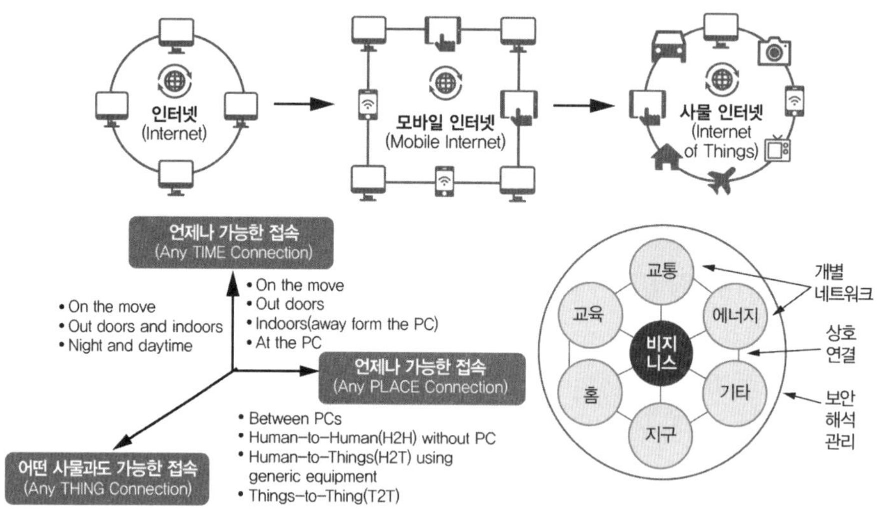

그림 2-35 사물 인터넷 개념

각종 산업분야, 물류를 관리하는 데에도 빠질 수 없다. 냉동, 냉장 창고 내의 온·습도측정을 위한 환경센서를 통해 실시간으로 창고를 모니터링하고 이상이 발생했을 때 실시간 알림을 통해 사고를 예방하는 데에도 사물인터넷 기술이 요긴하게 적용된다.

최근 사물인터넷 기술은 산업을 넘어 도시로 공공 산업으로 확대되고 있다. IoT 쓰레기통도 민간기업의 아이디어를 지자체에서 흡수한 좋은 사례이다. 쓰레기통에 IoT 센서를 부착해 실시간으로 쓰레기 적재량을 관리하고 태양광을 이용해 압축하여 부피를 줄이는 방식이다. 쓰레기가 포화인 지역에만 수거차량을 보내 불필요한 동선을 줄일 수 있다.

독거노인들이 위급한 상황이 되었을 때를 감지할 수 있는 '고독사 방지' 시스템도 사물인터넷으로 구축 가능하다. 동작 감지센서가 탑재된 LED 조명등을 사용하여 구축된다. 공중화장실에서 발생할 수 있는 위험 상황에 대한 대비도 사물인터넷으로 가능하다. 지능형 이상음원 감지장치와 첨단 IoT 비상벨을 통해 구축된다.

시장조사기관인 가트너에 의하면 세계 사물인터넷 시장은 2020년까지 약 2조 달러로 성장할 것으로 전망되며 미국은 세계 사물인터넷 시장의 약 40%를 차지하고 있는 최대의 격전지로 꼽히고 있다. 전자기기, IT 서비스분야 등이 2020년 세계 사물인터넷 시장의 약 32%를 차지할 것이라고 전망했으며 사물인터넷을 이용한 다양한 플랫폼, 데이터 저장소, 보안시스템, 새로운 소프트웨어 등이 개발될 것으로 전망하고 있다.

생활가전 분야의 연결 디바이스는 2020년까지 130억 개로 늘어나 가장 큰 시장점유율을 차지할 것으로 예상된다. 세계 사물인터넷 시장은 네트워크, 단말기 등의 하드웨어뿐 아니라 IoT 관련 서비스와 소프트웨어 분야도 높은 성장률을 보일 것으로 예측되고 있다.

사물인터넷의 주요 기술

사물인터넷의 주요 핵심기술은 센싱 기술, 통신과 네트워크 기술, 사용자 인터페이스 기술을 비롯하여 위치기반 서비스 기술, 데이터 처리와 분석기술이다.

(1) M2M과 센싱기술

이 기술은 사물인터넷과 더불어 빈번하게 사용되는 용어이며 이미 우리 주변에서 많이 활용되고 있다. M2M(Machine to Machine)은 용어 그대로 기계와 기계 사이에 센서 통신기능을 탑재하여 정보를 전달하고 처리하는 네트워크 기술을 의미한다. M2M은 2000년대 초반 RFID(전파식별, Radio Frequency Identification : 소형 반도체 칩을 이용해 사물의 정보를 처리하는 기술)를 시작으로 발전해 왔다. M2M은 우리 주변에서 쉽게 찾아볼 수 있다. 무선통신과 GPS 기술을 결합해 자동차 안에서 각종 무선통신 서비스를 이용할 수 있게 하는 텔레매틱스, 교통카드나 소액지불에 사용하는 근거리 무선통신인 NFC(Near Field Communication : 비접촉 근거리 통신 방식) 등이 모두 M2M 개념을 통해 구현되는 대표적인 기술이다.

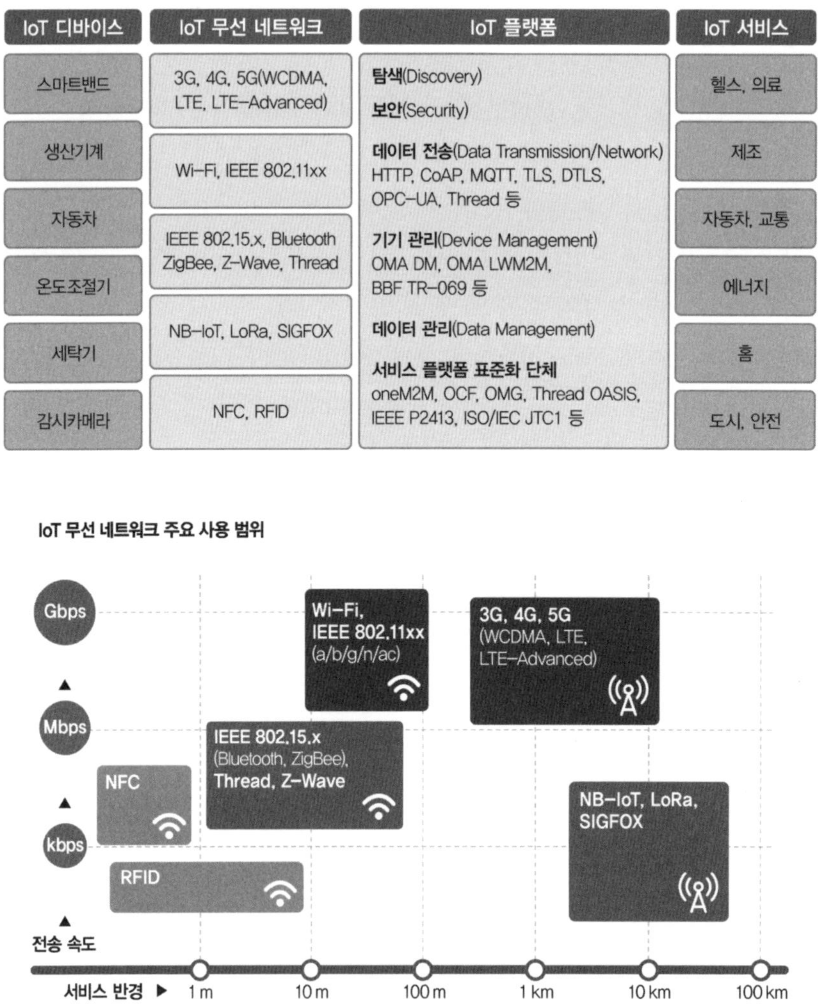

그림 2-36 사물인터넷(IoT : Internet of Things)

(2) 통신과 네트워크 기술

사물인터넷은 기반 기술로서 통신과 네트워크 기술을 필요로 한다. 사물인터넷 서비스 구축에 필요한 네트워크 기술은 근거리통신기술, 이동통신기술, 유선통신기슬 등이 있다.

(3) 사용자 인터페이스 기술

사용자 인터페이스 기술은 센싱 기술이나 네트워크 기술을 이용하여 사람에게 필요한 정보를 제공하는 것을 의미한다. 즉, 필요한 정보를 가공한 다음 사물인터넷의 3대 구성요소(사람, 사물, 서비스) 사이에서 원하는 정보를 전달하는 응용서비스와 연동하는 기술로 정의할 수 있다. 사용자 인터페이스 기술은 플랫폼 기술과 보안기술을 들 수 있다. 단순히 기기와 통신하여 효율성을 추구하는 것이 M2M이라면 사물인터넷은 데이터를 기반으로 좀 더 다양하고 편리한 정보를 추가 제공하는 개념이라고 할 수 있다.

(4) 위치기반 서비스 기술

위치기반 서비스(LBS, Location Based Service) 기술은 무선통신망을 기반으로 어떤 사물의 위치와 관련된 정보를 응용해 서비스에 접목하는 기술이다. 스마트폰에서는 이미 활발하게 이용되고 있으며 향후 사물인터넷과 웨어러블 디바이스에서 포괄적으로 응용될 것으로 예상된다.

위치기반 서비스 기술을 이루는 세 가지 요소는

첫째, 위치측정 기술로 셀(Cell) 추적방식, GPS 추적방식, 네트워크 방식, GPS+네트워크 방식, MSP(Managed Service Provider) 하이브리드 방식(신호 수신기록을 담은 데이터베이스를 기반으로 네트워크 방식에서 사용하는 알고리즘을 경우에 맞게 바꿔 적용하면서 위치추정) 등이 있다.

둘째, 위치처리 플랫폼에는 위치측정 기술로 얻은 위치정보를 종합해 최종사용자의 서비스에 전달해 주는 모든 요소가 포함된다. 위치처리 플랫폼 기술로는 게이트웨이 모바일 위치서비스 기술과 게이트웨이 서비스 기술이 있다.

셋째, 위치 애플리케이션으로 실제 위치 기반의 관련 콘텐츠를 서비스로 제공하는 애플리케이션을 말한다. 대표적인 예로는 스마트폰에서 많이 사용되는 지도 앱을 들 수 있다. 또한 교통정보서비스 등도 애플리케이션 중 하나다. 위치 애플리케이션을 뒷받침하는 서버 기술로는 위치 애플리케이션 서버와 위치콘텐츠 서버로 나눌 수 있다.

(5) 데이터 처리와 분석기술

사물인터넷 웨어러블 디바이스를 이용하여 다양한 서비스를 기획하거나 UX(User Experience)를 고려하려면 데이터처리와 분석기술을 염두하여야 한다. 데이터처리와 분석기술로는 클라우드컴퓨팅, 빅데이터, 데이터마이닝(어떤 데이터 모음에서 체계적이고 자동적으로 통계적인 규칙이나 패턴을 찾아내는 기술) 그리고 기계학습(컴퓨터가 학습할 수 있도록 하는 알고리즘 기술을 개발하는 인공지능의 한 분야) 등이 있다.

11 케이블이 사라지는 5G 세상

5G의 개념과 특성

5G는 4차 산업혁명의 핵심 인프라이다. 5G는 롱텀에볼루션(LTE)보다 속도가 약 20배 빠르고 10배 많은 디바이스 연결이 가능하다. 이 때문에 고용량 실감형 미디어인 가상현실(VR)·증강현실(AR) 같은 콘텐츠가 5G 주요 콘텐츠 중 하나로 떠오른 상태다. 또한 반응속도가 실시간에 가까워 자율주행차 같은 곳에 유용하게 쓰일 것이라고 한다. 그렇지만 5G는 기존 LTE보다 고주파 대역을 쓴다. 그만큼 전자파가 많이 발생할 우려가 크다. 그런데 정작 국민 건강과 가장 근접한 문제인 5G 전자파 관련 규정은 아직 마련되지 않았다. 사용하긴 하지만 인체에 어느 정도 영향을 미칠지는 아무도 모른다.

어찌됐든 다양한 센서들을 연결하는 5G 통신망은 스마트시티를 만들 것이고 이곳 거주자들의 삶의 질은 향상될 전망이다. 날씨, 교통, 사고, 범죄 등 사람들이 필요한 정보들을 수백 개의 센서들이 기록하고 반응해 알려준다. 또 수집된 빅데이터와 AI를 활용해 주차 문제나 교통체증, 에너지 절감, 지진과 같은 자연재해 대비도 개선될 것으로 보인다.

5G는 4차 산업혁명의 핵심 인프라

5G의 빠른 통신속도는 차세대 산업혁명이라 일컬어지는 4차 산업혁명의 핵심 요소이다. 5G가 서비스를 만들고 만들었던 서비스가 다시 5G를 만든다. 국내에서 4차 산업혁명으로 통용되는 디지털 혁명과 5G는 선후관계를 따질 수 없는 관계이다.

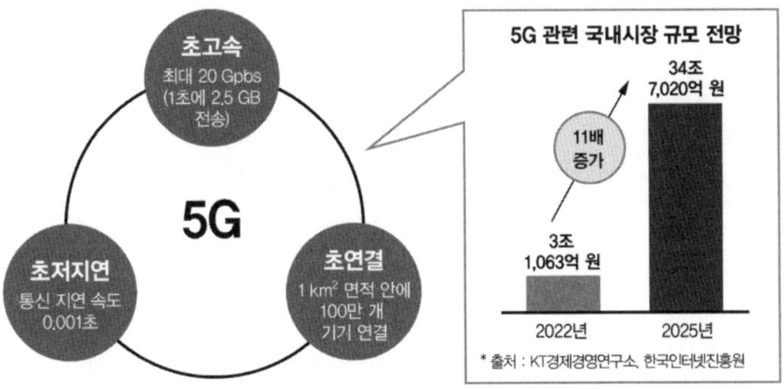

초저지연	기하급수적으로 늘어날 IoT 디바이스를 수용하기 위한 필수 요소
초고속	3D 화상 통화, 가상현실/증강현실 활용한 서비스 확대 전망
초연결	로봇 원격제어, 자율주행차 등 네트워크의 실시간 반응 서비스의 상용화

그림 2-37 5G 특징과 시장규모

사물인터넷(IoT)과 인공지능 그리고 빅데이터와 클라우드 등이 결합된 '지능형 네트워크' 시대가 바로 4차 산업혁명의 시대인 만큼 트래픽(Traffic)과 디바이스(Device)의 수가 거의 무한대로 증가하는 상황에서 5G 기반의 통신 속도는 필수적이라는 것이다. 예를 들어 가상현실 콘텐츠를 즐길 수 있는 VR 헤드셋의 경우 360도의 입체영상을 만들려면 모두 17대의 카메라를 사용하여 거의 모든 방향에서 촬영을 해야만 만들어진다. 이렇게 거의 모든 시각에서 촬영을 하기 때문에 헤드셋을 쓴 사람은 마치 자신이 영상을 촬영한 장소에 실제로 서 있는 것 같은 느낌을 받는다. 스포츠 콘텐츠의 경우는 카메라 위치에 따라 실제 관중석에 앉아 있는 것 같은 느낌을 받을 수 있고 아예 경기장 한가운데서 선수들이 바라보는 시각을 간접 체험할수도 있다. 문제는 이같은 콘텐츠를 전송하기 위해서는 엄청난 데이터 용량이 필요하다는 점이다. 카메라 1대로 촬영하며 평면적인 영상을 전송하던 때와는 달리 입체 영상은 단순하게만 계산해도 카메라 17대 분의 데이터를 전송해야 하기 때문에 4G 통신 속도로는 적용 자체가 불가능한 것이다. 또한 입체 영상의 대명사인 홀로그램(Hologram)의 경우는 특히 실물을 보는 것과 같은 입체감을 느낄 수 있어서 가상현실보다도 훨씬 많은 데이터를 전송할 수 있는 통신 시스템이 구축되어야 서비스가 가능하다.

이와 같이 5G는 상용화까지 막대한 투자가 필요하지만 일단 투자가 완료된다면 사람들은 언제 어디서나 고화질 영상을 실시간으로 시청할 수 있을 뿐만 아니라 보다 생생한 화상통화도 가능해진다.

또한 5G 통신이 상용화된다면 현재 테스트 수준에 머물러 있는 원격진료 시스템도 본격적인 사업화 추진이 가능해진다. 생생한 화질은 물론 각종 진단기기와 측정기기들의 정밀한 검사 결과가 실시간으로 의사에게 제공될 수 있기 때문에 거동이 불편한 노인들도 집안에서 원격으로 진료를 받을 수 있는 새로운 의료 시스템이 정착될 것으로 기대되고 있다.

5G 시대에 달라지는 것들

일부에서는 정보처리 속도가 더 빨라지는 것이 어떠한 의미가 있냐고 반문할 수 있다. 즉 지금도 스마트폰을 이용하는 데 아무런 문제가 없다며 4G를 대표하는 LTE 서비스에 충분히 만족하고 있다는 설명이다. 그러나 5G를 단순히 영화를 더 빨리 다운받고 영상통화를 끊김 없이 할 수 있다는 국한된 수준에서 바라보면 오산이다. 우선 4G 시대에 광범위한 활용이 어려웠던 사물인터넷(IoT)에 큰 변화가 일어난다. 예컨대 사람이 들어오면 낮인지 밤인지 조명기기가 알아서 판단해 자동으로 불이 켜지고 꺼진다. 모든 음식물의 유통기한을 냉장고가 스스로 관리해주며 소파에 앉으면 자동으로 TV가 켜진다. 외출을 하면 대부분의 제품 전원이 자동으로 꺼지고 경비가 시작된다.

상용화 임박한 5G

이동통신 세대별 특징

	1G	2G	3G	4G	5G
상용 시기	1984년	2000년	2006년	2011년	2020년
전송 속도	14ta	144ta	14kb	100kb	20kb
주요 서비스	음성	+ 문자	+ 화상통신 멀티문자	+ 데이터 동영상	+ 홀로그램 IoT 입체영상
차별성	통신 기기 휴대 가능	이동 통신 보편화	인터넷 접근성 개선	인터넷 고속화	연결성 저지연성

* 자료 : 1TU

일상생활에 큰 영향 미칠 듯

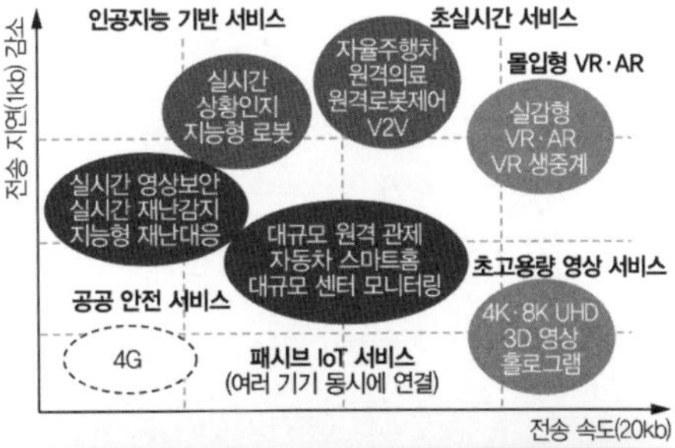

5G에서는
- 3GB 영화 1초 만에 다운로드
- 1km² 반경 안에서 최대 100만개 사물과 연결
- 시속 500km 고속전철에서도 끊김 없이 통신

시장 잠재력 크고

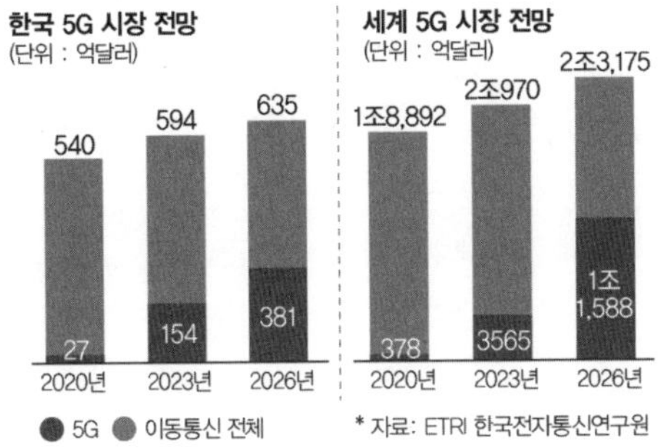

* 자료: ETRI 한국전자통신연구원

예상 경제효과 어마어마

10개 **산업영역**에서
최소 **42조3,000억원**의 가치 창출 예상

(단위 : 억원)

한국 기술력 상위권 평가

그림 2-38 한눈에 보는 5G

자동차는 주인의 외출 상태를 알고서 날이 더우면 자동으로 에어컨을 켜준다거나 추울 때는 히터를 틀어 열기를 공급해준다. 차량 앞으로 오면 문이 자동으로 열리며 원하는 목적지까지 우리를 안내해준다. 상상만 해오던 이 모든 상황이 현실이 되는 것은 5G 이동통신 기술이 밑바탕 되어야 가능한 것이다.

현재 이러한 기기 기술의 일부는 구현 가능한 상태지만 과도한 데이터 전송량에 작동이 원활치 않다. 5G 시대가 되면 트래픽 부하가 걸리지 않으면서 사물인터넷의 문제없는 사용으로 인하여 관련 산업이 폭발적으로 발전할 것으로 기대된다.

5G는 전기, 컴퓨터, 증기기관 등 최상위에 위치한 여타 핵심 기반기술(GPT)들처럼 인공지능(AI), 빅데이터 등 4차 산업혁명의 핵심 기술과 결합해 사회와 경제 전반의 혁신과 진화를 이끌어 낼 것이다.

12 자율주행자동차

자율주행자동차의 개념

자율주행자동차는 4차 산업혁명 가운데서도 사람들이 가장 흥미를 느끼는 분야이다. 자율주행자동차 기술은 역사상 가장 파괴적인 기술이다.

자율주행자동차(Autonomous Vehicle)란 운전자의 개입 없이 주변 환경을 인식하고 주행 상황을 판단해 차량을 제어함으로써 스스로 주어진 목적지까지 주행하는 자동차를 말한다. 일반적으로 자율주행자동차와 무인자동차(Unmanned Vehicle, Driverless Car)의 용어가 혼재되어 사용되고 있지만 자율주행자동차는 운전자 탑승 여부보다는 차량이 완전히 독립적으로 판단하고 주행하는 자율주행 기술에 초점을 맞춘 용어이다. 운전자가 브레이크, 핸들, 가속 페달 등을 조작하지 않아도 도로의 상황을 파악해 스스로 목적지까지 찾아가는 자동차라고 할 수 있다. 정확하게는 무인자동차(Driverless Car : 운전자 없이 주행하는 차)와 다른 개념이지만 혼용돼 사용하고 있다.

자율주행자동차가 산업계에 미치는 영향

첫째, 자동차 전장부품(반도체) 산업의 성장이다. 자율주행자동차의 성장과 함께 늘어나는 다양한 전자장비에 대한 필요성은 전통적인 반도체, 디스플레이 산업구조에 포함된 소재 부품업체들에게도 큰 기회를 제공할 수 있다. 특히, 자동차에서 사용되는 전장부품들은 높은 신뢰도를 필요로 하는 극한환경과 무오류성, 긴 수명 등이 요구되므로 해당 기업들의 경우 보다 용이한 진입이 가능할 것으로 예상된다.

둘째, 운송·물류 산업의 혁신이다. 공유되는 차량 1대는 개인 소유 차량 약 13대를 대체가능하여 교통 체증과 주차 공간 부족 문제를 완화시키는 기능을 한다. 전문가들은 본격적인 차량공유가 확장된다면 자동차 산업이 일종의 '모빌리티(이동) 플랫폼 서비스'로 거듭날 것이라고 전망하고 있다. 또한 현재 육상 물류는 운전자에 대한 안전규제로 보통 하루의 절반 이하로밖에 운행하지 못하지만 자율주행자동차가 도입되면 24시간 배송이 가능하여 현재 인프라 안에서 처리할 수 있는 물류량이 2배 이상 늘어나는 효과가 발생될 것으로 전망된다. 카쉐어링과 자율주행의 결합은 차세대 자동차 시장의 메인 트렌드가 될 것으로 보인다.

셋째, 개인에서 기업으로 자동차 보험의 변화이다. 자율주행자동차의 확산은 자동차 보험업계의 존폐가 달린 문제다. 자동차 보험 시장 내 '주행 중 사고는 운전자 책임'이라는 기본 전제가 깨지기 때문이다. 보험업계 측에서는 운전자가 아닌 자율주행자동차 제조업체가 배상 책임을 지게 될 가능성이 크다고 보아 자동차 보험보다는 제조물배상책임보험을 통해 교통사고 관련 배상문제를 해결할 수 있을 것이다. 따라서 개인 운전자 대신 차량 제조사가 보험에 가입하는 주체가 되면서 보험업계의 판도가 뒤바뀔 것으로 예측된다.

자율주행자동차의 미래

스스로 움직이면서도 안전한 운행을 가능케 하는 '똑똑한' 자동차는 첨단 과학기술의 발전과 이른바 '빅데이터'를 처리하는 컴퓨터 사이언스의 진보로 이미 우리 눈앞에 현실이 되었다. 구글은 최근 핸들 없는 무인차를 선보이면서 "아이러니하게도 사람이 운전할 수 없는 새로운 개념의 무인자동차가 될 것이며 사람이 볼 수 없는 사각지대까지 살필 수 있는 센서까지 탑재해 도심에서도 유용하게 사용될 것"이라고 밝혔다. 교통 체증에서 벗어나 자동차에 탑승한 채로 책을 보거나 업무를 볼 수 있는 시대가 다가오고 있다는 말이다.

그렇지만 자율주행차량은 아직 눈길이나 안개가 낀 길에선 효율적이지 않으며 일상적인 운전의 상식과 사회적 의미를 가지고 주행하는 수준은 아니다. 예를 들어, 교차로 일단 정지 지역에서 사람들의 고개 끄덕임이나 손짓의 의미를 읽지만 그 맥락은 이해하지는 못한다. 보행자의 세밀한 눈빛이나 걸음걸이의 모습에서 알아차릴 수 있는 다양한 맥락이 자율주행 자동차의 판단과 결정에 사용되고 있지는 못하고 있다. 컨슈머리포트의 자동차 시험국장 제이크 피셔도 "자율주행자동차 시스템의 성능이 실제론 사람들 생각보다 많이 떨어진다"며 "자율주행자동차의 가장 어려운 점은 인간을 대하는 것인데 인간은 예측 불가능한 면이 있다"고 지적하였다. 그런 우려에도 불구하고 자율주행차의 안정성을 높이려는 노력은 계속되고 있다.

우리나라에서는 2016년 2월 12일 자동차관리법 개정안이 시행되면서 자율주행차의 실제 도로주행이 가능해졌다. 현대자동차의 제네시스는 실제 도로주행을 허가받은 제1호차로 국토교통부가 지정한 고속도로 1곳과 수도권 5곳 등을 시험운행 중에 있다.

자율주행 기술은 인공지능 기술의 비약적인 발전으로 인해 빠른 속도로 발전하고 있다. 자동차 및 IT 업계가 경쟁적으로 개발 중인 자율주행 시스템은 현재 이미 5단계 기술을 향해 가고 있으며 2035년 무렵에는 5단계 자율주행 차량의 대중적 보급이 이루어질 것으로 전망된다.

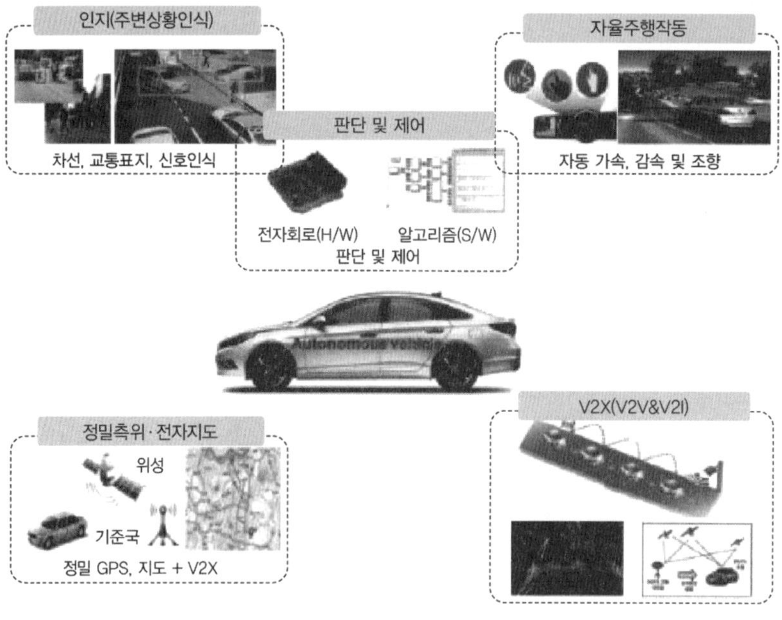

그림 2-39 자율주행자동차의 첨단기능

자율주행차는 단순히 운전하는 방식이 바뀌는 것만이 아니라 휘발유 산업의 축소와 자동차 산업의 몰락, 주차장이 없어지고 출퇴근의 변화에 따른 부동산 시장의 수요 변화, 자동차 관련 금융과 보험 등 서비스 산업들의 변화를 포함하는 대규모 경제구조 변화를 예고하고 있다.

특히, 자동차산업의 경우는 고민에 빠질 수밖에 없는 상황이다. 시장조사기관인 리싱크엑스(ReThinkX)는 미국의 경우 자율주행차가 보급되어 2030년이 되면 일반자동차가 무려 82%나 줄어들 것으로 발표하였다. 기존 자동차 대수의 20% 정도면 현재의 자동차 운행수요를 충족시킬 수 있다고 본 것이다. 자동차 수요가 82% 줄어든다는 이야기는 자동차 제조사들의 몰락을 뜻한다. 대중적 완성차 업체의 최소 80%가 시장에서 사라질 것이며 한두 개의 자율주행차 제조업체와 하이앤드를 지향하는 최고급 자동차를 제조하는 몇몇 회사만 살아남아 명맥을 유지할 수 있을 것으로 예상하였다.

그렇다고 자동차 산업계는 너무 실망할 필요는 없을 것 같다. 일부 전문가들은 '레벨5'의 수준에 이르는 자율주행자동차 기술이 어느 수준에 도달하기까지는 상당한 기간이 걸릴 것으로 보며 자율자동차 보급이 5% 미만이 될 것이라는 주장도 있기 때문에 성급하게 실망할 필요는 없을 것으로 보인다.

CHAPTER 3

4차 산업혁명 시대를 대비한 주요국 대응동향

1 기업이 가져야 할 패러다임 변화 적응

코로나19 이후, 4차 산업혁명 발달 가속화

코로나19 사태로 도쿄 올림픽이 연기되고 곳곳에서 외출 금지령이 떨어졌다. 모든 학교가 일제히 개학을 연기했으며 회사 출근마저 반려되는 상황이 발생하였다. 전례가 없던 강력한 전염병의 공세에 전 세계가 당황을 금치 못하는 모습이다.

이러한 전 세계적인 위기는 거꾸로 사회 변화를 촉발시키기도 한다. 중세 시대 유럽을 뒤흔든 흑사병이 르네상스 발현의 원동력이 되었듯이 위기를 극복하는 과정은 기회가 되기도 할 것이다. 코로나19는 사회, 경제, 과학기술 등 다양한 영역에서 변화의 바람을 불러일으킬 것이다.

코로나19 사태로 제조업, 서비스업, 관광업, 요식업 등 수많은 산업들이 어려움을 겪고 있지만 이로 인한 변화의 움직임도 감지되고 있다. 스트리밍 서비스에 대한 수요가 급증하고 온라인 쇼핑 등의 유통업이 각광을 받는 등 반대급부가 분명히 있다. 재택근무로 인한 비디오 컨퍼런스의 활성화도 주목할 만한 변화다. 무크라는 형태로 대변되는 원격수업이 폭발적으로 성장하고 있는데 무크는 일종의 오픈형 온라인 학습과정(Massive, Open, Online, Course, MOOC)이다. 미국에서는 원격수업으로 강의를 수강한 인원만 1억 명 이상, 개설 과목은 1만 3,500개가 넘어가고 있는 상황이다. 물론 원격 수업 도입에 반대하는 목소리가 없는 것은 아니다. 가장 큰 장벽 중 하나는 교수자와 학습자의 심리적 저항이다. 실제 교수들을 자신의 강의가 외부 공개가 된다는 것에 대한 거부감이 심하고 학습자 역시 비대면 원격수업에 대한 교육 효과를 불신하는 목소리가 많은 것이 사실이다. 그렇지만 논란의 여지가 있음에도 불구하고 원격수업은 계속해서 확대될 것이다.

코로나19 이후 4차 산업혁명은 급속도로 발전할 것이고 특히, 5G, 인공지능, 빅데이터 증강현실 등의 기술이 급속도로 모든 공장과 기업, 가정에 보급될 것이다. 스마트화가 가속되는 한편 산업 생태계는 재구성될 것으로 예상된다.

기업이 가져야할 패러다임 변화 내용

4차 산업혁명과 함께 기술이 발전하면서 업종 간 경계가 허물어지고 외부에서 위협과 기회가 뒤섞여져 다가오고 있다. '세계 500대 기업' 중 70%는 앞으로 볼 수 없을 것이라는 주장도 있다. 이런 상황에서 우리 기업들은 살아남기 위해서 부단한 혁신을 피하지 않으면 안 된다.

4차 산업혁명 시대 국내 기업들이 변화와 혁신을 달성하기 위해서는 체계적인 준비가 필요하다. 우선적으로 4차 산업혁명의 기반 기술을 이해하고 4차 산업혁명 기술을 활용하여 제품 생산에 적합한 디지털 황금비율을 찾기 위한 디지털 혁신의 리더가 되겠다는 로드맵을 수립해야 한다. 기업들이 성공적인 혁신을 이루기 위해서는 앞으로 디지털 신기술이 각 기업에 어떻게 적용될 것인지에 대한 이해가 우선되어야 한다. 그 이해를 바탕으로 기업의 프로세스, 구성원, 제품 등에 대해서 각 차원별, 범주별로 어떤 혁신이 일어날지에 대한 우선순위와 시기를 정하여 기업혁신의 로드맵을 수립하여 접근하여야 할 것이다.

과거엔 동종 산업의 혁신사례를 벤치마킹하는 것이 유행이었다. 그러나 4차 산업혁명 시대에서는 기존의 프로세스, 제품, 서비스, 산업 등의 경계가 파괴되므로 동종(同種)과 이종(異種)을 가리지 말아야 한다. 변화될 양상을 공정별 프로세스나 모듈별로 구분하여 자신의 기업에 적합하도록 맞춤식으로 적용할 수 있는 지혜가 필요할 것이다.

또한 4차 산업혁명의 기술에 의한 디지털 혁신이 기존 프로세스, 제품, 서비스, 산업에 파괴적 혁신(Disruptive Innovation)을 가져온다는 점에서 이종 산업이라고 할지라도 디지털 신기술을 활용하는 우수사례에 주목하고 배우고 실천할 수 있는 창의력을 갖춰야 한다.

4차 산업혁명으로 단순 노동인력수요는 감소하겠지만 연구개발 등 고급노동에 대한 수요는 증가하게 된다. 따라서 4차 산업혁명에서도 여전히 사람이 중요하고 주도적인 역할을 해야 하는 것이기에 사람을 어떤 부분에 활용할 것인가도 지속적으로 검토하여야 할 것이다

삼정 KPMG 경제연구원에서 제시한 4차 산업혁명과 혁신 중에서 기업이 가져야 할 패러다임 변화 내용을 살펴보면 다음과 같다.

첫째, 소비자 기호와 소비산업의 변화된 요구사항에 대하여 발 빠르게 대응하는 고객별 맞춤식 제품과 서비스 제공을 준비해야 한다. 기업들은 소비자와 소비산업의 다양한 기호나 환경변화를 실시간으로 수집하여 즉각적인 대응전략을 수립해야 한다. 제품개발이나 생산, 유통, 서비스, 유지 보수, 클레임 처리 등 전 과정에 도입되어 질 수 있는 디지털 환경을 갖추기 위해서는 기업이나 산업 전체의 밸류체인(Value Chain)에 걸쳐져 있는 데이터 생성, 수집, 패턴분석, 의사결정 규칙 도출이 필수적이다. 이러한 데이터와 판단의 결과를 축적하기 위한 핵심 인프라가 제품수명주기관리(PLM)와 기준정보관리(MDM)이다. 각 단계별로 업무

기능별 제품과 서비스 기준정보를 체계적으로 관리하는 PLM과 MDM를 기반으로 하여 밸류체인의 디지털 데이터가 축적되고 연결된다면 사이버물리시스템(CPS)을 구축하는 데 발판이 마련될 것이다.

둘째, S/W 기반 자동화와 H/W 로보틱스 기반 디지털 노동(Digital Labor)으로의 패러다임 변화를 적극적으로 수용해야 한다. 디지털 노동에서 산출되는 데이터를 기반으로 패턴분석, 알고리즘 도출, 지능화 의사결정 프로세스를 갖춰야 한다. 고령화와 생산가능 인구 감소 현상을 겪고 있는 주요 선진국뿐만 아니라 인건비 상승 등에 부담을 느끼는 신흥국에서도 기업들은 경쟁력을 갖추기 위해 디지털 노동에 적극적으로 대비하고 있다.

셋째, 플랫폼을 기반으로 하는 디지털 신기술로 생산성을 혁신할 수 있는 플랫폼 기반 비즈니스를 구상하여야 할 것이다. 글로벌 기업들은 클라우드를 기반으로 하는 스마트 팩토리를 구현을 위해서 디지털 신기술들을 제조 공정에 적용하여 성과를 내고 있다. 선도적인 기업들은 기존의 제품판매 중심에서 벗어나서 데이터 기반의 분석과 소프트웨어를 활용한 플랫폼을 중심으로 비즈니스를 확장하고 있다.

넷째, 초연결화로 사물의 인지력을 고려해야 한다. IoT의 보급과 대용량 데이터의 실시간 분석 능력을 갖춤으로 인해 촉발될 초연결화가 가져올 사물의 인지력은 전산업에 급격한 변화를 가져올 것이다. IoT 기반 디지털 신기술은 시장 공급사슬 전체에 대하여 유기적으로 연결되고 플랫폼을 통한 데이터 생성과 분석을 통해서 실시간으로 최적의 공급망과 물류채널을 찾게 될 것이다.

다섯째, 사이버 보안을 강화해야 한다. IoT 기반 데이터가 급증하고 다양한 비정형 데이터가 작업공정에서 생성되거나 활용되면서 데이터로 이뤄진 사이버 세상에서의 정보유출과 랜섬웨어 위협이 증폭될 것이다. 만약 사이버 물리시스템을 지향하는 스마트 제조공정이 해킹될 경우 고객, 물류, 생산, 구매 등 밸류체인 전반의 정보가 통째로 유출될 수도 있다는 점에서 경제·사회적 문제로 비화될 수 있다. 네트워크 보안, 클라우드 보안, 상호 연결된 밸류체인 전반의 데이터 보안 등에 필요한 인프라가 갖추어지지 않는다면 산업정보와 소비자 개인정보 등의 유출 문제가 발생하게 된다.

여섯째, 첨단소재에 대한 연구개발로 관련기술을 적극적으로 확보해야 한다. 첨단소재의 등장은 3D 프린팅을 활성화시키고 외주거래의 내재화, 협력사 채널 변경, 공급망과 국제통상의 물류흐름에 큰 변화를 초래하기 때문이다. 첨단소재 개발은 물리화학적 소재의 도입이지만 그로 인해 경영 의사결정의 변화를 감안할 때 유념하여야 할 중요한 변화요소이다.

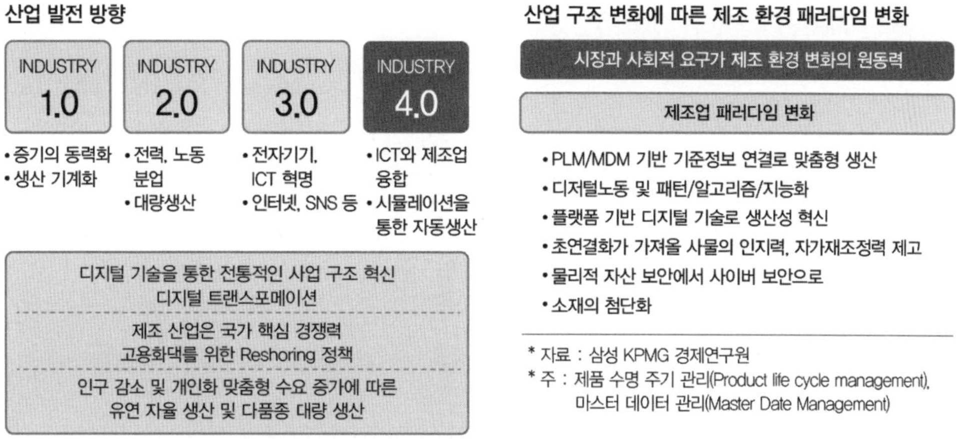

그림 3-1 산업구조 변화에 따른 기업 환경 패러다임 변화

2 제4차 산업혁명에 따른 주요국 대응 현황

4차 산업혁명 시대, 돌파구 찾는 미국

미국, 독일, 일본, 중국은 4차 산업혁명을 대비하여 자국의 상황에 맞게끔 대응 전략을 수립하고 있다. 미국은 제조업 혁신을 위하여 제조업 부문과 정보통신기술 부문에 집중해서 투자하고 있고 그 외에도 의학이나 교육, 우주 부문의 미래를 위한 부문에도 적극 투자하고 있다. 정부가 선투자를 실시하여 민간의 혁신활동을 촉진하고 참여를 유도하는 방향으로 진행하고 있다. 특히 인더스트리 4.0은 스마트 팩토리라고 하는 제조업의 스마트화를 꾀하기 위해 추진하고 있는 것인데 다양한 4차 산업혁명 요소 기술을 포함하고 있다.

미국은 「첨단 제조업 파트너십(AMP2.0)」으로 제조혁신을 위해 산학연협력연구, 제조설비와 인프라 공유체계 구축 등 종합적 개선을 주요 목표로 정책을 추진하고 있다. 정책적으로 제조를 위한 고급 감지, 제어 및 플랫폼(ASCPM), 시각화, 정보화 및 디지털 제조기술(VIDM), 신소재 제조(AMM) 등을 적극 지원하고 있다.

(1) 첨단 제조업 파트너십(AMP)

미국 대통령 과학기술자문위원회(President's Council of Advisors Science and Technology, PCAST)에서는 2011년 6월 미국 제조업의 실태와 무역수지에 관하여 분석한 보고서를 발표하였다. 오바마 대통령은 이에 기초하여 산업계와 학계, 연방정부가 참가하여 유망기술을 선정하였고 해당 분야에 대한 투자를 증진시키는 첨단 제조업 파트너십(AMP, Advanced Manufacturing Partnership)을 마련하였다.

표 3-1 국가 제조업 혁신 네트워크 기관

기관	주요 기술	위치
National Additive Manufacturing Innovation Institute(NAMI)	3D Printing / additive manufacturing	오하이오 주
Digital Manufacturing and Design Innovation Institute (DMDII)	Digital manufacturing	일리노이 주
Lightweight Materials Manufacturing Innovation Institute (ALMMII)	Lightweight materials	미시간 주
Next Generation Power Electronics Institute (PowerAmerica)	Wide-bandgap semiconductors	노스캐롤라이나 주
Institute for Advanced Composites Manufacturing Innovation (IACMI)	Composite materials	테네시 주
American Institute for Manufacturing Integrated Photonics (AIM Photonics)	Photonic integrated circuits	뉴욕 주
Flexible Hybrid Electronics Manufacturing Innovation Institute	Flexible electronics	캘리포니아 주
Advanced Functional Fabrics of America (AFFOA)	Textiles	메사추세츠 주
Smart Manufacturing Innovation Institute	Smart manufacturing	캘리포니아 주

(자료 : President's Council of Advisors Science and Technology, 2011.6)

2012년 오바마 대통령은 10년간 총 10억 달러를 투입하여 최대 15개의 제조업 혁신 연구소 설립 계획을 발표하면서 첨단제조업 연구개발 5대 목표와 혁신기술 11가지를 선정하였다. 5대 목표에는 중소기업 투자촉진, 전문인력 양성, 파트너십 구축, 연방정부 투자의 최적화, R&D 투자확대를 제시하였다. 또한 11개 혁신 제조기술 분야로는 3D 프린팅, 첨단감지기술, 디지탈 제조기술, 나노소재, 산업용 로봇 등이 포함되어 있다. 이들 기술의 개발과 응용을 위해서 각 지역별로 제조업 혁신 연구소를 설치하고 네트워크로 연결하는 체계가 현재 진행 중에 있다.

제조기술 발전을 위한 국가제조업혁신네트워크(NNMI, the National Network for Manufacturing Innovation) 등을 설립하였는데, 이 기구는 정부와 민간이 연계하여 제조 산업과 관련된 다양한 이슈를 해결하고 효과적인 제조업 연구기반을 확보하기 위하여 설립되었다.

오바마 정부가 제시하는 첨단제조업(Advanced Manufacturing)이란 정보, 소프트웨어, 네트워킹 등의 기술을 융합하거나 물리학, 생물과학을 통해서 부가가치를 높이는 산업을 말한다.

(2) 산업 인터넷 컨소시움(IIC)

2014년 3월 미국의 민간 IT 기업들이 사물인터넷(IoT)을 표준화하기 위하여 컨소시움(Industrial Internet Consortium, IIC)을 구성하였다. IIC는 모바일 기기, 각종 장비, 사람, 처리, 데이터 등을 하나로 연결하는 공통 아키텍처를 만들고 정보처리에 대한 상호 운용성을 확보하기 위한 필수 사항들을 점검하는 것을 목적으로 하고 있다.

이를 통해 에너지와 공장시설, 헬스케어, 제조업, 공공부문, 수송 등 영역을 인터넷 환경에서 서로 연동할 수 있게 하기 위한 것이었다. 미국에서는 IIC 이외에도 기업을 중심으로 설립된 다양한 연합이 나타나고 있으며 미국 정부는 IIC와 같은 공동체에 적극적으로 협력하고 있다.

(3) NITRD 프로그램 개정

2015년 8월 미국 대통령 과학기술자문위원회(PCAST)는 연방정부의 지원을 받는 정보기술 분야 R&D 프로그램 NITRD(Networking and Information Technology Research Development)의 평가보고서를 통해 신규 개발 분야를 권고하였다.

1991년 제정된 High-Performance Computing Act와 1998년의 Next Generation Internet Research Act를 기반으로 하고 있는 NITRD 프로그램은 연방 정부의 기술 수요에 부응할 수 있는 R&D를 수행하는 프로그램이며 18개의 연방기관이 포함되어 있다.

NITRD가 현재 추진 중인 12개 분야의 프로젝트는 SW설계와 생산성(SDP), 대규모 네트워킹(LSN), 인간 - 컴퓨터 상호작용 및 정보 관리(HCI&IM), 영상과 이미지 분석(VIA) 등의 12개 분야의 프로젝트가 추진 중에 있다.

4차 산업혁명과 관련성이 높은 사이버보안, IT&헬스, 빅데이터와 데이터 집약형 컴퓨팅, 사이버-휴먼 시스템, 고성능 컴퓨팅 등 8대 분야를 신규 R&D 영역으로 제안하였다.

표 3-2 NITRD 신규 R&D 프로젝트 권고 분야

분야	내용
사이버 보안	- IT로 구현되는 차세대 물리시스템이 개발됨에 따라 사이버 보안 강화 추진 - 국방부, 국토안보부, 국가안전국, 에너지부가 연구 프로그램에 적극 협력 방침
IT 헬스케어	- 의료 데이터 접근성과 데이터 호환성 개선, 헬스케어 관련 적극적인 기술개발 지원
빅데이터와 데이터집약형 컴퓨팅	- 대규모 데이터 수집과 데이터 중심 컴퓨팅의 역할이 확대되고 있어 과학, 공학, 상업, 헬스케어, 정부서비스, 국가안보 등 다양한 분야에서의 적용 노력 강화
IT와 물리	- 물리 IT와 인간 상호작용 연구로 물리 IT와 센싱, 물리 IT시스템 구축을 위한 소프트웨어와 하드웨어 개발
프라이버시 보호	- 프라이버시 보호의 과학적, 공학적, 정책적, 사회적 이해 증진을 위한 다기관 연구개발 프로그램 발굴, 확대
사이버-휴먼 시스템	- 소셜 컴퓨팅의 확장 개념, 소셜 미디어, 협업시스템, 온라인 교육, 교육용 가상현실 등 컴퓨팅과 사람을 통합하는 주체들이 포함
고성능 컴퓨팅	- 1991년 고성능 컴퓨팅법 발효 이후 NITRD 프로그램을 통해 지속적으로 진행된 차세대 고성능 컴퓨팅 시스템 개발과 효율적 활용 연구
기초 IT연구	- 국가 IT산업의 견고한 토대 마련을 위한 장기적인 기초 IT 연구 기반 구축

(자료 : President's Council of Advisors Science and Technology, 2015.8)

(4) 미국혁신전략 개정

2015년 10월 미국은 국제적인 혁신 리더의 위상을 유지하면서 미래 산업을 육성하고 국가적 당면과제를 해결하기 위해 수립한 미국혁신전략(A strategy for American Innovation)을 개정하여 주요 정책방향으로 활용하고 있다.

① R&D 투자 확대와 장기적인 경제성장의 토대 마련

② 국가 당면과제 해결과 부를 창출할 수 있는 9개 전략 분야 지원

③ 공공 R&D 성과제고를 위한 시스템 개선과 민간 혁신촉진을 위한 환경 조성

미국 정부는 혁신기반에 대하여 세계 최고 수준의 투자를 실시하여 민간의 혁신활동을 촉진하고 국민의 혁신성을 유인하는 계획을 수립하였다. 구체적으로는 첨단제조, 첨단자동차, 스마트시티 등 9개 분야의 비전과 정책 방향을 제시하였다.

표 3-3 9개 분야 비전과 정책 방향

전략분야	비전	정책방향
첨단 제조	- 제조기업의 비용과 시간 단축 - 신제품 개발과 창업을 촉진하여 경제성장을 견인	- 혁신제조 기술개발을 위한 민관협력기관인 NNMI를 15개로 확대 - 중소기업을 중심으로 한 공급망 구축, 창업기업에 대한 지원 확대
정밀 의학	- 환자상태를 잘 이해하고 효과적인 치료법 판단이 가능한 기술 지원	- 정밀의학계획(PMI)에 집중 투자하여 NIH, NCI, FDA 등의 신약, 의료 데이터 공유 기술 연구
브레인 이니셔티브	- 뇌세포 작동원리, 신경회로 상호작용규명 등 인간 뇌 이해기술 촉진	- 2016년 3억 달러를 투자하여 NIH, NSF, DARPA 등에 연구 지원
첨단 자동차	- 무인자동차 개발을 통해 교통사고 90% 저감	- 운행 및 안전기준 관련 연구투자 확대, 기술적용 규제 개선 등
스마트 시티	- 교통, 범죄 등 도시정보수집, 활용하여 삶의 질 개선	- 스마트시티 계획에 따라 안전, 에너지, 교통 등의 연구 진행 - 20개 이상 도시에서 기술활용 연구
청정 에너지, 에너지효율	- 재생, 청정에너지 개발 - 탄소 배출저감, 에너지 안보 강화	- 2016년에는 76억 달러를 청정에너지, 지속가능 교통기술에 투자
교육 기술	- 브로드밴드, 클라우드 등의 활용으로 교육의 질적 성과 향상	- 학생을 고속 인터넷에 연결하는 ConnectED사업 추진, 교육고등연구계획국(ARPA-ED) 설치
우주 기술	- 민간협력을 통해 우주비행 비용의 획기적 감소 - 민간항공산업 성장 촉진	- NASA 상업 유인우주운송에 2017년 까지 60억 달러 투자
차세대 컴퓨팅	- 슈퍼컴퓨터(HPC) 개발 - 공공서비스질 향상, 경제성장, 건강, 안전 확보	- 국가전략컴퓨팅계획(2015)에 따라 HPC 개발을 국가적으로 지원

제조 강국으로서의 경쟁력을 확보하기 위한 독일

세계 선두에 위치하고 있는 각각의 글로벌 기업들이 자신들의 경쟁력 확보와 플랫폼 선점을 위하여 투자하고 있는 상황이다. 제조업 경쟁력이 심해지고 있는 가운데 독일은 제조업

경쟁력을 확보하기 위한 정책을 추진하고 있다. 이런 상황에서 독일은 「Industry 4.0」의 선도적 추진을 통해 제조 강국으로서의 경쟁력을 확보하기 위해 노력하고 있다.

주요 정책들은 「Industry 4.0」과 관련하여 스마트 공장의 최적화, 안정화, 사이버공격에 대한 방어 등 다양한 연구와 기술개발을 뒷받침하고 있다. 특히, 제조혁신을 추진하기 위한 9개의 기반 기술들을 중심으로 집중적인 R&D 노력을 기울이고 있다.

(1) 하이테크 전략 2020

독일은 제조업에 그 초점에 맞추어져 있기 때문에 3D 프린팅, 인공지능 등의 4차 산업혁명과 관련한 요소기술 개발을 서두르고 있다. 2006년 독일 정부는 분야를 초월하여 기술 혁신을 가져올 수 있는 다양한 정책을 지원·추진할 목적으로 하이테크 전략을 추진하였고 2010년에는 하이테크 전략 2020으로 개정하였다. 하이테크 전략 2020에서는 가치 창출과 삶의 질에 관한 우선 과제, 네트워크와 수송, 산업혁신의 속도, 혁신친화적 프레임워크, 투명성과 참여라는 5가지 핵심요소를 중심으로 정책 방향을 제시하고 있다.

표 3-4 5가지 핵심 요소와 혁신 정책 방향

핵심 요소	혁신 정책 방향성
가치 창출과 삶의 질에 관한 우선 과제	경쟁력 강화, 번영 증가
네트워크와 수송	협력 강화, 실행 지원
산업혁신의 속도	이노베이션 강화, 가치창출 강화
혁신친화적 프레임워크	창조성과 혁신성을 위한 기반 강화
투명성과 참여	호기심 자극, 진보성의 홍보

10개의 미래지향 프로젝트는 사회와 기술 동향에 초점을 맞추고 연구와 혁신 정책 모델을 수립하고 있다. 미래지향 프로젝트는 삶의 질을 향상시키고 삶의 기반을 보호하며 독일이 선도하고 있는 모든 시장에서 독일 산업의 경쟁력을 확보하게 해줄 것으로 기대되고 있다.

표 3-5 10개 미래지향 프로젝트

프로젝트	상세
이산화탄소(CO_2) 감소, 효율적인 에너지, 기후 변화 대응 도시	CO_2 감축과 고효율화로 살기 좋은 미래형 스마트시티 구축을 목표로 시범지역 개발
석유 대체 자원으로 재생 가능한 자원	재생 에너지의 활용에 의한 화석연료 소비 감소
에너지 공급 지능화 전환	2020년까지 전력의 30% 이상을 충당 가능한 신뢰성 높고, 경제적으로 실현가능한 친환경적 재생에너지 공급 체제 확립
향상된 의약품으로 효과적인 치료	향상된 의약품을 활용하여 보다 효과적이고 부작용이 적은 의료 실현
효과적인 예방과 건강한 다이어트를 통한 건강 증진	건강과 식생활의 관계를 밝히기 위한 영양과학 기초연구 추진
고령자의 독립적인 고퀄리티 생활	ICT 기술을 활용한 가전제품의 네트워크화에 의한 스마트 홈 구현
지속가능한 운송수단	전기자동차 보급을 위한 배터리와 에너지 효율성, 안전성, 신뢰성 시스템 개발
비즈니스와 산업을 위한 인터넷 베이스 서비스	혁신적인 모바일 인터넷 애플리케이션을 위한 플랫폼 구축
인더스트리 4.0	제조 프로세스에서 사이버물리시스템(CPS) 도입에 따른 스마트 공장 실현
개인정보보호	사이버 테러나 범죄로부터 보다 효과적으로 개인정보와 네트워크를 보호하는 기술적인 방안과 조직연구

2014년 9월 독일 연방 내각은 새로운 하이테크 전략(The New High-Tech Strategy)을 채택하였다. 이 전략에는 다음과 같은 6가지 우선 항목이 있다.

표 3-6 새로운 하이테크 전략의 6가지 우선 항목

항목	내용
디지털 경제와 사회	디지털 기술에 내재된 문제를 해결하고 독일의 가치 창출과 번영을 위한 혁신적인 솔루션 개발
지속가능 경제와 에너지	보다 지속가능하고 자원 효율적인 소비, 생산 체계
혁신적인 작업장	창조적인 아이디어와 경제적 혁신을 위한 중요한 토대 마련으로 현대 직장의 변화에 초점
건강한 삶	사람들이 건강하고 독립적인 삶을 살 수 있도록 지원
지능형 이동	효율성과 기능 측면에서 운송 장비를 최적화하는 연구
토목 보안	일상과 밀접하고 복잡한 시스템과 인프라에 내재된 보안 문제 해결

(2) 인더스트리 4.0

전 세계의 제조업 경쟁이 심화되는 가운데 독일은 제조업의 미래 경쟁력을 높여 나가는 동력으로서 인더스트리 4.0의 제조업 진화 전략을 적극적으로 추진하고 있다.

인더스트리 4.0은 제조업과 같은 전통 산업에 IT 시스템을 결합하여 생산시설들을 네트워크화하고 지능형 생산 시스템을 갖춘 스마트 팩토리로 진화하자는 것이다. 스마트 팩토리는 임베디드 시스템을 통해 원료, 생산, 물류, 서비스, 제품이 네트워크에 연결되고 사이버 물리 시스템(CPS)를 통해 생산 과정을 통제하는 것이 기본 개념이다.

인더스트리 4.0은 사물과 서비스 간의 인터넷 확산으로 지능형 생산시스템이 구축됨에 따라 기존 제조업의 생산 방식을 스마트 생산 방식으로 전환하자는 개념이다. 스마트 생산 방식이 실현되기 위해서는 사물서비스간 인터넷 기반 위에서 상품이 제조될 수 있도록 통제할 수 있는 플랫폼인 사이버 물리시스템을 구축하는 것이 핵심 요소이다.

보스턴 컨설팅에서는 인더스트리 4.0을 위해 요구되는 9가지 기술을 다음과 같이 정리하였다.

표 3-7 인더스트리 4.0에서 요구되는 9가지 기술

요구 기술	기술 방향
빅데이터와 분석	- 인더스트리 4.0에서는 실시간 의사 결정을 지원하기 위한 다양한 소스의 데이터 수집과 분석이 필요
자율 로봇	- 그동안 제조업에서 로봇을 사용해왔지만 앞으로의 로봇은 더욱 자율적이고 유연하고 협력적으로 변화될 것임 - 로봇은 인공지능을 통해 상호 작용할 수 있고 인간으로부터 배우고 더욱 향상이 예상
시뮬레이션	- 제품, 재료, 생산 프로세스에 대한 시뮬레이션은 이미 사용되고 있지만 더욱 광범위한 시뮬레이션이 활용될 것이고 실시간 리얼타임 데이터를 활용할 것임 - 물리적으로 도입하기 전에 가상 환경에서 사전에 테스트하여 최적화할 수 있게 됨에 따라 시간 단축, 품질 향상
수평 및 수직 시스템 통합	- 오늘날 대부분의 IT시스템은 통합되지 못한 것이 현실임 - 인더스트리 4.0에서는 회사 간, 범용 데이터 통합 네트워크가 진행되고 자동화된 서플라이 체인이 구현될 것임
IoT	- 제조업에서 사용되는 센서와 장비 가운데 일부만 네트워크로 연결되어 있지만 IoT 기술을 활용하면 더 많은 장비가 임베디드 컴퓨팅으로 연결될 수 있음 - 이를 통하여 장치들은 필요에 따라 통신이 가능하고 분석과 의사결정을 위한 실시간 데이터 전달이 가능하게 됨

요구 기술	기술 방향
사이버 보안	- 많은 회사들이 여전히 연결되지 않거나 폐쇄적인 관리 시스템에 의존함 - 인더스트리 4.0과 함께 연결성의 증가로 인하여 사이버 위협으로부터 시스템과 제조 라인을 보호할 필요성 증가
클라우드	- 인더스트리 4.0에서는 생산 관련 분석 업무가 늘어남에 따라 데이터 공유와 처리 능력의 향상이 필요함 - 클라우드 기술을 활용하여 머신 데이터 처리 능력이 향상되어 더 많은 데이터 서비스가 가능하게 됨
3D 프린팅	- 기업들은 이제야 3D 프린터와 같은 제조 방식을 도입하기 시작하였고 주로 프로토타입을 제작하는 데 사용하고 있음 - 인더스트리 4.0을 통해 가벼운 디자인과 맞춤형 제품을 생산하는 데 활용 예정
증강현실 (AR)	- 증강현실 기술은 초기단계에 있지만 미래에는 의사결정과 작업절차 개선을 위한 실시간 정보를 제공 가능 - 더불어 교육 측면에서도 적극적인 활용 가능

Made in China 2025, 중국

중국은「Made in China 2025」를 국가 성장전략 방향으로 정하고, '제조대국'에서 '제조강국'으로 도약하기 위한 로드맵을 가지고 있다. 한편, 'Internet Plus' 전략을 통해 신성장동력을 창출하고 생산혁신을 이루기 위한 지원 정책들을 마련하여 추진 중에 있다.

(1) 중국의 「인터넷+」 산업 활성화 전략

중국은 세계의 공장이라고 불릴 만큼 제조업 국가가 되었으나 단순 제조에 한정되어 있다고 인식하고 있다. 이에 중국은 세계적인 선진 국가들의 레벨에 대응을 하는 것이 아니라 정보통신기술을 활용하여 자신들이 현재 가지고 있는 제조업의 능력 향상에 초점을 맞추고 있다. 또한 민간 기업들이 4차 산업혁명 시대에 필요한 요소기술들에 투자하고 선점할 수 있도록 투자를 유도하고 있다. 그러나 아직 이러한 요소 기술들이 제조업이나 건설업 등에 본격적으로 융합된 구조는 아닌 것 같다.

2015년 3월 중국 정부는 인터넷이 타 산업과 융합하는 산업을 성장시키기 위한 구상을 발표하였다.「인터넷+」의 개념은 하드웨어뿐만 아니라 소프트웨어나 서비스가 상호 연계하여 새로운 융·복합 산업으로 발전해나가는 것이다. 그 중심에는 민간 기업이 있다.

(2) 중국 제조 2025

2015년 5월, 중국 국무원은 생산대국에서 제조대국으로 이동하기 위한「중국제조 2025」를 발표하였다. 이 전략은 제조업 활성화를 목표로 전국인민대표회의에서 발표한 차세대 첨단산업 고도화 전략으로 중국 제조업이 양적 성장에서 질적 성장으로 거듭나기 위해 3단계 목표와 9대 과제, 10대 전략산업 육성, 5대 중점 프로젝트를 추진하겠다는 야심찬 내용이다. 우선 3단계 목표는 다음과 같다.

- 1단계(2015~2025) : 미국, 독일, 영국, 프랑스, 한국 등과 같은 글로벌 제조 강국 대열에 진입
- 2단계(2026~2035) : 글로벌 제조 강국들과 어깨를 나란히 하는 제조 강국으로 부상
- 3단계(2036~2045) : 주요 산업에서 선진적인 경쟁력을 갖추고 세계 시장을 혁신적으로 선도하는 1등 국가가 됨

위의 3단계 목표의 내적인 의미를 살펴보면 중국은 2025년까지 핵심 소재·부품에서 70%를 자급자족해 글로벌 제조 강국 대열에 끼고 2035년까지 해양 엔지니어링, 전기차, 반도체 등에서 독일, 일본, 한국 등을 제쳐 제조업 강국으로 부상하고 2045년까지 미국을 추월해 세계 최고의 제조 강국이 되겠다는 야심찬 전략이다. 이는 과거 중국의 경제성장이 '양적 측면의 제조 강대국'이었다면 앞으로는 혁신 역량을 키워 '질적 측면에서의 제조 강대국'으로 부상하겠다는 것이다.

위의 3단계 목표를 실행하기 위하여 9대 과제, 10대 전략산업, 5대 중점 프로젝트는 다음 표와 같다.

표 3-8 중국제조 2025 전략의 9개 과제, 10대 전략산업과 5대 중점 프로젝트

9대 과제	10대 전략 산업	5대 중점 프로젝트
1. 제조업 혁신력 제고 2. 제조업 기초역량 강화 3. 제조업 국제화 수준 제고 4. IT 기술과 제조업 융합 5. 서비스형 제조업 및 생산성 서비스업 육성 6. 친환경 제조업 육성 7. 품질향상 및 브랜드 제고 8. 구조조정 확대 9. 10대 전략산업 육성	1. 고급 NC 공작기계 및 로봇 2. 해양장비 및 첨단기술 선박 3. 항공우주장비 4. 신소재 5. 에너지 절약 및 신에너지 자동차 6. 차세대 IT기술 7. 선진궤도 교통 설비 8. 전력 설비 9. 바이오의약 및 고성능 의료기기 10. 농업기계장비	1. 국가 제조업 혁신센터 구축 2. 스마트 제조업 육성 3. 공업 기초역량 강화 4. 첨단장비의 혁신 5. 친환경 제조업 육성

(3) 민간 부문의 기술 개발 대응

4차 산업혁명에 관한 중국 정부의 대응은 제조업에 초점이 맞추어 있다. 민간에서는 4차 산업혁명의 기반 기술을 개발하고 있는데 3D 프린터, 드론, 슈퍼컴퓨터 등의 기술에 있어서는 세계 최고 수준의 레벨에 도달한 상태이다. 중국 상하이의 Winsun사(WinSun Decoration Design Engineering Co)는 3D 프린터를 활용하여 주택을 건설하여 세계적인 화제가 되었다. WinSun사에 따르면 3만 달러로 주택을 지을 수 있고 3D 프린터로 공장에서 미리 생산하기 때문에 1일에 1층을 진행할 수 있다고 설명하고 있다. 고품질의 주택 건설까지는 아직도 가야 할 길이 멀지만 고품질이 요구되지 않는 개발도상국의 시장에서는 큰 주목을 받고 있다.

측량과 시설물 유지관리와 관련하여 활용성을 평가받고 있는 드론은 세계 시장의 약 70%를 DJI사가 차지하고 있다. DJI사는 기존 기술과 자세 제어 등의 강점이 있는 핵심 기술들을 정확하게 조합하여 가격 경쟁이 있는 신제품을 속속 출시함으로써 단번에 시장을 잠식하고 있는 상태이다.

(4) 공공부문의 대응

2015년 2월 공업정보화부 등 3개 부처에서는 2015~2016년 국가 적층 가공산업 발전추진 계획을 발표하였다. 3D 프린터 기술은 그동안 민간 부문의 주도로 발전되어 왔지만 정부가 국가 산업으로서 지원하겠다는 것이다. 중국 정부의 계획에 따르면 항공, 의료분야에 중점적으로 지원할 예정이다.

2016년 10월 중국 국무원에서는 생산성 향상을 위해 공장제작을 기본으로 하는 "조립식 건축 발전에 관한 지도의견"을 통과시켰다. 10년 사이에 중국 전역의 신축건물 중에서 조립식(PC) 건물 비중을 30%로 늘리겠다는 것이다. 우한(Wuhan) 시에서는 "건축업 현대화 발전 추진에 관한 우한시 인민정부의 의견"을 발표하고 현대화 건설 비중을 착공면적 15%까지 늘리고 시범지역 건설면적을 80만 m^2 이상으로 확대할 예정이다.

일본, 4차 산업혁명 선도 전략과 신산업구조 비전

일본 정부는 2016년 국가경제와 사회전반을 변화시키는 국가혁신 프로젝트인 「4차 산업혁명 선도 전략」을 발표하였다. 사물인터넷, 빅데이터, 인공지능, 로봇 등에 대한 종합적인 로드맵을 제시하고 각종 법과 제도를 정비하여 주요 유망산업의 발전을 지원하기 위한 인프라를 구축하겠다는 것이다.

고령화가 심각한 일본은 세계 정상급의 로봇, 기계 기술을 활용한 정보화와 자동화를 통해 인력을 대체하는 것을 목표로 하고 있다. 건설업에서도 i-construction이라는 중장비 자동화를 실전 투입하는 등 연구개발에 박차를 가하고 있다. 일본 정부는 우선적으로 모든 정부부처가 공통된 방향성으로 4차 산업혁명에 대비하기 위하여 주요 영역에 대한 전략 어프로치를 다음 표와 같이 설계하였다.

표 3-9 일본의 전략 어프로치

전략	세부내용
기술과 산업 환경을 파악하고 추진분야 설정	- 세계의 기술과 산업의 방향성과 세계의 핵심 플레이어(주요 국가와 기업) 전략을 파악 - 일본의 강점과 약점을 분석하고 선택해 나갈 분야를 명확히 함
범국가적 차원에서 공유하고 정부전략, 민간전략, 연구기관 전략을 수립	- 장기적인 미래상(사회, 기술, 산업, 고용)을 정부와 민간이 상호 공유 - 구체적인 목표를 중장기적인 기한을 정하여 설정 - 목표를 실현하기 위하여 필요한 모든 요소(규제개혁, 사업촉진책, 민간의 사업전개 등)을 정한 로드맵을 작성하여 단기간에 구체적 개혁을 실시
상기의 전략을 바탕으로 정책 추진	- 방향이 명확한 과제는 선도적으로 개혁에 착수 - 다양한 가능성이 있어 아직 방향성이 불투명한 테마에 대해서는 의견일치를 기다리지 않고 선행적인 아이디어에 찬동하는 사람을 모집하는 방식으로 진행

(자료 : 経済産業省 産業構造審議会 2016.4)

경제산업성의 "신산업구조 비전"에서는 4차 산업혁명에 대비하기 위한 7가지 대응 방침을 아래와 같이 마련하여 추진하고 있다.

표 3-10 일본의 7가지 전략 대응 방침

대응방침	세부내용
① 데이터 활용 촉진을 위한 환경 정비	- 개인 데이터 활용 촉진 - 보안기술과 인재를 키워내는 환경(에코 시스템) 구축 - 제4차 산업혁명의 지적 재산 정책의 방향 - 제4차 산업혁명에 대응하는 경쟁정책 방향
② 인재육성·획득, 고용시스템의 유연성 향상	- 새로운 요구에 대응한 교육 시스템 구축 - 글로벌 인재의 획득 - 다양한 노동 참가의 촉진 - 노동시장·고용제도의 유연성 향상

대응방침	세부내용
③ 이노베이션·기술개발 가속화(Society 5.0)	- 오픈 이노베이션 시스템 구축 - 세계를 리드하는 이노베이션 거점 정비 - 국가 프로젝트 구축·사회 실증의 가속(인공지능 등) - 지적재산권 매니지먼트와 국제표준화의 전략적 추진
④ 파이낸스(금융)기능 강화	- 리스크 머니 공급을 위한 에쿼티(equity) 파이낸스 강화 - 제4차 산업혁명을 위한 무형자산투자 활성화 - Fin Tech를 중심으로 금융·결재기능 고도화
⑤ 산업구조·취업구조 전환 원활화	- 신속·과단성 있는 의사결정을 가능하게 하는 거버넌스 체제 구축 - 신속하고 유연한 사업재생·사업재편을 가능하게 하는 제도·환경 정비 - 노무시장·고용제도 유연성 향상
⑥ 제4차 산업혁명의 중소기업, 지역경제에 파급	- 중소기업과 지역에 IoT 도입, 활용 기반 구축
⑦ 제4차 산업혁명을 위한 경제사회 시스템 고도화	- 제4차 사업혁명에 대응한 규제개혁 방향 - 데이터를 활용한 행정 서비스 향상 - 전략적 제휴 등을 통한 글로벌 전개 강화 - 제4차 산업혁명의 사회 전개

4차 산업혁명에 대한 우리나라의 대응

우리나라의 4차 산업혁명 준비는 주요국에 비교해 상대적으로 뒤처져 있으며 4차 산업혁명 시대에 체계적으로 대응하기 위한 다양한 방안이 마련될 필요가 있다. 스위스 글로벌 금융그룹 UBS가 OECD 주요 45개국의 4차 산업혁명 적응 수준, 즉 국가시스템이 갖추고 있는 역량을 분석한 결과에 따르면 우리나라의 4차 산업혁명 준비도는 25위였다. 대만, 말레이시아보다 뒤진 순위다.

우리나라는 다양한 주체들이 4차 산업혁명과 관련한 논의를 진행하고 있다. 문재인 대통령은 대통령 직속의 4차 산업혁명위원회를 설치하고 스마트코리아 민관 협업체계를 구축하겠다는 구상을 제시하기도 하였다. 하지만 현 상황에서는 4차 산업혁명을 견인할 자율주행차, 빅데이터, 금융권 클라우드, 핀테크 등 신산업을 활성화하고 성장시키는 것을 가로막는 법과 제도적인 규제가 너무 많은 것이 사실이다. 환경변화에 능동적으로 대응하는 제도개선을 통해 민간주도의 자율규제가 이뤄져야 하며 대기업과 중소기업·벤처기업의 상생과 협력을 도모하는 방향으로 개선이 이뤄질 필요가 있다.

표 3-11 주요국의 4차 산업혁명 대응 비교

구분	미국	독일	일본	중국
민간과 정부 역할	민간주도, 정부지원	민간 주도에서 민·관 공동으로 전환	민·관 공동 주도 및 실행	정부주도, 민간 실행
거버넌스	- 민간 컨소시움 - 민·관 파트너십	정부·기업·학계	제4차산업혁명 관민회의(정부·기업·학계)	정부(국무원, 공업신식화부)
핵심전략	AMP 2.0(2013.9.)	Industry 4.0 (2011.4.)	제4차산업혁명 선도 전략(2016.4.)	중국 제조 2025 (2015.5.)
특징	- 기업주도 - 제조업중심	제조업과 ICT융합 국제표준화 선도	기술, 인재육성, 금융, 고용, 지역 경제 등 종합대응	- 제조업 발전을 통한 경쟁력 제고 - 내수시장 활용
한계	소득분배 불균형, 일자리 감소 등 다양한 파급영향에 대한 대응 필요	제조업 중심에서 경제 전반으로 확대 필요	쉽지 않은 사회구조적 문제와 재정여력 약화 해결 필요	빈곤, 지역격차, 노령화 등에 동시에 대응해야 하는 한계

3 제4차 산업혁명이 건설에 미치는 영향과 대응

4차 산업혁명이 국토교통 분야에 미치는 영향

국토교통부는 4차 산업혁명이 진행됨에 따라 건설산업에서는 국토공간, 공공서비스, 산업의 측면에서 변화가 있을 것으로 예상하고 있다. 먼저 국토공간은 사이버 물리시스템(CPS, Cyber-Physical Systems)으로 진화가 될 것으로 예상된다. 4차 산업혁명이 진행되면서 주거, 사업, 업무 등 모든 생활공간의 스마트화가 진행되고 각종 정보가 도시 플랫폼 기반으로 연계 활용되는 스마트시티화가 될 것으로 예상된다. 사이버 물리시스템은 현실 세계의 다양한 물리시스템을 컴퓨터와 네트워크를 통해 연결함으로써 자율적이고 지능적으로 제어할 수 있는 시스템을 의미한다.

표 3-12 4차 산업혁명이 국토교통 분야에 미치는 영향

구분	국토교통에 미치는 영향
국토공간	국토공간이 사이버 물리시스템(CPS)으로 진화
공공서비스	SOC·교통 등 국토교통 서비스 안전성·편의성 증대
산업	국토교통 산업의 지능화·고도화 진행

또한, 4차 산업혁명이 진행됨에 따라 공급자 중심에서 수요자 중심으로 이동되면서 산업시설의 입지는 네트워크, 인재, 시장 중심으로 변화하게 된다. 도심 내 복합공간 수요가 증가하게 될 것이고 이에 따라 SOC, 교통 등의 국토교통 공공서비스의 안전성과 편의성에 대한 증대 요구가 많을 것으로 예상된다.

IoT와 인공지능 기술을 활용하여 SOC 시설에 대한 실시간 모니터링과 판단, 제어가 가능하게 되어 자연재해, 싱크홀, 테러 등의 위협으로부터 안전한 삶을 확보할 수 있게 될 것이다.

다양한 데이터들이 작성되고 사용되게 됨에 따라 데이터 트래픽이 급증하게 되고, IoT 기술을 활용한 원격조정이 확대되어 국가 주요시설과 관련한 데이터 관리와 사이버 보안은 더욱 중요하게 될 것이다.

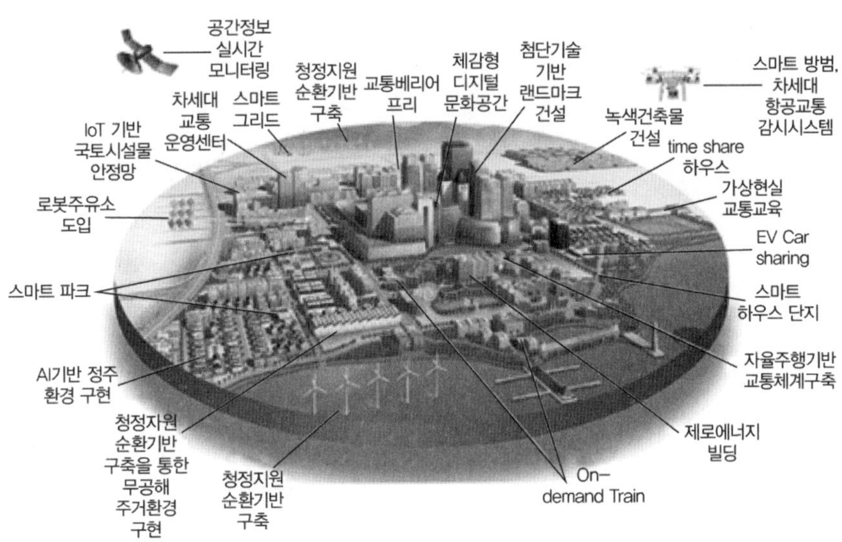

그림 3-2 4차 산업혁명에 따른 국토교통의 미래 모습

국토교통 산업은 지능화와 고도화가 빠른 시간 내에 진행될 것으로 예상된다. 전통적으로 노동 집약적인 산업으로 알려져 있는 국토교통 산업에다가 로봇과 인공지능 기술 등이 적용되어 무인화와 자동화가 진행됨에 따라 자율주행차 등의 신교통 수단이 더욱 확산될 것이다. 더불어 공간정보와 교통정보 등의 빅데이터를 활용하는 지능정보 기술은 앞으로 더욱 확대될 것이다.

국토교통 7대 新산업 육성

국토교통부는 4차 산업혁명에 대응하기에 앞서 우리나라의 핵심 기술은 선진국과 기술 격차가 존재하고 고급인력도 부족하고 국토교통 분야에서 활용은 초기단계라고 진단하였다. 그러나 통신, 네트워크 분야에서는 세계적 수준의 ICT 기술과 인프라를 가지고 있고 국민들이 신기술과 신서비스에 대해 이해도가 높고 높은 수용성을 가지고 있기 때문에 테스트베드로서 유리한 특성이 있다고 판단하였다. 4차 산업혁명 기술이 적용된다면 국토교통 분야는 이미 다양한 빅데이터가 축적되어 있고 공공에서 직접 서비스하는 영역이 많기 때문에 빠른 시기에 효과가 나타날 수 있을 것으로 기대하고 있다.

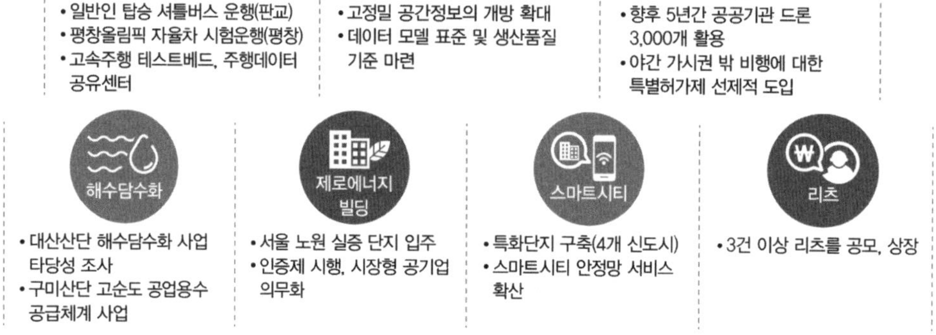

그림 3-3 국토교통 7대 新산업 육성

국토교통부는 국토공간과 건설산업의 경쟁력을 제고하기 위하여 국토교통 분야에서 집중적으로 육성해야 할 '7대 신(新)산업'을 자율주행차, 드론, 공간정보, 해수담수화, 스마트시티, 제로에너지빌딩, 리츠 등으로 지정하였다.

국토교통부는 이를 위하여 전략 선정·추진, 공공에서 시작하는 시장 창출 그리고 협력적 거버넌스 구축의 3가지로 추진방향을 선정하였다.

첫째, 전략 선정·추진과정에서 기술 자체가 목적이 되지 않도록 사람 중심·수요 지향적 관점에 기초하여 선진국과의 기술 격차나 글로벌 시장 선점 가능성 등을 종합적으로 고려하여 전략 분야에 집중 지원하겠다는 것이다.

둘째, 공공에서 시작하는 시장 창출과 관련하여 SOC, 교통, 수자원, 에너지 등 공공서비스 분야에서 4차 산업혁명 기술을 우선 적용하도록 하여 시장의 마중물 역할을 수행하겠다는 것이다. 최근에는 기술 변화의 속도가 매우 빠르기 때문에 기술을 개발하고 순차적으로 실증을 진행하면 충분한 대응이 이루어지기 어렵다. 따라서 기술개발과 실증을 병행하여 진행할 수 있는 리빙랩(Living Lab) 개념의 테스트 베드를 구축하여 빠른 속도로 대응할 수 있도록 하겠다는 것이다.

셋째, 민간과 정부가 역할을 분담하는 협력적 거버넌스를 구축하겠다는 것이다. 민간은 기술 개발, 신 비즈니스 모델 창출 등 스스로 경쟁력을 높이도록 혁신을 주도하고 정부는 규제 시스템 재설계, R&D지원, 인프라 구축, 인력 양성 등 민간의 창의성이 발휘될 수 있도록 기반 조성 위주로 하겠다는 것이다.

국토교통부는 추진방향에 맞추어 스마트 국토 조성, 교통서비스·산업 혁신, 공공인프라 안전·효율 제고, 혁신 기반 조성의 4가지 그룹에서 총 12개의 중점 추진 과제를 선정하였다.

첫째, '스마트 국토 조성'은 초연결을 통해 국토공간을 신산업·신서비스 플랫폼으로 조성하는 것을 목표로 하고 있다. 여기에는 신산업 Total Test-Bed 구축, 스마트 도시·생활공간 구현, 공간정보 고도화 및 융·복합 서비스 제공이 포함되어 있다. 신산업 Total Test-Bed 구축은 신산업 관련 기술이 빠르게 상용화될 수 있도록 기술개발과 실증·사업화를 동시에 진행할 수 있는 실증단지 조성을 추진하는 것을 의미한다. 스마트 도시·생활공간 구현은 스마트한 도시부터 건축물이나 주거까지 모든 분야의 스마트화를 실현시키는 것이다. 민간을 중심으로 개발 중인 스마트 홈 기술을 주택성능등급 평가 등 주택기준에 반영하기 위하여 제도적으로 지원하겠다는 것이다. 건축물의 3차원 데이터 플랫폼이 되는 BIM(Building Information Modeling) 기술을 활용하고 건축물 생애정보 통합서비스 시스템도 구축하게 된다. 스마트시티를 구축하고 이를 기반으로 도시운영 요소기술의 해외수출을 도모하게 된다. 무인이동체인 드론, VR/AR 등의 기술을 활용하여 정밀한 공간정보를 구축하고 민간 수요에 맞추어 공간정보를 탄력적으로 제공할 예정이다.

둘째, '교통 서비스·산업 혁신'은 수요자 맞춤형 교통서비스 제공하고 교통·물류 산업 경쟁력 확보를 목표로 하고 있다. 여기에는 AI와 빅데이터를 활용한 교통서비스 혁신, 자율주행차·무인비행체·물류 서비스 산업 육성, 도로·철도·항공 운영 서비스 효율화가 포함되어 있다.

셋째, '공공 인프라 안전·효율 제고'는 건설현장에서 재해를 저감하고 안전하고 편리한 공공인프라 제공을 목표로 하고 있다. 여기에는 건설사업 전주기 동안 안전성과 효율성을 제고하게 된다. IoT 기반의 선제적 SOC 유지관리, 스마트 수자원 활용, 하천 관리가 포함되어 있다. 건설현장에서 ICT, IoT를 활용한 안전관리 플랫폼을 도입할 수 있도록 제도적 기반을 마련하고 생산성과 경쟁력 향상을 위하여 조사·측량, 설계, 시공, 검사, 유지 보수 등 건설 프로젝트 생애 주기에 걸쳐 ICT와 로봇 기술들을 적극적으로 활용하는 스마트 건설을 추진할 계획이다. 구체적으로는 전문 인력을 활용하여 점검과 유지 보수를 진행하는 방식에서 빅데이터 분석과 인공지능을 활용하여 선제적으로 유지관리를 추진하는 구조로 변화하겠다는 것이다.

표 3-13 국토교통부 중점 추진 과제

구분	중점추진과제
스마트 국토 조성	① 신산업 Total Test-Bed 구축 ② 스마트한 도시·생활공간 구현 ③ 공간정보 고도화 및 융·복합 서비스 제공
교통서비스·산업 혁신	① AI·빅데이터 기반 교통서비스 혁신 ② 자율주행차, 무인비행체, 물류서비스 산업 육성 ③ 도로·철도·항공 운영 서비스 효율화
공공 인프라 안전·효율 제고	① 건설 사업 전주기 안전·효율 제고 ② IoT 기반 선제적 SOC 유지관리 ③ 스마트한 수자원 활용 및 안전한 하천 관리
혁신기반 조성	① R&D 투자 확대 및 관리체계 개선 ② 국토교통 공공 데이터의 개방과 활용 지원 ③ 규제 혁신 및 인력 양성

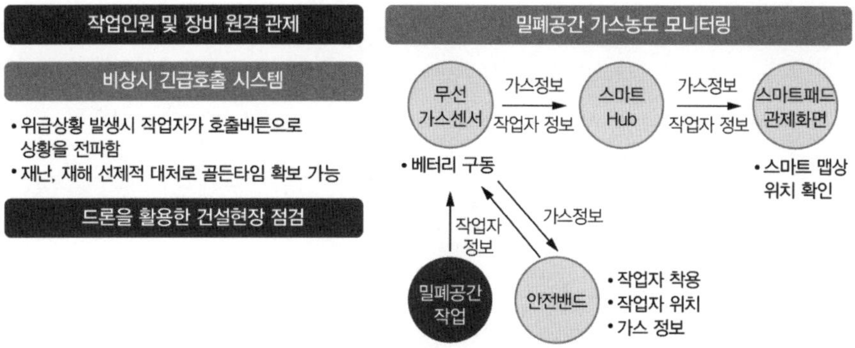

그림 3-4 스마트 안전기술 사례

넷째, '혁신기반 조성'은 4차 산업혁명 시대를 맞이하여 민간의 창의적 도전을 위한 여건과 환경을 조성하는 것을 목표로 하고 있다. 여기에는 R&D 투자 확대와 관리체계 개선, 국토교통 공공 데이터 개방과 활용 지원, 규제 혁신과 인력 양성이 포함되어 있다.

한계를 돌파하기 위한 스마트 건설 추진 전략

국토교통부는 재해율을 낮추고 건설산업의 생산력을 끌어올리기 위해 '스마트 건설'을 본격적으로 추진할 계획이다. 한계에 직면한 우리 건설산업의 새로운 혁신성장 동력으로 스마트 건설기술을 적극 활용하겠다는 것이다. 국토교통부는 스마트 건설기술 로드맵을 제시하고 건설을 첨단 산업으로 도약시키기 위한 기술혁신을 추진할 계획이다.

CHAPTER 4

건설산업의 생산성 향상을 위한 노력

1 낙후된 건설산업의 생산성

낙후된 건설산업 생산성

낙후된 건설산업이 건설기술 발목을 잡는 것으로 지적되고 있다. 우리나라 건설산업의 경우 맥킨지 글로벌 연구소(MGI)의 자료에 따르면 지난 20년간 경제성장률과 경제규모에 대비한 건설산업의 노동생산성은 조사 대상 국가 41개국 중 40위로 타 산업에 비해 매우 뒤쳐지고 있는 것으로 보고되고 있다.

미국의 경우 건설산업은 지난 50년간 생산성이 하락한 거의 유일한 산업분야로 볼 수 있다. 지난 50년간 건설을 제외한 비 농업분야의 생산성은 연평균 1.9%씩 증가하였지만 건설부문의 노동 생산성 증가율은 연 평균 -0.4%로 건설부문은 1960년대 후반부터 감소추세에 있다. 이것은 단지 미국만의 문제가 아니다. 지난 20년 동안 건설 부문의 노동 생산성 증가는 전 세계적으로 평균 1%에 머물러 있다. 같은 기간 경제 전체 평균은 2.8%였다. 건설비용은 올라가고 건설 속도는 떨어져 건설기업 수익성이 악화되는 현상을 보이고 있다.

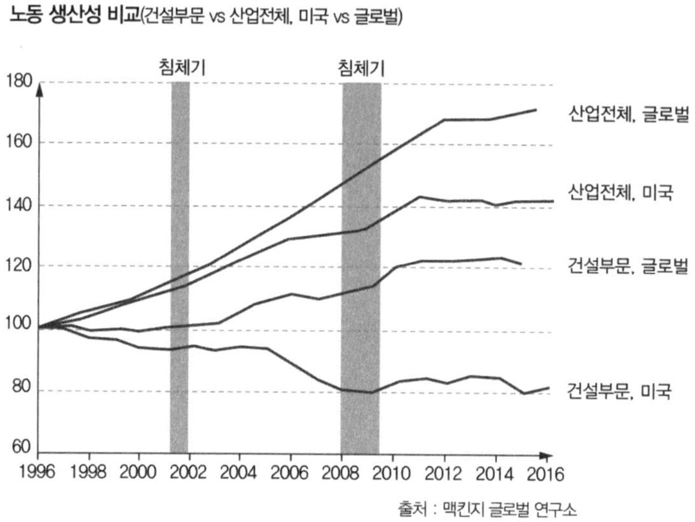

그림 4-1 미국·글로벌 건설부문 노동 생산성 변화(1995년을 100으로 보았음)

모든 건설산업이 다 똑같은 것은 아니다. 맥킨지 글로벌 연구소(MGI) 보고서는 대규모 산업 및 인프라 프로젝트를 수행하는 대기업들은 중소 건설기업보다 생산성이 더 높은 것으로 나타났다. 그러나 넓게 보자면 건설 부문이 생산성이 낮은 가장 중요한 이유는 건설 회사들 전반에 만연되어 있는 낮은 수익성이다. 제조업 같은 다른 부문은 자동화 등을 통해 가격을 파괴하지 않고 생산 비용을 크게 줄일 수 있다. 그러나 건설산업에서는 이 같은 방법이 통하지 않는다. 건설산업의 대부분은 저임금, 저생산성의 단순 노동자(불법 이민자들 포함)에 의존하고 있기 때문이다.

건설 생산성이 낮은 이유

다른 대부분의 산업은 지난 수십 년 동안 자동화와 IT 기술에 의한 정보화 혁명으로 상당한 수준의 생산성 향상을 가져오고 건설 시공과 엔지니어링 부문은 일부 자동화가 이루어졌지만 기존의 생산 방식에서 크게 벗어나지 못하고 있다. 이는 다양한 형태의 건설현장 생산조건과 복잡한 생산방식, 기술 인력의 노령화, 표준화된 지식체계 구축의 어려움 등에 기인한다고 볼 수 있다.

건설 생산성이 증가하지 않는 가장 큰 원인은 첨단기술의 개발과 적용이 건설 프로젝트의 단기성과에 큰 영향을 주지 못하고 있다는 점이다. 이와 더불어 건설생산 체계상 표준화의 어려움, 프로젝트 모니터링을 통한 데이터 수집의 어려움, 설계사·시공사·자재 및 장비업자 간의 장기적인 협력관계가 어려운 조달구조, 보수적인 건설산업의 문화에 첨단기술과 인재의 도입이 어려운 점 등을 꼽을 수 있다. 이러한 어려움에도 불구하고 건설산업은 단위 프로젝트의 기간과 비용이 비교적 매우 크며 다른 산업분야보다 4차 산업혁명을 통한 생산성의 혁신이 요구되는 분야이며 이를 통해 많은 가치를 창출할 수 있는 분야임에 틀림없다.

"그동안 건설산업은 멸망의 울타리에 갇혀 사육사가 주는 사료와 수의사의 보호에 너무 익숙해졌다". 보스턴 컨설팅 그룹(BCG)이 우리나라의 건설산업을 진단한 내용 중 일부 내용이다. 그동안 우리 건설산업은 수십 년 동안 정부가 물량을 만들어내고 이를 나눠먹는 구조로 산업이 발전해 왔다. 건설업 취업 청년층의 유입 부족과 인건비 상승 등으로 '인력' 중심의 생산성 향상은 갈수록 어려워지고 있다. 이는 비단 우리나라의 문제만이 아니라 건설 선진국에서도 청년층의 기호가 바뀌면서 건설업 자체를 기피하는 현상이 나타나고 있는 실정이다. 인프라 구축보다 복지 중심의 정책기조가 확고해지는 상황에서 더 이상 과거와 같이 폭발적인 물량 확대로 생존을 기대하기는 사실상 어렵다. 이제는 건설업계와 기업이 스스로 자구책을 찾아나서야 할 때다.

따라서 건설산업의 생산성 향상과 새로운 건설상품이나 서비스의 제공을 통한 사회적·경제적·환경적 문제를 해결하기 위해서는 인공지능, 사물인터넷, 로봇기술 등과 같은 4차 산업혁명의 핵심 기술들을 효율적으로 접목하는 것이 필요하다.

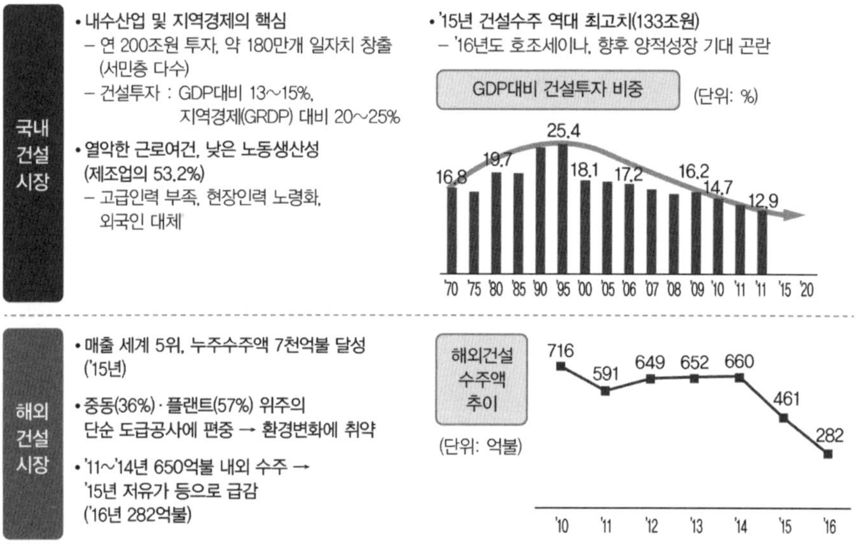

그림 4-2 국내·외 건설시장 현황

경쟁을 통한 효율 증대

이제 건설기업들이 만들어낼 수 있는 자구책은 '기술'을 바탕으로 한 철저한 원가·비용 절감은 물론이고 생산성은 향상시키면서 안전사고는 감소시키는 길만이 유일한 답이다. 생산성 향상은 사람중심에서 벗어나 장비와 자재 중심으로 이뤄져야 한다.

선진국의 건설기업들도 생산성 향상을 위해 초기엔 '기술'보다는 '인력'에 초점을 둔 전략 위주이었다. 유럽 건설현장에선 지난 30년 동안 비교적 낮은 인건비로 과거 동구권 국가의 젊은 인력을 제공받아 왔다.

하지만 개개인이 갖고 있는 기술력과 생산성의 차이로 인해 공사 품질과 노동 생산성의 문제가 제기되었다. 이에 유럽 건설기업들은 해외인력 유입과 병행해 건설자동화와 공장제작

·현장조립 방식의 확대 등을 위해 노력해 왔다. 건설장비의 추가 기능을 늘리고 규격을 다양화해 한 가지 장비로 더 많은 일에 활용하고 있다. 또한, 자재를 공장에서 제작하는 프리패브(Prefab, Pre-fabrication) 비율을 점점 늘려 현장에서는 조립만 하는 공법들이 많이 확산되었다. 벨기에와 네덜란드 등 유럽을 비롯한 선진국들은 국내와 비교해 '골조의 조립화' 적용에 있어서 매우 큰 차이가 있다. 우리나라와 마찬가지로 유럽에서도 프리캐스트 콘크리트(PC, Precast Concrete) 공법은 일반 콘크리트 골조(RC, Reinforced Concrete)에 비해 공사비가 10% 가량 비싸다. 그러나 더 보편화된 이유는 인력부족 문제와 춥고 우기가 긴 겨울형 기후에 대응이 용이했기 때문인 것으로 분석된다.

건설 선진국으로 평가받는 일본도 외국 인력 문제에 대해서는 우리나라의 경험을 주시하고 있다. 우리나라 건설현장의 외국인 비율이 많게는 70~80% 수준이라는 평가를 받지만 일본은 10% 정도로 유지하고 있다. 다시 말해서, 우리나라도 건설 선진국이고 다른 나라에서 겪지 못한 현상이 발생하고 있어 스스로의 문제를 직접 해결하려는 노력이 필요하다는 것이다. 산업화 시대엔 '보호'를 통해 불필요한 경쟁을 제거하는 방식으로 건설산업을 육성하였다면 4차 산업혁명 시대엔 '경쟁'을 통해 '효율'을 높여야 한다. 사회가 건설에 요구하는 사항이 복잡 다양해졌고 그것에 효율적으로 대응해야 건설산업과 국가 전체의 경쟁력이 향상될 것이다. 선진국들은 이미 4차 산업혁명의 핵심기술을 활용하여 건설 생산성 혁명을 추진하고 있다. 생산성 향상을 위한 여러 가지 변화가 부작용이나 어려움을 가져올 수도 있겠지만 그 벽을 넘어서 발전해 나아가야만 한다.

2 생산성 향상을 위한 세계 건설업계 동향

위기의 건설산업, 변신은 무죄

4차 산업혁명의 물결이 빠르게 확산되고 있다. 4차 산업혁명의 핵심은 생산성 혁명이다. 스마트 디지털 기술을 기반으로 한 연결과 융합, 플랫폼의 활용 등을 통해 전 산업이 생산성 향상에 온 역량을 집중하고 있다. 그리고 이는 4차 산업혁명이라는 거대한 물결을 만들어 내고 있다.

미·일·싱가포르 등이 스마트 건설을 주도하지만 지난 수십 년간 건설산업분야는 제조업을 비롯한 타 산업들과 비교해 새로운 변화에 적응이 더뎠다. 지난 20년간 제조업은 약 100% 정도(2배)의 생산성 향상을 이뤄왔지만 건설업은 약 25% 정도 수준에 그쳤다. 이는 전 산업 평균인 70%에도 한참 미달되는 수준이다.

최근 건설업계에서는 이 같은 문제를 극복하기 위한 노력과 움직임이 활발하다. 4차 산업혁명이라는 변화에 발맞춰 건설 공사에서 새로운 설계·시공을 주도하는 3차원 설계 기술인 BIM(Building Information Modeling)과 공장제작·조립 방식(DfMA, Design for Manufacturing and Assembly), 건설기계 무인화·자동화 등과 같은 새로운 성장 동력을 발굴해 생산성 향상에 노력을 기울이고 있다.

구체적으로 가상 시공을 해볼 수 있는 빔(BIM)과 VR(가상현실)·AR(증강현실) 기술을 활용하는 것을 비롯해 공장에서 건축물을 사전 제작하는 등의 스마트 건설기술이 현장에서 활발히 적용되고 있다. 빔(BIM) 데이터를 AI(인공지능) 등 4차 산업혁명과 연계시킨 기술로 용적률과 건폐율, 조망과 일조량 등을 모두 고려해 최적의 아파트 동 배치안을 찾아내는가 하면 공사 착수 전 3차원공간에서 설계상의 문제점을 미리 파악함으로써 공사의 실패비용을 확연하게 줄일 수 있다.

또한 효율적인 설계·시공·유지관리를 위한 로봇, 3D 프린팅 등 건설기계 자동화 기술 개발 움직임도 확대되고 있다. 건설현장에 투입되던 노동력을 로봇이 대체하게 되면서 기존의 생산 프로세스를 혁신하는 패러다임 변화를 도모하고 있다. 특히 24시간 작업이 가능해 공사기간을 획기적으로 단축하고 사고 위험이 높은 공정에 투입해 안전사고를 막을 수 있는 장점이 있다.

세계적인 움직임도 크게 다르지 않다. 건설생산성 혁신을 위해 수많은 나라들이 노력하고 있다. 스마트 건설 개념의 새로운 건설 패러다임을 주도적으로 이끌고 있는 나라는 대표적으로 싱가포르와 일본, 미국 등이 있다.

건설 생산성 향상에 '올인'하는 도시국가, 싱가포르

싱가포르의 건설 생산성 향상은 철저하게 정부 주도형이고 전통적인 노동집약적 산업에서 벗어나기 위해 새로운 기술을 도입하고 장려하는 것이 핵심이다.

'노동력 의존도를 줄여라. 적은 노동력으로 더 많은 것을 건설하라(Reduce Dependency on Manpower Doing More with Less)!'. 싱가포르 건설청(BCA)의 이 슬로건은 건설산업에 대한 싱가포르 정부 정책을 잘 표현한다. 한마디로 건설 생산성을 높이자는 것이다.

싱가포르의 건설 생산성 향상을 이끈 두 개의 핵심축은 BIM(건축정보 모델링)과 모듈러다. 1차 로드맵 기간 동안 효과가 입증된 BIM은 이제 일반적이 되었다. 현재 건축 분야에서 공공·민간 할 것 없이 연면적 5,000 m^2 이상에 대해서는 BIM으로 설계·시공해야 한다. 소규모 주택을 제외한 대부분의 건축물이 해당된다. 토목 분야에서는 의무 규정이 따로 없지만 LTA(육상교통청) 등 주요 발주처에서는 입찰 공고문을 통해 BIM 도입을 유도하고 있다. BIM을 활용하면 VR(가상현실)을 통한 사전시공이 가능해져 건설 중 시행착오를 크게 줄일 수 있고 준공 후에는 관리나 유지 보수가 훨씬 용이해진다.

모듈러는 PC(프리캐스트 콘크리트)에서 출발해 PBU(공장 제작 조립식 화장실유닛)를 거쳐 PPVC(조립식 프리마감형체 제작)로 발전하고 있다. 공장 제작 및 조립 방식(DfMA)을 대표하는 PPVC는 건축물 내부를 구성하는 유닛을 레고 블록처럼 사전 제작해 조립하는 방식이다. PPVC 방식을 쓰면 인력·시간 측면에서 최대 50%까지 생산성이 향상되는 것으로 알려졌다. 현재 싱가포르에서 시공되는 건축물의 화장실은 100% PBU로 설치되고 있고 건축물에 따라 PC 적용 비율을 정하고 있다. PPVC와 관련된 규정은 아직 없지만 서서히 제도화되는 모양새이다.

그림 4-3 PPVC 방식을 이용해 시공 중인 건축 현장

사실 싱가포르에는 중·대형 프로젝트를 수행할 만한 토종 건설사가 없다. 한국을 비롯한 일본, 유럽, 중국 등 외국 건설업체들이 건설을 수행하고 있다. 대신 규제를 통해 외국 건설업체의 건설 생산성 향상을 유도하고 생산성 향상에 동참한 업체에는 인센티브를 주고 있다. 채찍과 당근을 병행하는 것이다. 싱가포르의 건설 생산성 향상 정책은 산업적 측면으로만 접근해서는

이해하기 어렵다. 프로젝트를 수행하는 건설사들이 대부분 외국업체이기 때문이다.

싱가포르는 우리나라 서울 크기의 도시국가로 인구는 약 500만 명 정도다. 이 중 외국인이 130만 명이고 건설산업에 종사하는 외국인은 33만 명으로 추산된다. 문제는 이들 외국 건설 인력들의 숙련도가 쌓이지 않는다는 점이다. 3명 중 1명은 2년 정도 일한 뒤 자국으로 돌아가는 식이다. 건설 생산성이란 작업자 1명이 하루에 완성할 수 있는 단위 면적(㎡)으로 측정하는데 싱가포르의 건설 생산성은 2010년 0.3%에 불과했지만 2014부터는 연평균 2% 씩 상승하고 있다. 공공 프로젝트만 놓고 본다면 건설 생산성은 2010년 대비 25~30%가 향상되었다. 싱가포르 정부에서는 처음에 외국인 근로자에 대한 투자를 많이 했었다. 그러나 좀처럼 생산성이 올라가지 않자 방향을 바꿨다. 특히 PPVC(조립식 프리마감형체 제작)로 대변되는 공장제작으로 방향을 전환하였다. 공장제작은 과거 PC(프리캐스트 콘크리트) 등 구조분야에서 많이 사용해 왔지만 이제는 내장분야에서도 사용하겠다는 방향으로 정책을 수행하고 있다. 공장에서 제작된 모듈은 현장에서 조립만 하면 되기 때문에 그만큼 공사기간이 단축되고 많은 인력도 필요 없다. 현장 작업이 적어지는 만큼 안전 확보에도 유리한 측면이 있다.

여기에는 사회적인 현상도 큰 영향을 미쳤다. 대표적인 예가 2013년 '리틀 인디아' 거리에서 발생한 폭동이다. '리틀 인디아'는 인도와 방글라데시, 파키스탄 등에서 온 외국인 근로자 밀집지역인데 이들 대부분이 건설 근로자들이었다. 법 집행이 엄격한 싱가포르에서 폭동이 일어난 것은 44년 만의 일이었다. 충격에 빠진 싱가포르 정부가 이들 외국인 건설 근로자들을 줄이기 위해서 생산성 향상에 강하게 드라이브를 걸었던 것이다. 아무래도 싱가포르에 외국인 단순 근로자들이 많이 들어오면 지역이 슬럼화되기 마련이고 이에 대한 부작용도 발생하게 된다. 현재 싱가포르 정부가 추진하고 있는 인력 개선작업도 2013년에 발생한 폭동과 무관하지 않다. 싱가포르는 건설인력 대부분이 외국인력이다. 2015년 기준으로는 전체 건설인력 가운데 20% 정도만 내국인이다. 외국인력이 대부분을 차지하면서 숙련인력 부족 현상이 만연해지자 싱가포르 정부는 내국인 고용 할당제를 도입해 일정 규모 이상 건설공사에서는 숙련된 내국인력 고용을 최소 10% 이상 의무화하였다. 외국인력 7명당 싱가포르인 1명을 의무적으로 채용해야 한다. 싱가포르 정부는 모듈화 등으로 건설 생산성을 높이면서 동시에 내국인 숙련인력을 확대하는 정책을 펴고 있다. 결국, 싱가포르 인력을 일정 정도 채용하는 동시에 한국이나 일본 등 외국업체들에게 '숙련된' 자국 인력을 많이 데려오라고 요구하고 있다는 이야기다. 덕분에 2011년 2% 남짓이던 고숙련 인력은 2017년 40%까지 증가하였다. 생산성 향상 측면에서 우리도 싱가포르 정책을 면밀히 검토해 볼 필요가 있을 것 같다.

건설현장 무인화로 대표되는 i-construction, 일본

(1) 건설산업의 생존을 위한 다각적인 노력

일본은 4차 산업혁명을 통해 해결해야 할 최우선 목표를 '생산성 향상'에 두고 그간의 기술 성과를 실전화하는 계기로 활용하고 있다. 일본은 이미 어느 정도 진척된 건축 뿐만 아니라 토목 분야에서도 전사적으로 ICT를 적극 도입하여 생산성 향상 제고에 총력을 기울이고 있다.

건설현장의 생산성 향상을 위해 측량·시공·검사 부분에서 ICT(정보통신기술)를 활용하는 'i-construction' 정책이 추진 중이다. 국토교통성은 건설자동화를 위해 1980년부터 약 68억 엔의 연구개발투자를 진행하였고 민간에서도 Komatsu사, Hitachi사를 중심으로 기업 경쟁력 확보를 위한 연구를 수행하고 있다. 그 결과 중장비 스스로 비숙련 작업자를 도와 조작을 가능케 하는 MG(머신 가이던스) 기술은 완성단계에 있다. 일본 정부는 이 같은 기술이 탑재된 건설 중장비를 지난 7년간 공공공사에서 시범 운용하였고 최근에는 전면적으로 도입하였다.

그림 4-4 일본의 토공사 i-Construction 적용 사례

일본 건설산업은 건설인력의 고령화, 인프라 투자 축소, 고난이도 방재 및 인프라 유지 보수 작업 증가 등과 같은 문제에 직면하고 있어 변화가 절실한 상황이었다. 일본의 국토교통성은 건설산업계의 노동력 부족에 대응하기 위해 국가차원에서 건설산업의 자동화·무인화 기술에 중점적으로 투자하였다. 일본은 건설산업의 생산성 제고라는 비전을 수립하고 2025년까지 건설현장에서 20% 생산성 향상을 목표로 건설 프로세스 전주기에 ICT(정보통신기술)를 활용한 건설자동화 기술인 i-Construction 정책을 추진하였다.

일본의 i-Construction 3대 정책은 건설과정에서의 적극적인 ICT 적용, 시방서의 글로벌 스탠더드화, 연간 발주 물량의 평준화이다. 일본은 i-Construction의 성공적인 추진을 위해 건설산업을 포함한 관련 분야의 965명 전문가로 구성된 워킹그룹(신기술 개발 및 적용 그룹, 3D 데이터 적용 그룹, 글로벌 스탠더드 그룹)을 구성해 운영하고 있다.

일본은 4차 산업혁명 시대를 맞이하여 건설산업의 생존을 위하여 다각적인 노력을 기울이고 있다.

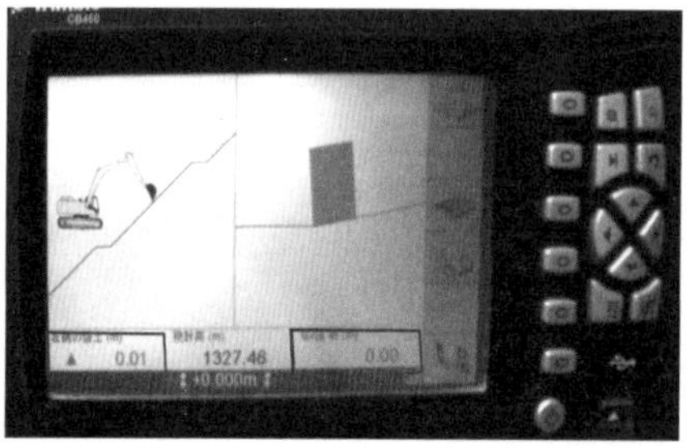

그림 4-5 일본의 토공사 i-Construction 적용 사례

(2) 국토교통성의 건설 생산성 혁명 프로젝트

과거 일본의 생산성 향상은 고도 경제성장이 큰 원동력이 되어왔지만 최근에는 생산성이 상대적으로 하락하고 있다는 지적을 받고 있다. 국토교통성은 인구감소 사회에서 성장의 열쇠는 생산성 향상에 있다고 판단하고 있다. 생산성 향상을 위하여 급속도로 발전하고 있는 ICT, IoT, 로봇 기술을 활용하는 "미래형" 투자나 신기술을 활용하는 것은 매우 중요하다.

국토교통성에서는 국민경제나 국민생활의 기반이 되는 사회자본과 관광, 물류 등의 광범위한 분야를 다루고 있다. 국토교통성에서는 담당하는 전체 분야를 "사회베이스형", "산업별형", "미래형"의 3가지로 분류하고 생산성 향상을 도모함으로써 지속적인 경제성장에 기여하고 국민의 삶을 더욱 풍요롭고 편리하게 하기 위하여 노력하고 있다.

"산업베이스형"은 2016년 4월부터 수도권에 도입하는 프로젝트이고 8개의 프로젝트가 포함되어 있다. "산업별형"은 각 산업에 관련 규제를 정비하여 가까운 미래에 적용할 것을 기대하는 프로젝트이다. "미래형"은 투자, 신기술을 통해 중장기으로 미래의 생산성을 높여가는 프로젝트이다.

표 4-1 국토교통성 20대 생산성 혁명 프로젝트

NO	생산성 혁명 프로젝트 명	분류
1	핀 포인트 정책 대책	사회 베이스형
2	고속도로를 현명하게 사용하기 위한 요금제	〃
3	크루즈 새로운 시대의 실현 - 일본을 방문하는 크루즈 여행객 500만 명을 위하여	〃
4	컴팩트 플러스 네트워크 - 밀도의 경제에서 생산성을 향상	〃
5	부동산 최적상황의 촉진 - 토지, 부동산에의 재생투자와 시장의 확대	〃
6	인프라 유지 보수 혁명 - 확실하고 효율적인 인프라 정비 추진	〃
7	댐 재생 - 지역경제를 지지하는 치수 능력의 조기 향상	〃
8	항공 인프라 혁명 - 공항과 관제의 베스트 조합	〃
9	i-construction의 추진	산업별형
10	주생활산업의 새로운 전개 - 기존 주택 유통, 리모델링의 활성화	〃
11	I-shipping와 j-Ocean - 해상 생산성 혁명, 강한 산업, 고성장, 윤택한 지방	〃
12	물류 생산성 혁명 - 효율적이고 고부가가치 스마트 물류의 실현	〃
13	도로의 물류 이노베이션 - 화물 운송 생산성 향상	〃
14	관광산업의 혁신 - 관광 산업을 일본의 기간산업으로(숙박업 개혁)	〃
15	하수도 이노베이션 - 일본산 자원창출 전략	〃
16	철도 생산성 혁명 - 차세대 기술 전개에 의한 생산성 향상	〃
17	빅데이터를 활용한 교통안전대책	미래형
18	고품질 인프라의 해외 전개 - 거대시장을 일본의 기폭제로	〃
19	자동차의 ICT 혁명 - 자율 운전 사회 실현	〃
20	기상 비즈니스 시장의 창출	〃

(자료 : 国土交通省総合政策局, 2017.1)

국토교통성은 건설업에 유입되는 젊은 인력들의 부족에 대응하기 위해서 건설 생산 프로세스 전체를 대상으로 ICT 등의 4차 산업혁명 기술을 활용한 i-Construction을 추진하고 있다. 이를 통해 2025년까지 건설현장의 생산성이 20% 향상될 것을 목표로 설정하고 있다. 현장 시공 효율화에 관한 요소기술의 가이드라인을 책정하여 규격 표준화를 실시하였고 산·학·관·민의 연계를 강화하기 위한 i-Construction 추진 컨소시움을 설립하였다.

(3) i-Construction의 추진을 통한 생산성 향상

① i-construction의 주요 활용 사례

i-Construction의 선두 정책이며 핵심이 되고 있는 것은 바로 ICT 토공이다. ICT 토공은 드론(UAV)을 활용하여 측량을 하거나 ICT 중장비를 활용한 시공, CIM 플랫폼을 활용한 검사의 3가지 항목으로 구성되어 있다.

i-Construction을 적용한 결과 기존에는 측량작업에 소요되는 일수는 기준점 측량에 1일, 종횡단 측량에 3일, 측량성과 정리 등의 내부 작업에 4일을 합하여 총 8일이 소요되었다. 반면에 드론을 활용한 측량의 경우에는 기준점 측량에 1일, UAV 측량에 1일, 측량성과 정리 등의 내부 작업에 2일을 합하여 총 4일 만에 완료되어 작업 생산성이 대폭 향상된 것으로 나타났다. ICT 중장비는 과거 진행해 온 정보화 시공과정에서 이미 효과를 검증한 바 있다. 종래 시공 방식에 비해 1일당 시공량은 약 1.5배(노반공 기준)가 향상되었다.

주요 요인은 중장비 주변의 보조 작업이나 안전표지물 설치작업이 불필요하기 때문에 중장비 오퍼레이터 외의 노동자는 1/3이 감소되었다.

검사 부문은 GNSS 와 CIM 연구개발과 관련이 있다. 인력으로 검사를 수행하는 경우 과거 2 km를 기준으로 할 때 10단면을 계측하는 데 10일이 소요되었다. 그러나 GNSS으로 계측하는 경우 2일 만이 소요되어 생산성이 대폭 향상되는 것으로 나타났다. 또한 2 km 당 50장의 보고서류 작성이 필요했지만 3차원 데이터 통합을 통해 1현장에서 1장만의 보고서류만 작성한 것으로 나타났다.

② 공공 발주에서의 i-Construction 도입

국토경제성은 2016년부터 1,080개소 이상의 공사를 ICT 기술이 탑재된 건설 중장비를 이용하여 ICT 토공을 하는 조건으로 발주하였다. ICT 전면 활용은 건설생산 프로세스의 모든 단계에서 다음과 같이 ICT 시공기술을 전면적으로 활용하는 공사를 의미한다.

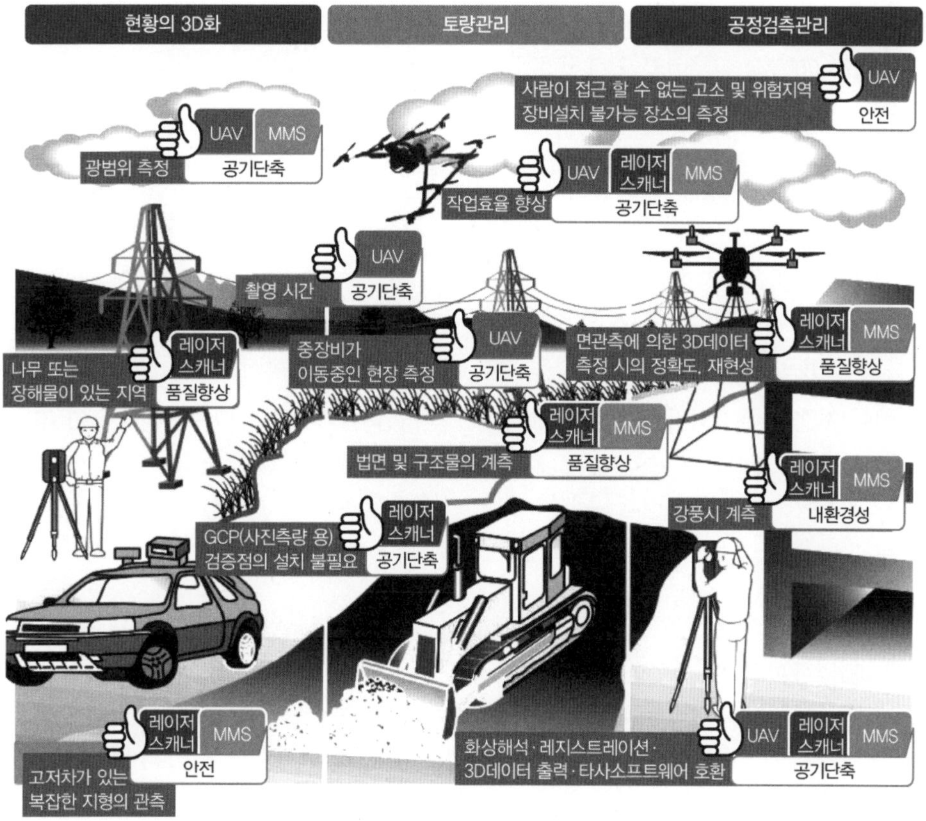

그림 4-6 i-Construction

- 3차원 착공 측량
- 3차원 설계 데이터 작성
- ICT 중장비에 의한 시공
- 3차원 공사실적 관리
- 3차원 데이터 납품을 모두 적용한 것을 의미한다.

토공량 1,000 m^3 미만의 공사는 ICT 공사의 대상이 되지는 않지만 자율적으로 ICT 건설 중장비를 사용할 수 있다. 그러나 이에 대한 인센티브는 지급되지 않는다.

토공량 1,000 m^3 이상의 공사는 ICT 공사의 대상이 된다. 특히 예정가격이 3억 엔 이상인 경우에는 발주자가 직접 ICT를 전면 활용하는 것을 조건으로 하는 발주자 지정형으로 발주가 되고 있다. 이 경우 공사성적 평가에서 가점을 받을 수 있으며 필요경비는 당초 설계에 이미 반영되어 있다.

토공량 1,000 m^3 이상이지만 예정가격이 3억 엔 미만인 공사의 경우에는 토공량이 20,000 m^3를 넘고 ICT를 전면 활용하는 경우에는 종합평가 대상이 된다. 토공량이 20,000 m^3 미만이고 ICT를 전면 활용하는 경우에는 종합평가 대상이 아니다. 이 경우 공사성적 평가에서 가점은 부가되지만 당초 설계에 ICT 토공이 반영되어 있지 않았기 때문에 필요경비는 변경절차에 따라 계상하게 된다.

토공량 1,000 m^3 이상이지만 예정가격이 3억 엔 미만인 공사의 경우에 토공량이 20,000 m^3를 넘고 ICT를 전면 활용하지 않을 경우에는 종합평가 대상이 아니다. 이 경우 공사성적 평가에서 가점은 부가되지 않지만 필요경비는 변경절차에 따라 계상하게 된다. 이 경우 ICT 건설 중장비를 사용하지 않으면 종래시공과 동일하게 진행하게 된다.

③ ICT 중장비 시공 프로세스

종래 시공과정에서 수행하였던 측량과 규준틀 설치에 필요한 작업이 생략되고 검측 작업이 생략되었다. 사람이 개입함으로써 정보가 분단되고 비효율이 발생하던 부분을 하나의 데이터가 별도의 사람 개입 없이 준공까지 진행하는 것이 정보화 시공의 개념이다.

(4) ICT 토공 실시에 따른 국토교통성의 기준 개정

2016년 4월 국토교통성은 ICT 토공의 전면실시에 맞추어 지침을 변경하였다. 토공에서 조사, 측량, 설계, 시공, 검사의 프로세스 과정 중에서 현재 종이도면을 전제로 하였던 기준을 변경하여 3차원 데이터를 활용토록 하는 새로운 15개 기준을 발표하였다.

각 기준은 ICT 시공을 적용하여 공공공사를 수행하는 경우에 필요한 조사, 측량, 설계와 시공관리 방법, 기성청구, 검사방법 등이 규정되어 있다.

표 4-2 새롭게 도입하는 15개 기준과 적산기준

구분		명칭	신규	개정
조사·측량·설계	1	UAV를 활용한 공공측량 매뉴얼	○	
	2	전자납품요강(공사 및 설계)		○
	3	3차원 설계 데이터 교환표준 운용 가이드라인	○	
시공	4	ICT 기술의 전면 활용 실시방침	○	
	5	토목공사 시공관리기준		○
	6	토목공사 수량산출요강	○	○
	7	토목공사 공통시방서 시공관리 관계서류	○	
	8	공중사진측량(무인항공기)을 활용한 시공내용 관리요강	○	
	9	레이저 스캐너를 활용한 시공내용 관리요강	○	
검사	10	지방정비국 토목공사 검사기술기준		○
	11	기제부분 검사기술기준 및 해설		○
	12	부분지불에 따른 기성 취급 방법		○
	13	공중사진측량(무인항공기)을 활용한 진행상황 관리 감독, 검사요강	○	
	14	레이저스캐너를 활용한 시공내용 관리 감독, 검사요강	○	
	15	공사완성평정요강의 운용에 대해		○
적산기준		ICT 활용공사 적산요강	○	

(자료 : 国土交通省 i-Construction 委員会, 2016.4)

새로운 기준에서는 ICT 시공을 할 때 건설 프로세스 모든 단계에서 필요한 내용을 모두 포함토록 하여 실제 건설현장에서 운용이 가능하도록 하고 있다.

① 3차원 시공 측량

② 3차원 설계 데이터 작성

③ ICT 건설 기기에 의한 시공에 대해서는 ICT 경비적산 규정이 정해졌으며 경비로서 인정이 되는 부분과 인정이 되지 않는 부분을 명확히 하고 있다.

④ 3차원 진행 상황 관리 및 시공관리

⑤ 3차원 데이터 납품에 대해서는 별도의 규정이 아닌 간접비에 포함되는 형태로 계상

표 4-3 ICT 시공의 적산 기준 수정

공사 흐름	3차원 시공측량	3차원 설계 데이터 작성	ICT 건설 기계 시공	3차원 진행 상황관리	3차원 데이터납품
내용	- 드론을 통한 사진 측량이나 지상형 LS를 통한 단시간에 고밀도 면적의 3차원 측량 실시	- 시공단계에서 일련의 이용을 전제로 시공 전 발주도면을 3차원화	- 3차원 설계 데이터를 가지고 효율적인 작업 실시	- 3차원 설계 데이터와 다점측량결과를 가지고 상황 관리 실시	- ICT토공에 대응한 요령, 전자납품 운용 가이드에 따라 3차원 데이터로 납품
ICT 경비 적산	있음	있음	있음	비율 계상	비율 계상
경비의 대상 범위	- 다점측량에 의한 진행상황 관리 대상 범위 - 3차원 측량을 실시하는 경우의 경비 - 3차원 측량 데이터의 불요점 처리 등의 작업에 드는 경비 ※ 상기 범위 외의 측량은 시공자부담	- ICT 활용공사의 토공부분에서 다점측량에 의한 진행상황 관리 대상 범위 ※ 상기 범위 외의 측량은 시공자 부담	- 일반기기에 추가하는 ICT 기기 비용(렌탈) - 시스템 설치, 철거 및 운영지도 등의 경비(초기비용) - ICT 건설 중기의 일상점검에 드는 비용	- 진행상황 관리의 시공관리 및 3차원 데이터 납품에 필요한 경비는 간접비에 포함되므로 별도 계상하지 않음	- 진행상황 관리의 시공관리 및 3차원 데이터 납품에 필요한 경비는 간접비에 포함되므로 별도 계상하지 않음
적산 기준 (요약)	- 공사별로 참고 견적을 가지고 협의	- 공사별로 참고 견적을 가지고 협의	- 2015년 조사를 통해 산정 - 2015년도 조사를 통해 ICT 중장비 작업성 향상을 추가	-	-

미국, 선진 건설시장은 모듈화로 간다.

전통적인 건설산업은 현장(Job site) 시공에 뿌리를 두었다. 그러다 보니 현장별로 설계가 매번 달랐고 현장 작업 환경에 따라 공사기간과 공사비용도 들쭉날쭉하였다. 제조업 등 주요 산업들이 혁신을 거듭하는 동안에도 건설산업은 생산성이 떨어지고 비용은 계속 상승하였다. 건설산업의 생산성은 제조업 외에도 농업, 광업에도 뒤처졌다. 더구나 시간이 흐를수록 그 격차가 벌어지고 있었다. 맥킨지 글로벌 연구소는 지난 20년간 세계 경제의 생산성이 연평균

2.7%, 제조업은 3.6% 성장한 데 비해 건설산업은 1% 성장에 그쳤다고 분석하였다. 또 다른 생산성 지표인 낭비시간(Waste Time)을 비교해 봐도 건설산업은 제조업보다 한참 뒤처졌다. 결함, 과잉생산, 대기 등으로 버려지는 시간이 제조업은 전체 공정의 12%에 그친 반면 건설업은 절반이 넘는 57%를 나타냈다.

미국은 1960년대 이후 40년 동안 비농업 산업의 노동 생산성은 2배 이상 증가하였다. 반면 건설산업의 노동 생산성은 10% 감소한 것으로 드러났다. 여러 가지 이유가 있겠지만 근본적으로는 건설산업의 패러다임이 변하지 않았기 때문이었다. 40년 전과 현재를 비교하면 건축 설계도면을 그리는 도구가 연필에서 컴퓨터로 변하였을 뿐 근본적인 차이가 없었다.

미국의 건설산업은 설계 및 시공오류가 많아 그 손실이 크고 교육 및 연구개발에 대한 투자가 미미한 것이 문제점이었다. 이러한 문제점을 극복하기 위한 해법으로 3차원 설계와 IT를 접목한 BIM을 도입하는 계기가 되었다.

BIM(Building Information Modeling)은 가상공간에 시설물의 모든 정보를 입력하여 3차원으로 건설하는 과정이다. 건설과정에서 BIM 모델을 활용하면 3차원 시각화가 가능하여 참여자의 의사소통이 쉬워지고 건물을 짓고 사용하며 관리하는 과정을 미리 시뮬레이션 할 수 있다. 또한 BIM은 건물의 정보를 나누어 2차원으로 표현하는 기존 방식과는 다른 정보를 통합하는 기술로써 단순한 건설도구의 변화가 아니라 건설산업 패러다임의 변화이다. BIM 적용의 근본적인 목적은 건설 생산성 향상이다. 건설산업의 노동 생산성이 비농업 산업보다 크게 뒤떨어지고 있는 현실에서 BIM 적용을 확대함으로써 건설시장의 BIM 도입이 촉진되고 이는 건설산업의 문제점 극복과 건설 생산성 향상에 크게 기여할 것으로 전망된다.

미국과 영국에서는 일찌감치 주택 수요와 노동 요소로 인해 모듈러(오프 사이트) 건설이 주목받았지만 고객의 니즈를 충족시키기에 디자인이 너무 단순하였고 자재와 마감은 기대에 못 미쳤다. 반전의 계기는 정보통신기술(ICT)을 중심으로 요소 기술이 급속히 발전하면서부터이다. 전통적인 토목·건축 기술에 ICT, 인공지능(AI), 드론, 로봇, 빅데이터 등 신기술을 융합한 스마트 건설기술이 접목되면서 시장의 니즈와 건설회사 제품의 간격이 좁혀지기 시작하였다. 맥킨지가 건설산업의 모듈러 우수사례 (Best Practice)를 분석한 결과 건설산업에서 설계와 현장 시공의 효율성이 대폭 개선된 것으로 나타났다. 현장 시공 부문에서 생산성이 6~10%, 비용이 4~5% 각각 개선되었다. 전체 공종을 모두 합쳐 보니 생산성 향상과 비용 절감 효과는 각각 최대 60%와 38%에 달하였다. 기존 건설 방식 대비 모듈러 건설의 공사기간 단축효과는 약 20~50%로 파악되었다. 공사비의 경우 향후 30~40%까지 달성할 수 있을 것으로 예측되었다. 특히, 건축물 유지운영 단계까지 고려하면 지속 가능한 비용 절감

효과가 기대된다. 아파트 건설 프로젝트의 경우에는 3차원 유닛 모듈 제작을 통한 공기 단축 효과는전통 방식보다 20~50%로 집계되었다.

생산성 지체에 빠진 건설산업이 모듈러에 기반한 스마트 건설기술로 이를 충분히 극복할 수 있다는 신호가 곳곳에서 감지되고 있다. 미국 등 주요 국가의 건설산업은 공사기간을 50%까지 단축하면서도 친환경적이고 안전한 모듈러 공법으로 빠르게 전환되고 있고 모듈러 전환은 더 이상 선택이 아닌 필수인 시대가 되었다.

미국의 경우 1990년대 초반부터 국가 경쟁력 향상을 위해 다양한 정책을 추진하면서 건설산업의 품질과 생산성 향상을 추진해 오고 있다. 대표적인 예로 정부가 총 70억 달러 규모를 투입하는 'National Construction Goals' 운동에서 건설 자동화 분야에만 12억 달러(1조 4,400억 원)를 배정해 건설산업의 생산성을 높이는 데 기여하고 있다.

4차 산업혁명과 건설 생산성 혁명, 영국

영국은 4차 산업혁명의 핵심기술을 활용하여 건설 생산성 혁명을 추진하고 있다. 영국의 '건설 2025(Construction 2025)'나 인프라 사업을 총괄하고 있는 인프라청(IPA)의 '정부건설전략 2016-2020(GCS : Government Construction Strategy 2016-2020)'이 중심이다.

'건설 2025'는 건설 사업비를 33% 줄이고 사업기간은 50% 단축하겠다는 목표를 설정하였다. '정부건설전략 2016-2020'은 이 같은 목표달성을 위해 발주자인 정부가 '고객으로서의 역할'을 제대로 인식하고 BIM을 비롯한 디지털 기술의 활용 증대와 협력적인 정부조달 기법을 개발하겠다는 것이다.

영국은 제조업이나 건설산업과 같은 전통 산업 혹은 사양 산업이나 낙후 산업이라고 일컫는 산업에 스마트 디지털 기술을 접목시켜 생산성 혁명을 추진하고 있다.

영국 정부는 중장기 경제 계획의 일환으로 국가 인프라 시설 개선이라는 목표를 설정하고 2016년 3월 1,630억 파운드 규모의 투자 계획을 발표하였다. 대규모 인프라 투자 계획의 성공적인 시행을 위해서 영국 정부는 건설 생산성 제고뿐만 아니라 발주자로서의 정부 역량 강화와 기술인력 양성 및 건설 기술력 향상이 필요하며 무엇보다 정부와 산업계 간 협력이 중요하다는 판단 아래 중장기 건설 전략을 발표하였다.

특히, 설계와 시공 부문에서 BIM(Building Information Modeling)과 같은 디지털 기술 활용을 적극적으로 확대하고 있다. 생산성 제고뿐만 아니라 생산 과정에서의 손실을 줄이고 혁신을 주도하기 위한 공동 접근 방식을 활성화하는 데에 매우 효과적인 것으로 평가된다.

영국은 국가 차원에서 자국의 경제 성장과 국가 경쟁력 제고를 위해 생산성 향상과 이를 위한 인프라의 중요성을 강조하고 있고 관련 노력을 지속하고 있다. 영국 인프라 정책의 가장 큰 특징은 인프라 투자 효율성과 성능 향상을 위해 건설 생산성 향상 정책을 연계하여 제시하고 있다는 점이다.

표 4-4 생산성 향상을 위한 주요국 정책과 시장동향

국가	내용
영국	• (정부) 'Construction 2025'를 통해 건설산업 혁신방안으로 건설산업의 스마트화를 강조 - 'Government Construction Strategy 2016-2020'에서 '디지털기술 활용 확대'를 제시
일본	• (정부) 숙련인력 감소[('14)340만 명 → ('24)110만 명]에 대비해 '25년까지 건설생산성 20% 향상 목표로 'i-Construction 추진' - 건설과정에 3차원 데이터 도입, ICT 장비 등 신기술을 활용해 건설을 자동화·무인화 • (민간) 시공 자동화 장비 개발 활발(코마츠社)
싱가포르	• (정부) 'Construction 21 운동'을 통해 생산성 향상 추진 - 자동화 장비 및 로봇, BIM/가상설계 및 시공 등 7대 핵심기술 분야를 선정하고 기술개발 로드맵 발표('16) - 국가사업에 BIM 의무화하고 도시관리 차원에서 Virtual Singapore(도시전체 3D 모델링)로 확대
미국	• (민간) 스마트 건설기술 스타트업 활성화, BIM 적극 활용 - 빅데이터, IoT 기술, 웨어러블 장비 등을 개발하여 현장관리에 활용함으로써 건설현장의 생산성·안전성을 향상 AutoDesk, Bentley 등은 건설 全프로세스의 정보를 통합 관리하는 BIM 연구 DAQRI社는 BIM Data를 스마트 헬멧에 탑재, 시공 정보를 실시간으로 확인 Onuma社는 자동화 기술로 1시간에 1,000만 개 설계안을 만들고 최적 설계안 결정

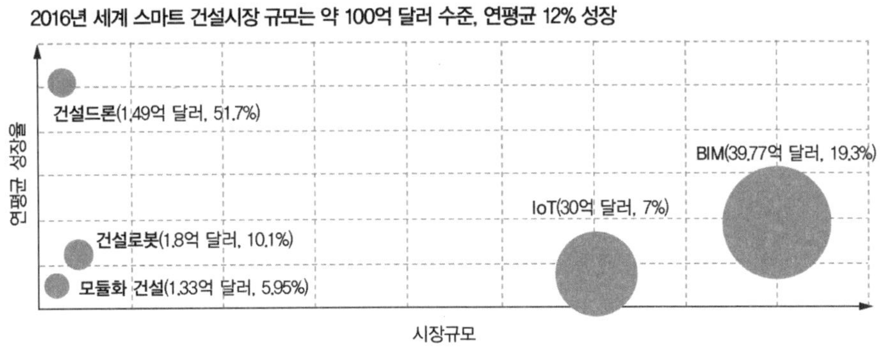

그림 4-7 2016 주요 스마트 건설기술 시장 규모와 성장률

글로벌 스탠더드와 거리가 먼 갈라파고스 섬, 대한민국

4차 산업혁명의 물결이 빠르게 확산되고 있다. 4차 산업혁명의 핵심은 생산성 혁명이다. 스마트 디지털 기술을 기반으로 한 연결과 융합, 플랫폼의 활용 등을 통해 전 산업이 생산성 향상에 온 역량을 집중하고 있다. 그리고 이는 4차 산업혁명이라는 거대한 물결을 만들어 내고 있다.

세계 주요국들은 정부 주도로 생산성을 높일 수 있는 첨단 디지털 기술과 장비, 프로세스, 관리시스템 등의 선진화에 힘을 쏟고 있다. 하지만 우리나라는 이같은 세계적인 추세와는 동떨어져 가고 있다. 기술이 아닌 제도적으로 생산구조 혁신을 꾀하는 방법을 택하고 있기 때문이다.

정부는 최근 '건설 생산구조 혁신 로드맵'을 공개하고 업역과 업종 체계를 강제로 개편해 건설산업의 생산성을 향상시키겠다는 계획을 발표하였다. 그러나 이는 장기적인 관점에서의 생산구조 혁신인 기술의 고도화와는 거리가 멀어 단기적인 효과에 그칠 것이라는 분석도 있다.

물론 우리 정부도 4차 산업혁명에 발맞춰 제6차 건설기술진흥기본계획을 수립하여 BIM 활용과 공장제작을 확대하고 VR·AR을 통한 가상 시공, 설계·시공·유지관리의 건설기계 자동화 기술 개발 등을 적극적으로 추진하고 있다.

하지만 여전히 BIM 등을 활용하는 스마트 건설분야는 주요 건설 선진국들과 비교해 약 41% 수준으로 낮게 평가되고 있다. 단기적인 대책으로 그칠 가능성이 높은 인위적인 제도적 생산구조 혁신에 앞서 기술과 프로세스 개발 등에 집중해야 하는 이유다. 국내 건설산업의 발주 방식과 법·제도·규제 등은 아직 글로벌 스탠더드와 거리가 먼 갈라파고스 섬 같은 상태이다. 주요 건설 선진국들처럼 정부가 스마트한 발주자가 돼 기술과 장비, 프로세스 등의 적극적인 성장을 이끌어야 하지만 그렇지 못하고 있는 실정이다. 그리고 이를 가능하게 하기 위해서는 정부가 BIM 등 새로운 기술을 활용한 프로젝트들이 자리 잡을 수 있도록 발주 방식과 법·제도 등을 획기적으로 개선하고 주요 건설 선진국들처럼 적극적인 투자 방안을 수립해야 할 것이다.

CHAPTER

5 스마트 건설기술 로드맵

1 스마트 건설기술 로드맵 추진배경

국토교통부는 2025년까지 스마트 건설기술 활용기반을 구축하고 2030년까지 건설 자동화를 완성하는 것을 목표로 「스마트 건설기술 로드맵」을 수립하였다.

2차원 설계도면에서 3차원 정보모델로 혁신이 추진되고 그동안의 인력과 경험 중심의 반복 작업에서 데이터 기반 시뮬레이션으로 혁신을 도모하게 된다. 건설은 낡은 전통산업이라는 이미지를 벗고 첨단산업으로 도약하기 위해 건설 전 과정에 대하여 정보통신기술(ICT) 등 첨단기술을 접목함으로써 강력한 기술혁신을 추진하게 된다.

스마트 건설기술 로드맵 추진배경

(1) 건설산업의 체질 개선 필요성

4차 산업혁명은 건설산업이 도약할 수 있는 절호의 기회이다. 그동안의 건설산업은 노동집약적이고 현장 의존적인 생산체계와 공급자 위주의 산업구조와 참여주체 간 정보단절 등으로 인해 아직까지도 '낡은 전통산업'에 머무르고 있었다. 그러나 자동화·고객맞춤·정보공유 등의 4차 산업혁명 기술을 접목한 스마트 건설로 말미암아 건설산업은 이제 새로운 산업 패러다임 전환으로 신성장 동력을 얻을 수 있을 것이다.

고령화와 근로시간 단축 등 사회 흐름의 변화는 건설산업의 발빠른 변화를 요구하고 있다. 특히 생산성이 낮은 우리나라의 건설산업은 고령화와 숙련인력 감소가 빠르게 진행되고 있어 디지털화와 자동화 필요성이 그 어느 때보다 절실히 요구되고 있는 실정이다.

또한, 고질적인 건설안전 문제의 해결을 위해서도 새로운 해법이 필요한 시기이다. 건설업에 있어서 재해율은 타 산업에 비해 높은 수준이다. 그동안 지속적인 건설안전 강화 노력에도 불구하고 재해율은 정체되고 있어 스마트 건설기술의 도입이 절실히 요구된다.

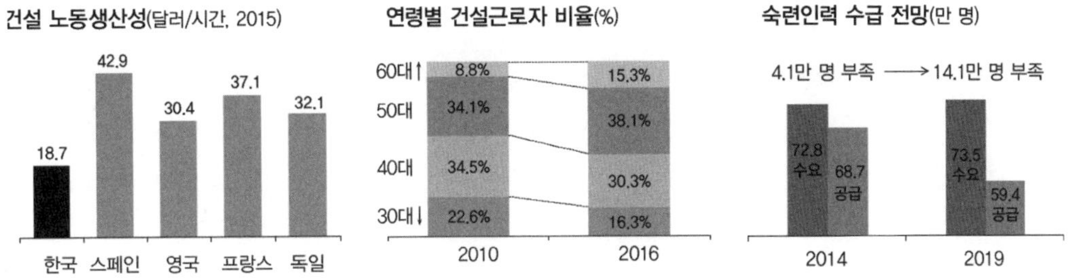

그림 5-1 건설노동 생산성과 연령별 근로자 비율

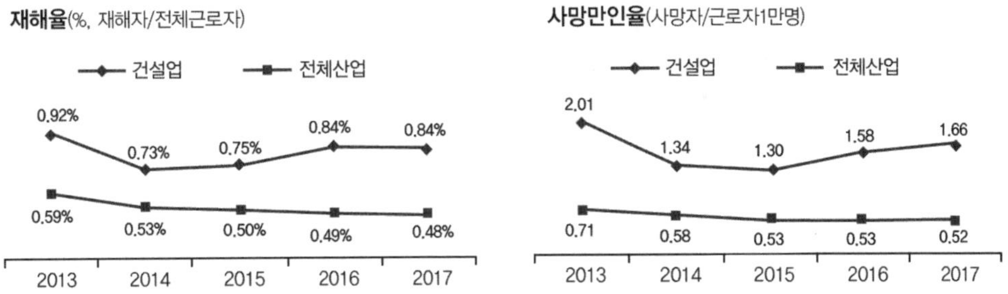

그림 5-2 건설 재해율과 사망만인률

(2) 건설시장 환경과 여건 악화

세계 건설시장은 2016년 9.5조 달러로 2010년 이후 연평균 3.8% 성장하였다. 우리기업의 해외건설공사 수주는 저유가 현상으로 인해 중동물량 감소, 중국 등 개도국의 가격 우위로 인하여 수주가 급감하고 있고 경쟁력은 약화되어 가고 있는 추세이다.

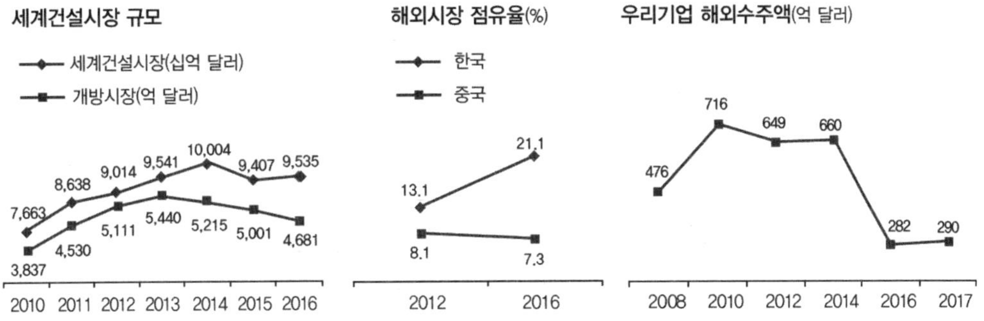

그림 5-3 세계 건설시장 규모와 우리기업 해외 수주액

최근 국내 건설시장은 건설수주가 감소세로 전환되며 경기 둔화 중에 있다. 또한, 전체의 30~40%를 차지하던 공공시장 규모가 감소하고 있다. 선진국 사례를 볼 때 향후 국내 건설의 양적 성장은 기존보다도 더욱 어려운 상황에 처해질 것으로 보인다. 향후에는 도심 인프라나 노후시설 개선 등 난이도가 높고 정교한 기술이 요구되는 사업 중심으로 건설시장이 재편될 것으로 전망되고 있다.

건설시장의 건설수주

- ('13) △12.9% → ('14) 16.3% → ('15) 48.4% → ('16) 8.4% → ('17) △3.7%

GDP 대비 건설투자 비중

- (韓)16.1%('17), (美)7.6%('14), (日)8.3%('14), (英)9.2%('15)

해외 시장의 경우 주요 발주국은 BIM 발주를 의무화하고 있다. 또한 선진국 건설 회사들은 생산성 향상을 위하여 첨단기술 투자 등으로 인하여 스마트 건설기술은 급성장 중에 있다(2016년 100억 달러 규모, 연 12% 성장 전망). 스마트 건설시장을 두고서 IT 기업을 포함하여 우수한 기술력을 갖춘 글로벌 기업 간 경쟁은 더욱 치열해질 전망이다.

세계 시장에서 경쟁력을 확보하고 변화하는 국내 시장에 적응하기 위해서라도 건설산업과 기술의 혁신이 절실한 시점이다. 첨단기술을 기반으로 건설산업의 새로운 도약기회를 마련하기 위해서는 반드시 스마트 건설이 필요한 상황이고 이에 국토교통부에서는 「스마트 건설기술」의 활성화 로드맵을 수립하게 되었던 것이다.

스마트 건설기술 개념

기존 건설에 첨단기술(BIM, 드론, 로봇, IoT, 빅데이터, AI 등)을 융합한 기술

- 기존의 경험 의존적 산업에서 지식·첨단산업으로 패러다임 전환
- 다양한 기술의 융합, 정보의 공유, BIM 등 단계 통합적 기술 적용으로 업역 간·단계 간 단절을 해소하고 새로운 가치 창출
- 인력의 한계를 극복하여 생산성·안전성이 획기적으로 개선
- 건설 全 단계에 스마트 건설기술 적용 가능
  - (설계) 3D 가상공간에서 최적 설계, 설계단계에서 건설·운영 통합관리
  - (시공) 날씨·민원 등에 영향을 받지 않고 부재를 공장에서 제작·생산, 비숙련 인력도 고도의 작업이 가능하도록 장비의 지능화·자동화
  - (유지관리) 시설물 정보를 실시간 수집 및 객관적·과학적 분석

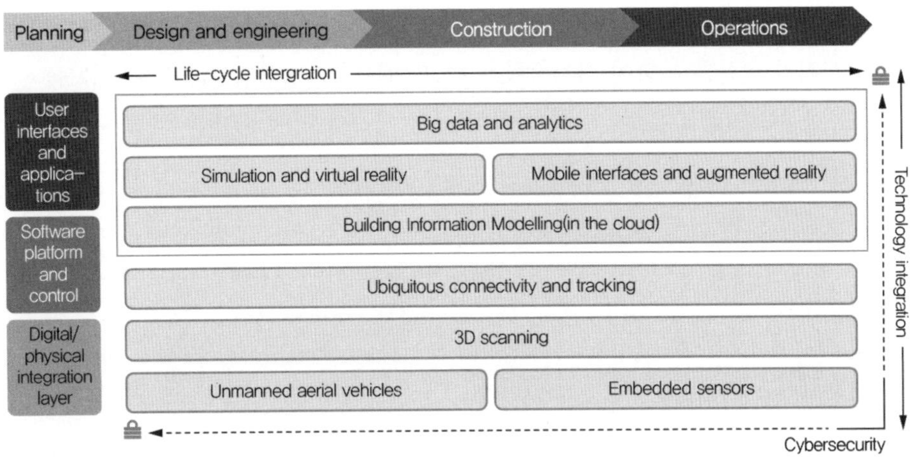

그림 5-4 건설산업 가치사슬 내에서 디지털 기술의 적용

건설산업 혁신, 새로운 프레임워크 필요

우리나라의 경우 건설산업 종사자들은 4차 산업혁명에 관한 낮은 인지도로 인해 미래 비전을 가지고 있지 못한 상태이다. 시설물의 지능화·고도화 뿐만 아니라 건설산업의 생산성 향상 관련 기술의 융합 전략이 필요하다. 현재 건설산업은 한국경제의 신성장 동력 발굴과 생산성 향상이 요구되고 있고 건설산업의 새로운 프레임워크가 필요한 때이다.

세계경제포럼(World Economic Forum)은 2016년 건설산업의 미래 전망 보고서를 통해 기업, 산업, 정부차원의 건설산업 혁신 프레임워크를 제시하였다. 세계경제포럼의 건설산업 혁신 프레임워크는 4차 산업혁명 시대에 건설산업의 나아갈 방향을 제시해 주고 있다.

우선 기업차원에서는 4차 산업혁명 관련 요소기술인 IT 기술 표준화와 빅데이터 적용, 사전제작 생산 시스템의 채택, 공급사슬관리 중심의 프로세스, 비즈니스모델 혁신 등을 강조하고 있다. 건설산업 가치사슬에서는 다양한 디지털 첨단 기술들의 적용을 혁신과 변화의 핵심으로 보고 있다. 특히 빅데이터 분석, 가상현실을 이용한 시뮬레이션, 모바일 인터페이스와 증강현실 등을 이용한 설계·시공·운영 등에 관련된 인터페이스 강화를 제시하고 있다. 소프트웨어 플랫폼과 디지털 통합 측면에서는 유비쿼터스, 3D 프린팅, 무인항공기(드론), 매립 센서 등의 디지털 기술의 적용은 건설 프로세스 개선에 도움을 줄 것으로 예상되고 있다.

산업차원에서는 혁신 기술에 관한 업계표준의 상호 동의와 가치사슬에 따른 산업 간 협력의 필요성을 강조하였다. 특히 타 산업과의 협력과 공동 마케팅 실시를 제시하였다. 정부차원에서는 규제 개혁, R&D, 기술도입과 지원의 역할을 강조하고 있다. 이미 자동차 등의 제조업 분야는 혁신적인 변화를 통하여 디지털화를 겪고 있는데 건설산업도 이러한 변화를 얼마나 적극적이고 효율적으로 수용하는가에 따라 수익의 창출과 기업의 생존 여부가 달려 있다고 할 수 있겠다.

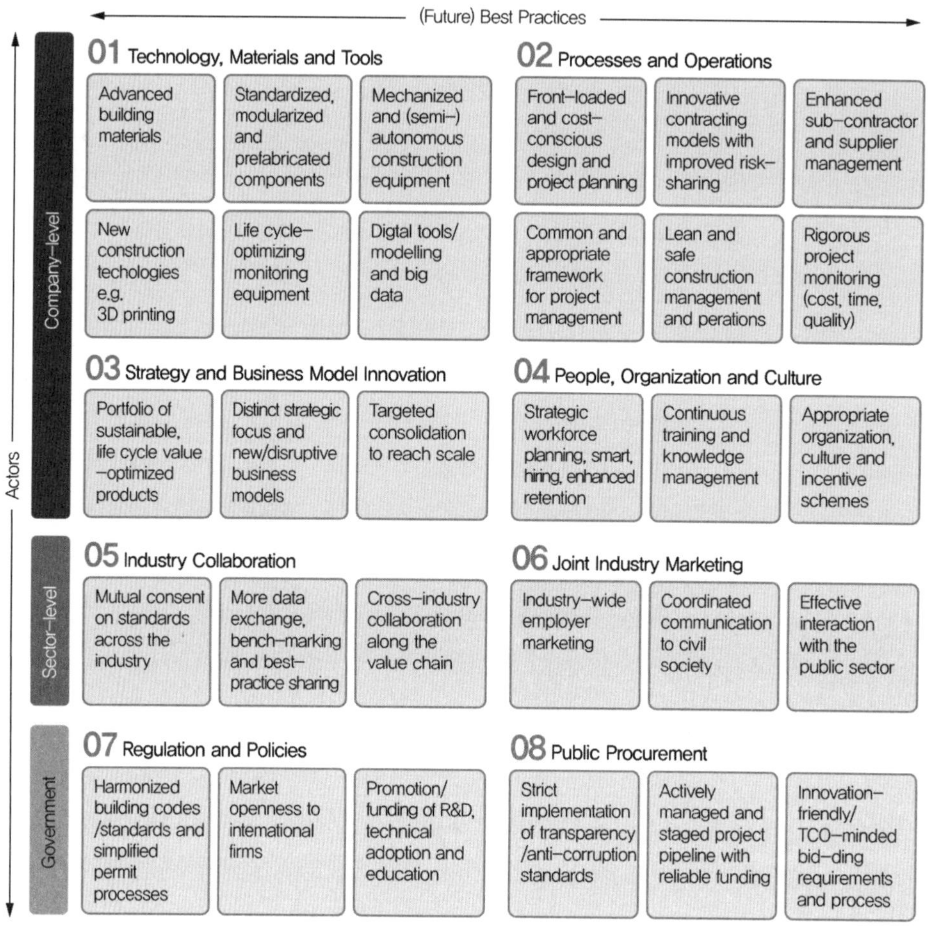

그림 5-5 건설산업 혁신 프레임워크

(출처 : World Economic Forum, 2016. 5)

2 스마트 건설기술 활용 현황과 문제점

주요 건설기업 스마트 건설기술 활용 현황

일부 대기업을 중심으로 해외 건설 사업에 대응하기 위하여 스마트 건설기술이 활용되고는 있지만 R&D와 전반적인 현장 활용도는 매우 저조한 실정이다. BIM 기술은 건축분야를 중심으로 활용 중이지만 건설 프로세스 전반에 적용되기보다는 설계 과정에 국한되어 부분적으로 적용되고 있는 실정이다. BIM 적용 활성화를 위하여 조달청은 업무지침을 마련하고 '맞춤형 서비스' 대상사업(건축) 설계 시 BIM을 적용토록 하고 있다.

표 5-1 주요 건설기업 스마트 건설기술 활용 현황

활용 중인 기술(일부 현장)	연구 중인 기술	연구 개발 요구 기술
- BIM 설계·시공(건축중심) - 드론/스캐닝 측량 - 가상현실기반 시각화 - IoT 자재관리·안전관리	- 모듈화 - IoT 기반 공사관리 고도화 - VR/AR 활용기술	- 빅데이터/AI - 설계/시공 자동화 - 3D Printing - 건설 자동화 로봇

스마트 건설의 기본이 되는 ICT 기술은 일부 기업에서 현장관리 목적으로 제한적으로 사용 중에 있으며 ICT 건설장비는 자동측량과 굴착기술을 개발 중이지만 아직 연구단계에 있다. 완전한 자동화와 통합관제를 위해서는 추가적인 기술개발이 필요한 실정이다. 드론은 측량과 토공량 산출 등을 위하여 일부 현장에서 시범 도입된 수준이다. 향후 여러 현장에 확대 적용하고 유지관리 등 타 업무에도 접목하여야 할 것이다. 건설업계는 스마트 건설기술을 현장에서 적극 활용하기 위해서는 정부가 다음과 같은 역할을 확대해 주기를 바라고 있다.

① 스마트 건설과 관련하여 정부의 의지 표출과 장기 정책방향 제시
② 공공이용기술 등 기반기술을 개발(R&D)하고 민간의 자체 기술개발 유도
③ 스마트 건설기술 활용 의무화 등 발주제도 개선과 각종 기준 정비
④ 주요한 공유자료 생산(BIM Library 등), 다양한 정보 공유 플랫폼 제공

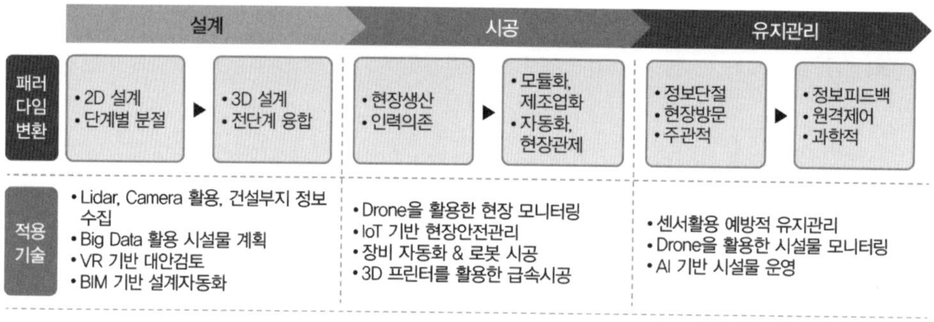

그림 5-6 건설공사 전 주기적 스마트 건설 개념

스마트 건설기술 활용의 문제점

(1) 정책 부재로 스마트 건설기술 확산 여건 조성 미흡

정부는 스마트 건설과 관련하여 그간 뚜렷한 비전과 목표를 제시하지 못하였고 발주제도나 건설기준 등은 스마트 건설기술을 활성화하기에 아직도 미흡한 실정이었다. 발주청은 건설시장의 주요 수요자임에도 불구하고 스마트 건설기술에 대한 이해가 부족하고 기술 활용에 소극적 태도를 유지하고 있다. 특히, 안전성 검증이 곤란한 문제나 특혜 시비 우려 등의 이유로 스마트 건설과 관련된 새로운 기술에 대하여 적극적 수용에 한계가 있다.

공공이 보유한 정보를 민간에서 활용할 수 있는 플랫폼이 없고 변화를 유도할 수 있는 새로운 정보나 자료의 수집·유통 등도 부족한 실정이다. 건설사업정보시스템(CALS)은 현재 지방국토관리청, 수주업체, 민원인만 주로 활용되고 있는 실정이다.

스마트 건설 로드맵이 발표된 이후 이제서야 건설현장에서 원격제어 등 자동화 건설장비가 도입되고 있고 각 발주처들도 스마트 건설기술 활용기반 구축 계획을 수립하고 있다.

(2) 대기업은 영업집중, 중소기업은 역량부족으로 기술개발 부진

대기업은 전반적으로 기술투자보다는 단기적인 비용절감에 관심이 더 많다. 특히 하도급 중심 시공 구조에서 원도급사는 생산성 향상을 위한 기술개발보다는 저가공사가 가능한 전문업체를 선정하고 있다.

> 매출액 대비 연구비('16년 기준, KISTEP)
> - 기업전체 3.16%, 서비스업 2.19%, 제조업 4.00%, 건설업 0.37%
> (계열사 비교 : H 자동차 2.51% vs H 건설 0.52%)

중소업체에서는 비용부담과 타 업체들의 견제 등으로 인하여 기술개발에 소극적이다. 일반적으로 신기술 개발에 필요한 기간은 평균 2.7년이 걸렸고 개발비용은 6.2억 원이 소요된 것으로 나타났다.

(3) 기존 교육방식으로는 스마트 건설기술 인재 배출에 한계

스마트 건설 전문인력과 관련하여 대학은 학점 제한과 교과과정의 경직성(공학교육인증), 전문가 부재와 기초 전공교육의 부실 우려 등으로 인하여 교육과정 개편이 쉽지만은 않은 실정이다.

건설교육을 담당하고 있는 건설교육기관도 건축분야 BIM 교육 외에는 전통 건설기술 교육에 집중하고 있고 융합기술 교육과정은 경험과 이해 부족으로 운영 실적은 상당히 미흡한 실정이다. 최근에서야 스마트 건설 교육과정을 준비 중에 있다.

3 스마트 건설기술의 목표와 전략

건설자동화 완성을 위한 스마트 건설기술의 목표

스마트 건설기술 육성을 통해 글로벌 건설시장 선도

'25년 스마트 건설기술 활용기반 구축, '30년 건설 자동화 완성

2025년 목표	- 건설 생산성 50% 향상 - 건설안전성 향상 (사망만인율 1.66 → 1.0) - 고부가가치 스타트업 500개 창업

로드맵

단계	'25	'30
설계	- 드론측량 - BIM 전면활용	- 자동 지반모델링 - 설계자동화
시공	- 자동장비 활용 - 가상시공	- 로봇시공 - AI 공사·안전관리
유지관리	- IoT·드론 모니터링 - 빅데이터 구축	- 로봇 자율진단 - 디지털트윈 관리

로드맵 이행방안

구분	내용
민간의 기술개발 유도	- 발주제도의 개선 - 테스트베드 지원 - 혁신 공감대의 확산
공공의 역할 강화	- 핵심기술 개발 - BIM 확산 여건 조성 - 공공기관의 역할 강화
스마트 생태계 구축	- 스마트 건설 지원센터 설치·운영 - 스마트 건설 전문가 양성 - 지식플랫폼 구축 운영

건설기술 변화 방향

낡은 전통기술	➡	미래 첨단기술

① 데이터 중심 기술로의 도약

정보의 단절		정보의 공유·유통
경험에 의존한 불안정성	➡	데이터 분석을 통한 최적화
시행착오의 반복		시뮬레이션을 통한 사전예측

② 기술 융·복합을 통한 부가가치 향상

고유 영역의 기술 중심		기술 융합의 활성화
단계별 분절	➡	건설 全단계 통합
광범위한 수동·반복 작업		고부가가치 집중

③ 고객지향 기술로의 변모

숙련인력 노동		비숙련 인력 자동화
2D	➡	3D + α
공급자 중심		수요자 참여

4 스마트 건설기술 로드맵

계획·설계 단계의 스마트 건설기술

(1) 정보 취득 단계

인력중심 현장측량

2D 지형도

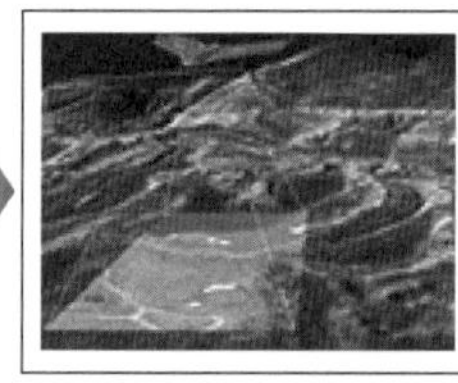
드론활용 자동측량

3차원 지형 모델링

현재	미래
• 사람이 측량장비로 측정하고 이를 바탕으로 2D 지형도 작성 - 시간·인력이 많이 소요 - 정확한 토공사 물량산정 곤란	• 카메라 탑재 드론이 지형촬영 후 3차원 지형데이터 도출 - 넓은 현장의 지형정보를 신속·정확하게 구축하여 설계 생산성 향상 - 사람이 접근하기 어려운 지역(극한지, 재난지역 등) 현장조사 용이

(2) 설계단계

2D 도면 설계

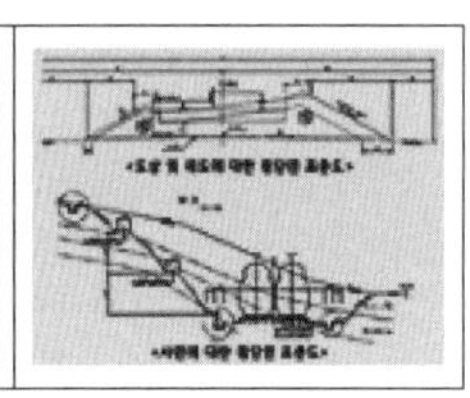
표준도 활용

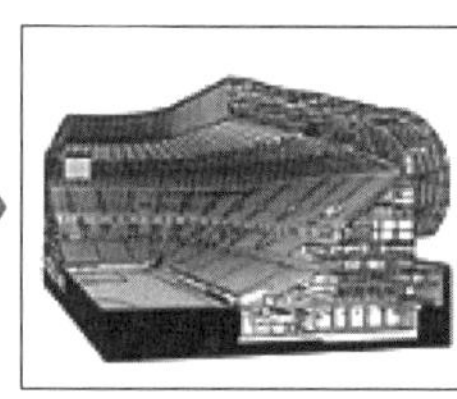
3차원 BIM 설계

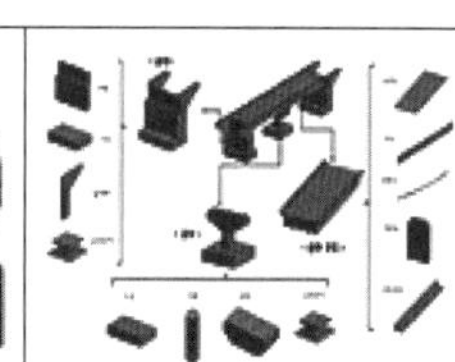
AI 기반 설계자동화

현재	미래
• 설계자가 대량의 2D CAD 도면(평면도·단면도·입면도 등) 작성 - 결과의 직관적 확인이 어려워 설계오류와 변경이 빈번, 작업 과다 - 시설물 형태만 제시되어 있어 유지관리 단계에서 활용이 제한적	• 목적물과 같은 3차원 모델(BIM) 구축, AI를 통해 설계 자동화 - 설계오류로 인한 시공 시행착오 감소, 공사비 감축, 설계품질 향상 - 엔지니어링 지식이 포함된 설계 자동화로 설계 생산성 향상 - 형상에 다양한 정보들을 입력하여 건설 全단계 플랫폼으로 활용

(3) 계획·설계 단계의 스마트 건설 핵심 개발기술

① 드론기반 지형·지반 모델링 자동화 기술

- 융·복합 드론이 다양한 경로로 습득한 정보(사진촬영, 스캐닝 등)로부터 지형의 3차원 디지털 모델을 자동 도출
  - 카메라, 레이저스캔 장치, 비파괴조사 장치, 센서 등과 결합된 드론
- 공사부지의 지반조사(땅속) 정보를 BIM에 연계하기 위해 측량, 시추 결과를 바탕으로 지반강도·지질상태 등을 보간·예측
- AI를 활용한 형상·속성정보 통합 BIM 모델링

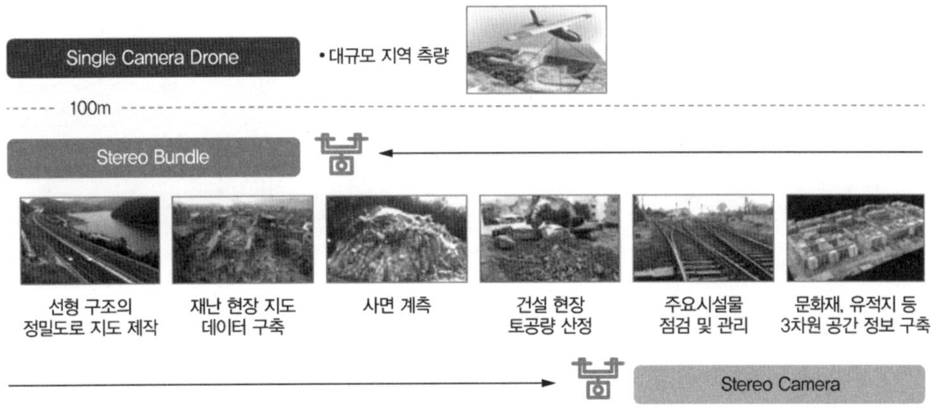

그림 5-7 드론기반 지형·지반·기술

② BIM 적용 표준

- 다른 사용자 간 디지털 정보를 원활하게 인지·교환할 수 있도록 BIM 설계 객체의 분류 및 속성정보에 대한 표준을 구축

- 시간의 경과, 소프트웨어의 종류(버전) 등에 관계없이 동일한 데이터를 저장하고 불러올 수 있는 공통의 파일 형식을 마련
- 축적된 BIM 데이터를 바탕으로 새로운 정보와 지식을 창출할 수 있는 빅데이터 활용 표준 구축

③ BIM 설계 자동화 기술

- 라이브러리를 활용해 속성정보 포함한 3D 모델을 구축(BIM 설계)
  - 건축 분야는 이미 활성화 vs 토목분야는 현재 도입 단계
- 완료된 프로젝트에서 BIM 라이브러리를 자동 생성
- 자체 해석(구조·에너지 등) 및 기술판단까지 가능한 BIM 설계
  - 설계 결과물이 각종 법규, 설계기준 등에 적합한지 여부를 자동으로 검토
- 축적된 사례의 인식·학습을 통한 AI 기반 BIM 설계 자동화
  - 제약 조건 및 발주자 요구사항 등을 반영한 최적화된 설계안 자동 도출

시공 단계의 스마트 건설기술

(1) 건설기계 운용 단계

운전자 수동 조작·시공 운전 자동화 AI 기반 건설기계 관제

현재	미래
• 건설기계 운전자가 육안 관측하고 개별 기계를 수동 조작 - 운전자 숙련도 부족, 장비간 연계미흡으로 과다투입·사고 발생	• 자동화 건설기계가 AI의 관제에 따라 자율주행하면서 시공 - 작업 최적화로 생산성 향상, 인적 위험요인 최소화로 안전성 향상

(2) 시설 구축단계

현장 콘크리트 타설 / 공장 모듈 제작 / 현장 조립, 자동화 / 3D 프린팅

현재	미래
• 현장에서 거푸집·동바리를 설치하고 콘크리트 타설·양생	• 공장 모듈 생산 → 현장 조립, 비정형모듈은 3D 프린터 출력 - 공사기간·비용 획기적 감축 - 현장주변 교통혼잡·환경피해 최소화

(3) 현장 안전관리 단계

인력중심 안전관리 / 가상체험 안전교육 / ICT를 통한 안전관리

현재	미래
• 안전지침에 따라 안전관리자가 현장과 근로자 안전을 점검	• 장비·근로자 위치 실시간 파악, 안전 정보 즉시 제공 - 위험지역 접근 경고, 장비·근로자 충돌 경고 등 예측형 사고예방

(4) 시공 단계의 스마트 건설 핵심 개발기술

① 건설기계 자동화 기술

- 건설기계에 탑재한 각종 센서·제어기·GPS 등을 통해 기계의 위치·자세·작업범위 정보를 운전자에게 제공
- 작업계획에 따라 건설기계가 자율이동·작업, 진행상황 실시간 확인

② 건설기계 통합운영 및 관제 기술

- 건설현장 내 다수의 건설기계를 실시간으로 통합 관리·운영
- 센서 및 IoT를 통해 현장의 실시간 공사정보를 관제에 반영
- AI를 활용하여 최적 공사계획 수립 및 건설기계 통합 운영

③ 시공 정밀제어 및 자동화 기술

- 공장 사전제작 → 현장 조립(Modular 또는 Prefabrication) 공법 확대 적용
- 조립 시공 시 부재 위치를 정밀 제어하고 접합부를 자동 시공
- 로봇 등을 활용하여 조립 시공(양중·제어·접합 등 일련 과정) 자동화

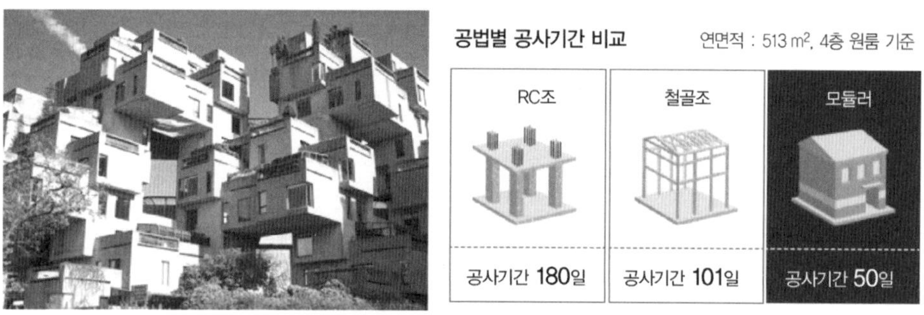

그림 5-8 현장점검(Modular) 공법

④ ICT 기반 현장 안전사고 예방 기술

- 가시설·지반 등의 취약공종과 근로자 위험요인에 대한 정보를 센서, 스마트 착용장비 등으로 취득하고 실시간 모니터링
- 축적된 작업패턴·사례(빅데이터) 분석을 통해 얻은 지식과 실시간 정보를 연계하여 위험요인을 사전에 도출하는 예방형 안전관리

⑤ BIM 기반 공정 및 품질 관리

- BIM 기반 공사관리를 통해 주요 공종의 시공간섭을 확인하고 드론·로봇 등 취득 정보와 연계해 공정진행 상황을 정확히 체크
- 가상시공을 적극 활용하여 조건·환경 변화에 따라 공사관리 최적화
- AI를 활용해 사업목적·제약조건에 따라 맞춤형 공사관리 방법 도출

유지관리 단계의 스마트 건설기술

(1) 시설물 점검·진단

인력중심 시설물 점검

초연결형 센서 정보수집

로보틱드론의 시설점검

현재	미래
• 육안관측 등 인력중심 점검·진단으로 시간·인력 많이 소요 - 노후시설이 급격히 증가하고 있어 시설안전관리에 차질 발생 우려 * 30년 이상 1·2종 시설물 비율 : ('18.9) 15.5% → ('23) 23.1% → ('28) 38.3%	• IoT 센서로 실시간 모니터링, 로봇으로 자동 점검·진단 - 정밀·신속한 시설물 점검 - 접근이 어려운 시설물 점검·진단용이

(2) 시설물 관리 정보시스템

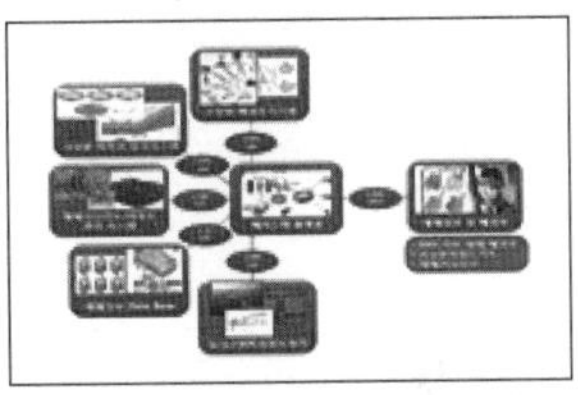
개별 시스템 구축 및 관리

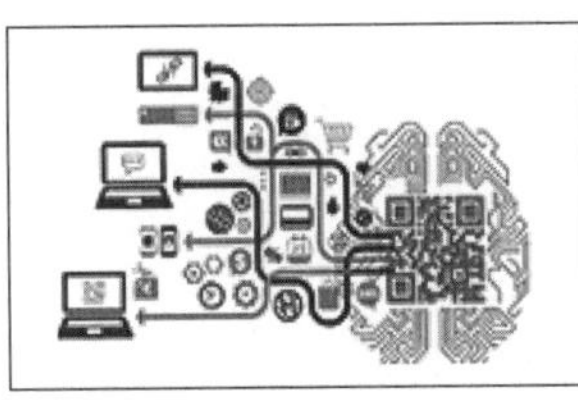
유지관리 빅데이터 구축

디지털트윈기반 유지관리

현재	미래
• 관리주체별로 기능이 제한적인 유지관리시스템 운영 - 주로 안전점검 진단결과 및 유지관리 이력 저장 등 용도로 사용	• 시설물 정보를 빅데이터에 축적, AI로 관리 최적화 - 실제 시설물과 동일한 3차원 모델(디지털트윈)을 구축함으로써 다양한 재난상황을 시뮬레이션하여 시설물의 영향을 사전에 파악 - 예방적 유지관리를 통해 유지관리비용 절감 및 시설물 수명 연장 - 시설물 단위 디지털트윈이 모여 가상도시·국토로 시스템 확장 가능

(3) 유지관리 단계의 스마트 건설 핵심 개발기술

① IoT 센서 기반 시설물 모니터링 기술

- 특정 상황이 발생하였을 때에만 수집된 정보를 전송함으로써 무선 IoT 센서의 전력 소모를 줄이는 상황감지형 정보수집
- 대규모 구조물의 신속·정밀한 정보수집을 위한 대용량 통신 Network
- 다양한 객체가 상호작용하는 초연결 IoT로 연결성·안정성 강화

② 드론·로보틱스 기반 시설물 상태 진단 기술

- 카메라와 물리적 실험 장비를 장착한 다기능 드론(접촉+비접촉 정보수집)을 통해 시설물을 진단
- 드론-로봇 결합체가 시설물을 자율적으로 탐색하고 진단

③ 시설물 정보 빅데이터 통합 및 표준화 기술

- 시설관리자 판단에 의한 비정형 데이터를 정형 데이터로 표준화
- 산재되어 있는 건설관련 데이터들을 통합하여 빅데이터 구축

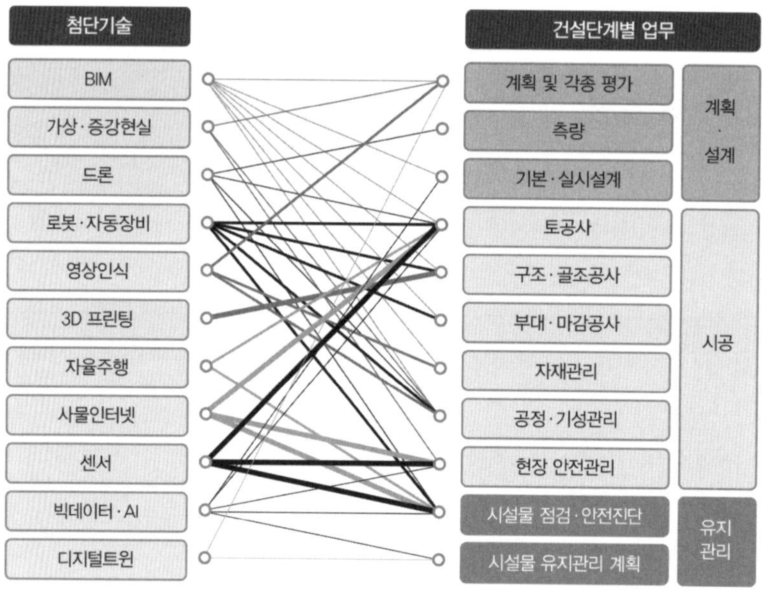

그림 5-9 주요 첨단기술과 건설단계별 업무의 관계

④ AI 기반 유지관리 최적 의사결정 기술

- 구축된 빅데이터를 바탕으로 AI가 유지관리 최적 의사결정 지원
- 시설물의 3D 모델(디지털트윈)을 구축해 유지관리 기본 틀로 활용

스마트 건설기술 단계별 발전 목표

표 5-2 설계, 시공, 유지관리 단계별 스마트 건설 추진목표

단계	중점 분야	핵심기술	추진 목표			
			현재	2020	2025	2030
설계	BIM 기반 스마트 설계	지형·지반모델링 자동화	현장측량 중심 지형정보 수집, 지형·지반정보 2D 도면 관리	융·복합 드론 활용 형상정보 수집 및 모델링	형상 모델 및 지반 속성 정보 연계	AI 기반 BIM연계 지반 모델링 자동화
		BIM 적용 표준	BIM S/W 자체표준이나 2D도면 표준 적용	교량·터널·하천 등 목적물 중심 국제수준 BIM 표준 구축	데이터 교환·공유를 위한 BIM 표준 구축	축적된 BIM 빅데이터의 활용을 위한 표준 구축
		BIM 설계 자동화	기초 수준 BIM 라이브러리 활용	BIM 라이브러리 기반 설계 부분 자동화	건설 全단계를 고려한 BIM 설계 최적화	AI 기반 BIM 설계 자동화
시공	건설기계 자동화 및 관제	건설기계 자동화	굴삭기·도저·롤러 머신 / 가이던스 기술 시범 적용	굴삭기·도저·롤러 머신 / 가이던스 기술 확대 적용	실시간 머신 가이던스, 건설기계 자율이동(+크레인, 포장·천공기계)	건설기계 자동화 (AI를 활용한 건설기계 통합운영 및 관제)
		건설기계 통합운영 및 관제	굴삭기·도저·롤러 통합운영 및 관제기술 시범적용 (소규모 현장)	굴삭기·도저·롤러 통합운영 및 관제기술 상용화 (대규모 현장)	센서·IoT 기반 정보 실시간 수집을 통한 건설기계 통합 운영	
	공정 및 현장 관리 고도화	시공 정밀제어 및 자동화	현장타설 방식 중심(습식 공법), 모듈·Prefab. 방식(조립)도 활용	조립시공을 위한 위치 자동제어	조립시공 정밀제어, 부분 자동화(정밀정합, 이음부 타설 등)	로봇 등을 활용한 조립시공 자동화
		ICT 기반 현장 안전사고 예방	안전관리자의 작업자 관리, 육안점검 등 인력중심 안전관리	ICT 기술을 활용한 안전관리(드론, 3D Scanner, VR 등)	실시간 센싱 기반 안전관리(Smart Wearable, 센서 등)	예방적 통합 안전관리(위험 예측, 장비·인력 통합 관제)

단계	중점 분야	핵심기술	추진 목표			
			현재	2020	2025	2030
시공	공정 및 현장 관리 고도화	BIM기반 공사관리	경험에 따른 공사관리	주요 공종 BIM 기반 공사관리(드론·로봇 실시간 공정 체크 등)	가상시공을 통한 리스크 분석·공사관리 효율화	AI 기반 공사관리 최적화(조건에 맞는 최적 공법 검토)
유지관리	시설물 점검·진단 자동화	IoT 센서 기반 시설물 모니터링	단일 센서를 활용한 단순 정보 수집	지능형(상황감지) IoT 정보수집	대규모·대용량 IoT 정보수집·분석	초연결형 IoT 정보수집·분석
		드론·로봇 기반 시설물 진단	인력 기반의 시설물 점검(드론 일부 활용)	다종 드론을 활용한 대형 시설물의 신속한 점검	다기능 드론 및 로봇을 활용한 시설물 상태 진단	로보틱드론을 활용한 시설물 자율 점검 및 진단
	디지털트윈 기반 유지관리	시설물 정보 통합 및 표준화	개별 정보시스템 및 DB 구축	시설물 정보 표준화 및 통합 관리 시스템	건설 全단계 개방형 통합 DB 및 빅데이터 구축	디지털트윈 기반 스마트 시설물 유지관리
		AI 기반 최적 유지관리	육안점검 및 단순 계측 정보 기반 유지관리 의사결정	데이터 기반 의사결정 지원 시스템	빅데이터·AI 기반 예측형 유지관리	

스마트 건설기술 로드맵 이행방안

국토교통부는 스마트 건설기술 목표를 달성하기 위한 이행방안을 제시하였다. 먼저 민간의 기술개발을 유도하겠다는 것이다. 공공발주제도를 활용하여 스마트 건설기술 개발 여건을 조성하고 기술의 진입장벽이 되는 2D 기반 납품기준 등 규제를 개선하게 된다. 스마트 기술 적용 공사는 턴키(설계·시공 일괄입찰) 확정가격 기술경쟁 방식으로 발주하고 턴키입찰 평가 시 스마트 건설기술 적용 여부를 중점적으로 평가하게 된다.

모태펀드를 조성해 민간자본이 유망기술에 투자하여 스마트 건설기술 개발을 활성화하고 기존 기술과의 분쟁해소를 지원하는 절차도 도입하게 된다. 또한 스마트 건설기술의 우수성을 널리 알릴 수 있도록 사례집을 배포하고 설명회를 개최하는 등 홍보도 병행하게 된다.

스마트 건설기술의 저변을 확대하기 위해서 공공의 역할도 강화할 예정이다. 공공 기술개발이 필요한 분야는 국가 연구개발(R&D) 사업을 적극 추진하여 핵심기술을 보급할 계획이다.

표 5-3 스마트 건설기술 관련 R&D 사업

구분	주요 기술	투자비 및 연구기간
스마트 건설기술	- 토공장비 및 구조물 건설 자동화 - 스마트 안전 관제 - 통합 정보 플랫폼 구축	- 약 2,000억 원 (2020~2025)
스마트 유지관리	-IoT·빅데이터 기반 최적 유지 보수 - 시설물 손상 탐지, 수명 자동 예측	- 약 1,400억 원 (2021~2027)

스마트 건설기술의 핵심인 BIM이 시장 전반에 확산될 수 있도록 턴키 대상 사업과 500억 원 이상 도로사업 등에 대한 공공사업에서 BIM을 단계적으로 의무화하고 관련 제도를 정비할 계획이다. 한국토지주택공사(LH), 한국도로공사, 한국철도시설공단 등 발주청을 통해 스마트 건설 시범사업을 시행하여 성과를 공유하고 제도개선 사항도 도출하게 된다.

기술혁신의 지속성을 확보하기 위해 스마트 생태계도 조성할 계획이다. 스마트 건설기술을 개발 보급하는 한편 관련된 창업기업을 적극 지원할 계획이다. 건설기술인 교육훈련 기관에 스마트 건설기술 교육과정을 신설하는 등 전문 인재양성의 기반도 구축하게 된다. 현재 (재)건설기술교육원에서 BIM(건축) 전문인력 양성과정을 운영 중에 있지만 '스마트 건설기술 전문인력 양성과정'으로 확대 개편하여 추진할 계획이다.

아울러 설계자, 연구자 등이 다양한 데이터를 활용해 새로운 가치를 창출할 수 있도록 2003년부터 운영 중인 건설사업정보시스템을 지식플랫폼으로 개편하게 된다. 시스템 정보로부터 민간이 부가가치를 창출할 수 있도록 정보를 자유롭게 검색·활용이 가능하도록 "샌드박스" 구축함으로써 제공할 수 있는 정보의 종류와 범위, 활용가능성 등을 검토한 후에 정보를 완전 공개할 계획이다.

국토교통부는 건설기술 혁신로드맵이 실질적인 성과로 이어질 수 있도록 필요한 법령 등에 대한 규정 개정과 연구개발사업 등을 차질 없이 추진할 계획이고 시너지 효과 창출을 위하여 관계부처, 민간기업, 학교와 연구기관 등과도 긴밀히 협력해 나간다는 방침이다.

표 5-4 스마트 건설기술 활성화 방안 주요 내용

<table>
<tr><th colspan="2">추진 전략(목표)</th></tr>
<tr><th>중점 추진 과제</th><th>주요 추진 방안</th></tr>
<tr><td colspan="2">1. 민간 기술 개발 유도(가격경쟁 →기술경쟁, 민간 지원확대)</td></tr>
<tr><td>• 기술경쟁 강화 및 인센티브 확대</td><td>- 스마트 건설기술 적용 시 턴키 발주
- 기술 적용을 통한 공사비 절감 또는 공기 단축 시 인센티브 제공
- 스마트 건설기술 도입을 위한 대가 및 안전기준 마련</td></tr>
<tr><td>• 스마트 신기술 개발 촉진</td><td>- 시험시공 현장 제공 및 초기 비용에 대한 금융지원
- 스마트 건설기술을 건설 신기술로 지정</td></tr>
<tr><td>• 혁신 공감대의 확산</td><td>- 스마트 건설기술 활성화를 위한 토론회, 국제 컨퍼런스, 경진대회, 아이디어 공모전 등 개최
- 기술 홍보를 위한 로드쇼 및 체험공간 마련</td></tr>
<tr><td colspan="2">2. 스마트 생태계 구축(정보 공유 확산)</td></tr>
<tr><td>• 스마트 창업 허브 구축</td><td>- 창업 공간 제공 및 기술 지원
- 기술교육 프로그램 운영 및 창업 컨설팅
- 기술상품 홍보 행사 개최
- R&D 연계를 통한 창업 기업자금 지원 등</td></tr>
<tr><td>• 지식 플랫폼 운영</td><td>- 스마트 건설정보 서비스 발굴을 통한 교통정보, 시설물 정보 제공
- 설계·시공·유지관리 정부의 샌드박스 구축
- 정보 공유/활용 목적의 지식 플랫폼 고도화</td></tr>
<tr><td colspan="2">3.공공 역할 강화(스마트 기술 적용 확대)</td></tr>
<tr><td>• 공공분야 BIM 활용 의무화</td><td>- 500억 원 이상 공공 도로산업에 BIM 설계 의무화, 이후 타 공공사업에 단계적으로 확대
- 클라우드 기반 개방형 BIM 플랫폼 구축
- 건설 전단계 시뮬레이션 기술 개발</td></tr>
<tr><td>• 스마트 현장 안전관리 도입</td><td>- 500억 원 이상 공공 건설현장에 IoT 기반의 실시간 현장관리 시스템 도입 의무화
- 스마트 건설장비의 현장 도입 활성화, 민간 기술 개발 참여 유도</td></tr>
<tr><td>• 스마트시티 등 시범사업 추진</td><td>- 스마트시티 등에 스마트 건설기술을 적용하기 위한 시범사업 추진
- 시범사업 모니터링 및 효과 분석</td></tr>
<tr><td colspan="2">4. 지속적인 혁신기반 마련(스마트 기술 개발)</td></tr>
<tr><td>• 민관 공동의 혁신 R&D 사업 추진</td><td>- '스마트 건설 자동화 로드맵' 수립
- 첨단 건설기술 개발을 위해 2025년 까지 총 1조 원의 R&D 투자
- IoT 센서, 빅데이터 기반의 최적 유지관리 기술 개발
- 스마트 건설기술 기반 인프라 시공·유지관리</td></tr>
<tr><td>• 스마트 건설 전문가 양성</td><td>- 스마트 건설 교육기관 지정을 통한 건설 인재 양성
- 대학교육 개선을 위한 스마트 건설 인재육성방안 마련
- 교육기관 관리를 통한 재교육 강화</td></tr>
</table>

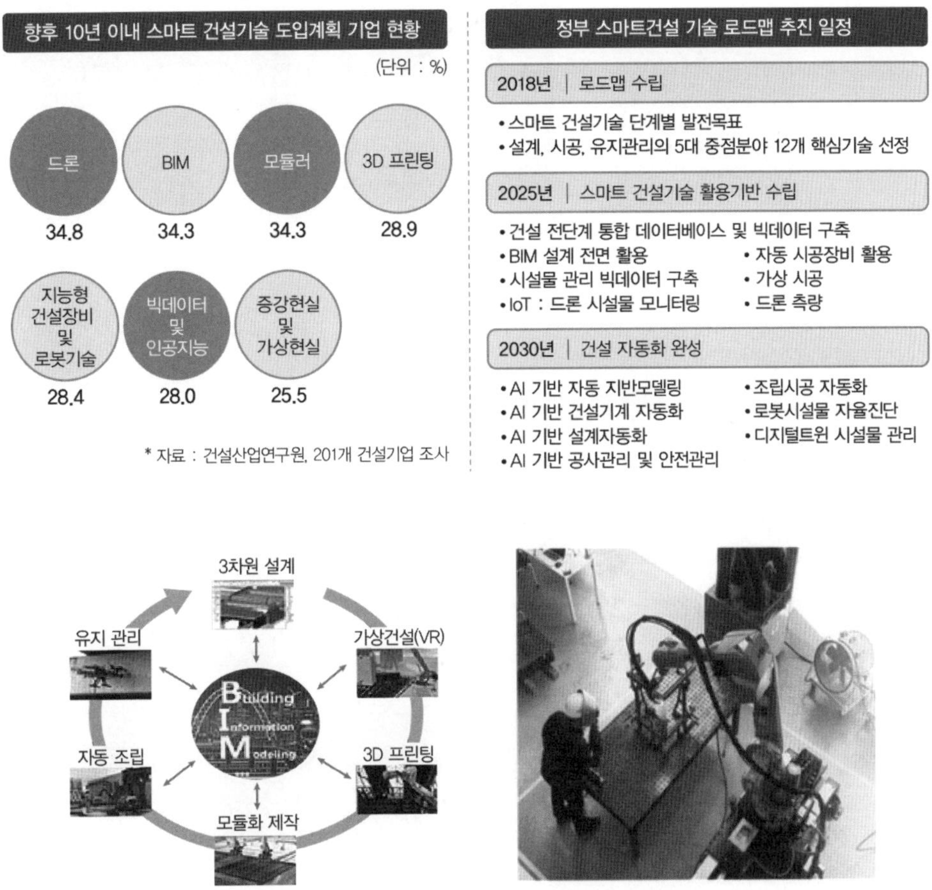

그림 5-10 스마트 건설기술 로드맵 추진일정

스마트 건설관련 창업사례

(1) 인공지능 드론 기반의 작업 생산성 분석과 시공 진도관리

드론 촬영이미지를 활용한 3D 모델 구축 및 공정 진도 체크

• 주요 창업기업 : Strayos, Skycatch, Propeller Aerobotics, Dronomy, AirZaar, Unearth Technologies, TraceAir Technologies, Airware, 3D Robotics, Better View 등

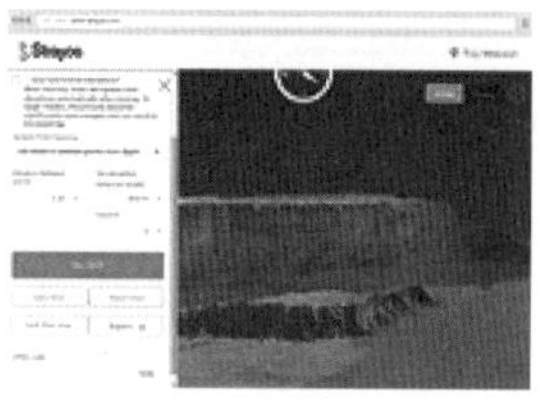

드론으로 수집한 이미지를 3D 모델로 구현

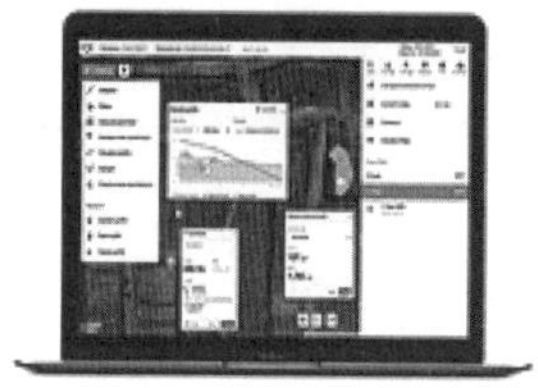

드론 이미지 기반 공정관리

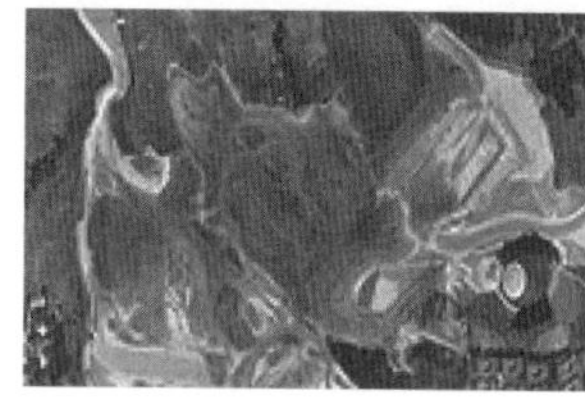

절/성토량 자동 추정

(2) AR 및 가상모델을 활용한 사업계획 검토, 시공 품질 점검

원격으로 증강현실 상에 작업순서를 그림판에 그리듯 시각적으로 제공

- 주요 창업기업 : HoloBuilder, Pandora Augmented & Virtual Reality Technologies, Sensopia-MagicPlan, Scope AR, InsiteVR, ShilpMIS Technologies, IrisVR 등

스마트기기를 활용한 계획정보 시각화

AR기기를 활용한 정보 제공

VR장비를 활용한 시각화

(3) 인간 – 로봇 협력형 장비 생산과 운영

건설산업에 특화된 산업용 로봇 개발, 자재 이동 및 검사, 제작 등의 기능 수행

- 주요 창업기업 : Kuka Robotics

로봇을 활용한 자재 이동

로봇을 활용한 건설

콘크리트침목 검사 로봇

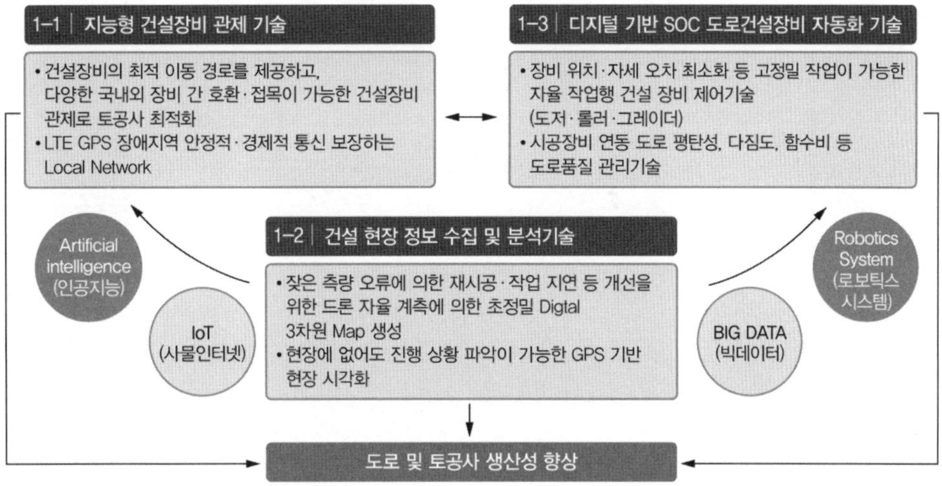

그림 5-11 도로 및 토공사 생산성 향상을 위한 스마트 건설기술

CHAPTER

6 스마트 건설기술

1 스마트 건설기계, 무인 자동화를 위한 건설로봇

왜 스마트 건설용 로봇이 필요한가?

흔히 건설산업은 노동 집약적 산업이라고 일컫는다. 그 이유는 우리나라 건설분야의 투자 비중은 국내 총생산 대비 14%대로 많은 비중을 차지하고 있고 국내 건설업 종사자가 126만 명에 달하고 있기 때문이다.

건설산업은 투입한 노동력 대비 생산성이 낮다는 사실은 두말할 필요가 없는 상황이다. 다른 산업과 마찬가지로 건설산업도 생산성 향상을 위해 끊임없이 노력하였지만 지난 100년간 제조 산업의 생산성이 400% 향상되는 동안 건설산업의 생산성은 변화가 거의 없거나 약간 떨어진 것으로 나타났다. 지난 몇 년 동안 건설산업이 걸어온 길을 되돌아보면 국내 총생산(GDP) 대비 건설 투자 비중은 지속적으로 감소하고 있고 건설 생산성도 20년간 정체되면서 선진국의 30% 정도에 불과한 수준이다. 실제로 국제노동기구(ILO)가 조사한 각국의 노동시간당 부가가치 정도를 살펴보면 이른바 유럽의 선진국들이라 할 수 있는 벨기에나 네덜란드 같은 경우에는 각각 48달러와 42달러를 기록한 반면에 우리나라는 겨우 13달러에 그치는 것으로 나타났다. 이 뿐만이 아니다. 국내 건설 엔지니어링 분야의 입·낙찰 평가 기준은 낮은 기술 변별력으로 인해 업체의 기술력을 높이는 유인책이 부족하였고 해외의 고부가가치 엔지니어링 시장은 이미 선진국 글로벌 업체들이 선점하고 있는 실정이다.

4차 산업혁명이 산업 전 분야에 걸쳐 혁신적인 변화를 일으키고 있지만 건설산업 만큼은 여전히 전통적인 로우테크(Low-Tech) 이미지를 벗어나지 못하고 있다.

건설산업의 생산성 향상이 더딘 주 이유는 타 산업의 경우 많은 부분에서 자동화가 도입되어 생산 효율성이 크게 향상된 반면에 건설현장은 여전히 다양한 근로자들에 의해 공사와 작업이 원시적으로 이루어지기 때문이다. 이러한 문제를 해결하고자 건설분야에 로봇이나 IT 장비를 도입하여 생산성을 향상시키려는 노력이 최근 활발히 진행되고 있다. 이러한 로봇과 IT 장비는 비단 건설산업의 생산성 향상 뿐만 아니라 새로운 성장 동력의 하나로서 각광 받고 있다.

건설현장의 스마트 건설기계 개발은 선진국에서는 이미 무인건설기계와 건설로봇 기술이 개발돼 건설현장 작업자의 편리와 안전에 기여하고 있다. 아울러, 건설현장의 다양한 건설기계들을 연결해 지능화된 협업을 통해 단위 토공작업을 최적화함으로써 생산성과 안전성을 높이는 건설기계 플랫폼운영 솔루션서비스가 본격화하기 시작하였다. 4차 산업혁명 시대를 대표하는 첨단기술인 인공지능(AI)과 자율주행, 로봇 기술 등이 전 세계 산업 분야에서 견인차 역할을 하고 있는 가운데 건설업계에도 빠른 변화의 물결이 일고 있다. 건설업계는 AI와 머신러닝 소프트웨어를 공사현장에서 사용되는 건설 장비나 기계에 통합하려는 시도를 하고 있으며 무인자동화를 통하여 시간 단축과 인력난 해소를 비롯해 건설현장의 사고 가능성을 최소화하기 위해 피나는 노력을 기울이고 있다.

건설현장의 스마트 건설기계인 로봇의 개발과 활용은 이미 선진국에서 활발히 추진돼 오고 있으며 시장, 기술, 정책 수요는 앞으로 크게 증가할 것으로 보인다. 이러한 개발성과의 적용 과정에서의 저항은 불가피할 것으로 보이지만 이러한 저항을 최소화하고 사전에 예방하는 것이 무엇보다 중요하다.

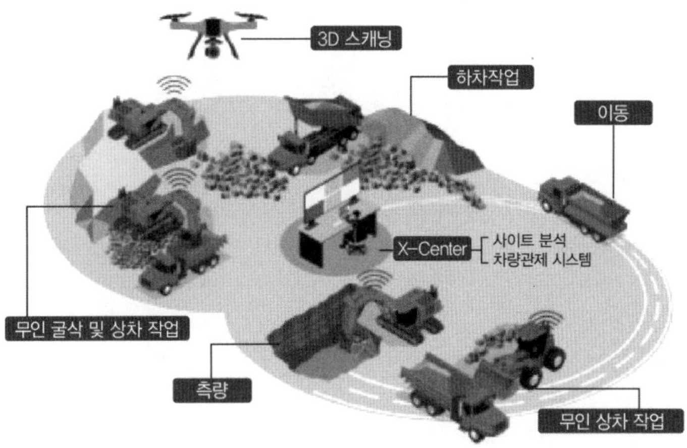

그림 6-1 무인화·자동화 기술

스마트 건설기계, 로봇이란 무엇인가?

건설산업에 있어 3D 프린팅, 드론, 로봇, 인공지능(AI) 등의 활용과 더불어 건설현장의 스마트화를 위한 연구개발이 향후 현장 성과로 도출될 날이 그리 멀지 않다.

스마트 건설기계인 로봇의 정의는 관련된 여러 단체에서 제안되었으나 각 단체별로 세부적인 사항은 다소 차이를 보인다. 하지만, 로봇에 대한 정의 중 공통적으로 언급되는 부분은 자동으로 또는 컴퓨터의 제어를 받아 작동하는 기계라는 점이다. 즉 자체적으로 판단을 내리고 업무를 수행하는 기계를 로봇이라고 정의할 수 있다. 따라서 건설로봇이라 함은 자체적인 판단력을 가진 건설기계 또는 장비를 의미하며 작업자의 일방적인 조작에 의해 작동되는 일반 건설장비와는 큰 차이를 나타낸다. 건설로봇과 건설장비의 차이를 쉽게 설명하자면 로봇청소기와 일반청소기의 차이를 예로서 들 수 있겠다.

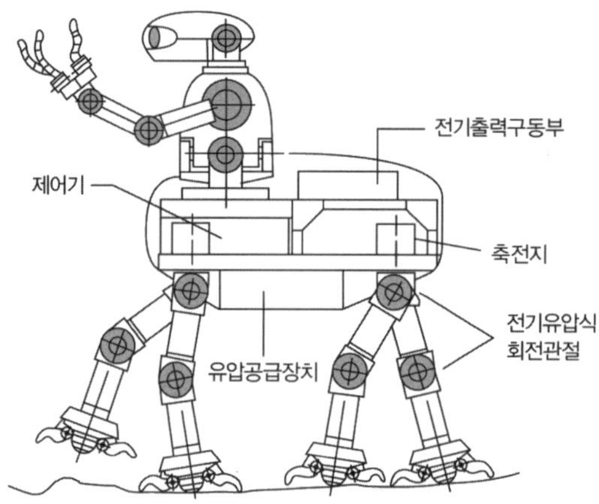

그림 6-2 KIST의 휴먼로봇

건설로봇은 크게 물체를 핸들링하는 말단부, 말단부의 움직임을 생성하는 링크부, 링크부를 구동시키는 액추에이터부, 엑추에이터의 조작과 제어를 담당하는 제어부 그리고 로봇의 각 부분의 상태나 거동을 실시간으로 감지하여 조작자 혹은 제어부에 정보를 전달하는 센싱부 등으로 구성된다.

스마트 건설기계인 로봇의 개발은 기존의 경우에는 건설기계산업이 사용자나 사회적 요구에 대하여 기존의 하드웨어(HW) 성능 중심으로 대응해 왔었다. 그러나 지금은 전자화, 지능화, 정보통신기술(ICT), AI, 로봇화를 통하여 작업생산성을 높이고 운영비용을 줄이는 방향으로 변화하고 있다.

건설로봇의 영역은 소재부품, 시스템, 솔루션(서비스·소프트웨어)으로 구성돼 있다. 소재부품과 시스템 자체는 기계 산업의 영역이지만 건설기계 플랫폼 운영 솔루션 서비스는 건설산업의 영역과 밀접히 연계되어 있다. 스마트 건설용 로봇의 개발은 선진국에서는 이미 무인건설기계나 건설로봇 기술이 개발되어 건설현장 작업자의 편리와 안전에 기여하고 있다. 아울러, 건설현장의 다양한 건설기계들을 연결해 지능화된 협업을 통해 단위 토공작업을 최적화함으로써 생산성과 안전성을 높이는 건설기계 플랫폼 운영 솔루션서비스가 본격화하기 시작하였다.

스마트 건설용 로봇의 개발현황

현재까지 개발되었거나 개발 중인 건설로봇은 그 종류와 활용분야가 매우 다양하지만 크게 다음과 같이 3가지의 목적을 가지고 있다.

① 단일공종, 단순 반복작업의 자동화를 통한 생산성 향상
② 안전성 개선
③ 인력투입이 어려운 극한환경에서의 작업

(1) 단일공종, 단순 반복작업의 자동화를 통한 생산성 향상

우리나라 건설산업의 가장 큰 문제 가운데 하나가 노령화다. 극심한 취업난과 청년들의 취업절벽이 사회문제로 자리 잡았지만 건설현장은 젊은 인력들이 빠져나간 지 이미 오래되었다. 급속한 고령화와 저숙련 외국인력으로의 대체는 건설 목적물의 품질 저하와 안전사고 증가와 같은 부작용을 발생시키고 있다. 건설 기능인력 수급 불균형이 심각한 문제로 대두되고 있는 시점에서 건설 자동화와 로봇의 수요는 필연적으로 더욱 늘어날 것이기 때문이다.

기존의 산업용 로봇은 제조업 공장 등 고정된 환경에서 단순하고 반복적인 업무 수행만이 가능하였다. 복잡한 환경에서는 적응하지 못해 매번 다른 상황의 작업을 수행해야 하는 건설현장에서는 부적합하다고 여겨져 왔지만 이러한 문제를 해결하기 위해 건설 숙련공이 하던 업무 패턴을 프로그래밍화해 기존의 다관절 로봇에 입력시켜 움직임을 자동으로 제어할 수 있는 기술이 개발되었다. 이 기술은 로봇이 수행하는 특정한 작업을 소프트웨어 언어로 전환해 사람의 손과 팔만큼 정밀한 작업을 가능케 한다. 또한, 로봇이 작업 위치까지 이동할 수 있게 자율주행기술을 보유한 운반용 기계차량에 탑재해 현장 어디에서나 작업이 가능하다.

미래 기술로만 인식되던 로봇기술은 어느새 건설산업의 핵심기술로 자리매김하고 있다. 무거운 벽돌을 대신 쌓아주는 로봇부터 용접을 하거나 건물을 건설하는 로봇까지 그 종류는 다양하다. 더 나아가서는 영화에서처럼 사람이 직접 착용하는 웨어러블 로봇도 속속 등장하고 있다.

대체적으로 건설로봇 개발의 초기단계에는 미장공사, 조적공사 등 한정된 공간 내에서 단순하고 반복적인 노동자의 작업을 대체하는 로봇이 개발되었다. 최근에는 GPS나 레이저스캐너 등의 계측이나 인식센서기술의 발달과 드론(Drone) 등을 활용한 지형측정 시스템, 각종제어 및 정보관리기술 등의 ICT 기술들을 상호 융합해서 건설로봇의 활용범위를 점차 넓혀가려는 시도가 세계 곳곳에서 진행되고 있다.

구체적인 사례로서 미국에서 개발된 새로운 벽돌쌓기 로봇인 샘(SAM : Semi-Automated Mason, 반자동 벽돌공)은 인간 벽돌공과 함께 일을 한다. 샘은 반복적으로 벽돌을 쌓고 인간 벽돌공은 줄눈작업과 같은 상세한 마무리 작업을 수행한다. 이 벽돌쌓기 로봇은 인간 벽돌공과 함께 일하면서 생산성을 증가시키는 데에 이용될 수 있다. 인간과 로봇의 협동 작업에서 로봇은 벽돌을 집어서 회반죽을 묻히고 이를 지정된 위치에 놓는 것과 같이 틀에 박힌 작업을 수행한다. 인간은 작업장을 설치하고 모서리와 같이 까다로운 장소에 벽돌을 놓고 과다한 회반죽을 제거하는 것 등을 포함하여 미적으로 보이도록 하는 세세한 작업을 수행하는 등 좀 더 미묘한 활동을 한다.

샘 로봇은 경사각, 속도, 방향 등을 측정하는 소수의 센서, 레이저, 일련의 알고리즘 등을 이용하여 이 모든 것을 수행할 수 있다. 레이저는 로봇의 작업 공간에서 왼쪽 및 오른쪽 양쪽 끝에 있는 2개의 막대기 사이에 설치되며 로봇을 위한 고정점으로 동작하기 위하여 작업이 진행되면서 벽을 따라 위 아래로 이동한다. 레이저 센서가 없으면 샘 로봇은 어디에 벽돌을 놓을지 벽의 위치와 대비되어 비계 상에서 자신의 운동이 어떻게 평가되는지를 정확히 알지 못할 것이다

샘 로봇의 목표는 인간 벽돌공을 완전히 대체하는 것이 아니라 인간의 작업에 지렛대 기능을 제공하기 위함이다. 인간 벽돌공은 하루에 300~500개 정도의 벽돌을 쌓을 수 있지만 샘 로봇은 하루에 800~1,200개 정도의 벽돌을 쌓을 수 있다. 한 명의 인간 벽돌공과 한 유닛의 샘 로봇의 조합은 같은 작업에 대하여 4명 이상의 인간 벽돌공이 수행한 것과 같은 생산성을 가지고 있다.

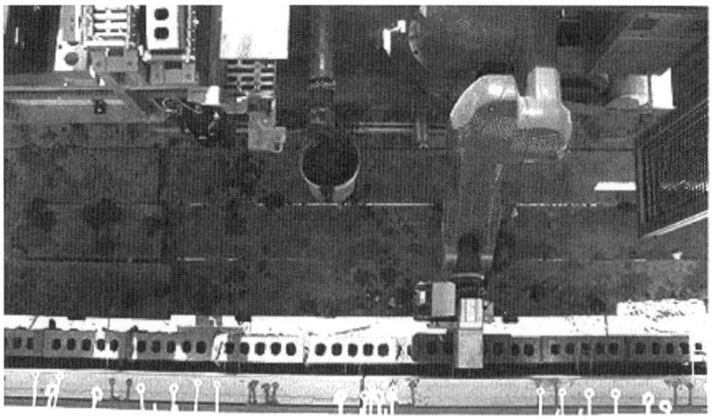

그림 6-3 조적공사용 Robot(SAM100, 미국)

(2) 안전성 개선

우리나라는 1960년대부터 시작된 고도 경제성장과 함께 삶의 질적 수준이 크게 향상되면서 안전에 대한 인식도 변하고 있다. 이에 따라 건설과 관련된 안전문제가 사회적인 이슈로 대두되면서 안전과 관련된 기준이 점차 강화되고 있는 추세이다. 이러한 현상은 비단 국내에서만 나타나는 현상이 아닌 전 세계적인 추세이다.

로봇은 작업자의 숙련도나 컨디션에 영향을 받지 않아 시공 시 균일한 품질을 얻을 수 있는 장점을 가진다. 여기에 24시간 작업이 가능해 공사 기간을 획기적으로 단축시킬 수 있으며 사고 위험이 높은 공정에 투입할 경우 안전사고 예방이 기대된다. 이를 통해 건설산업의 고질적인 문제로 여겨지던 건설 노동자들의 작업환경 개선에도 긍정적인 영향을 미칠 것으로 예상된다.

이러한 추세에 발맞춰 건설공사 중 안전을 확보하기 위한 로봇 개발이 활발히 진행되고 있다. 시공과정에서 안전을 확보하기 위한 로봇은 대부분 추락의 위험이 있는 높은 장소에서 고소작업을 대신하여 수행하게 된다. 로봇은 빠른 시간 내에 더욱 많은 작업을 안전하게 작업할 수 있기에 건설현장에 적용이 더욱 많아질 것으로 기대되고 있다.

스페인 바르셀로나에 위치한 로봇 스타트업인 '스케일드 로보틱스(Scaled Robotics)'는 건설현장에서 발생하는 오류를 최소화할 수 있는 모니터링 로봇을 개발하였다. 건설비용의 20% 정도는 건설 과정에서 발생하는 실수나 오류를 교정하는 데 들어가는 비용인데 이러한 실수나 오류를 교정하는 역할을 로봇이 대신 수행하게 된다. 건설현장을 자율적으로 이동하면서 건설 공정에 관한 각종 데이터를 수집해 건설 공정을 보다 효과적으로 관리할 수 있도록 지원한다. 로봇은 라이더와 자율주행 기술을 탑재하고 있으며 건설현장을 이동하면서 건설현정에 관한 맵을 자동으로 작성할 수 있다. 로봇이 취득한 이미지, 비디오, 데이터 등을 결합해 모니터링 분석 정보로 활용한다.

국내의 경우, H건설사는 '건설 로보틱스' 산업을 미래 건설 신기술의 한 축으로 삼고 새로운 사업기회를 지속적으로 모색하고 있다. 2020년부터 다관절 산업용 로봇을 드릴링, 페인트칠 등 단일작업이 가능한 건설현장에 투입할 계획이다. 용접, 자재정리 등 보다 정밀한 작업이 필요한 공정에서도 2022년부터 산업용 로봇을 투입해 2026년까지 건설현장 작업의 약 20%를 로봇으로 대체할 예정이다. 현장 맞춤형 로보틱스 기술을 개발하고 적용을 확대해 건설현장에 제조업과 같은 자동 생산의 개념을 도입하고 글로벌 시장에서의 품질, 공기, 안전 경쟁력을 강화할 계획이다. 앞으로는 단순히 건물만 짓는데서 벗어나 건설현장에 적합한 건설로봇의 현장 도입은 인구 감소와 노령화로 인한 숙련공 부족과 안전문제로 고민하는 건설 생산성 하락의 장기적인 대안이 될 수 있을 것으로 기대된다.

우리나라에서 개발된 '로봇프린트'는 아파트나 건축물 내 외벽에 도장 공사를 수행하는 벽화로봇이다. 벽화로봇 '아트봇(Artbot)'은 원격으로 건물 외벽에 사진이나 명화, 디자인 등을 프린팅하듯 찍어준다. 세계 최초 기술이다. 원격제어와 실사출력 시스템 기술, 이송장치 기술, 도료 분사 노즐 기술 등 첨단 ICT 융·복합 기술의 대표 모델이다. 대형 건축물이나 아파트 외벽의 벽화작업은 사람이 직접 하기가 어려운데 높은 곳에서 아트봇은 사람이 수작업으로 표현하기 어려운 이미지를 원격제어로 도색한다. 인력 투입으로 인한 사고 없이 안전하게 벽화 공사를 수행할 수 있는 로봇이다.

그림 6-4 스페인 '스케일드 로보틱스'과 벽화로봇 '아트봇(Artbot)'

그림 6-5 벽면 Painting Robot 및 Panel Handling Robot(일본)

그림 6-6 Facade Cleaning Robot(독일)

그림 6-7 Curtain Wall Installation Robot(영국)과 Wind Turbine Maintenance Robot(독일)

(3) 인력투입이 어려운 극한환경에서의 작업

일본, 미국, 유럽의 여러 선진국과 중국에서는 해양개발에 대한 관심을 가지고 있고 해양개발과 관련된 기술의 중심에는 수중탐사와 수중건설을 위한 로봇이 있다. 선진국은 이미 다양한 수중건설로봇을 현장에 투입하고 있고 수중건설용 로봇 기술을 미래 해양개척의 핵심요소 기술로 선정하고 있다. 하지만 우리나라는 관련기술이나 장비를 수입하거나 임대하여 사용하고 있는 실정이다. 해저 케이블이나 파이프를 매설하는 등 건설용 로봇은 인력투입이 어려운 극한환경에서 건설 공사를 수행하기 위해 필수 불가결한 요소이다. 관련 핵심기술 선점을 위한 국가 간 치열한 경쟁이 예상되는 분야이다. 바다에 설치된 구조물 노후화 등에 따라 시설물 유지 보수, 신축 등으로 무인잠수정 등 수중 장비 수요가 증가할 전망이다. 국내의 경우 수중로봇 제조시장은 2011년 기준 20억 원, 2019년 800억 원으로 예상된다.

그림 6-8 수중건설로봇사업단의 수중로봇 작업 가상도

그림 6-9 수중로봇 활용 전·후의 개념도(해저파이프라인 관련 예시)

그림 6-10 해저계통연계 시공로봇(영국)과 해저지반조성 로봇(프랑스)

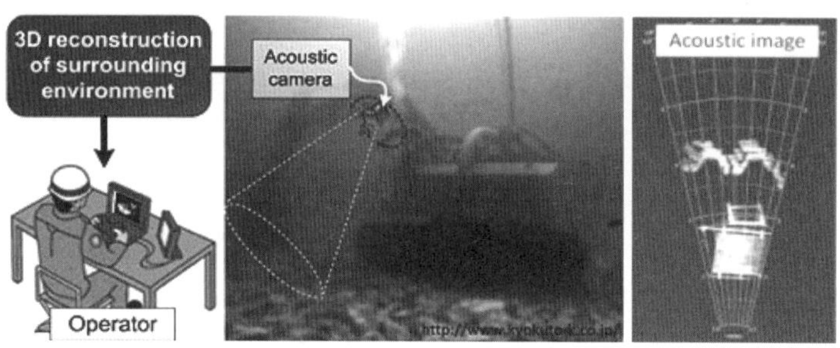

그림 6-11 수중 무인화 시공을 위한 수중로봇

건설로봇의 종류와 적용사례

건설공사현장에서 중노동에 가까운 힘든 작업에 자동화 기계인 로봇을 활용하는 건설사들이 증가하고 있다. 일부 작업자들은 자동화 기계인 로봇을 수고를 덜어주는 수단으로 보는 반면 다른 이들은 그들의 일자리를 빼앗는 위협으로 보고 있다.

(1) 컨스트럭션 로보틱스(Construction Robotics), 로봇 샘(SAM)과 뮬(MULE)

미국 미시간 호 제방을 따라 20명의 석공들이 벽돌을 쌓고 있다. 일리노이 주 그레이트 레이크 해군기지(Naval Station Great Lakes)에 축구장 3개 규모의 대형 기숙사 건설을 위해 투입된 작업자들이다. 몇 년 전에 비해 벽돌을 쌓고 모르타르를 칠하는 작업이 훨씬 적다. 대신 이들은 작업의 질을 높이면서 모르타르 접합부를 깨끗이 하는 일에 더 집중하고 있다. 대신 샘(SAM)이라는 로봇이 진짜 힘들고 지루한 작업을 담당한다. 건설로봇인 샘은 몸체에서 뻗은 갈고리 모양의 금속 팔을 앞, 뒤로 벽을 따라 움직이며 8～12초에 한 번씩 모르타르를 칠하고 벽돌을 쌓아 올린다. 그 옆에는 건설로봇인 뮬(MULE)이라 불리는 또 다른 로봇이 12피트(약 3.7 m) 길이의 굵은 팔로 무거운 시멘트 블록을 들어 올린다. 작업자들은 뮬이 적절한 곳에 블록을 배치하도록 유도한다.

그림 6-12 건설 조적공사용 Robot(SAM100, 미국)

로봇들은 병가를 내거나 근육통을 앓지 않으며 24시간 일할 수 있다. 매년 전 세계적으로 약 10조 달러를 지출하는 건설업에 있어서 안정성은 그 무엇보다도 매우 중요한 문제이다. 컨설팅 기업 매킨지에 따르면 대다수 대형 건설 공사는 당초 계획하였던 예산보다도 20% 정도를 초과하고 있고 공사기간 또한 당초 예상했던 기간보다도 상당한 기일이 지연되고 있다고 분석하였다. 문제가 발생하는 원인은 노동력 부족에 따른 생산성 하락에 있다.

교량이나 도로 혹은 주택을 건설하는 건설 공사는 기후가 악조건인 상태인 외부에서 작업을 하게 된다. 가끔은 먼지를 뒤집어쓰기고 하고 몸이 피곤하고 생명을 잃을 수도 있는 위험한 일이다. 그러하기에 건설 부문은 제조업에 비하여 산업재해가 가장 많은 분야이기도 하다. 미 노동통계국(Bureau of Labor Statistics)에 따르면 2017년 건설업 종사자 965명이 작업장에서 사망하였다. 그러나 이익 마진이 적고 위험이 크며 일정이 빠듯한 건설 공사 현장은 신기술 도입에 매우 신중한 태도를 보이고 있다. 새로운 기술을 도입하려면 건설사들이 기존의 작업방식을 재고해야 하기 때문이다. 새로운 작업방식으로의 변경은 필연적으로 비용과 위험을 증가시키기 때문이다. 투자자들은 신기술 도입이 그동안 건설산업이 안고 있던 단점을 일부 보완할 수 있다고 생각한다. 투자자들은 건설 일정관리 소프트웨어, 조립식주택 양산공장, 샘과 같은 로봇 등 다양한 기술에 주력하는 신생기업들에 31억 달러를 쏟아 부었다.

뉴욕 빅터에 위치한 컨스트럭션 로보틱스(Construction Robotics)는 로봇 샘과 뮬의 제조사이다. 건설용 로봇을 활용하여 작업에 적용하는 움직임은 아직 초기 단계이다. 특정 종류의 작업을 위한 기술이 존재하긴 하지만 더 많은 정교함을 요하는 전기 작업과 목공일을 대신할 만한 기술은 아직까지는 없는 것 같다. 구매나 임대하는 데 소요되는 가격 또한 주요 장애물이다. 예를 들어, 컨스트럭션 로보틱스가 판매하는 로봇의 가격은 7만 5,000~50만 달러를 호가하고 있다.

또 하나의 문제점은 비록 건설회사의 경영진이 신기술을 선호한다 하더라도 현장 감독부터 일선 작업자들까지 모든 사람들을 설득하는 일은 매우 어려울 것이다. 2015년 무역박람회에서 벽돌쌓는 로봇 샘이 처음 공개됐을 때 일부 석공들은 자신이 일자리를 잃을 수도 있다는 두려움 때문에 로봇에 대한 불안과 불신을 나타냈었다. 일부 작업자들은 매우 기대하고 있는 반면에 다른 작업자들은 일자리 상실 때문에 매우 공포에 떨었다. 건설로봇인 뮬은 세계 벽돌공 및 세공사 연맹(International Union of Bricklayers and Allied Craftworkers)으로부터 비교적 따뜻한 환대를 받았다. 이 로봇의 팔은 최대 135파운드(약 61 kg)까지 도구나 돌과 콘크리트 패널을 신속히 들어 올릴 수 있어 인부들의 육체적 피로를 덜어주기 때문이다. 그러나 건설로봇인 샘은 조금 다르다. 인부들은 샘이 인간을 대체할지도 모른다고 느끼고 있고 어떤 면에서 보면 충분히 이해할 수도 있어 보인다.

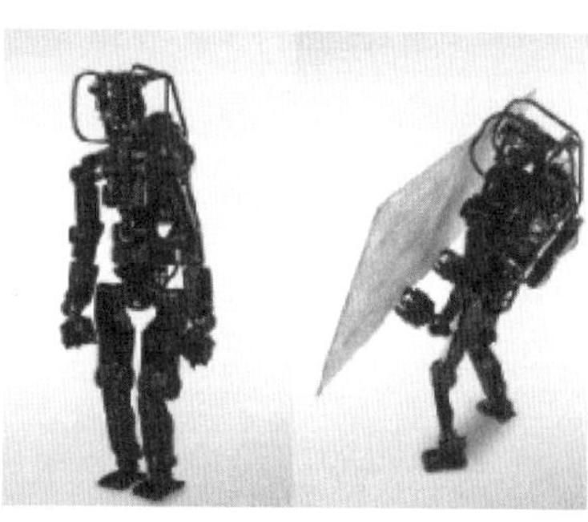

그림 6-13 미국 컨스트럭션 로보틱스의 로봇(뮬) & 일본 휴머노이드 로봇

(2) 일본의 휴머노이드 로봇(HRP-5P)

일본 국립산업기술연구소(AIST)의 경우 건설현장 인력 부족 문제를 해결할 수 있는 휴머노이드 로봇을 개발해 공개하였다. HRP-5P로 불리는 이 로봇은 신장 182 cm, 무게 101 kg이며 시간당 1,000개의 벽돌을 쌓을 수 있으며 목재를 자르고 운반할 수 있다. AIST에 따르면, 1,820×910×10 mm 크기의 석고보드(약 11 kg)나 1,800×900×12 mm의 합판 패널(약 13 kg)의 큰 물체까지 운반할 수 있다. 인간의 움직임을 모방했지만 더 넓은 범위로 관절을 움직일 수 있도록 해 작업을 더 효과적으로 수행할 수 있다. 예를 들어 인간의 둔부 관절은 140° 범위 내에서만 움직이지만 HRP-5P는 202°까지 움직일 수 있다. 허리 관절도 인간의 운동 범위인 80°보다 넓은 300°까지 가능하다. 실시간 3D 측정을 가능하게 하는 헤드 복합 센서와 AR 마커를 사용하여 로봇은 도구를 선택하고 필요한 작업을 원활하게 전개할 수 있다.

(3) 패스트브릭 로보틱스(Fastbrick Robotics), 하드리안 X 로봇

호주 퍼스에 거점을 둔 벤처 기업인 '패스트브릭 로보틱스(Fastbrick Robotics)'는 아주 오래된 건설 기법을 자동화할 수 있다고 주장하고 있다. 아직 완성된 것은 아니지만 벽돌을 쌓는 작업을 자동화할 수 있는 로봇, Hadrian X가 있기 때문이다. 세계 최초로 전자동 로봇으로 실제 주택을 짓는 데 성공했는데 로봇이 3개의 방과 2개의 욕실을 갖춘 단독 주택을 짓는 데 걸린 시간은 불과 3일 만 소요되었다. 패스트브릭 로보틱스는 세계 최초로 벽돌 쌓아올리는 건축 작업의 전 과정을 자동화한 로봇을 사용해 건축한 주택이 적정한 건축 기준을 충족시키고 있어 건축용 로봇 상용화를 위한 가능성을 제시한 경우라고 볼 수 있다.

영국에 거대한 방벽을 건설한 로마 황제 하이드리아누스의 이름을 딴 하드리안(Hadrian)은 첫인상이 마치 포크레인 같지만 하는 일은 완전히 다르다. 이 로봇이 하는 일은 고대로부터 인간이 수작업으로 해왔던 일인 벽돌쌓기를 자동으로 바꾸는 것이다. 아직 완전하게 작동하는 로봇을 개발한 것은 아니지만 이 프로토타입은 최근 호주 퍼스에서 첫 시범을 보여줬다.

하드리안은 몸체에 벽돌 유닛을 가지고 있다가 28 m에 달하는 거대한 팔을 통해서 차례대로 공급을 한다. 벽돌 하나를 쌓을 때마다 그 사이 시멘트를 발라주는 자동화된 장치가 존재하며 벽돌 나르기에서 쌓기까지의 과정을 한 번에 해결하기 때문에 작업속도는 사람이 할 때 보다 20배나 빠르다고 한다. 사실 조적작업에 있어서 벽돌을 쌓는 일 자체보다 더 중요한 것은 벽돌을 정확히 올리는 것인데 숙련된 일꾼이라면 벽돌을 엉성하게 쌓아 올리지 않을 것이지만 아직까지는 벽돌을 정확하게 쌓아 올리는 작업에서 있어서만은 로봇이 인간보다 못할 수도 있다.

이러한 벽돌쌓기 로봇은 CAD와 바로 연동해서 건축을 하는 데 사용될 수 있다. 원리적으로 보면 벽돌을 일종의 잉크로 사용하는 건축용 3D 프린터와 비슷하다고 할 수 있다. 다만 벽돌이라는 흔한 소재를 사용함으로서 기존의 건축물과 이질감을 줄이고 건축현장에서 쉽게 통합해서 사용할 수 있는 장점이 존재한다. 이론은 그럴듯하지만 현실은 항상 다를 수 있다. 특히 경제성이라는 측면을 만족시키지 못하면 아무리 혁신적으로 보였던 제품이라도 사장되는 것이 시장의 원리이다. 과연 벽돌쌓기 로봇이 진짜 상용화될 수 있을지 자못 궁금하다.

그림 6-14 Fastbrick Robotics의 벽돌 자동 건축 로봇 Hadrian X

(4) 빌트 로보틱스(Built Robotics), '자율 트랙로더(ATL)'

검은색과 노란색의 작은 트랙터가 샌프란시스코의 한 공터에서 버킷(Bucket : 흙, 모래 따위를 퍼 올리는 통)을 달고 흙먼지를 뿜어내며 달린다. 땅에서 파낸 흙을 싣고 삑삑 소리를 내며 달리다 흙더미 앞에 멈춰 서서 내용물을 떨어뜨리고 다시 삑삑 소리를 내며 뒤로 간다. 흔히 보는 트랙터의 작업 광경이다.

샌프란시스코에 위치한 로봇 신생기업 '빌트 로보틱스(Built Robotics)'가 만든 ATL은 자율주행차와 같은 구조로 움직이다. 작업자가 종일 먼지가 날리는 공사장의 중장비 차량을 직접 운전하는 대신 좌표를 프로그래밍하기만 하면 된다. 사람이 할 일은 단지 작업이 제대로 수행되고 있는지 확인하는 것뿐이다. 빌트 로보틱스의 창업자겸 CEO 노아 레디 캠벨(Noah Ready-Campbell)은 수년간 구글에서 근무했으나 어린 시절 계약직 건설현장 작업자로 일하던 아버지의 영향으로 공사현장의 로봇 기계를 개발하였던 것으로 알려졌다.

'빌트 로보틱스(Built Robotics)'가 개발한 이 트랙터 꼭대기에는 자동차 지붕에 장착하는 캠핑 캐리어와 유사한 탑재물이 있다. 그러나 여기에는 전자 제품이 가득하다. 이 밥캣 트랙터에는 아무도 앉아 있지 않기 때문에 4,500 파운드짜리 콘크리트 블록이 줄지어 있는 곳에서 자율적으로 작동한다. 좌표와 구멍의 크기를 알려주고 실행을 누르면 정교한 정확성을 자랑하며 바닥을 파낸다.

이 트랙터는 자율주행차처럼 라이더를 사용하기 때문에 레이저를 방출해 주변 세계를 직접 볼 수 있다. 차이점이라면 진동이 심하고 충격이 큰 건설 굴착분야에 작동하도록 특별히 설계되었다는 점이다. 레이저는 로봇이 파서 들어 올린 재료의 양을 측정할 수도 있다.

그림 6-15 빌트 로보틱스 자율트랙로더(ATL)

그러나 그 무엇보다도 자율 트랙로더(ATL)는 자율주행 차량에 비해 큰 이점이 있다. 상대적으로 정적이고 구조화된 환경에서 작동한다는 점이다. 혼잡한 길에서 다녀야 하는 어려움은 일단 없는 셈이다. 물론 트랙터가 일하는 현장이 평화롭기만 한 것은 아니지만 적어도 자율 트랙로더(ATL)는 제한된 공간에서 작업하고 있다. 로봇을 배치하기 위해 빌트 로보틱스는 현장 기지국과 인공위성을 결합해 센치미터(cm)까지 위치 데이터를 생성하는 증강 GPS를 사용하고 있다. 가장 흥미로운 사실은 이 트랙터에 사람이 타고 있지 않으면서도 작업이 가능하다는 점이다.

(5) 일본 시미즈건설의 자율형 로봇 '시미즈 스마트 사이트'

일본은 건설현장에 속속 건설용 로봇을 투입하고 있다. 건설분야는 오랫동안 3D(더럽고 위험하며 힘들다는 표현, 일본에서는 3K로 표현한다) 업종의 대표로 꼽히고 있다. 일본의 건설현장 로봇 투입은 당장 부족한 인력을 대체하는 수준이지만 점차 건설현장의 이미지 개선으로 이어질 것으로 전망되고 있다.

일본의 4대 건설사 중 한 곳인 일본 시미즈건설(Shimizu Corp.)은 로봇과 사람이 공동으로 작업을 진행하는 차세대 건축생산 시스템인 '시미즈 스마트 사이트'를 최초로 고층 호텔 건설현장에 투입하였다. 현장에 투입된 자율형 로봇은 '시미즈 스마트 사이트'의 핵심이라고 할 수 있는데 자재 반송 수평 로봇인 '로보 - 케리어'와 철골 용접 로봇인 '로보 - 웰더' 그리고 천장 시공용 로봇인 '로버 - 버디' 등이다.

그동안 건설현장에선 실내에 여러 명의 근로자가 함께 작업하는 경우가 흔해서 사실 로봇 활용이 어려웠다. 또한 장애물도 많아 GPS 전파 전달도 쉽지 않았지만 꾸준한 기술개발을 통해 이러한 문제점을 상당 부분 해결하였다.

건설용 로봇인 '시미즈 스마트 사이트'는 현장 작업자가 단말기를 통해 작업 지시를 내리면 24시간 작업이 가능해 인력난이 심화되고 있는 건설현장에 유용한 솔루션이 될 것으로 기대를 모으고 있다. 장기적으로는 각 공정에 필요한 기술 인력을 70%까지 절감할 수 있을 것으로 전망되고 있다. 2025년까지는 10%의 인력 절감을 목표로 지속적인 연구개발을 수행하고 있다.

천장 마감작업 로봇인 '로버-버디'은 센서로 자신의 위치를 파악하고 끝에 달린 카메라로 주변 상황을 입체적으로 파악한다. 1.8 m 길이의 팔 2개를 이용해 합판을 정확하게 천장에 부착한다. 천장 마감작업은 발판 위에서 머리로 합판을 떠받치며 골조에 갖다 대고 공구를 이용해 고정하는 작업으로 그 동안 작업자들의 목이나 허리 등 신체에 주는 부담이 매우 컸었다.

그림 6-16 시미즈건설의 천정 시공 로봇 '로버 버디'

(6) 일본 타이세이건설(大成建設)의 콘크리트 바닥 작업용 로봇

일본의 또 다른 건설사인 타이세이건설(大成建設)은 건축 시 콘크리트 바닥의 마무리 작업을 지원하는 로봇을 개발했는데 이 작업은 허리를 상하게 되기 쉽기 때문에 작업자를 대체할 수 있도록 개발된 로봇이다. 작업자들이 불편한 자세로 장시간 작업을 수행해야 하는 콘크리트 바닥 마무리 작업을 로봇이 대신함으로 작업자의 육체적인 피로를 줄이고 작업장에 투입하는 인력도 절감할 수 있을 것으로 기대된다. 현장 기술자들이 마무리 작업하는 것과 비교해 효율을 3~4배 향상시킬 수 있다.

이 로봇은 무게 약 90 kg으로 소형 트럭이나 작업용 엘리베이터로 손쉽게 운반할 수 있다. 충전 가능한 착탈식 배터리를 채택하여 3시간 가량 구동이 가능하다. 건축이나 토목 작업에 구애받지 않고 콘크리트 바닥을 마무리할 필요가 있는 건설현장에서 이용할 수 있다. 컨트롤러를 활용해 무선 조종이 가능하다.

그림 6-17 타이세이건설(大成建設) 콘크리트 바닥 작업용 로봇

일본의 건설회사들이 로봇산업에 적극적으로 참여가 쉽게 이루어진 원인은 아마도 다음과 같은 이유일 것이다.

- 유럽이나 미국 등과는 달리 위험작업, 오염작업, 특수 작업 등 3D 업종 기피에 따른 문제를 로봇으로 대체해 보려고 시도하였다는 점
- 일본의 건설업 부가가치 노동생산성은 지난 10여 년간 약 5% 저하되어 제조업에 비하여 상당히 낮고 한편으로는 심각한 건설노동자 부족문제를 해결하는 차원에서 적용한 점
- 건설성은 생산성 향상을 위하여 로봇활용을 중점 4개 과제 중의 하나로 선정함에 따라 현장 시공 시의 성력화(省力化) 등을 도모하기 위하여 로봇화의 필요성이 강하게 제기되었다는 점
- 일본 건설업은 새로운 기술을 개발하기 위한 건설사의 연구소가 세계에서 가장 잘 정비되어 있을 뿐만 아니라 정부의 적극적인 협조와 건설로봇 개발에 대한 세제혜택도 주어졌다는 점

지금까지 개발된 일본 건설로봇 활용을 살펴보면, 건축공사 중 철근공사나 콘크리트 공사 등에서 많이 사용되었다. 반면에 토목공사에서는 기초공, 터널공사 등에서 사용이 많았다. 이는 비교적 이동이 별로 없고 상대위치가 쉽게 결정될 수 있으며 재료의 질 등도 사전에 쉽게 알 수 있기 때문이었다.

일본은 콘크리트 타설·균등화·면 고르기 로봇, 실드 작업로봇 등의 다양한 건설로봇이 개발되어 있고 도시의 지하공사 터널작업에서 세그먼트 조립작업의 자동화는 이미 실용화 단계에 있는 것으로 보인다.

일본 국토교통성은 로봇 활용을 적극 지원하기 위해 신규 발주 건축공사에 로봇을 도입할 경우 입찰평가기준의 하나인 공사실적에 가산점을 주고 있다.

(7) 몸에 입는 웨어러블 로봇

가끔씩 우리는 영화에서처럼 아이언맨 슈트를 입고 하늘을 날거나 강력한 파워를 이용해 악인으로부터 지구를 구하는 상상을 하곤 한다. 아이언맨 슈트를 걸침으로써 애초에 한계가 지어진 신체능력을 끌어올려 연인이나 가족, 친구들 앞에서 히어로가 될 수 있다는 것은 상상만으로도 기분 좋은 일이다. 보통 사람보다 뛰어난 이들을 지칭하는 슈퍼휴먼은 강화된 신체능력을 이용해 과거에는 할 수 없었거나 즐길 수 없었던 일들을 해내게 될 것이다. 신체적·지적 능력이 강화된 슈퍼휴먼의 시대가 성큼 다가오고 있으며 그 중심에 아이언맨 슈트 같은 '입는 로봇'이 자리하고 있다. 아이언맨 슈트는 입고 착용한다는 의미에서 웨어러블 로봇 또는 웨어러블 슈트로 불리운다. 웨어러블 로봇은 스스로 지능을 가지고 동작하는 로봇 또는 슈트가 아니라 사람이 특정한 행위나 신호를 통해 움직이도록 만드는 객체적인 도구이자 수단이라는 점이다.

웨어러블 로봇은 착용자의 보행능력을 향상시키거나 무거운 물체를 운반할 수 있도록 기계적인 힘을 더해주는 로봇 시스템이다. 로봇이 인간을 감싸는 형태로 인간의 지능과 로봇의 신체가 결합되는 장점이 있어 폭 넓은 분야에 적용이 가능하다. 사람이 움직이려고 하는 의도를 센서(Sensor)가 감지해 고속 계산이 가능한 컨트롤러에 전달하고 그 전달된 정보를 활용해 관절부의 작동장치(Actuator·액추에이터)가 구동되는 원리다. 물론 작동장치가 의도대로 구동되기까지 센서 기술, 배터리 전원 기술, 관절의 내구성, 지능형 컨트롤러가 필요하다. 좀 더 나아가면 뇌세포, 신경세포와 연결된 신경망 기술까지 망라하기에 상당히 복잡한 시스템이며 기술적 난도 또한 높다고 할 수 있다.

로봇 외골격 제작 전문회사 엑소 바이오닉스(Ekso Bionics)는 드릴 작업이나 상부 파이프 설치 작업 등을 위해 인부의 팔을 지탱해주는 로봇 조끼를 만든다. 또한 근로자들이 무거운 장비를 쉽게 들어 올릴 수 있도록 돕고 피로와 부상을 줄여주는 로봇 팔도 판매하고 있다. 이 기업의 로봇 조끼는 인부들의 팔과 등을 지지해 주면서 초인적인 힘을 낼 수 있다. 그 결과 피로와 부상 위험은 줄어들 수 있다. 독립적인 로봇 팔은 중장비를 거의 새털처럼 가볍게 움직일 수 있다.

하체 근력 지원용 로봇은 작업자의 하체를 지지하고 근력을 높여 훨씬 적은 힘으로 무거운 짐을 손쉽게 옮길 수 있도록 고안되었다. 건설현장에서 무거운 자재나 제품을 옮겨야 하는 건설업 등 산업현장에서 다양하게 사용될 수 있을 것으로 보인다.

그림 6-18 웨어러블 로봇과 의복형 웨어러블 로봇

(8) 보스턴 다이내믹스, 로봇개 스팟(SPOT)

미국 보스턴 다이내믹스가 개발한 로봇개 스팟(SPOT)이 샌프란시스코 국제공항 하베이밀크터미널 신축공사 현장에 투입되어 작업을 하였다. 로봇개인 스팟(SPOT)은 가상현실 소프트웨어를 장착하여 대형 건설공사 현장에서 현장을 관리하고 점검하는 일을 수행하였다. 스팟의 임무는 가상현실 소프트웨어를 이용해 현장 구석구석을 360도 사진으로 촬영하는 것이다. 이 사진을 이용해 현장을 가상현실로 재구성하면 엔지니어들이 이를 보고 작업의 진행 상황을 점검한다. 지금까지 현장 촬영 작업은 사람이 직접 카메라를 들고 다니며 수행했는데 이를 스팟으로 대체한 것이다. 이러한 자동화 시스템을 이용하면 현장 점검 결과를 문서로 작성하여 보고까지 걸리는 시간을 절반으로 줄일 수 있게 된다.

스팟은 기본적으로 자율주행이 아닌 원격제어로 이동한다. 하지만 일단 경로가 입력이 되면 그 다음부터는 센서로 장애물을 피하면서 같은 경로를 스스로 이동해 갈 수 있다. 처음한 번만 전용 스마트폰 앱 '스팟워크(SpotWalk)'로 스팟을 원격 조종하여 경로 지도를 작성해 놓으면 나머지는 스스로 알아서 작업을 수행한다. 스팟 스스로 가야 할 경로 중에서 어느 지점의 사진을 찍을지를 결정하여 사진을 찍게 된다. 그러나 스팟은 일반적인 보통의 개처럼 한 번은 꼭 훈련을 시켜야 된다. 마치 살아있는 개처럼 자연스러운 동작으로 건설현장을 누비고 다니는 스팟의 모습은 가히 감탄을 자아내게 한다. 그러나 능숙하고 민첩한 스팟의 이동이 자율 제어가 아닌 원격조종에 의한 것이라는 점과 장애물은 피할 수는 있지만 장애물을 제거할 줄은 모른다는 한계를 가지고 있다. 상상 속의 로봇과 현실 사이엔 아직 꽤 많은 거리가 있다는 점을 깨닫게 해준다.

보스턴 다이내믹스의 대표작인 4족 보행 로봇인 스팟은 2015년 처음 선보인 이후 장애물 피하기, 계단 오르내리기, 발로 차도 쓰러지지 않기, 문 열고 닫기, 쓰레기 버리기, 캔맥주 전달하기, 음악에 맞춰 춤추기 등 다양한 동작 능력을 계속해서 추가해 왔다. 미국 MIT의 로봇공학 교수 마크 레이버트(Marc Raibert) 박사가 2002년 창업한 보스턴 다이내믹스는 초기엔 미국 국방부와 군사용 로봇 개발 프로젝트에 치중하다 구글을 거쳐 2017년 손정의 회장이 이끄는 소프트뱅크에 인수된 이후 로봇 상품화에 적극 나서고 있다.

그림 6-19 원격제어를 받으며 건설현장을 이동하는 로봇개 '스팟'

그림 6-20 전용앱으로 통제되고 있는 '스팟'

(9) 로봇 보조 다기능 설계

건설산업에서 로봇과 무인 건설기계 등을 사용하고 적용하는 것은 이제 더 이상 새로운 일이 아니다. 일본에서는 1970년대와 1980년대에 건설 회사가 이 기술을 이끌어 왔지만 산업이 번창하고 더 숙련된 작업에 대한 요구가 생겨나자 이를 위한 재료를 개발하고 철근 배치 작업을 수행하는 데 도움이 되는 로봇들이 개발되기 시작하였다.

초기에 개발된 로봇은 단순하고 반복적인 작업만을 수행하기 위해서 만들어졌다. 그 당시에는 건설은 모든 단일 프로젝트에 새로운 도전을 가져 오기 때문에 자동화하여 적용한다는 것은 매우 어려운 것으로 생각했었다. 그러나 현재의 로봇기술은 건설산업에서 새로운 혁신을 일으키고 있다. 기계학습, AI, 센서와 디지털 기술의 새로운 발전으로 이러한 장벽은 모두 사라졌다. 로봇은 이제 쉬운 작업에서 위험한 작업까지, 심지어는 관리할 수 있는 능력까지 거의 건설산업의 모든 분야에서 사용되고 있다. 그들은 인간보다 더 빠르고 효율적으로 프로젝트를 수행함으로써 혁신적인 변화를 약속하고 있다. 실제로 5G가 스마트 도시에 적용됨에 따라 다중 작동 로봇의 인기는 점차 높아질 것으로 생각된다. 왜냐하면 동일한 작업을 한 번에 공동으로 수행할 수 있기 때문이다. 최근 연구에 따르면 건설 작업의 약 49%는 자동화할 것으로 예상되고 이러한 기술은 노동자, 목수, 배관공, 운영 엔지니어, 전기 기술자의 역할을 대신할 것으로 예측된다.

2018년 11월, 중국 회사 Archi-Union Architects는 상하이의 컨퍼런스 센터에 로봇을 이용한 설계 및 시공 방법을 채택하였다. 그러나 이 프로젝트는 100일 만에 사라졌다.

부동산 투자신탁회사인 블루테크 파크 프라퍼티(Bluetech Park Properties)와 KME 아키텍츠는 로봇 보조 다기능 설계를 특징으로 하는 디지털 스마트 도시형 도시공간 개발을 계획하고 있다. 여기에는 "슈퍼 트리", 자가 치유 콘크리트 구조물 등이 포함된다. 새로운 디지털 도시에는 재생 에너지로 구동되는 사무실, 시장, 저렴한 주택이 있다. 앞으로 로봇은 설계, 제조, 건설과 서비스에 다양한 방법으로 참여하게 될 것이다.

그림 6-21 스마트 건설기술기반 건설자동화 순서도

(10) 기타

뉴욕 소재 토글(Toggle)이 제작하는 5피트(약 1.5 m) 크기의 로봇들은 콘크리트 건설에 사용되는 육중한 철근을 들어 올리고 자재를 능숙하게 다룬다. 그 동안 인부들은 마무리 작업을 담당하게 된다.

그림 6-22 토글(Toggle) 로봇

샌프란시스코 베이 에어리어(Bay Area) 지역에 위치한 다수의 스타트업 업체들도 이 흐름에 가담하고 있다. 로봇 스타트업 독셀(Doxel)은 3D 비전과 인공지능을 탑재하고 건설현장을 돌아다니면서 그 위를 비행하는 자율운행 로봇과 드론을 제작하고 있다. 이 로봇과 드론들은 현장에서 배관작업이 얼마나 진행됐는지 그리고 제대로 마무리됐는지 여부를 감독하게 된다.

그림 6-23 건설현장이 쉬는 동안에도 묵묵히 일하는 독셀(Doxel) 로봇

마지막으로 더스티 로보틱스(Dusty Robotics)가 제작하는 소형 로봇들은 현장을 돌아다니며 건설 도면에 따라 콘크리트 바닥에 벽과 기반시설의 위치를 표시한다.

더스티(Dusty)의 첫 번째 제품인 FieldPrinter는 배치 계획을 인쇄하는 자율형 모바일 로봇으로 직원들이 작업대 바닥에 벽과 기타 고정 장치를 직접 설치할 수 있는 장소를 보여주는 데 사용된다. 기존의 방법보다 10배 빠르고 정확하게 이 과정을 완료한다. FieldPrinter는 BIM(빌딩 정보 모델링) 소프트웨어에서 작성된 레이아웃을 사용하여 배치 계획을 현장으로 이전하는 프로세스를 간소화하고 작업자들이 보다 신속하고 정확하게 작업할 수 있도록 함으로써 오류를 줄이고 프로젝트의 속도를 높일 수 있다.

그림 6-24 더스티 로보틱스 소형로봇

미래, 무인 중장비가 작업하는 건설현장

건설 작업은 매우 어렵고 육체적, 정신적으로도 매우 힘든 일이다. 많은 건설기계 장비가 활용되고 있지만 사람이 담당해야 할 힘든 작업이 여전히 많은 상태이다. 높은 업무 강도와 복지수준 부족 등으로 인하여 건설현장의 인력은 계속해서 줄어들고 있는 실정이다. 건설인력 부족에 대한 해법으로 로봇이 주목되고 있는 이유이다. 그렇다면, 건설현장에서 건설기계에 이러한 디지털 기술과의 결합은 앞으로 건설현장을 어떻게 변화시킬까?

볼보 건설기계는 이미 지난 2016년 9월 자율주행 덤프트럭과 휠로더(모래·자갈 등을 퍼 나르는 건설기계) 등 무인 화물 운반 차량 시제품이 운전자나 원격 조종자 없이 채석장에서 골재를 채취해 실어 나르는 현장을 공개하기도 하였다. 사물인터넷(IoT) 기술로 기계끼리 통신을 하면서 휠로더가 퍼 옮기는 골재를 덤프트럭이 담아 목표 지점에 정확히 옮기는 작업이 가능해진 것이다. 현대건설기계도 조만간 자동 지형 측량 기능(머신 가이던스)이 탑재된 굴삭기를 상용화할 예정이다.

다관절 산업용 로봇이 국내 건설현장에 시범 적용될 계획인데 인공지능(AI) 기술을 갖춘 산업용 로봇은 기존 로봇과 달리 사람의 손만큼 정밀한 작업을 할 수 있다. 그동안 오랜 경험을 가진 숙련된 굴삭기 조종사에 의해서만 가능했던 굴삭기의 효율성을 높이기 위해 머신 가이던스(Machine Guidance) 기술이 국내외에서 적용 중에 있다. 굴삭기에 각종 센서와 제어기, 위성항법시스템(GNSS) 등을 탑재해 굴삭기의 자세와 위치, 작업 범위 등을 실시간으로 운전자에게 알려주는 기술이다.

그림 6-25 무인 측량 굴삭기

그림 6-26 자율주행 화물 운반차량

건설기계 제작사들이 무인·자동화 기술에 적극적으로 나서는 이유는 24시간 작업이 가능해지는 등 생산성 향상과 함께 인명 사고를 예방할 수 있기 때문이다. 가령 굴삭기 작업은 운전기사가 굴삭기를 조작해 땅을 파면 측량기술인이 직접 땅을 판 곳의 면적과 경사도 등을 측정한다. 설계도대로 작업이 이뤄지지 않으면 다시 굴삭기로 땅을 파고 고르는 작업을 반복하는 방식으로 진행된다. 이렇다 보니 작업 속도도 느려지고 측량 도중 굴삭기에 부딪혀 사람이 다치는 사고가 일어나기 일쑤였다. 제작사들이 굴삭기의 버켓(삽에 해당하는 부분) 등에 지형의 경사와 면적 등을 측정하는 센서를 달아 측량기술인 없이 작업할 수 있는 기술을 개발하고 있는 것도 이런 이유다.

자동화 건설 장비인 로봇들은 사람의 실수로 발생하는 사고 가능성을 줄일 수 있고 작업 효율성도 높일 수 있다. 또한 건설업체 입장에서는 생산성과 연료 효율성 등도 함께 높일 수 있는 이점이 있기에 적극 적용하고 있다. 사람들이 건설공사현장에서 근무하기를 꺼리다 보니 건설기계를 다루는 기술자들도 노령화하고 있는데 이러한 무인 굴삭기를 활용하게 되면 측량 후 재작업 단계를 줄여 작업 효율성을 20~50% 가량 개선할 수 있는 것으로 파악되고 있다. 다만, 건설업은 고용 창출 효과가 큰 대표적인 업종이라 무인화 속도가 빨라지면 고용에도 부정적인 영향을 미칠 것으로 전망된다.

이러한 디지털 기술의 결합을 통해 앞으로의 건설현장은 점차 무인장비들이 등장하면서 더욱 높은 생산성과 정밀한 시공이 가능해질 것으로 기대된다. 현재 국내 글로벌 건설사들은 무인 건설기계 기술 실험을 진행 중에 있다.

무인화를 위한 건설로봇의 한계점

로봇은 이제 쉬운 작업에서부터 위험한 작업까지 건설분야의 모든 부분에 진입하고 있다. 그들은 인간보다 더 빠르고 효율적으로 프로젝트를 수행함으로써 혁신적인 변화를 약속하고 있다. 앞서 언급한 바와 같이 디지털 기술을 결합한 무인 건설기계인 로봇은 다양한 분야에서 이미 개발이 완료되었고 일부는 상용화되어 있지만 실질적으로 우리나라의 건설현장에서는 건설로봇을 손쉽게 접하기는 쉽지만은 않은 실정이다.

이러한 현상이 발생하는 주요 원인은 우리나라 건설현장 환경이 타 산업처럼 균질한 환경조건을 확보할 수 없다는 점 때문일 것이다. 건설현장과 자재 등은 비균질성 특징으로 말마암아 오로지 센서에 의한 센싱이나 지능화에 의존하는 로봇에게는 극심한 장애요인으로 작용하기 때문이다. 건설로봇의 실용화를 방해하는 또 다른 원인으로는 현장에 적용할 때 아직까지는 적용성이 상당히 저하되고 있는 실정이고 작업자의 거부감과 건설회사에서의 수요 부족, 신공법의 지속적인 출현과 로봇기술의 대응력 저하를 꼽을 수 있겠다. 이러한 문제점에도 불구하고 건설산업의 생산력 향상을 위해서는 건설로봇을 이용한 건설자동화는 필수적이다.

인간-로봇 간 협업기술을 이용한 건설 반자동화를 우선적으로 도입하여 점차 무인화를 실현하는 방안이 적합한 것으로 사료된다. 4차 산업혁명의 첨단 기술은 생각보다 훨씬 빠른 속도로 우리나라 건설공사현장에 도입될 가능성이 높다. 자율주행 기술이 사람들의 눈에 보이는 변화를 일으키는 것은 아마도 교통 분야가 아닌 건설분야일 것이라고 전망된다.

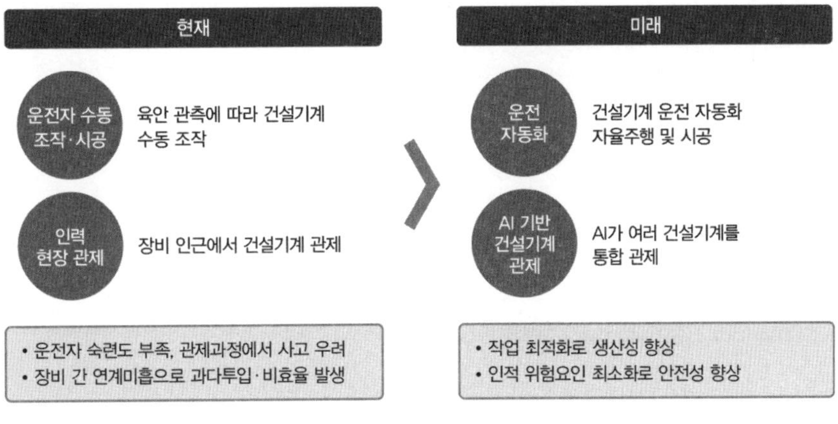

그림 6-27 스마트 건설-건설기계(로봇) 운용의 현재와 미래상

로봇의 인간 업무 대체는 앞으로도 계속해서 가속화될 전망이다. 이미 반복 업무의 상당수가 육체노동이든 지식노동이든 상관없이 빠르게 자동화되고 있음은 주지의 사실이다. 로봇기술의 발전은 건설 작업자들의 일자리를 파괴하기도 하지만 더 많은 일자리를 창출할 수도 있다. 건설업계의 로봇 도입은 빠르게 노후화되고 있는 인프라 개선이라는 관점에서도 좋은 소식이라고 할 수 있다. 로봇에 의한 생산성 향상은 노후화된 시설의 보수를 보다 저렴하고 쉽게 지원하는 데 큰 역할을 할 것으로 전망된다.

로봇과 인간이 공존하는 4차 산업혁명 시대는 이미 거스를 수 없는 시대적 대세이다. 결국 건설용 로봇의 작업은 인간의 삶을 더 편안하고 안전하고 생산적인 방향으로 이끌 것이다. 로봇은 우리 생활 속에 깊숙이 들어와 오늘도 자동화된 미래를 향해 한발 앞으로 나가고 있다.

2 지능형 IoT 기술로 스마트 건설을 이끈다

IoT 기술로 만들어지는 스마트 건설

'스마트 건설'이란 건설현장의 관련정보를 실시간으로 통합 관리하는 걸 뜻한다. 현장 구조물에 진동센서, 가스센서, 콘크리트 양생 센서 등을 설치해 구축이 가능하다. 또 작업자는 스마트 밴드나 스마트 태그를 착용해 주변 상황과 유기적으로 소통하며 재해를 줄일 수 있다. '스마트 건설'이란 신개념 건설현장 관리 솔루션으로 이해하면 된다. 토목, 건축 엔지니어링 기술과 무선통신 기반의 IoT 기술 등을 상호 접목해 이종 산업 간 기술융합으로 새로운 차원의 미래 서비스를 제공하게 될 것이다.

(1) 건설분야에 적용되는 IoT 기술

컴퓨터, 스마트폰, 타블렛 PC까지 실생활에서 IT가 미치는 영향은 매우 크다. 이제는 IT 기술 없이는 정상적인 생활을 영위하기 어려운 수준까지 와있다. 건설분야도 마찬가지이지만 IT 기술의 활용범위는 우리들 주변 곳곳에서 매우 광범위하고 다양하게 사용되고 있다.

건설분야에 적용된 IT 기술은 설계나 건설시공 관리를 위해 사용되고 있는 오피스 프로그램, CAD 프로그램, 설계 프로그램, 공정관리 프로그램, ERP, PMIS 등의 사내 인트라넷 프로그램, 건설정보모델링(BIM) 등 다양하다. 또한 최근 차세대 IT 기술로 떠오르는 사물인터넷(IoT), 빅데이터, 드론, VR(Virtual Reality), AR(Augmented Reality) 등 다양하게 적용되고 있다.

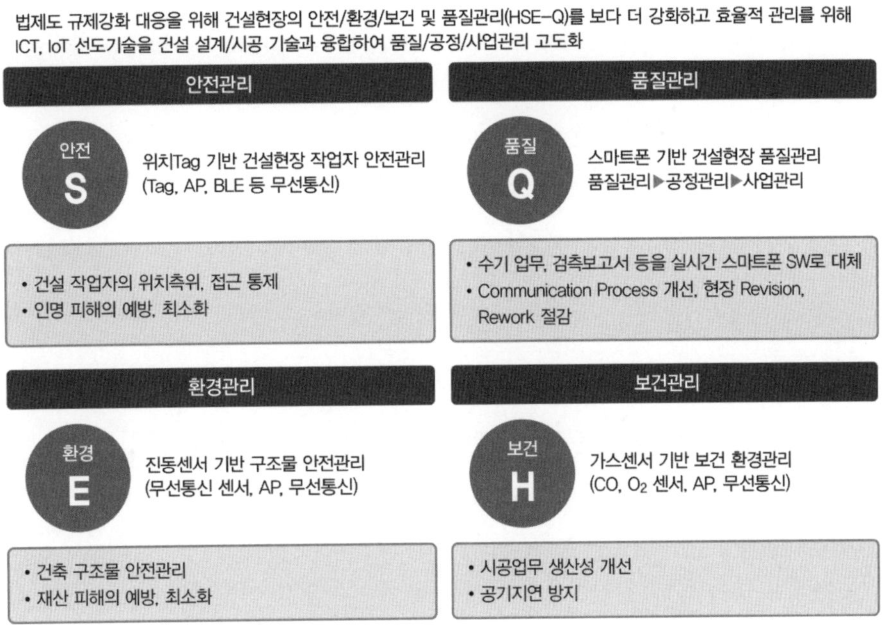

그림 6-28 스마트 건설 개념도

건설분야에 적용되는 IT 기술은 일반적으로 아래와 같이 크게 7개의 항목으로 구분할 수 있다.

- Business and Information Management
- CAD and Visualisation
- Building Engineering Applications
- Computer Aided Cost Estimating
- Planning, Scheduling and Site Management
- Computer Aided Facilities Management
- Integration

(2) IoT 기술 활용으로 건설분야에서 얻을 수 있는 이익

사물인터넷(IoT) 시장은 연평균 23.7% 성장률을 기록하였다. 과학기술정보통신부는 '2019년 사물인터넷 산업 실태조사 결과'에서 2019년 사물인터넷 매출액이 전년대비 16.2% 증가해 10조 9,379억 원을 기록하였다고 밝혔다. 전년도 배달 음식 서비스 거래액이 9조 7,365억 원이라는 점을 비춰볼 때 IoT 시장의 규모는 날로 커지고 있다고 할 수 있다.

IoT 플랫폼이 개발되고 확산되고 있는 요즘은 인터넷 기반에서 훨씬 개방적이고 확장성 있는 방식으로 다양한 서비스가 런칭되고 있다. 최근 IoT(Internet of Things) 기술이 다양한 분야에 많은 영향을 주기 시작하였다. IoT 이전에는 특정 벤더사에 종속된 센서 네트워크를 통해 데이터를 취득하고 처리했으며 인터넷에 연결된 디바이스로 이런 데이터를 모니터링하기 위해서는 별도의 개발이 필요했었다.

IoT 기술을 활용할 때 건설분야에서 얻을 수 있는 이익은 아마도 다음과 같을 것이다.

① 비용 절감

RFID 기반 자재관리, 자체 검출 센서를 이용한 유지 보수와 수리, 빌딩 온도 모니터링 등을 통한 에너지 절감효과을 들 수 있겠다.

② 안전한 작업자

IoT는 원격 운영을 통해 건설현장의 위험한 곳이나 작업을 인터넷상으로 제어할 수 있게 될 것이다. 웨어러블 장치를 이용해 현장에서 필요한 정보를 확인할 수도 있고 증강현실 기술을 이용하여 작업 순서나 날씨, 안전 사항 등을 확인할 수도 있다.

③ 스마트한 디자인

현장에서 BIM 모델을 중첩해 확인할 수 있다면 시공 관리나 모니터링, 유지 보수에 매우 커다란 도움을 줄 것이다.

(3) IoT가 건설산업에 제공할 제품과 서비스

IoT는 건설산업에 다음과 같은 새로운 방식의 제품과 서비스를 제공할 수 있을 것이다.

① 건설장비 모니터링과 수리

건설장비 수리는 건설산업에서 가장 크게 소요되는 운영비용 중의 하나이다. IoT를 활용한 진보된 센서는 건설장비가 자체적으로 문제가 있는지 여부를 확인하고 그러한 문제가 발생하기 전에 모니터링하여 사전에 수리토록 작업자에게 알려줄 수 있을 것이다.

② 장비 검사

장비 검사 시 프로세스상의 늦은 검수나 내부 지연 문제를 해결할 수 있을 것이다.

③ 재고 관리 및 주문

IoT 솔루션에서 사이트 관리자는 리소스가 부족할 때 경고를 받게 할 수 있다.

④ 에너지 관리

건설현장의 조명 등을 모니터링함으로써 에너지 비용 등을 줄일 수 있을 것이다.

⑤ GPS 추적

건설용 부재나 운반트럭 등을 추적함으로써 잘못된 경로로 설정된 부재 유실 등의 문제를 해결할 수 있을 것이다.

⑥ 전자 타임 로깅

부재, 인력 관리에 전자 타임 로깅을 통한 작업자 이력 추적과 관리를 할 수 있을 것이다.

⑦ 웨어러블

건설 작업자는 RFID, 생체 모니터링, GPS 센서, 모션 센서 등이 장착된 헬멧이나 조끼를 입고서 지금보다도 더욱 안전하게 작업할 수 있을 것이다.

⑧ 안전

IoT는 작업자들이 안전하게 작업할 수 있도록 안전한 건설현장 환경 마련에 도움을 줄 수 있을 것이다.

(4) 건설분야와 연관된 IoT 최신 응용 동향

건설분야에 적용된 IoT 기술은 아직도 진행형이다. 일반화되기 위한 표준화가 되어 있지 않아 벤더사별로 IoT 프로토콜이 각기 다르다. 빅데이터, 클라우드, 센서, 무선과 같은 관련 기술은 빠르게 개발이 이루어지고 있다. 센서나 통신네트워크만 생각한다면 그리 어렵거나 복잡해 보이지는 않지만 서비스를 구현하는 입장에서 바라본다면 고려해야 할 사항은 매우 많다. IoT 기술은 다양한 기술과 트랜드 간에 상호 깊은 연관관계를 가지고 있다. 건설분야에 적용된 사례와 동향을 살펴보면 다음과 같다.

① 건설 장비

최신 원격 모니터링 기술은 건설 장비가 어떻게 작동하고 있는지 동작하고 있는지에 대한 상세한 정보를 관리자에게 즉시 제공할 수 있다. 건설기계 장비에 IoT 기술을 적용해 센서로부터 건설장비를 모니터링하고 운영하면 할수록 더 많은 이익 증가가 발생하게 된다.

JCB India는 인도의 건설 장비 제조를 이끌고 있다. 이 회사의 비전 중 하나는 20,000개의 장치를 연결하는 것이다. 이를 위해 Wipro 클라우드 기반 Industrial Internet Platform을 사용하고 있다.

② 빌딩

빌딩의 경우 IoT는 다음과 같은 트랜드와 깊은 상호 연관관계를 가지고 있다.

- BIM(Building Information Modeling) : BIM은 디자인과 시공 단계 동안 빌딩 구조나 시스템을 모델링할 때 주로 사용되고 있다. BIM은 스마트 빌딩 프로젝트의 커다란 자산이 될 수 있을 것이다. 건축물이 운영되면 IoT 데이터는 BIM 모델로 자동적으로 수집되게 된다. 건물의 에너지 사용 패턴, 온도 패턴, 사람 이동 패턴과 같은 데이터는 사물을 모델링한 데이터로 재사용될 수 있게 된다. 이런 모델의 산출물은 미래 빌딩 프로젝트를 개선하기 위해 다양하게 분석될 수 있을 것이다.
- Green Building : 건물은 많은 수자원을 사용하는 분야 중 하나로서 특히 빌딩 프로젝트는 전체 수자원의 40%를 사용하고 있다. 그린 빌딩 운동은 낭비되는 수자원을 개선하고 낭비되는 에너지를 줄이도록 디자인하고 엔지니어링 하는 데 커다란 영향을 주고 있다. 오늘날 그린 빌딩은 공간이 비어 있을 때나 조명이 불필요할 때와 같은 경우에는 빌딩 시스템을 사용하여 자동적으로 셧다운 하게 된다. 예를 들어 The Edge 상업용 빌딩(암스테르담)은 스마트 LED 조명 시스템을 사용하고 있는데 30,000개 센서가 IoT를 통해 빌딩관리 시스템에 연결되어 있다. 이 센서는 조도, 모션, 적외선, 온도를 측정할 수 있고 이러한 데이터는 자동적으로 에너지 사용량을 스스로 조정할 수 있다. 야간에는 빌딩의 어느 일정한 공간을 사용하지 않는다면 해당 공간에 대한 전등이나 냉난방은 자동적으로

꺼지게 한다. 더불어 개인들이 소지하고 있는 스마트폰을 이용해서 거주자 공간의 조도나 온도, 습도를 제어할 수도 있다. 이런 이유로 The Edge 빌딩은 다른 평균 상업용 빌딩보다 전력 사용량이 불과 70%밖에는 되지 않는다. 건물 이력에 대한 데이터뿐만 아니라 출입하는 고객 정보 데이터와 이력정보를 사용하여 마케팅에 효과적으로 활용할 수도 있다.

싱가포르의 Capital Tower는 스마트 빌딩으로 IoT 기술을 사용하고 있다. 빌딩 환기를 위해 배기 팬은 센서와 연결되어 있고 지능형 빌딩 관리 시스템의 제어를 받는다. 예를 들어 주차장의 이산화탄소 센서에서 측정한 값이 1,000 parts/million 이상이 되면 환기 시스템을 자동으로 작동하도록 하게 한다.

- Intelligent prefab : 프리페브(사전제작) 빌딩 컴포넌트는 기존 건설 방식보다 비용측면에서 더욱 효과적이고 빠르게 시공할 수 있다. 하지만 대형 상업용 빌딩 프로젝트에서 프리페브 방식을 사용하는 것은 복잡한 사전 조율이 필요하다. IoT는 이 문제를 해결하는 데 있어서 큰 도움을 줄 수도 있다. RFID 센서를 사용하면 개별 프리페브 파트는 전체 공급 체인 안에서 즉시 추적될 수 있다. 최근 런던에서 시공된 Leadenhall Building이 이런 방식이다. Leadenhall 빌딩은 2011년 가을에 시공되기 시작되었다. 빌딩은 작은 공간에 복잡한 프리페브 컴포넌트를 채워 넣는 과정인데 설치 조율 작업이 상당히 복잡하였다. 이러한 문제를 해결하기 위해서 RFID를 사용하여 여기에서 추출된 데이터를 활용하여 시공 시 문제점을 줄이는 데 활용되었다. 이러한 데이터는 BIM과 통합될 수 있다. 빌딩 컴포넌트의 80% 이상이 사전 제작되어 운송된 후에 시공 현장에서 조립되는 방식이었다. 사전 제작하여 현장에서 조립하는 Off-Site 제작은 빌딩 프로세스를 더 안전하고 소음과 분쟁 소지를 줄여준다.
- Construction management : 시간은 돈이다. 건설공사를 하는 과정에서 공사지연은 시공 분야에서 매우 비싼 비용의 대가를 치루어야 한다. 중장비는 센서와 통합되어 원격으로 모니터링할 수 있다. 이것은 작업장의 온도나 진동, 작업변동과 같은 데이터를 실시간으로 확인할 수 있음을 의미한다. 비정상 패턴이 발견되면 작업자에게 심각한 문제가 발생하기 전에 경고를 줄 수 있다. 사고가 발생하기 전에 사전에 모니터링 결과를 통하여 유지 보수하는 것은 귀한 시간과 막대하게 소요될 비용을 사전에 아껴줄 수 있다.

③ 안전

AIG는 HCS(Human Condition Safety)라는 스타트업 회사에 전략적 투자를 하였다.

HCS는 IoT와 웨어러블 기술을 사용하여 작업자의 안전한 환경을 만드는 데 도움을 주고 작업 현장의 위험을 식별하고 줄이는 데 도움을 주는 기술을 개발하였다. HCS 센서를 착용한 작업자가 중장비가 있는 근처의 위험한 공간에 들어가면 시스템은 작업자에게 안전한 위치로 이동하라는 경고를 주고 사용되고 있던 중장비를 자동적으로 셧다운시킬 수도 있다. HCS(Human Condition Global)사는 건설현장의 안전 이슈를 해결하기 위해 노력하고 있는데 2025년까지는 작업 현장의 사망 사고를 완전히 없애겠다는 것이다. 이 회사는 처음에는 웨어러블 기술을 만들었고 환자의 심정지와 같은 정보를 의사가 알 수 있도록 하였다. 이러한 기술은 가스, 채굴, 선박 운송, 해저 등 다양한 분야에 적용될 수 있다. 현재 이 회사는 AIG, Autodesk, Microsoft등과 파트너십을 통해 지속적인 연구 개발과 투자를 하고 있다.

SK 솔루션은 두바이 건설현장의 안전과 관련된 IoT 시스템을 구축하였다. SAP HANA, SK 솔루션을 사용하여 건설현장 장비에 센서를 부착해 정보를 취득하고 실시간으로 정보가 수집, 분석된다. 수집된 정보는 장비 중량, 위치, 이동, 무게중심, 온도 등을 포함하고 있는데 이러한 데이터는 SK Navigator 운영 시스템이 포함된 시스템에 제공되어 데쉬보드나 모바일 장치에 제공되게 된다. 이를 통해 작업자의 안전성과 빠른 시공 시간, 휴지 시간을 개선하여 30%의 생산성 향상 효과를 보게 되었다.

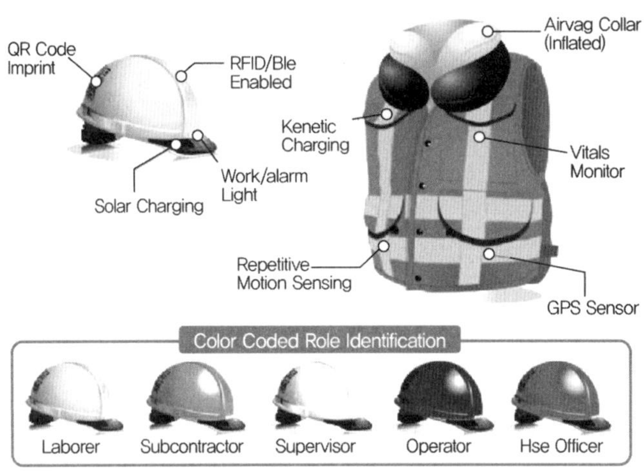

그림 6-29 HCS wearable device

④ 유틸리티

HC Hydro사는 9억 달러를 스마트 미터기와 스마트 그리드 서비스 개발을 위해 투자를 실시하였다. 이를 통해 미터기 효율성과 그리드의 안전성을 개선하려 노력하였다. 이 계획으로 7개의 캐나다 거주지역의 1억 8,000만 개의 미터기가 교체되는 성과를 달성하였다. 이 솔루션은 펌웨어 업데이트, 리모트 모리터링, 75% 도난 감소, 검침 작업에 소요되는 비용 절감 효과를 가져왔다.

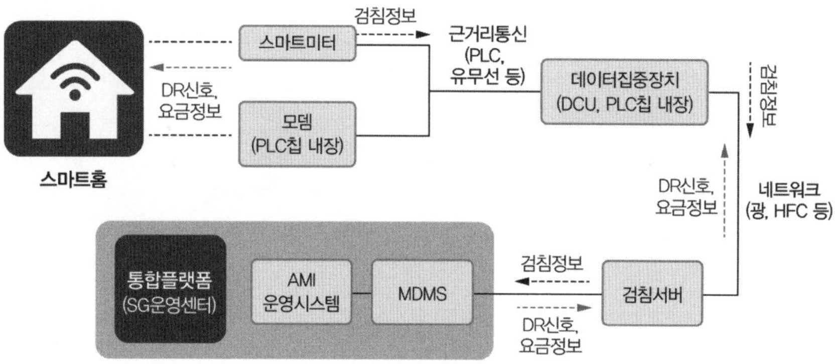

그림 6-30 AMI 시스템 구성(스마트 미터, 통신설비, 운영시스템)

⑤ CCC(Consolidated Contractors Company)는 IoT 기술을 활용하여 실시간으로 시각적 정보를 세계 40국의 16,500개 자산 유지 보수 현황을 제공하고 있다. 이를 통해 사고가 발생하기 전에 사전 유지 보수를 할 수 있었고 자산당 1,100 달러에 해당하는 비용을 매년 절감할 수 있었다. 현재는 Autodesk사의 2D 도면과 3D 모델을 센서 데이터와 함께 사물에 연결해서 오버레이할 수 있는 Project Aquila를 개발하고 있다.

IBM 맥시모는 사용자, 센서 그리고 각종 기기들을 통해 수집되는 IoT 데이터와 함께 사용되는데 이렇게 모인 데이터들을 활용해 자산에 대한 경고를 보내 예기치 못한 다운타임을 줄여주고 있다. 데이터들이 실시간으로 보여지기 때문에 자산관리도 실시간으로 효율적으로 할 수 있는 장점이 있다.

⑥ 스마트 홈

인텔의 Minim Homes인 스마트 소형 주택이 샌프란시스코에서 공개된 바 있다. 이 스마트 홈에는 인텔의 IoT 플랫폼이 사용되고 있는데 이를 통해 조명이나 냉난방 설비 등을 스마트 플랫폼 등을 이용해 원격으로 모니터링하고 관리할 수 있다.

LIXIL의 U²-Home과 IoT 하우스는 거주자로부터 데이터를 수집하기 위해 센서를 사용한다. 이 데이터는 인간 중심의 생활로 인한 패턴과 통찰을 얻기 위해 사용되고 있다. LIXIL은 무선 충전 기술을 자기 필드 기반으로 개발하고 있다.

⑦ 물류

IoT는 물류분야에서 프로세스가 실시간으로 자동화되어 주문처리, 운송관리, 창고관리, 재고관리가 용이해진다는 장점이 있다. IoT 기반 물류를 통해 사용자는 스마트폰이나 타블렛을 이용해 건설공사 현장의 트럭 라우팅 경로를 확인하고 도움을 받을 수 있다.

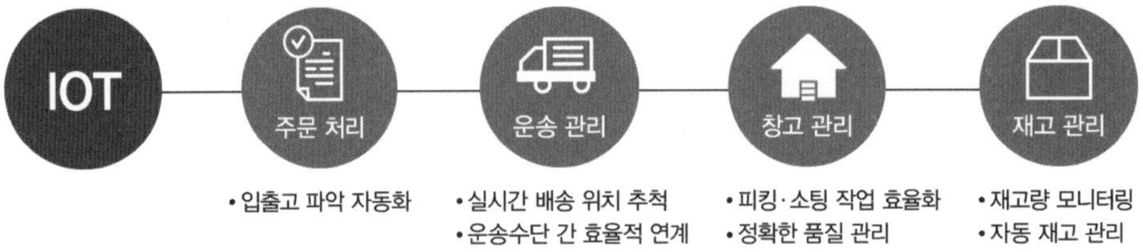

그림 6-31 물류산업에서의 IoT

⑧ 헬스케어

요양 시설처럼 노인 대상의 시설에서 필요한 기기들을 IoT 기술을 활용해 손쉽게 제어하고 관리하는 '실버 헬스케어' 솔루션이 개발되고 있다. 플라즈마 공기 살균기에 무선통신 기술을 더한 플라즈마 공기 살균기는 실내 공기와 문 손잡이, 책상 등 물체 표면의 세균, 바이러스 등을 제거하는 데 효과가 있는 기기로 알려져 있다. 코로나19 사태에서 보았듯이 집단감염이 일어날 수 있는 요양시설처럼 다수가 함께하며 공기 감염이 높은 시설물에서 도입 필요성이 높을 것으로 보인다.

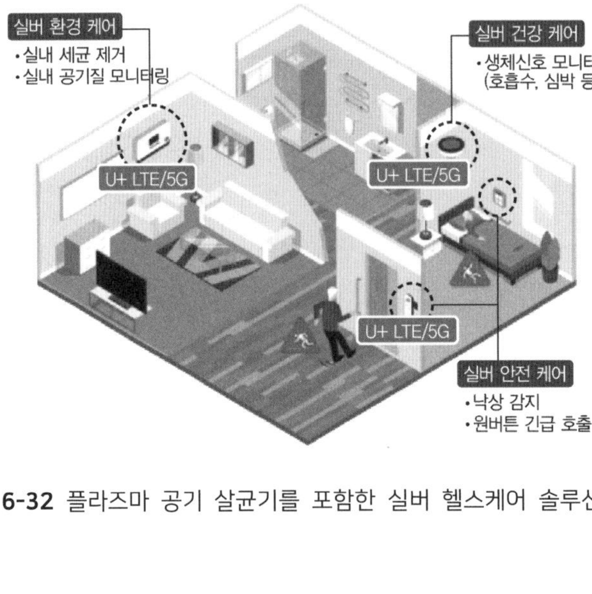

그림 6-32 플라즈마 공기 살균기를 포함한 실버 헬스케어 솔루션의 개념

무선통신(LTE)기반 원격제어와 모니터링, 시설 내 공기질 자동 관리, 위급상황 시 양방향 비상 통화, 이상 변화 감지 시 담당자 자동 연결 등의 기술 개발과 실증이 이루어지고 있다. 아울러 노인층을 대상으로 낙상 사고를 감지하는 '낙상 감지센서'와 같이 건강 상태, 안전, 위생 등 실버 헬스케어에 적합한 다양한 기기들도 개발되고 있다.

⑨ 환경

필라델피아 소재 건축회사인 Kieran Timberlake는 무선센서 네트워크를 이용해 녹색 옥상 식물에 대한 연구를 수행하고 있다. IoT 기반의 온도, 습도 센서 300개 정도를 설치하고 무선 네트워크를 통해 데이터를 취득하여 분석하고 있다.

우리나라의 경우 서울의 구청과 동주민센터 등 시민들이 방문하는 공공시설 실내공간이 식물로 공기정화, 습도조절, 스트레스 완화효과를 갖는 쾌적한 '그린힐링오피스'로 바뀔 전망이다. 그린오피스는 식물을 도입해 건강 증진과 힐링이 되는 사무공간을 말한다. 식물도입 공간이 부족한 사무실에는 파티션 위, 벽면 등 자투리 공간을 활용한 제품과 기술이 적용된다. 이를 위해 ICT 센서를 통해 미세먼지농도($PM_{2.5}$)를 주기적으로 측정하고 스트레스 지수(맥파측정기) 측정, 행복감척도, 만족도 조사 등을 수행한다.

그림 6-33 식물을 배치한 그린오피스 사례

⑩ 시설물 관리

IBM 왓슨(Watson) 연구소는 IoT 클라우드 플랫폼을 이용해 빌딩 작업자가 작업에 편리한 환경을 만들기 위해 노력하고 있다. 이 기술을 이용해 센서로부터 취득한 데이터를 분석하고 사람이 작업하기 편리한 환경을 만드는 데 사용되고 있다. IBM의 Watson IoT 플랫폼은

TRIRIGA 시설물 관리 소프트웨어와 연계되어 활용되고 있다. 사람의 움직임과 같은 데이터를 취득하여 활용하면 4D(일정), 5D(재정), 6D(시설물 관리) 정보를 기반으로 한 작업에 도움을 줄 것으로 예상된다.

다양한 주차센서를 활용하여 목적지 주변의 주차장 정보를 안내한다든지 현 위치나 목적지 주변 주차장까지의 거리, 요금, 주차가능 면수를 안내하는 Smart Parking 서비스 플랫폼이 인기다.

지자기 값의 변화량을 이용하는 비접촉식 차량 감지센서로 실내, 실외 주차장에 설치 운영이 가능하며 저렴한 시공비와 쉬운 설치, 다양한 응용 서비스와 연계하는 장점이 있다.

센서나 스마트 장비를 부착해 현장 상황을 실시간 모니터링하는 기술

(1) 센서와 IoT를 통한 현장의 실시간 시공관리

스마트 건설에서는 사물인터넷(IoT) 센서를 기반으로 한 정보통신기술(ICT)을 활용하여 건설현장에서 발생하는 다양한 위험 요소들을 사전에 차단할 수 있게 되었다. 건설현장의 구조물에 지능형 CCTV, 가스센서, 진동센서, 화재감지센서 등의 각종 디바이스를 설치하고 주요 장비와 근로자들에게도 위치센서나 출입증 또는 밴드형 스마트태그를 착용시켜 주변 상황과 유기적으로 자동 소통하는 시스템 등이 그것이다.

예를 들어 주변에 근무자가 없는 상황에서 근로자가 심근경색이나 골절상 등을 당할 경우 스마트태그의 긴급호출 스위치를 작동하여 자신의 위치와 상황을 건설현장의 안전관리자나 보건관리자에게 즉시 전달할 수 있다. 또는 추락이나 가스누출 위험 지역에 근로자가 접근할 경우에도 지능형 CCTV나 가스센서 등을 통해 안전관리자에게 3차원 현장 맵과 사이렌으로 현장 상황을 실시간으로 전달함으로써 사고를 예방할 수 있다. 화재발생 시에는 지능형 영상 분석 시스템을 통해 화재발생 정보를 자동으로 전달해 조기에 화재를 진압하고 근로자 대피를 신속하게 할 수 있도록 한다. 이 외에도 현장의 동바리나 잭서포트와 같은 가설구조물이나 건물 기둥에 기울기와 진동을 측정하는 센서를 설치함으로써 공사 중에 붕괴 사고를 사전에 방지하는 기능도 수행한다. 또한 콘크리트 구조물에 설치한 IoT 센서를 통해 양생 과정을 실시간으로 확인함으로써 품질과 안전을 동시에 확보할 수 있게 된다.

무선 네트워크를 이용한 도면관리 시스템과 드론을 활용한 시공단계별 3D 모델링 시스템을 통해 시공 물량을 파악하고 최적의 공정관리도 가능한 시대가 되었다. 시공 전 3D 모델링을 통하여 공사 전 시뮬레이션을 실시하고 각종 IoT 센서를 활용한 빅데이터 분석을 통해서 대형 구조물 시공에 대하여 난해한 시공과 적기에 준공이 가능하도록 공정관리를 할 수가 있게 된다.

시공단계에서 IT 기술의 역할은 역시 '작업 효율'과 '안전'에 있다. 현장에서는 수많은 건설 기계와 장비, 작업자들이 혼합되어 작업하고 있기 때문에 이를 실시간으로 통합 관리 운영할 수 있는 시스템이 필요하다. 센서와 IoT를 통해 현장의 실시간 공사정보를 관제에 반영하고 인공지능(AI)을 활용해 최적의 공사계획을 수립할 수 있는 시스템이 스마트 건설시스템이다.

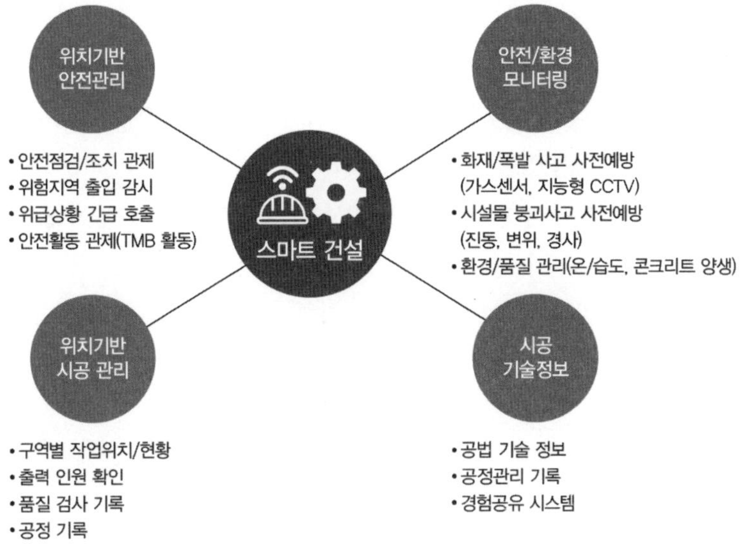

그림 6-34 스마트 건설 개념도

(2) 위치 기반 서비스와 안전 모니터링 기술

스마트 건설의 핵심 분야 중 하나가 '위치 기반 서비스'이다. 건설현장을 무선통신망으로 연결해 근로자 위치 등 현장 상황을 실시간으로 파악, 관리할 수 있는 서비스이다. 아파트 공사 현장을 예로 들면 현장 근로자의 안전모나 출입차량 등에 개인신상 정보 등이 담긴 '스마트 태그(Tag, 꼬리표)'를 부착한다. 건물에는 층마다 비콘(Beacon, 차세대 근거리 통신 기술) 장치를 2개씩 설치해 반경 70 m까지 스마트 태그에서 보내오는 신호를 잡는다. 이를 통해 현장에 투입된 근로자의 인원과 신상을 파악할 수 있다. 화재 등 비상 상황이 발생하면 대피 여부를 확인할 수도 있다. 위치 기반 서비스는 현장 관리자가 특정 위치에 도착하면 해당 위치의 도면 자료 등을 모바일 기기를 통해 자동으로 검색해서 보여준다. 현장에서 수정한 내용은 곧바로 업데이트해 공유할 수 있다. 건설현장에서는 안전사고 예방 기술도 필요하다.

현장에는 가시설이나 지반 등 위험요인이 많은데 최근에는 근로자의 안전모에 센서나 스마트 장비를 부착해 현장 상황을 실시간 모니터링하는 기술이 적용되고 있다.

건설현장에 설치된 각종 센서를 활용해 위험 상황을 미리 인지할 수 있는 '안전 모니터링'도 스마트 건설의 중요한 분야다. 가스센서는 산소 농도와 일산화탄소 등 유해가스 농도를 실시간으로 파악한다. 센서는 시뮬레이션을 통해 예상된 가스누출 경로, 폭발 시 파급력 등의 정보를 토대로 주요 위치에 설치된다. 센서가 위험을 감지하면 근로자들이 차고 있는 스마트 워치 등을 통해 대피명령을 내리게 된다. 화재 감시용 지능형 폐쇄회로TV(CCTV)는 영상 분석을 통해 불꽃·연기 등 화재 징후를 감지하면 불이 난 곳의 위치와 관련 동영상을 작업자와 현장 사무소에 자동으로 보고하게 된다.

이처럼 IoT를 활용하여 현장의 고위험 상황, 불안전한 근로자 행동, 부당침입 등 불안전 요소 발견 시 현장 관계자에게 곧바로 알람이 가도록 하고 있다. 인근 혹은 모든 근로자에게 경고방송과 안전수칙 준수 메시지도 발송되게 된다.

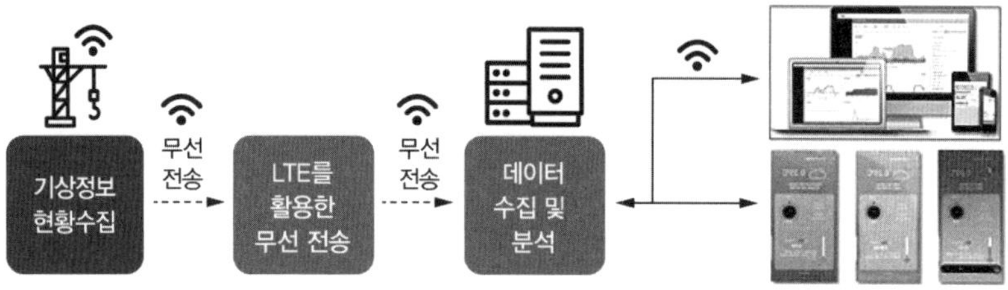

그림 6-35 타워크레인 강풍 모니터링시스템

건설분야 사물인터넷(IoT) 적용을 위한 센서의 종류와 활용사례

(1) 스마트 태그

스마트 태그(전자태그, Tag, 꼬리표)는 CPU, 무선통신 칩, 위치추적 센서, 메모리를 활용해 작업장 내에서 제품의 정보를 실시간으로 전달하는 장치이다. 인식 거리가 1 km에 달해

1 m 안에 있는 바코드로만 판독 가능했던 RFID의 한계를 뛰어넘는다. 스마트 태그를 활용하면 전 세계 어디에서든지 부착된 제품의 정보 수집이 실시간으로 가능해진다.

건설현장에서는 IoT, 빅데이터 등을 활용해 현장의 위험요소를 사전에 인지하고 제거할 수 있도록 하고 빠른 초기 대응 기반을 마련해 현장 근로자의 안전 확보를 최우선시하기 위해 스마트 태그가 적용되었다. 건설분야에 적용되고 있는 스마트 태그는 모든 근로자들의 위치 기반 안전 상태를 실시간으로 확인할 수 있는 일종의 명찰이다.

작업 전 근로자가 태그를 등록하면 관리자는 해당 구역의 작업 인원과 작업 진행 사항 등을 실시간으로 확인할 수 있게 된다. 근로자는 위험상황 발생 시 태그를 통해 알람을 받을 수도 있고 구조를 요청할 수도 있게 된다. 현장에서 안전모에 스마트 태그(Tag)를 부착해 근로자의 동선을 체크하고 현장 안전관리 사각지대를 최소화할 수도 있게 된다.

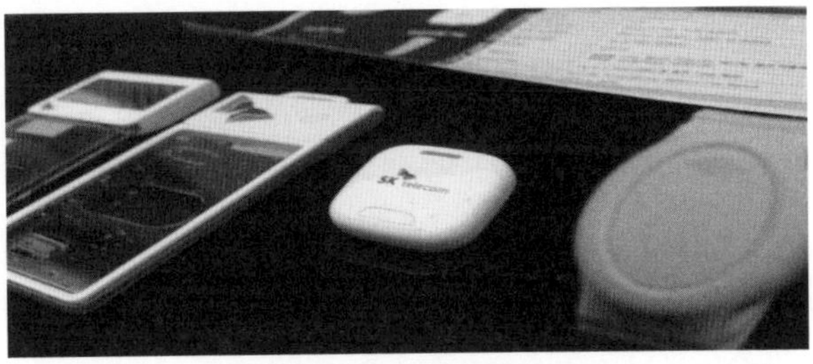

그림 6-36 스마트 태그

건설현장의 각종 센서를 통해 정보를 수집하고 이에 대응하는 통합 플랫폼으로 저전력 블루투스 통신을 이용해 수집한 정보를 스캐너로 전송하면 스캐너는 수집된 센서 정보를 LTE/5G, Wi-Fi 통신 방식으로 통합 플랫폼에 전송하게 된다. 통합 플랫폼에서는 수집된 정보를 바탕으로 위험 여부를 판단해 근로자와 관리자에게 경보나 알람을 전달하게 된다.

이러한 시스템을 통해 근로자의 위치확인, 장비협착방지, 타워크레인 충돌방지, 가스농도 감지, 풍속감지, 흙막이 가시설 붕괴를 방지할 수 있다. '근로자 위치확인'의 경우 안전모에 장착된 태그 인식을 통해 위험상황 발생 시 근로자의 위치를 즉시 확인할 수 있게 되어 사고 발생 시에 인적피해를 최소화할 수 있고 특정 위험구간에 대한 접근 통제가 가능하여 사고를 예방할 수 있다.

건설분야에서는 아직까지 활성화가 많이 되어 있지 않지만 자동차를 생산하는 제조업에 있어서는 전 세계 공장에서 생산하고 있는 자동차 공정을 실시간 컨트롤하는 '스마트 태그(Smart tag)'가 활발하게 적용되고 있다. 자동차 공정 과정을 실시간 무선통신으로 자동으로 제어해 불량률 제로(0)를 실현할 수 있는 기술 구현을 위해 스마트 태그를 도입하여 가동 중에 있다. 스마트 태그는 생산 중인 차량에 부착돼 각종 설비와 양방향으로 무선통신을 할 수 있는 소형 단말기다. 모든 공정에 들어가며 차종, 판매 국가, 입고 순서 등 자동차 생산 과정의 주요 정보를 생산 설비와 주고받는다. 스마트 태그는 고용량 메모리, 무선통신 칩, 위치추적 센서 등으로 구성되며 자석이 내장돼 있어 차량 좌측 상단에 간편하게 탈부착할 수 있다.

핵심 부품은 무선통신 칩이다. 무선통신 칩은 공장 내에서만 통용되는 주파수 영역대를 활용해 메모리에 저장된 차량 생산 정보를 공장 내 설비와 주고받는다. 고용량 메모리는 한 대의 자동차가 제작될 때 필요로 하는 모든 정보를 저장할 수 있다. 위치추적 센서는 생산 중인 차량의 위치와 움직임을 송출한다.

스마트 태그가 차종과 사양 등 해당 자동차를 생산하는 데 필요한 정보를 스마트 커넥터(Smart Connector)로 보내면 스마트 커넥터는 이를 생산 설비에 보낸다. 생산 설비는 수신한 정보에 따라 자동차 조립·체결 등 각종 작업을 진행한다. 작업이 끝나면 모든 작업 내역은 스마트 태그에 저장되고 저장된 차량별 생산 이력은 중앙 서버로 전송된다. 자동차 생산회사들은 스마트 태그를 도입하면서 스마트 공장 체제로 본격 진입하게 되었다.

현재 글로벌 자동차 업체들은 '혼류 생산체계'를 채택하고 있다. 혼류 생산체계는 한 개의 공장 라인에서 여러 차종을 한꺼번에 생산하는 시스템이다. 차종 분류가 정확히 이뤄지지 않으면 불량이 생길 가능성이 높다. 이에 차량이 각 공정에 진입할 때마다 각종 센서와 바코드 스캐너 등을 사용해 차종과 사양을 분류해왔으며 작업자는 사양표시 용지를 통해 조립해야 할 부품 정보를 확인하였다. 스마트 태그를 도입하면 사람이 눈으로 차종과 사양을 확인할 필요가 없어진다. 스마트 태그가 차종과 사양을 설비와 체결공구 등에 무선통신으로 알려주기 때문이다. 스마트 태그 외에 각종 초음파 센서, 바코드 스캐너 등 부가적인 장비도 필요하지 않아 비용 절감 효과가 크다. 데이터가 실시간으로 수집되는 까닭에 작은 오류도 즉각 시정할 수 있어 불량률 제로(0)가 가능해진다. 건설분야에서도 이와 같은 스마트 태그를 적극 적용할 필요가 있을 것으로 보인다.

(2) 가스센서

감지센서에는 가스센서와 무선 진동센서 이렇게 두 가지의 센서가 있다. 가스센서는 유해가스를 실시간 확인하며 비상시 대피 알람을 울려주는 역할을 하게 된다. 가스센서는 산소 농도와 일산화탄소 등의 유해가스 농도를 실시간으로 파악한다. 센서는 시뮬레이션을 통해 예상된 가스누출 경로, 폭발 시 파급력 등의 정보를 토대로 주요 위치에 설치되게 된다. 센서가 위험을 감지하면 근로자들이 차고 있는 스마트 워치 등을 통해 대피 명령을 내리게 된다.

밀폐된 공간에는 가스센서와 신호등형 전광판을 설치해 실시간으로 스마트 상황판에 가스 농도를 전송하고 위험 상황을 감시한다. 유해 가스가 허용 농도를 초과하면 현장에서는 환기 시스템이 자동 작동하며 근로자에게는 전광판 경고와 스마트폰 알람이 전달돼 신속하게 대피할 수 있도록 하고 있다.

그림 6-37 가스센서

(3) 무선 진동센서

진동감지센서는 진동의 변이 정도에 따라 위험 신호를 자동 경고하는 역할을 하게 되는데 자석이 달려있어 쉽게 탈부착을 할 수 있는 편리함을 가지고 있다. 기둥이나 가설구조물에 설치한 무선 진동센서는 진동 수준에 따라 위험신호를 자동으로 경고하게 된다.

그림 6-38 무선 진동센서

현재는 주로 건축 현장의 기둥이나 가설구조물 등에 설치하여 사용되지만 건설이 완공된 이후에는 초고층 빌딩이나 초장대교, 문화재 등의 구조물 안전관리는 물론, 내진측정 분석에도 용이하게 활용될 수 있다.

현장 내 추락사고가 발생할 수 있는 개구부에 부착된 센서는 개구부가 비정상적으로 개폐됐을 때 안전관리자의 스마트폰으로 알림은 물론이고 인근 근로자에게도 경고음을 보내어 위험 상황을 알리고 있다.

(4) 비산먼지센서

건설 공사현장에 IoT 센서를 설치해 비산먼지나 소음, 진동 등을 실시간으로 측정하고 딥러닝 데이터 분석 솔루션을 활용해 현장의 환경상태를 실시간으로 측정하고 분석한다. 건설현장에서 온도, 습도 등을 감지하는 'AWS 센서(기상센서)'와 '진동&기울기 센서', '비산먼지 센서' 등을 설치해 적용하고 있다. 건설현장에 설치된 미세먼지측정 센서는 현장 사무실에 모니터를 통해 대기질 상황을 실시간으로 알려주며 관리자는 이를 모니터링하여 나쁨 단계 이상이 되면 즉시 비산먼지 발생공정을 조정하고 살수조치를 강화하는 등 미세먼지 저감 조치를 취하게 된다. LH에서는 아파트 건설공사 시 스마트홈 기술을 활용하여 미세먼지 감지센서나 강제 기계환기 시스템, 에어커튼 등을 넣어서 시공함으로써 사용 중 유지관리의 편리성을 도모하고 있다.

그림 6-39 미세먼지 감지센서

(5) 스마트 상황판(T-View)

도난이나 화재를 조기에 감지할 수 있는 지능형 영상분석 시스템이 바로 스마트 상황판(T-View)이다. 지능형 영상분석 시스템은 가스센서나 무선 진동센서의 방식과는 조금 다른 방식의 감지 시스템이다. 바로 스마트 CCTV를 활용한 것인데 화면에 불씨나 침입자가 나타나면 컴퓨터가 이를 스스로 판단하여 조기에 경보를 울리는 방식이다. 화재가 발생했을 때 직접 영상을 통해 바로 판단하기 때문에 일정 온도나 일정량의 연기가 발생해야만 감지를 할 수 있는 기존 화재 감지센서보다 감지나 대응이 훨씬 빠르다. 도난 방지 보안 역시 마찬가지이다.

T-View는 별도의 저장장치 없이 클라우드(Cloud) 서버를 통해 영상의 저장이나 분석, 관리까지 가능하므로 비용 절감은 물론이고 구축이나 확장 등이 용이하다는 장점을 가지고 있다.

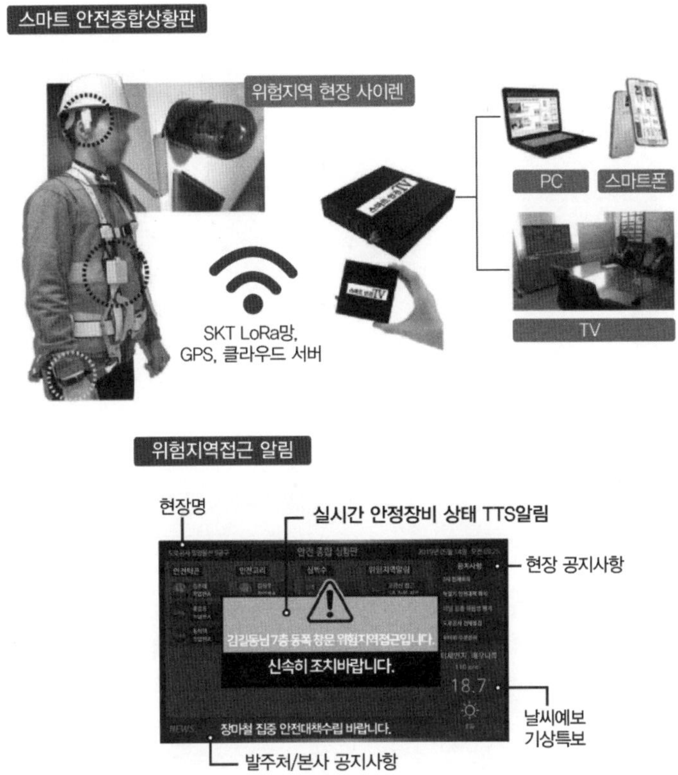

그림 6-40 스마트 상황판(T-View)

'손 안의 똑똑한 안전 나침반'으로 불리는 스마트 상황판은 현장 관리자의 스마트폰에 탑재돼 카메라, 드론, CCTV, 개소별 센서 등 스마트 안전기술을 모두 모았다. 모아진 실시간 현장 정보를 동시에 확인하고 비상상황에는 모든 현장이나 해당 구역 작업자에게 안전조치를 바로 지시할 수 있도록 하게 해준다. 타워크레인에 설치된 360도 카메라를 통해 고위험 상황, 불안전한 근로자 행동, 부당침입 등 불안전 요소가 발견되면 관계자에게 알람이 즉각 전송되며 인근의 전 근로자에 경고 방송과 함께 안전수칙준수 메시지가 전달되게 된다. 함께 탑재된 번역 기능으로 다국적 근로자를 위한 중국어·베트남어로도 송출되게 된다. 타워크레인 카메라로 보기 어려운 곳은 드론을 띄우고 지하 작업과 같이 외부에서 잘 보이지 않는 곳에서는 이동형 스마트 영상 장비로 현장 내 안전 사각지대를 촘촘히 살피게 된다.

이러한 모니터링 기술은 유지관리 작업에서도 유용하게 사용된다. 건물을 새로 짓는 것만큼 노후화된 시설을 유지관리하는 것도 중요한데 그동안 시설물이나 건축물의 유지관리를 맨눈으로 관측하는 등 점검 인력 중심으로 점검과 진단이 시행되었다. 그러다 보니 시간과 인력이 많이 소요되는 단점이 있었지만 최근에는 유지관리 작업을 IoT 센서로 실시간 모니터링하거나 로봇을 투입해서 하고 있다. IoT 센서의 경우 특정 상황이 발생했을 때만 수집된 정보를 전송해 무선 IoT 센서의 전력소모를 줄이는 상황감지형 정보수집 방식도 있다. 이처럼 접근이 어려운 시설물을 점검하고 진단이 가능하기에 유지관리 작업의 자동화는 계속해서 가속될 것으로 보인다.

기타 장비협착방지 기술 등

장비협착방지 기술은 중장비 근처 일정 거리 이내에 근로자가 접근하면 알람을 주기 때문에 협착 사고를 미연에 방지할 수 있다. 타워크레인 충돌방지 기술은 타워크레인 회전 시 부주의나 사각지대로 인해 인접한 타워크레인과의 충돌을 막기 위해 전용 모니터로 타워크레인의 상태를 확인해 안전한 작업이 될 수 있도록 돕고 있다.

타워크레인 등 건설장비에 카메라를 부착해 장비 주변이나 작업구간을 모니터링해서 근로자의 접근 통제로 협착 사고를 미연에 방지할 수 있다. 이 외에도 가스 농도, 풍속, 흙막이 계측 센서의 데이터를 실시간으로 모니터링 하여 관리기준 수치 이상으로 수치가 올라가게 되면 위험정보를 근로자와 관리자에게 제공하게 된다.

건설현장에서 가장 중요한 공정 중 하나인 콘크리트 양생이 제대로 됐는지를 확인하는 데도 스마트 건설기술이 활용된다. 타설된 콘크리트는 추운 날씨 등으로 내부의 수분이 얼었다 녹았다를 반복하면서 갈라지는 균열현상이 발생할 수 있는데 이를 사전에 인지해 방지할 수 있게 된다. 먼저 콘크리트 타설 시 무선 온도센서를 함께 매립하고 현장 외부에는 '온도추종 양생기'라는 기기를 설치하게 된다.

이 기기는 매립된 온도센서로부터 실시간으로 온도 데이터를 전달받아 기기의 내부 환경을 현장과 똑같이 구현해 낸다. 여기에 시험용 콘크리트 기둥을 넣어 양생시키면서 변화를 관찰하면 실제 공사 현장에 타설된 콘크리트의 상태를 간접적으로 확인이 가능하다.

3 드론은 어떻게 건설 프로젝트와 만났나?

건설현장에 드론이 뜬다.

드론(Drone)의 1차적인 사전적 의미는 웅웅거리는 소리를 뜻하지만 최근 들어 무인항공기(UAV, Unmanned Aerial Vehicles)를 지칭하는 용어로서 더욱 자주 사용된다. 최초의 드론은 20세기 초 전쟁을 위한 무인항공기를 목표로 개발되었으나 최근에는 취미활동, 방송촬영에서부터 물류이송까지 그 활용범위가 급속도로 확대되고 있다.

(a) 드론 운영 중 사진 (b) 드론을 이용한 3D 모델링 생성

그림 6-41 건설분야 드론 활용 예

그림 6-42 개발 중인 드론의 다양한 형태

드론에는 비행 안정성, 용이한 조종과 각종 기록을 위한 각종 Software, GPS, 카메라 등의 IT 기술이나 장비가 탑재되기는 하나 사실 기기 자체만으로는 드론을 IT 장비라고 지칭하기는 어려울 수 있다. 하지만 대부분의 학계나 언론에서 드론을 IT 또는 ICT(Information and Communication Technology)의 핵심기술로서 언급하는 이유는 드론이 지금까지 접하기 쉽

지 않았던 다양한 형태의 정보(Information)를 수집할 수 있는 새로운 플랫폼이기 때문이다.

드론은 건설공사의 설계나 시공단계에서 측량이나 진도관리에 유용하게 쓰이고 있다. 레이저 스캐너를 장착한 드론을 공중에 띄운 뒤 레이저를 쏘아 작업할 현장의 규모, 높이와 거리를 정확하게 측정한다. 넓은 현장의 지형 정보를 신속하고 정확하게 구축할 수 있으며 사람이 접근하기 어려운 지역(극한지, 재난지역 등)의 현장조사도 더욱 쉽게 진행할 수 있다. 드론은 단시간에 광범위한 지역의 이미지 데이터를 확보할 수 있고 접근성이 열악한 지역의 상황을 신속하게 파악할 수 있어 건설현장 관리나 유지관리, 건설자재의 조달에 활용될 수 있을 것으로 전망되고 있다. 실례로 국내 건설회사가 수행한 관광단지 현장에서 축구장 10배에 해당하는 약 7만 6,000 m^2의 넓은 부지 면적과 부지 정면이 바다로 둘러싸여 있는 물리적 한계를 극복하기 위해 드론을 적용한 바 있다. 드론을 이용한 항공촬영, 실시간 안전관리와 구조물 품질관리 등을 통해 현장 관리의 효율성을 개선시켰다. 현재 건설분야에 활용되는 드론은 개발 초기단계에 있기 때문에 기술적으로 그리고 제도적으로 개선하고 극복할 부분이 많은 것으로 보인다.

아직은 기존의 측량방식 대비 오차가 25~40 mm로서 상당히 크고 사물 식별능력이나 이미지 처리 능력에 대한 개선도 필요한 것으로 나타나고 있다. 또한 드론 이용에 대한 법적인 문제와 드론 추락 시 안전문제, 사생활 침해 문제, 운영자의 부재 등도 극복해 나가야 할 과제라고 전문가들은 이야기하고 있다. 현재 국내의 정부기관과 대학, 연구소에서 건설분야에 드론을 적용하기 위한 다양한 협의와 연구가 진행되고 있으므로 빠른 시일 내에 건설분야에서도 드론을 이용한 각종 기술들이 실용화될 것으로 예상된다. 또한 앞서 언급한 건설로봇과 드론 등의 IT 장비를 연계하여 건설자동화 시스템을 구축하려는 시도도 활발히 진행되고 있다.

공정 관리에 드론을 활용하는 기술도 도입될 전망이다. 드론이 GPS(위성항법장치)로 지정된 경로를 따라 날아다니면서 공사 현장 사진을 실시간으로 전송하면 이를 토대로 주변 지형을 측량할 수 있다. 이후 3차원 모델링 기술을 활용해 해당 공사 현장에 필요한 콘크리트 타설량 등 자재 소요량을 자동 산정해 공사를 진행할 수 있게 된다.

설계는 건설의 시작이자 가장 중요한 단계이다. 건물을 지어 올릴 지형을 측량하는 일부터 도면을 만들어 시공의 시행착오를 최소화하는 일까지 이 단계에서 모두 진행된다. 기존에는 지형에 대한 정보를 사람이 측량 장비로 직접 측정한 뒤 2D 지형도로 제작을 하였다. 그러나 측량 결과를 바로 직접적으로 확인하기 어려워 설계 오류가 발생하거나 시공 단계에서 변경하는 일이 빈번하게 일어났었다. 최근에는 3차원 설계기술인 'BIM(Building information modeling)'으로 이러한 문제를 해결하고 있다. 3D의 가상 세계에서 미리 건물을 디자인하고 시공까지 해볼 수 있어서 예측하지 못한 동선의 문제나 시공성을 시공하기 전에 검토해 볼 수도 있다.

드론이 이것까지?

드론으로 멀리 있는 풍경을 촬영하고 가상현실로 실감나는 게임을 할 수 있다. 최신 IT 기기와 기술은 우리에게 즐겁고 새로운 경험을 선사하고 있지만 이러한 기기와 기술이 건설산업 전 분야에 걸쳐서 변화를 가져오고 있다. 건설현장에서 드론은 단순히 항공사진측량, 공정사진촬영을 넘어서 품질 점검, 위험요소 확인, 안전관리 등 폭넓게 활용될 수 있다. 구체적으로 드론의 활용분야에 대해 살펴보면 다음과 같다.

첫째, 효율적인 설계와 시공관리가 가능하다. 드론으로 촬영한 공사현장을 3차원으로 측량하여 시공물량(절토량, 성토량 등)을 자동 산출해 낼 수 있기 때문이다. 설계단계에선 시설물의 형상을 실제와 동일한 3차원 정보로 구축하고 공공측량에 적합한 수치지형도면 등을 제작하는 데 활용할 수 있다. 또 고층건물 공사현장의 진행 상황 파악과 공정관리, 안전점검 등의 업무에도 유용하게 쓰인다.

둘째, 초고층 빌딩, 초장대 교량 등 고난도 공사과정에서 사람의 접근이 어려운 부분에 근접하여 균열 확인 등 시설물 점검이나 안전관리를 할 수 있다. 안전점검은 주로 육안조사로 실시하고 있어 고층부 외벽 등에는 한계가 있었지만 드론에 고성능센서를 부착해 근접 촬영하면 균열부 확인과 손상 부분 등을 찾아낼 수 있다.

셋째, 3차원 입체영상을 구현하여 건설현장에 대한 모니터링, 일일 작업량 등을 실시간으로 확인할 수 있어 효율적인 공정관리가 가능하다.

그 밖에 도로 점용현황, 비탈면 조사, 사업대상지 사전조사, 하천관리 등에 폭넓게 이용할 수 있다. 드론은 해당 사업지구에서 토지이용 현황조사와 후보지 선정, 불법행위 적발, 측량, 공정관리, 취약점 파악 등 다양한 분야에서 쓰일 예정이다.

현재는 공공공사에 드론 활용을 위한 제도 정비가 미흡한 상황이나 조달청 등 관계기관에서는 관련 규정 마련 등 지속적인 검토를 통해 건설공사에서 드론이 적극적으로 활용될 수 있도록 노력하고 있다.

그림 6-43 드론 활성화 목표

표 6-1 LH의 드론 활용분야

건설단계	표준공종	드론 활용방안
계획	후보지 조사	- 토지이용 현황조사, 후보지 선정, 지구계 결정
	공람 공고	- 지구지정, 보상목적의 불법행위 파악 등
	보상	- 토지·물건·영업조사 및 보상, 사업지구 관리
설계	현황조사 측량	- 토지현황 조사 측량 - 토공량 산출, 노선·단지 선정
	토목 BIM 설계	- 단지·도로 설계, 3차원 공간 모델링 등
	건축설계	- 주택, 아파트 등 각종 건축설계
시공	단지공사	- 가설공사 계획, 공정관리 및 시공평가
	도로공사	- 도로공사 공정관리 및 시공평가, 감리업무
	건물공사	- 공사계획수립 - 건물공사 진행현황 모니터링 및 관리
	안전진단	- 구조물(아파트) 취약부분 점검·진단
유지관리	자산관리	- 재난 및 안전관리기본법, 시설물의 안전관리에 관한 특별법에 따른 안전점검 - 완공현장 입주아파트 자산관리
기타	홍보	- 홍보 영상 제작

4 진화하는 가상현실, VR(Virtual Reality)

국내외 건설분야에서 VR을 이용한 3차원 모델하우스

VR(Virtual Reality) 장비는 단어 그대로 가상현실을 가능케 하는 장비이다. 최근 S전자의 Gear VR, Oculus의 Rift, HTC의 Vive, Sony의 Morpheus 등이 출시됨에 따라 VR에 대한 관심이 크게 증폭되었지만 실제 VR 개발의 역사는 매우 긴 편이다. 가상현실이라는 용어는 1989년 샌프란시스코에서 개최된 Texpo '89에서 처음으로 사용되었다. 용어로서는 이미 사반세기 이상의 역사를 가지고 있는 셈이다.

현재 VR은 대부분 게임과 관련된 Entertainment 산업분야에서 이용되고 있지만 건설분야에서도 VR을 활용하기 위한 다양한 시도가 이루어지고 있다. 가상현실(Virtual Reality, VR)은 토목건축 분야에서 꽤 오래전부터 경관검토 등에서 이용되어 왔었다. 다만 그래픽 처리를 위한 과도한 부하와 고해상도 디스플레이 등 하드웨어적인 문제로 인해 실용화되지 못하다가 최근 들어서야 관련 기술의 급속적인 발달에 힘입어 다양한 VR 장비들이 선을 보이고 있다. 최근에는 다양한 해석 시뮬레이션이나 소리, 진동 등 시각 이외의 감각에 대한 자극을 가함과 동시에 탈것의 시뮬레이션에서도 이용되고 있다. 거대한 돔이나 눈의 모든 주위를 덮는 CAVE(동굴) 등과 같이 사용자의 몰입감을 높이는 인터페이스가 이용되고 있다. 동시에 화면 중앙의 앞좌석 이외에 있는 여러 사용자들도 입체감을 느낄 수 있도록 높은 고도의 VR 환경이 개발되고 있다. VR을 위한 3차원 모델 작성 기술도 이전에는 수작업이었지만 현재는 사진 측량기술과 레이저 스캐너에 의하여 자동화가 이루어지고 있다.

영국의 Virtual Reality Society에 의하면 건설분야에 VR 적용 시 얻을 수 있는 최고의 효과는 3차원 공간 내에서 Design의 적합성 확인과 복잡한 단계의 시공과정을 공사 전 Simulation 함에 따라 오류를 최소화하고 시공효율을 증가시키는 데 있다고 보고 있다.

물론 이러한 기능은 3D 기반 프로그램과 2차원적인 모니터를 활용한 기존 시스템에서도 일정부분 구현이 가능하다고 할 수 있겠으나 VR과 기존 시스템의 가장 큰 차이는 실제와 흡사한 Scale의 3차원 가상현실 공간에서 각종 작업이 이루어진다는 점이다. 따라서 VR 기반의 장비를 사용 시 기존 대비 높은 공간감과 몰입감을 느낄 수 있고 건설에 대한 이해도가 높지 않은 사람이라도 쉽게 상황을 이해할 수가 있다.

현재 국내외 건설분야에서 VR을 이용한 3차원 모델하우스나 각종 체험관 등이 운영 중에 있다. 아직 VR 장비의 보급률이 높지 않고 하드웨어와 소프트웨어의 완성도가 미흡한 상황이지만 건설분야에서 VR의 활용도가 점차 증가할 것으로 기대된다.

그림 6-44 VR 모델하우스와 VR 장비

ICT를 부동산 산업에 접목한 융·복합 상품 즉, 건축 정보를 3차원(3D) 입체 기술로 구현하는 가상현실(VR) 서비스가 선을 보이고 있고 증강현실(AR)을 게임과 광고 등에 접목한 기술들이 전시되고 있다. VR 모델하우스는 가상 건물을 제작해 예비 고객이 건물 내부를 체험할 수 있도록 하고 있다. 건설 비용만 10억~40억 원가량 드는 실물 모델하우스 비용보다 90% 정도 저렴하게 운영할 수 있는 장점이 있다.

가상현실은 건축가들의 건물 설계 방식을 바꿀 잠재력을 지니고 있다. 건축가들은 조명, 재질, 시설 배치 등을 가상현실을 통해 사전에 시험해볼 수도 있다. 고객들은 새 건물이 어떤 모습이고 어떤 느낌인지 세부내역을 가상 투어를 통해 이해할 수 있게 된다. 캐나다 부동산업체 소더비 인터내셔널 리얼티는 주택 판매에 VR을 활용하여 영업에 필요한 시간과 비용을 절약하고 있다. 아랍에미리트 연방의 두바이에서 잠재 고객이 VR을 통해 미국의 뉴햄프셔에 있는 집의 내부를 확인하고 구매 계약을 하는 방식이다.

가상현실(VR : Virtual Reality)과 관광산업을 결합하여 가상현실을 대중화하고 수익모델을 창출하기 위한 노력을 기울이고 있다. 순천만국가정원 '가상현실 체험관'의 VR 체험은 순천만의 사계와 정원의 명소인 꿈의 다리, 호수정원, 한국정원을 가상으로 체험할 수 있어 관람객에게 이색적인 경험을 선사하고 있다.

그림 6-45 VR을 이용한 건축물 가상 체험

그림 6-46 동탄호수공원 가상체험관 VR 이미지(경기도시공사)

VR이 가져야 할 3요소

VR을 VR이라고 할 수 있으려면 다음의 'VR 3요소'라 불리는 조건을 만족해야 한다.

① 3차원의 공간성

컴퓨터가 생성하는 인공환경은 인간 입장에서 자연스러운 3차원 공간을 구성하여야 한다. 인간에게 현실 속에 있는 것 같은 감각을 부여할 수 있는 디스플레이 등의 출력 시스템이 필요하다. 대표적인 것으로는 헤드마운드 디스플레이(HMD), CAVE와 같은 대표적인 몰입형 다면 디스플레이 장치가 있다. 여러 개의 스피커를 사방에 배치한 서라운드 시스템과 기울기 성분을 발생시키는 장치 등도 출력 디스플레이의 일종이다.

② 실시간 상호운용성

인간이 그 안에서 환경과 실시간 상호작용을 하면서 자유롭게 행동할 수 있어야 한다.

사용자가 자신의 시점과 위치를 이동시키거나 보거나 느끼는 물건을 조작할 수 있는 입력 시스템이 필요하다. 사물이 없어도 만지거나 쥐는 것 같은 감각을 얻을 수 있는 데이터 글로브 등이 다수 고안되어 있다.

③ 자기 투사성

그 환경을 사용하고 있는 인간의 심리가 환경에 몰입된 상태가 되도록 만들어지도록 해야 한다. 입력과 출력 사이에서 물체의 움직임과 인간의 이동 등의 현상을 시뮬레이션할 수 있는 시뮬레이션 시스템이 필요하다. 인간의 감각에는 시각, 청각, 미각, 후각과 같은 눈, 귀, 혀, 코 센서에 의한 것 외에 촉각, 온도 감각, 통각과 같은 피부 감각과 근육, 관절에서 느끼는 심부 감각, 내장에서 느끼는 내장 감각 등이 있다. 또한, 평형 기능, 신체 운동, 경사를 느끼는 전정 감각 등이 있다. 인간의 시각, 청각 등의 오감을 다른 말로 감각 양상(Modality)이라고 한다. 인간은 이러한 감각을 단일하게 인식할 뿐만 아니라 여러 감각을 중합시키거나 관련지음으로써 고도의 센싱 업무를 수행하고 있다. 이러한 감각 양상 간 상호작용과 어떻게 인간이 뇌로 인지 하는지에 대한 인지특성에 대해서도 VR 시스템을 구축하는 데 해명해야 할 중요한 과제이다. 만약 이 모든 감각을 기계에 의해 고정밀로 인간에게 부여할 수 있는 시스템이 가능하다면 궁극의 VR 시스템이라고 할 수 있을 것이다.

이러한 3요소 모두를 갖춘 것이 이상적인 VR 시스템이라고 할 수 있다. 그렇지만, 일반 TV는 자연스러운 3차원 공간이라고는 말하기 어려우므로 VR은 아니다. 입체 TV라면 3차원 공간을 구성하고 유원지의 3D 돔이라면 그 환경에 몰입할 수 있도록 느껴지지만 보고 있는 사람이 자유롭게 자신의 시점을 이동시킨다든지 보고 있는 것을 움직이는 것은 불가능하므로 이상적인 VR이라고 할 수는 없다. 단, 일반적으로 이러한 조건을 다소 만족하지 않아도 VR이라고 부르는 경우가 있다.

건설현장 + 가상현실(VR) 접목 시스템

토목건축 분야에서는 1980년대부터 이미 3차원 CAD, CG 화상을 이용한 교량, 댐, 건축물 등의 완성 예상 도면을 작성하려고 하는 프레젠테이션 시도가 시작되었다. 그 후 컴퓨터 기술의 발전에 따라 1990년대 중반까지 CG에 의한 프레젠테이션이 왕성하게 이루어졌다. 그러나 금융위기 등의 영향으로 그러한 붐이 사라지고 현재는 프로젝트별로 VR 프레젠테이션을 시민이나 이해관계자, 사업자 등에 대해 꾸준히 하게 되었다. 또한 3차원 VR 소프트웨어를 이용해 건설 중장비 시공을 시뮬레이션했던 경우도 있다.

(1) 교통계획에 VR 활용

도시에 노면전차(LRT)를 계획했을 때 궤도 경로가 되는 주변 도로나 건물이나 구조물들의 3차원 모델을 작성해서 VR 소프트웨어를 이용해 시민이나 이해관계자에게 발표를 한 사례가 있다. 기존에는 2차원 화면이나 문서 등으로 발표함에 따라 전문가가 아닌 일반시민 입장에서는 상당히 이해하기 어려웠던 문제가 있었다. 그러나 VR을 이용함으로써 계획된 구조물이 완성되면 어떤 모습일지에 대한 기본적인 의문에 상당히 정확하게 답을 할 수 있게 되었다. 이러한 장점은 프로젝트 이해관계자와의 합의 형성이라는 관점에서 매우 중요한 요소라고 할 수 있다.

(2) 도시모델 작성을 위한 VR

도시계획의 효과를 미리 검증할 수 있다면 많은 비용과 시간을 절약할 수도 있을 것이다. VR을 활용하면 건축물의 스케일 확인이나 자동차의 움직임과 함께 봄으로써 이해도를 높일 수 있다. 요즘은 BIM 소프트웨어에 기본적으로 탑재되어 있는 것도 있고 스마트폰을 간단하게 도킹해서 사용할 수 있는 종이재질 등의 VR 박스가 저렴하게 출시되어 있기 때문에 약간의 연습만 한다면 쉽게 체험할 수 있다.

VR을 도시교통계획이나 경관검토에 이용할 때 과제가 되었던 것은 도시의 3차원 모델 작성 비용이었다. 기존에는 VR 프레젠테이션을 위해 도시의 3차원 모델을 만들 경우 다음과 같은 작업을 필요로 했었다.

우선, 지형도에서 3차원 지면 모델을 작성하고 도로와 공터 등에 대해서는 항공사진이나 위성사진을 텍스처 매핑에 의해 붙였다. 이어서 건물에 대해서는 부지 내의 건물 형태를 수직 방향으로 높이만큼 3차원 CAD 소프트웨어를 이용해 연장하였는데 상자형 빌딩일 경우라면 괜찮지만 집이나 특수한 형태를 가진 건물일 경우에는 CAD로 형상을 수정하거나 작성했어야 되었다. 이어서 현지에 가서 건물의 디지털 사진을 가능한 한 많이 촬영해 화상처리 소프트웨어를 이용해 건물 부분을 사진에서 오려내 왜곡된 형상을 바로잡아 3차원 건물 모델 측면에 텍스처 매핑에 의해 붙인다. 이때, 건물의 모든 면이 사진으로 촬영되는 것은 아니다. 또한, 태양광선 문제로 인해 짙은 그림자가 생기거나 전선, 가로수, 자동차 등이 방해가 되는 경우도 있다. 이런 경우에는 화상처리 소프트웨어로 적절한 처리를 해야 한다. 옥상에 대해서는 항공사진이나 위성사진을 이용한다.

이러한 작업 비용은 넓은 도시공간을 대상으로 하면 막대해져 단일 프로젝트로는 대응이 어려웠다. 이러한 문제를 프랑스의 깐느시에서는 국립건축토목연구소(CSTB)에 위탁연구를 맡겨 칸트시 전체의 3차원 모델을 2005년에 작성해 시가 모델 데이터를 하나의 자산으로서 소유하고 다양한 사업자에게 이용하도록 함으로써 기업 유치나 교통 계획, 환경 관리, 시민 서비스 향상에 큰 도움을 주고 있다. 집의 지붕 형태에 대해서는 스기하라 연구팀이 집의 평면 형상으로부터 자동적으로 지붕의 3차원 형상을 생성할 수 있는 알고리즘을 개발하기도 하였다. 항공기에 레이저 스캐너를 탑재해 도시공간의 점 그룹 데이터를 얻고 그대로 VR에 이용하는 것도 있지만 점과 점 사이가 벌어져 보이므로 리얼리티가 낮다는 문제가 있었다. 따라서 점 그룹에 면(Surface)을 붙이는 작업을 필요로 한다. 최근, 특히 주목을 받고 있는 것은 항공기, 헬리콥터, 드론 등으로 이동하면서 도시공간을 대량으로 사진을 찍는데 다양한 각도에서 촬영해 SfM에 의한 소프트웨어로 처리함으로써 어느 정도의 정밀도로 3차원 도시 모델을 단시간에 작성할 수 있다는 점이다. 도로와 빌딩의 1층 부분 등의 낮은 장소에 대해서는 자동차나 보도에서 촬영한 사진을 합치면 상세한 도시모델이 된다.

싱가포르 정부는 3D 가상현실로 본뜬 가상공간 속의 싱가포르를 도시의 여러 문제를 해결하는 지능형 정보 플랫폼으로 활용하기 위하여 버추얼 싱가포르 프로젝트를 계획했었다. 여기에는 빅데이터와 사물인터넷(IoT), 3D 모델링, 머신 러닝과 인공지능(AI)을 활용한 예측 분석 등 첨단 기술들이 융합되어 있다. 싱가포르 전 국토를 3차원 가상현실로 본뜬 '디지털 트윈 싱가포르'는 모니터에 나온 건물에 손가락을 갖다 대면 해당 건물의 면적, 높이 외에 건물 옥상 전면에 설치된 태양광 발전판에서 생산하는 전력량까지 확인할 수 있다. 이 시스템은 이미 있는 건물뿐 아니라 현재 건축 중인 건물의 진행 상황은 물론이고 지하 시설의 복잡한 구조까지 모두 볼 수 있게 되어있다. 4차 산업혁명의 큰 흐름은 현실과 가상의 결합을 통한 효율의 극대화다. 싱가포르는 공장이나 기업을 넘어 나라 전체가 혁신의 장이 될 수 있도록 '디지털 싱가포르'를 구축하고 있다

(3) 모형과 VR의 동시 활용

도시와 건축계획에서는 모형을 작성해 볼륨감 등의 검토를 하는 경우가 많다. VR은 모형을 대신할 것으로 기대되고 있지만 실제로는 전체를 보는 부감적인 시점과 건물 하부에서의 시점 등을 동시에 검토하는 것은 현재의 VR로는 어렵다. 그래서 쑨 레이 연구팀은 도시모형

과 VR의 3차원 공간의 위치 맞춤을 실시해 모형의 어떤 부분에서 어떤 방향을 보면 어떻게 보이는지를 레이저 포인터로 조사해 VR에 의해 재현하는 방법을 제안하였다. 모형과 VR을 동시에 활용함으로써 더 풍부한 프레젠테이션이나 대화가 가능해져 주민과의 합의 형성에 도움이 될 것이다. 가상현실(VR)을 접목한 가상 건설 시스템(BIM : Building Information Model)은 건설현장의 모든 가능성을 시뮬레이션할 수 있다. 3D상에서 직접 시공해 보거나 건축자재를 실었을 때 장비가 그 무게를 견딜 수 있는지도 가늠할 수 있다. 사고의 위험은 최대한 줄이고 사전 계획을 통해 효율적으로 작업할 수 있도록 돕는다.

그림 6-47 건설현장을 3D 가상현실로 나타낸 BIM 조감도

VR 기술이 지속성을 가질 수 있을지에 대해서는 회의적인 의견도 많다. 건축 패러다임을 바꿀 것이라 평가받고도 정체돼 있는 3D 프린터 등이 유사한 사례다. 당장 당면한 사회·경제·환경적 이슈에 건축이 대응하고 트렌드를 선도하기 위해서는 VR 기술을 기반으로 인공지능, IoT(사물인터넷), 빅데이터 등 4차 산업혁명의 핵심 기술들을 효율적으로 접목시켜야 한다. 또한 아직까지 태동기인 VR 기술이 현재에 안주하지 않고 진화하기 위해서는 완성도 향상과 함께 소프트웨어나 콘텐츠 개발도 요구된다. 혁신과 잠깐의 유행 사이, VR 기술은 그 변곡점 위에 서 있다.

VR의 국내외 건설분야 적용 사례

디지털 환경 속에서 마치 현실인 듯 생생한 체험이 가능한 '가상현실(Virtual Reality, VR)' 그리고 현실 세계에 디지털 콘텐츠를 덧붙여 감각을 확장시키는 '증강현실(Augmented Reality, AR)'은 대표적인 4차 산업혁명 트렌드다. VR은 모든 디지털·현실 변종을 아우르는 포괄적인 용어로 사용되곤 하지만 실제로 디지털 가상현실 경험의 한 종류다. 그 범위가 광대하고 어떠한 응용 프로그램과도 결합할 수 있어 현재 건설, 게임, 의료, 영화, 자동차 등 다방면에서 활용되고 있다.

건설은 가상현실 기술을 적용하기에 매우 적합한 분야다. 도시, 공간, 환경, 서비스 등 여러 부분에서 4차 산업혁명의 기술들이 다양하게 진화할 수 있는 가능성은 무궁무진하다.

건설을 쉽게 이해하는 가장 좋은 방법은 직접 공간의 느낌을 경험하는 것이다. VR은 실재하지 않은 공간을 미리 체험할 수 있게 해준다. 설계자가 그려낸 도면을 BIM으로 구축하고 VR 모델로 추출한 후 장비를 통해 설계된 공간을 보여준다. 이 가상공간에서 설계자와 발주자는 함께 공간 배치를 변경하거나 마감재나 가구의 배치 등도 해볼 수 있다. 이렇듯 선행된 시뮬레이션을 통해 설계자는 발주자를 더욱 만족시키고 건설 서비스의 부가가치도 향상시킬 수 있으며 재설계를 감소시켜 시공 단계에서의 비용과 인건비를 최소화할 수 있다. 실제의 장소, 위험성, 비용, 인력 등 여러 제약으로부터 자유로워지는 것이다. 현재 많은 건설사, 건축사무소, 설계사무소 등에서 VR 기술을 활용한 설계를 진행하고 있다. 전담 부서를 별도로 신설하는 등 VR 기술에 대한 관심은 점점 증가하는 추세이다.

미국 건축사무소 NBBJ는 오늘날 흔히 규격화된 건물의 축소 모형을 가상현실 플랫폼으로 교체하는 것을 검토 중이다. 가상현실 플랫폼 기술을 통해 우리는 새로 지어질 건물의 설계 단계에서부터 완공까지의 과정을 스마트폰을 통해 직접 볼 수 있다. 더불어 3D 기술을 이용하여 완공될 건물 정보를 공사 전에 정확히 파악함으로써 설계나 시공 오차를 줄이고 발주자의 의도도 정확히 파악할 수 있다.

일본 시미즈건설은 수도관과 가스관 등 지하의 토목, 설비 배관 등이 어떤 위치에 있는지 입체적으로 볼 수 있는 시스템을 개발하였다. 배관의 도면 데이터를 사전에 입력해 두고 위성을 통해 위치를 식별할 수 있는 시스템이다. 이 기술을 활용하면 작업의 정확도가 높아지고 배관의 개·보수 공사 또한 더욱 쉬워질 것으로 보인다.

일본의 종합건설회사 오바야시구미는 건축물 리모델링 시 전후 상황을 쉽게 확인할 수 있는 기술을 활용 중이다. 사전에 발주자로부터 제공받은 건물 평면도를 시스템에 등록한 뒤 현장 어디서든 태블릿 PC 카메라를 이용하여 현실 공간에 완성된 이미지를 겹쳐 볼 수 있는 기술이다.

이 밖에도 미쓰비시중공업은 2012년부터 제품 제조와 플랜트 사업 등에 VR 기술을 활용해 가상공간에 미리 제품이나 건축물을 적용해 보고 완성도를 높이는 작업을 선행하고 있다.

기업과 학계가 연계해 VR 기술을 선보이는 사례도 있다. 파라메트릭 디자인 알고리즘

개발사 DIGIT는 건축사사무소 아이아크와 함께 VR 기기를 통해 집의 내·외부 공간을 체험할 수 있는 프로그램을 선보였다. 건물을 1 : 1로 목업(Mock up)하는 방식에 비해 비용이 훨씬 저렴하고 VR 기술을 이용해 사용자가 실시간으로 재질, 가구, 공간 구성 등에 직접적으로 관여할 수 있는 프로젝트이다. 이 기술이 상용화되면 일부 비효율적인 설계나 시공 과정을 대체할 수 있을 것으로 기대된다.

DIGIT는 이외에도 건축 플랫폼 기업인 에이플래폼과 협업해 AR, VR이 동시에 구현되는 건축 매거진을 발행하기도 했으며 포스코 등과 협약을 맺고 기술 개발, 교육 등 다양한 사업을 전개하고 있다.

5 증강현실, AR(Augmented Reality)

일제가 철거한 '돈의문', 104년 만에 AR 기술로 복원

AR(Augmented Reality, 증강현실)이란 현실의 이미지와 배경을 이용하여 현실의 내가 현실의 공간에서 가상의 적과 대결하는 것을 말한다. 그런데 이 증강현실이 영화나 드라마뿐만 아니라 현실에서 문화재를 복원하는 기술로 쓰인적이 있다.

AR은 실제 환경에 가상 사물이나 정보를 합성해 원래의 환경에 존재하는 사물처럼 보이도록 하는 컴퓨터 그래픽 기법이며 이러한 특성으로 인해 Mixed Reality라는 용어로도 불리우기도 한다. 가상현실(VR, Virtual Reality)과 증강현실(AR, Augmented Reality)의 차이는 무엇일까? 가상현실은 가상의 이미지를 이용하고 증강현실은 현실의 이미지와 배경을 이용한다고 보면 된다. 가상현실 게임은 '가상의 나'와 '가상의 적'이 대결하지만 증강현실은 '현실의 나'와 '현실의 공간'에서 '가상의 적'과 대결한다고 이해하면 되겠다. 한동안 젊은 층에서 인기를 모았던 '포켓몬고'를 떠올리면 쉬울 것이다. 증강현실은 그 현실 안에 함께하는 이들에게만 나타나지만 '포켓몬고'를 깔지 않은 유저는 같은 공간에 있지만 몬스터를 발견하지 못한다고 이해하면 된다. 함께 있어도 다른 현실을 볼 수 있는 시대, 즉 증강현실의 시대이다.

서울시는 4차 산업혁명 시대에 발맞춰 첨단 디지털 기술인 증강현실로 돈의문을 재현할 방안을 고안해냈다. AR 기술을 이용해 돈의문을 정동사거리에 다시 세우자는 것인데 근처를 지나는 사람들은 스마트기기로 과거 돈의문의 모습을 체험할 수 있게끔 하는 것이다. 돈의문 터인 정동사거리 인근을 스마트폰으로 비추면 화면에 옛 돈의문 모습이 그대로 재현되는 방식인 것이다. 문화재청과 서울시는 복원 프로젝트의 총괄기획과 지원을 맡았고 J기획사는 증강현실 복원작업과 체험공간 제작 등을 맡았다. AR로 복원되는 돈의문이 사라졌던 문화재에 대한 시민들의 관심을 높이고 디지털 기반의 신개념 역사체험 관광자원으로 활용될 것으로 기대된다.

그림 6-48 증강현실 기술을 이용해 복원될 '돈의문

분양시장에 증강현실(AR) 첫 선, 스마트폰으로 견본주택을 내 집에서

모바일 게임 '포켓몬고' 열풍으로 증강현실(AR) 기술에 대한 관심이 한동안 뜨거웠던 적이 있었다. 증강현실은 실제 환경과 가상의 객체가 혼합되어 현실감 있게 정보를 제공하는 기술로 해외에서는 게임뿐 아니라 마케팅 분야에서도 널리 활용되고 있다.

국내에서도 증강현실 기술을 활용한 마케팅 사례가 있다. 국내의 L건설은 업계 최초로 견본주택에 증강현실을 활용하여 상품을 홍보하였다. 견본주택에 설치되는 단지 모형에 증강현실을 이용하여 주변의 동산이나 공원, 산책로와 단지 내 다양한 테마 조경공간이나 커뮤니티 시설의 위치와 내용 또한 바로 확인할 수 있다. 아파트를 구매하려는 소비자들이 가장 고민하는 부분인 세대 내 각종 '옵션'도 증강현실을 활용하여 선택할 수 있도록 하였다. 기존 견본주택에는 간단한 이미지로만 옵션이 안내되어 설치 후 모습을 상상해보기 어려웠는데 증강현실 기술을 이용한 견본주택에서는 해당 위치에서 바닥 마감재, 주방 가구, 주방 가전 등의 기본형과 옵션이 실제 적용된 모습을 바로 확인할 수 있다. 증강현실이라는 새로운 아이템 도입을 통해 분양시장에서 상품의 홍보뿐 아니라 소비자들의 견본주택 방문 자체가 즐거운 경험이 될 수 있도록 하였다.

아파트 단지 내 AR(증강현실) 체험 서비스

국내 D 건설회사는 아파트 단지 내에 증강현실(AR) 체험 서비스를 할 수 있도록 하고 있는데 AR 가든은 단지 입주민을 대상으로 진행하는 라이프 프리미엄의 일환으로써 단지 내 조경 공간에 증강현실(AR)을 접목해 스토리가 있는 AR 조경을 입주민 모두가 즐길 수 있는 서비스를 출시하기도 있다. AR 가든 앱에서 GPS 수신을 통해 모나리자, 진주 귀걸이를 한 소녀 등 명화 12점을 단지 내에서 찾고 작품 설명을 들을 수 있는 AR 갤러리 서비스를 적용하고 있다. 단지 내 놀이터에서 20여 종의 살아 움직이는 동물들과 사진을 찍을 수 있는 AR 동물원 프로그램도 도입했으며 새싹정류원에서는 유치원·어린이집 버스를 기다리며 안전교육 동영상을 시청할 수 있다. 'AR 포토존 서비스'를 이용하면 단지 내 놀이터 곳곳에서 동물, 로봇, 공룡 등의 캐릭터 증강현실을 체험하고 화면 속 캐릭터와 함께 사진을 찍을 수 있다. 그냥 지나치기 쉬운 단지 내 조경도 'AR 조경 안내 서비스'를 이용하면 식물이 꽃을 피우거나 열매를 맺은 모습을 증강현실로 볼 수 있고 조형물을 만든 작가의 인터뷰 영상을 볼 수 있다. AR 가든 체험방법은 구글 플레이스토어 또는 앱스토어에서 "AR 가든" 앱을 다운로드한 후 설치하면 누구나 간단하게 이용할 수 있다. AR 가든은 4차 산업혁명 시대에 발맞춰 단지 내 조경에다가 IT 기술을 접목한 콘텐츠라는 점에서 눈길을 끌고 있다.

그림 6-49 D건설사의 증강현실을 이용한 AR 가든

AR로 건설현장 환경관리까지

국내 K건설은 증강현실(AR : Augmented Reality) 어플리케이션을 활용하여 환경관리의 효율성을 강화하고 있다. 증강현실 앱 사용으로 환경정보를 습득해 작업 전·중·후 환경 상태를 확인하고 현장 환경관리 정보를 공유해 업무 효율성을 높일 수 있다. 고속국도 건설공사 현장에 증강현실 앱을 사용해 터널 방류수 처리시설의 수질 측정·결과를 실시간으로 확인하고 있고 이외에도 폐기물 보관·처리 이력 관리, 터널 발파 작업 소음·진동 정보 등을 증강현실 앱을 통해 공유하고 있다. 한층 더 스마트한 건설 환경관리 기반을 구축하여 운영함으로써 최상의 스마트 건설을 수행하는 데 초석을 만들어 나가고 있다.

증강현실로 콘크리트 열화 잡아낸다

건설산업에서 증강현실(AR)과 가상현실(VR) 등의 첨단기술을 유지관리, 안전분야 등에 활용하려는 시도가 늘고 있다. 아주대 공학연구소는 교량 콘크리트 구조물 내부의 열화(劣化, Deterioration) 부위를 손쉽게 찾을 수 있도록 도와주는 모바일 AR 애플리케이션을 개발하였다. AR은 현실에 가상의 이미지를 덧대어 보여주는 기술이다. 연구팀은 교량과 같은 대형 콘크리트 구조물의 특성상 유지관리에 막대한 자원이 소모된다는 점에 주목하였다. 로봇·드론 등의 기술 덕분에 콘크리트 구조물에 대한 비파괴 검사 자체는 예전보다 빨라졌지만 그 후속작업은 여전히 사람의 몫이다. 비파괴 검사 자료를 바탕으로 의미 있는 2차 자료를 생산하고 그 자료를 다시 분석해 직접 현장을 돌아다니면서 어디가 어떻게 손상됐는지 판단하는 작업은 많은 시간과 인력, 비용이 동반된다. 접근이 쉽지 않은 부분이 있고 대상 범위가 워낙 넓어서 해당 부위를 찾기가 쉽지 않아서다. 이에 연구팀은 모바일·인터넷 게임을 제작할 때 주로 쓰이는 '유니트 엔진'을 이용해 콘크리트 구조물의 비파괴 검사 자료를 지도 형태로 시각화해 대상 콘크리트 구조물에 증강현실로 보여주는 애플리케이션 시제품을 만들었다.

비파괴 검사 자료를 토대로 '열화 지도'를 만들고 이를 점검 구조물에 덧씌워서 보여주면 열화 부위를 찾는 수고로움을 덜 수 있다. 이 애플리케이션은 비파괴 검사의 충격파(Impact Echo·IE)를 활용해 콘크리트의 박리(剝離) 깊이를 추측하기에 적합하다. 현재까지는 IE를 통한 콘크리트 박리현상을 추적하는 기능만 탑재했지만 앞으로 ER(비저항), HCP(반전지전위) 등의 비파괴 검사 자료를 더해 철근 부식, 콘크리트 열화와 같은 현상까지 총망라해서 다층위로 구분해 제공할 수 있도록 발전시킬 계획이다.

증강현실로 비계 구조물 안전검사까지

건설공사의 안전관리와 품질관리에도 AR이 쓰이고 있다. 임시가설물인 비계 시공 시 기둥, 가새, 띠장 등의 안전검사를 AR을 활용하는 것이 가능해진 것이다. '리모트 AR'은 현장 작업자가 구글 글라스처럼 생긴 안경(스마트글라스)을 쓰면 본사에서도 원격 업무지원이 가능한 제품이다. 본사 전문가가 현장 영상을 보며 작업자와 대화하고 작업자의 글라스 화면에 이미지를 그리거나 지시내용을 실시간으로 띄워 도움을 줄 수 있다. 전용 스마트글라스 외에도 스마트폰, 태블릿 등으로도 AR 원격지원이 가능하다. 영상 전송과 음성 통화로 실시간 현장상황을 공유하며 원격으로 AR 업무 정보를 전송할 수 있는 솔루션인데 그동안의 잦은 출장을 줄이고 현장문제를 즉시 해결할 수 있는 장점을 가지고 있다. 향후에는 설비 운용과 유지 보수, 조립 절차와 관련된 AR 매뉴얼을 쉽고 빠르게 제작해 공유하려는 계획이다.

건설산업에서 AR의 활용 가능성

증강현실(Augmented Reality, AR)은 확장현실감이라고도 하며 거의 몇 년 전까지 건축·토목 분야에서는 실외에 마커를 두고 신규로 건설되는 건물이나 교량 등의 CG를 헤드마운드 디스플레이(HMD) 화면에 중첩하는 정도로 이용되었지만 그 후 AR의 위치 맞춤 기술의 현격한 발전 등에 의해 마커가 필요 없는 AR이 보급되었다. 또한, 가상 CG가 실물 뒤에 있으면 보이지 않아야 하는데도 보여서 실물이 숨어버리는 오클루전(Occlusion) 문제도 사진 측량 기술과 레이저 스캐너에 의한 3차원 모델을 이용함으로써 해결하였다. 실무에 적용한 것으로는 경관 검토 외에 건설현장에서의 안전성 확인, 유지관리와 보수 설계, 시공방법 검토 등에 이용되고 있다.

향후 건설산업에서 AR의 활용은 아래와 같이 크게 5개의 분야에서 활용될 것으로 예측된다.

- 입체적인 설계도나 도면에 시공과 안전관련 주의사항 등 부가적인 정보 표시
- 3차원 도면의 현장투영을 통한 시공오류 최소화
- 예정공정과 현장의 현황 비교를 통한 공정관리
- 원격 의사소통
- 지반에 대한 정보, 지장물 등의 정보 표시

건축이나 토목건설분야에서 AR의 이용에 대한 구체적인 방법을 살펴보면 다음과 같다.

(1) 배근에 AR 응용

AR은 AR ToolKit 보급에 의해 책상에서 10 cm 사방 정보의 마커를 여러 개 배열하고 마커 위에 소형화된 건물의 3차원 CG 모델을 표시해 도시와 건축계획을 하는 데 사용하려는 시도가 상당히 오래 전부터 이루어졌다. 건설분야에서 AR은 건설현장에서 적용함으로써 더 큰 효과를 발휘할 수 있을 것이라고 보고 2000년대 중반 철근 배근검사에 AR을 이용하려는 연구가 시작되었다. 현장에서 완성된 철근 영상 위에 3차원 배근 모델을 AR을 이용해 겹쳐 표시함으로써 직감적으로 바로 배근 검사를 할 수 있는 시스템이다. 실용화를 목표로 했지만 당시의 위치 맞춤과 디스플레이 기술로는 실용화가 어려웠다.

(2) 불가시(不可視) 심도 계측에 AR 응용

역사상, 경관상 중요한 건물의 배후에 고층빌딩이나 송전선 철탑 등이 건설되어 경관을 해치는 경우가 없도록 배후 지역 구조물의 높이를 제한할 필요가 있었다. 따라서, 시각장(Field of view)에서 보아 구조물이나 지형의 그림자에 들어가 보이지 않는 부분을 비가시 영역이라고 하고 그 부분에서 지면에서의 높이를 불가시 심도(Depth of invisibility)라고 한다. 이러한 불가시 심도는 지형의 요철, 눈앞의 건물이나 그 밖의 물체 등을 고려해서 산정해야 한다. 정확하게 구하려고 하면 3차원 도시모델을 작성해 시점으로부터 방사 형태로 많은 단면으로 잘라 각 장소의 불가시 심도를 구해야 한다. 또한, 높이를 알 수 있도록 색으로 구분한 반투명 사각기둥 스케일(거대한 자)을 경관 구조물의 배후 지표면에 그리드 형태로 많이 늘어놓고 AR로 일렬씩 보이는 높이를 구해 불가시 심도를 모든 장소에 대해 구하는 방법이 연구되었다.

(3) 건설시공에 AR 응용

불도저에 카메라를 여러 대 탑재해 그 영상에 의해 기체의 둘레와 블레이드 내부 상황을 원격조작 지원하기 위해 제시하는 방법이 제안되었다. 이 방법은 미리 기체 주위 환경과 블레이드의 3차원 모델을 작성해 두고 주위 상황과 블레이드 내부를 카메라로 촬영해 텍스처 매핑에 의해 전체 상황을 제시하는 것이다. 이것은 VR과 AR 사이의 AV에 가까운 방법이라고 할 수 있다. 또한, 건설공사 현장의 시공 상황 확인을 위해 설치해 둔 ITV(Industrial Television)을 이용해 그 영상에 AR에 의해 설계한 3차원 모델을 중첩하는 시스템도 개발되었다. 철도역 플랫폼 도어 설치공사 전에 위치의 최종 체크에 이용되거나 차장의 신장 차이에 의한 역 플랫폼의 시인성 체크에 이용되었다.

또한, 원격에 있는 공사 관계자와의 시공 계획 협의에 이용하기 위해 고가 구조물을 대상으로 하여 AR에 의해 현실의 시공현장 영상에 각 시공 단계의 3차원 모델을 중첩하면서 화상회의를 위한 실용화 연구도 진행되고 있다.

(4) 감소현실

현존하는 건축 구조물을 해체하고 신축 구조물을 그 자리에 설계, 시공할 경우 AR을 이용해 설계한 새로운 구조물 영상을 현실에 중첩하면 현존하는 구조물이 영상에 남게 되므로 좋지 않았다. 현존하는 사물을 영상에서 소거하고 그 배후에 보여줘야 할 영상을 보이게 하는 기술을 감소현실(Diminished Reality)이라고 한다. 이러한 기술을 실현하기 위해서는 숨어 있는 배경의 영상을 실시간으로 카메라가 이동해 정합성을 유지하면서 철거하고자 하는 구조물 부분에만 중첩할 수 있어야 한다. 기존 방법으로는 주로 시간적 변화로부터 숨겨진 배경을 관측하는 방법, 별도의 카메라로부터 숨겨진 배경을 관측하는 방법, 주변 경관으로부터 숨겨진 배경 화면을 추정하는 방법, 숨겨진 배경을 사전 취득하는 방법의 4가지가 활용되었다. 구조물 전체를 제거 대상으로 하는 대규모 공간에서의 DR 기술을 부가한 AR에 의한 경관 시뮬레이션으로 구조물이 해체 철거되기 전과 해체 후의 경관을 시뮬레이션할 수 있다.

그림 6-50 AR을 이용한 입체적인 설계도

그림 6-51 AR을 이용한 3차원 도면의 현장투영

AR에 대한 자료를 조사한 결과 건설산업에 AR 기술을 접목하는 경우 그 파급효과는 매우 클 것으로 예상된다. 건설현장에 AR을 실제적으로 적용하기 위해서는 방대한 Data의 구축, 운용과 지속적인 Update가 필요하다. 또한, AR의 핵심 기술 중 실제 세계의 좌표와 가상세계의 좌표를 정확히 일치시켜 표시하는 마커인식과 영상합성기술을 구현하기 위해서는 고가의 비용과 전용 AR 장비의 부재 등은 풀어야 할 숙제이다. 그러나 Microsoft에서 개발 중인 Holo Lens나 Google Glass와 같은 AR 장비가 대중화되고 BIM 등의 건설 IT 관련 기술들이 활성화된다면 몇 년 안에는 건설현장에 AR 장비가 보편화될 것으로 예상된다.

그림 6-52 AR을 이용한 지반에 대한 정보표시

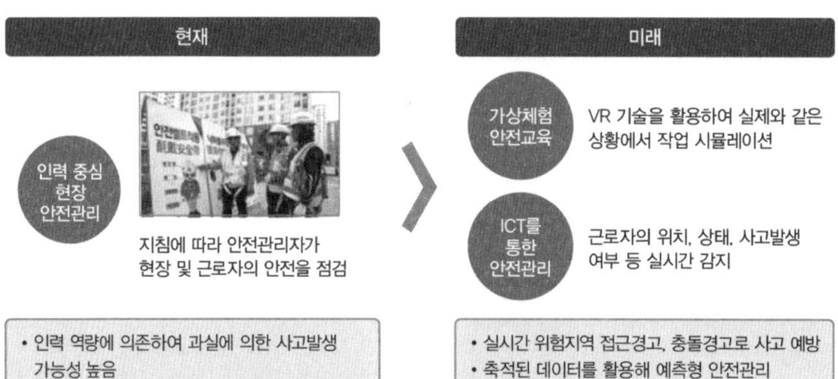

그림 6-53 VR, AR기술을 활용한 스마트 건설

그림 6-54 저렴한 가격에 구입 가능한 VR박스(좌), VR착용 및 체험(자료 : EREZ건축사무소)

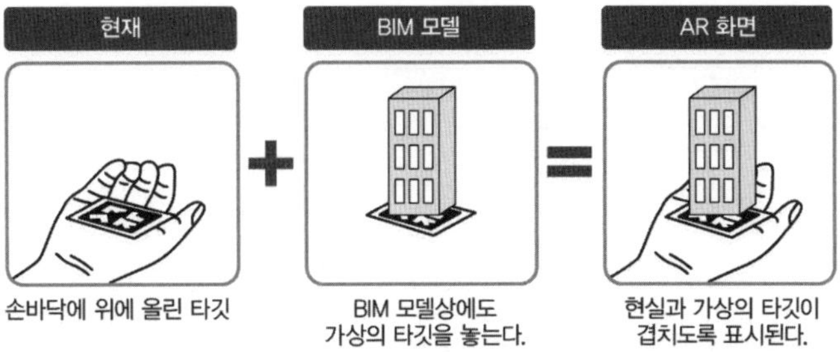

그림 6-55 AR(증강현실)의 구조(자료 : BIM기본과 활용, 기문당)

AR을 통한 BIM의 시각화

BIM과 증강현실의 결합은 프로젝트 수행에 있어서 건설정보의 사용과 시각화에 혁신적인 변화를 일으켜 보다 나은 성과를 가져오는 데 크게 이바지 할 것으로 예상된다. 건설에서 BIM과 증강현실을 결합할 경우 다음과 같은 이점이 있다.

(1) 설계

3D BIM 모델을 증강현실로 가져옴으로써 설계자와 건축가는 타당성, 기능이나 미학에 대한 디자인을 더욱 상세하게 평가할 수 있게 된다. 이를 통해 고객은 보다 상세한 자료를 제공받을 수 있게 되며 변경사항을 한눈에 파악하고 건축가가 제안하는 설계방향과 제안을 신속하게 평가할 수 있게 된다.

(2) 시공

증강현실을 통해서 BIM 모델에 접근할 경우 건설 작업자는 작업사항과 작업환경을 더욱 직관적이고 쉽게 이해할 수 있을 것이다. 예를 들어 건설 작업자는 증강현실을 통하여 BIM 모델에 접근함으로써 좁은 현장과 복잡한 구조물에서 적합한 자재 적재 장소나 설치장소를 선정할 수 있다. 공조시스템인 HVAC 덕트, 수도관, 전기도관의 설치 위치를 쉽고 빠르게 파악할 수 있게 된다. 이러한 작업방식은 설치오류를 감소시키고 더욱 더 빠른 작업이 실행될 수 있도록 도와주게 된다.

(3) 검측(Inspection)

증강현실은 설계도와 작업물을 시각적으로 비교, 검토해야 하는 검측작업을 지원할 수도 있다. 안전 체크리스트가 필요한 위치에 활용될 수도 있으며 증강현실 사용자는 벽안이나 숨겨진 공간, 지하에 매립된 전기선을 확인할 수도 있다. 각종 점검 시 발견된 문제점은 의견이나 사진을 BIM 모델에 추가되어 활용될 수도 있다.

그림 6-56 VR, AR을 활용한 교량건설 가상 시뮬레이션

(4) 유지 보수

유지 보수 시 증강현실 사용자는 건물이나 장비에 대한 매뉴얼과 설치장소에 대한 정보를 찾기 위하여 작업을 중단할 필요가 없게 된다. 예를 들어 증강현실을 지원하는 웨어러블 디바이스를 통해 BIM 모델에 접근하여 필요한 정보를 즉각 확인할 수 있게 된다. 이렇게 확인된 정보는 사용자의 작업수행에 영향을 끼치지 않으며 이를 통해 작업 효율과 성능이 크게 개선될 수 있게 된다.

증강현실을 통해서 BIM 모델을 살펴보고 관련 정보를 활용하는 것은 건설산업에 있어서 매우 중요한 일이며 프로젝트 수행의 효율성을 극대화하기 위해서는 보다 적극적으로 도입되어야 할 필요성이 있다.

6 설계부터 안전관리까지, BIM

정보와 커뮤니케이션의 도구, BIM

최근 고령화와 근로시간 단축 등 사회 흐름의 변화는 이에 대응한 건설업계의 발빠른 진화를 요구하고 있다. 특히 우리 건설산업은 생산성이 낮은 상황에서 고령화와 숙련인력 감소가 빠르게 진행되고 있는 바 디지털화와 자동화의 필요성이 대두되고 있는 실정이다. 4차 산업혁명 시대에 국내 건설업계가 한 발짝 앞으로 도약할 수 있도록 돕는 것이 스마트 건설이고 그 중에 하나가 바로 BIM(Building Information Modeling)이다. BIM은 자재, 공정, 공사비, 규격, 위치 등 다양한 공사정보를 포함한 디지털 입체정보를 통해 도면 추출, 수량산출, 공정관리, 가상시공, 위험예측 등 다양한 활용이 가능한 약방의 감초라 할 수 있다.

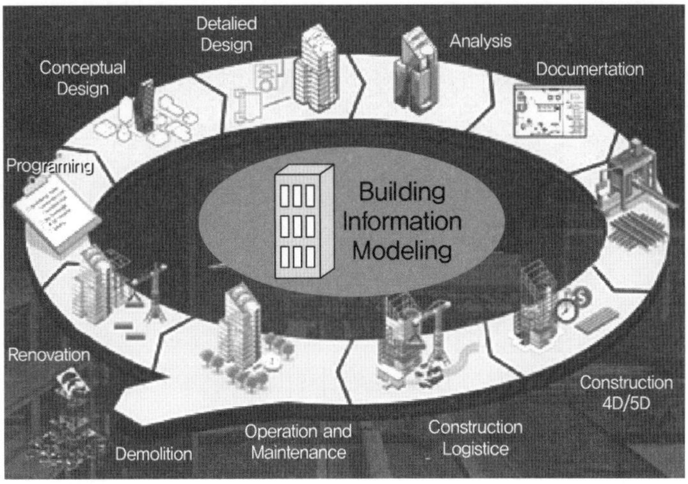

그림 6-57 BIM(building Information Modelling) 개념도

BIM 프로그램의 장점은 바로 정보이다. 내가 건설하고자 하는 구조물의 면적, 필요한 자재나 그 자재의 사용량 등을 BIM 프로그램에서 산출하여 건설공사의 총 비용이 얼마가 소요되는지에 대한 예상이 가능하다. 이렇게 BIM을 통하여 내가 설계한 도면을 모델링해서 가상으로 미리 보고 건설 구조물 내에서 오류를 미리 잡아내고 보완하는 것이 가능하다. BIM을 통하여 면적과 자재 사용량 등을 산출해서 총 건설 비용을 예상하고 사후관리까지 가능하기 때문에 해외에서는 일찍부터 BIM을 사용해 왔었다.

스마트 건설은 건설에 첨단기술(BIM · 드론 · 로봇 · Iot · 빅데이터 · AI 등)을 융합하는 기술이다. 이제 건설산업은 기존의 경험 의존적 산업에서 지식 · 첨단산업으로 급격한 패러다임의 전환을 맞고 있다. 국내 건설시장은 향후 도심인프라 · 노후시설 개선 등 난이도가 높고 정교한 기술이 요구되는 사업 중심으로 재편될 전망이다. 세계 시장에서 경쟁력을 확보하고 변화하는 국내 시장에 적응하기 위해서는 스마트 건설의 도입이 그 어느 때보다도 중요하다.

스마트 건설 시대에 건설 프로젝트를 효율적으로 관리하기 위해서는 프로젝트 참여자 간의 협업이 중요하고 프로젝트 수행 중 작성되는 정보의 수집이나 공유, 관리는 성공적인 프로젝트 수행을 위해서 매우 중요한 요소이다. 이러한 맥락에서 정보의 효율적인 관리와 참여자 간의 정보를 공유하는 방식으로 BIM(Building Information Modeling)이 적극적으로 도입되고 있다.

BIM은 기존 2D 설계라는 시스템이 갖고 있는 한계를 넘어 생각의 차원을 한 단계 높이고 정확한 건축물 정보를 보유하기 위한 취지로 일찍이 개발되었다. BIM 도입은 관련 발주자나 기술자 상호 간의 커뮤니케이션을 하기 위해서 도입되었다. 기존에는 평면도, 단면도 등 2D 건설 도면은 오랜 숙련자여도 모든 도면들을 이해하고 하나의 종합적 건물을 상상하기는 쉽지 않았다. 반면 BIM는 3D로 구현하면 어떤 형태인지 바로 감각적으로 알 수가 있다. 설계사, 시공사, 발주자가 상호 커뮤니케이션을 할 때 같은 건축물을 한 가지로 이해하고 이야기할 때 미스 커뮤니케이션을 방지할 수 있다. 이러한 쌍방향, 다방향 대화의 도구로써 BIM은 그 역할이 지대하다.

우리나라는 2012년부터 조달청에서 발주하는 500억 원 이상 공공 공사에 BIM의 적용을 의무화하였고, 2016년부터는 맞춤형 서비스로 집행되는 모든 공사에 '건설정보모델링(BIM)'을 의무화하였다. 이와 같이 BIM 도입이 확대됨에 따라 BIM 적용 방식이나 활용방안에 대해 검토하거나 실제 BIM을 도입하는 프로젝트가 해마다 계속해서 증가하고 있다.

BIM의 특징과 한계

BIM(Building Information Modeling)이란 국토교통부 건축분야 BIM 적용가이드에 따르면 건축, 토목 플랜트를 포함한 건설 전 분야에서 시설물 객체의 물리적 혹은 기능적 특성에 의하여 시설물 수명주기 동안 의사결정을 하는 데 신뢰할 수 있는 근거를 제공하는 디지털 모델과 그의 작성을 위한 업무 절차를 말한다고 정의하고 있다.

쉽게 말하면 3D 모델을 기반으로 건설 프로젝트의 기획, 설계, 시공, 유지관리 단계에 이르는 생애주기 동안에 발생되는 정보를 통합 관리하는 기술과 프로세스를 말한다. 이 기술은 설계를 단계별로 지원하고 수동 프로세스보다 더욱 효과적인 분석이나 제어를 가능하게 한다. 완성된 가상 모델은 건설 기간 동안 시공이나 제작, 조달 활동의 지원을 위해서 필요한 모든 데이터를 포함하고 있다.

(1) 협업과 정보 관리

미국의 NBIMS-US™ (National Building Information Model Standard) 프로젝트 위원회는 BIM을 시설 정보를 공유하는 지식 리소스로 평가하고 있다. BIM의 또 다른 기본 특징은 이해관계자들의 협업을 도와준다는 점이다. 건물의 설계, 건설, 유지비용은 필요 이상으로 많이 소요될 뿐만 아니라 구현 기간도 오래 걸리므로 건설 공정에 참여하는 각 이해관계자들과의 긴밀하고도 효율적인 협업은 매우 중요하다. 만약 협업 부족에 따른 상호 운용성이 부재될 경우 발주자들은 매년 158억 달러의 추가 비용을 부담해야 하는 것으로 연구결과 밝혀졌다. 이러한 통계를 보면 건설업계는 효율적이고 원활한 커뮤니케이션과 정보관리가 된다면 막대한 이익을 얻을 수 있기에 BIM을 도입할 수밖에 없는 것이다.

(2) BIM의 호환성 기술

이미 CAD의 등장과 함께 자동화 단계에 들어선 가운데 BIM은 정보사용의 자동화와 호환성이 가능한 장점을 가지고 있다. BIM은 수많은 정보를 처리할 수 있는 소프트웨어의 정확성과 기능을 요구하고 있지만 실제로 다른 솔루션과의 호환성도 무시할 수만은 없는 상황이다. 호환성 외의 다른 방법으로는 협업 워크 플로우를 달성하는 일이 매우 어렵기 때문이다.

(3) 품질향상이 가능한 BIM

사용자들은 BIM의 다양한 장점을 이야기하고 있다. BIM을 도입한 기업들은 일정 계획, 비용 견적, 위험 분석, 효과적인 협업 프로세스 그리고 효율적 시설 관리 등을 장점으로 이야기하고 있다. BIM은 현장의 구조물 건설에 앞서 솔루션을 미리 시험해볼 수 있는 기회를 제공한다. 이를 통해 발주자나 작업자들은 설계내용을 쉽게 파악이 가능하므로 공사의 정확성과 완성도뿐만 아니라 비용이나 기타 프로젝트 변수에 대한 대안을 시각화하여 평가할 수 있다. BIM은 프로젝트 파트너 상호 간 커뮤니케이션 개선을 비롯해 품질 향상이 가능하다는 찬사를 그동안 들어왔다.

(4) BIM이 어디에나 적용되는 것은 아니다

건물을 나타낸 모델이라고 해서 모두 BIM은 아니다. 예를 들어 시각적 3D 데이터라고 해도 개체 속성이 없는 모델이나 한 가지 뷰에서 치수를 변경할 수는 있지만 다른 뷰에서는 변경한 치수가 자동으로 반영되지 않는 모델 등은 BIM이라고 할 수 없다. 왜냐하면 이러한 경우에는 건설, 제조, 조달 지원을 위한 데이터가 모두 빠져있기 때문이다.

(5) BIM이 가지고 있는 한계점

BIM은 단계 통합적 기술을 적용함으로써 업역 간, 단계 간 단절을 해소하고 새로운 가치를 창출하는 특징을 가지고 있다. BIM은 건설 전 단계에 적용이 가능한 특징을 가지고 있는데 3D 가상공간에서 최적설계가 가능하고 설계단계에서부터 건설과 운영을 통합·관리할 수 있다. BIM 모델은 마치 레고 블록이나 퍼즐 조각의 개념과 유사하게 전체시설물을 구성하는 부품을 미리 만들어 놓는다. 이와 같은 라이브러리를 통해 정확한 모델을 신속하게 제작이 가능하므로 설계의 생산성을 증대시킬 수가 있는 것이다. 라이브러리는 부위별 치수를 조정하면 다양한 시설물의 구현이 계속해서 가능하다. 한 가지 예로서 터널 라이닝, 옹벽의 길이를 증가시키면 거리가 긴 구간의 부재 모델을 완성할 수가 있다. 작은 단위의 라이브러리가 모여 큰 단위의 라이브러리 구성이 가능한 것이다.

BIM은 특징을 한마디로 요약하면 설계, 시공, 감리, 시설물 유지관리 등 건설 전 단계에 활용 가능하며 물량산출, 설계오류 검토, 도면생성, 공정와 공사비 시뮬레이션, 대안 검토, 시공성 검토, 안전성 검토, 유지 보수 등 다양한 의사결정 과정에 활용이 가능하다는 점이다.

이러한 점 때문에 안전사고 감소와 공기단축, 공사비 감소, 품질향상이 가능하다.

가끔 프로젝트 수주를 위해서 제안서 발표를 할 때 BIM, 즉 3D를 구현해 작업을 하고는 있지만 실제 건설현장에서는 피부로 느끼기에는 아직까지 큰 변화가 없는 것 같다. 많은 비용을 투자하여 BIM를 실시한다고 해도 이러한 성과물이 공사에 실제로 적용되기 보다는 VIP를 대상으로 한 발표 자료나 눈요기로만 사용되고 있는 실정이다. 이러한 이유가 발생하는 원인은 건설현장에서는 물량을 산출할 때 보통 2D로 적산하는 것이 더 편한 상황에서 설계도면이 나오면 2주 만에 적산이 끝나는 데 반해서 BIM을 적용했을 때는 더 많은 시간과 인건비가 들어가기 때문에 별로 선호를 하고 있지 않는 실정이다.

BIM의 도입은 좋지만 의무화하는 것도 문제라는 불만의 목소리가 건설업계 일각에서 제기되고 있다. BIM을 하지 않아도 되는 것을 꼭 BIM을 하도록 하고 있는 것도 문제라는 것이다. 설계과정에서 원도급 설계사들은 BIM을 할 수 있는 하도급 설계업체를 선정하여 BIM 설계를 저가의 비용으로 설계토록 하고 있다. 반면에 원도급 설계사들은 발주처로부터 더 높은 비용을 받아 이익을 챙기고 있는 구조가 현실이다. 강제규정이 생기면서 악용할 수 있는 법과 제도의 허술함이 생긴 것이다. 설계사들은 그동안 저가수주를 했지만 BIM이 도입되면서 설계 과정에서 더 높은 가격을 받을 수 있는 명분이 생겼다. 원도급 설계사들은 실제 발주처로부터 더 많은 설계비를 받고 있지만 그렇다고 현장에서 BIM이 사용되는 것은 아니기 때문에 현실감이 없는 보여 주기식 BIM설계를 하고 있는 것이다. 이는 비단 설계사뿐만 아니라 시공사도 마찬가지라는 것이 건설업계 관계자의 전언이다. 향후 BIM의 활성화를 위해서는 이러한 한계점을 보완하는 방향으로 나아가야 할 것이다.

현재 BIM 발주는 아직까지도 제한적이기 때문에 활성화가 시급한 실정이다. 초창기만 해도 설계사무소에서 BIM에 대해 호응이 많았고 정부에서도 주도적으로 선도하는 분위기였지만 발주량이 사실상 많지 않아 어려움을 겪었다. 대형 설계사무소나 대형 시공사는 BIM을 잘 활용하고 있으나 아직도 제한적인 부분이 있고 중소기업은 환경이 열악하기 때문에 도입이 어려운 곳이 아직도 많은 실정이다.

건설사의 경우 대부분 도급사업을 수행하고 있기 때문에 입찰단계의 원가경쟁력이 매우 중요하지만 BIM의 성과가 정량적으로 산출되기 어렵기 때문에 입찰단계에서 BIM은 단순히 비용으로써 투자된다는 인식을 가지고 있기에 건설사들의 적극적인 도입이 결코 쉽지만은 않은 상황이다. 그렇다 보니 의무대상 현장 중심으로 적용하는 것이 일반적이었다. 따라서 BIM 효과에 대한 건설 전반적인 문화와 공감대가 형성되는 것이 매우 중요하다 하겠다. 또한 설계, 시공단계의 BIM활용 사례는 많이 있지만 유지관리 단계에서 발주자가 어떻게 활용하는지에 대한 사례는 거의 없는 상황이다. 발주자가 향후 리모델링 시기에 정보 활용을 할 수 있도록 하는 것이 중요한 이유이다.

선진국의 BIM 활용 동향

BIM은 국외인 싱가포르, 영국, 미국, 일본 등을 중심으로 사회기반시설(SOC) 공사 입찰에서 점차적으로 의무적으로 요구하고 있고 신규 발주물량은 거의 모두 BIM 기반으로 변화하고 있는 추세이다.

영국 정부는 'Construction 2025'를 통해 건설산업 혁신방안으로 건설산업의 스마트화를 매우 강조하고 있다. Government Construction Strategy 2016~2020에서 BIM과 같은 디지털 기술의 활용 확대를 요구하고 있다.

일본의 경우에는 건설 숙련인력 감소가 2014년 340만 명에서 2024년 110만 명으로 축소될 것을 대비하여 2025년까지 건설생산성을 20% 향상하는 것을 목표로 'i-Construction'을 추진 중에 있다. 건설과정에 BIM 등 3차원 데이터의 도입과 ICT 장비 등 신기술을 활용해 건설을 자동화·무인화하겠다는 것이다.

싱가포르 정부는 'Construction 21 운동'을 통해 생산성 향상을 적극적으로 추진하고 있다. 자동화 장비와 로봇, BIM 등 가상설계와 시공 등을 7대 핵심 기술분야로 선정하여 적극적으로 정책을 추진하고 있다. 특히 국가사업에 BIM을 의무화하고 도시관리 차원에서 Virtual Singapore(도시전체 3D 모델링)를 확대하고 있는 중이다.

미국 정부는 스마트 건설기술 관련 민간 스타트업 활성화와 BIM의 적극 활용을 유도하고 있다. 이를 위해서 빅데이터, IoT, 웨어러블 장비 등을 개발해 현장 관리에 활용하여 건설현장의 생산성과 안전성 향상을 적극적으로 도모하고 있는 중이다. 한 예로 AutoDesk와 Bentley 등은 건설 전 프로세스의 정보를 통합 관리하는 BIM을 연구하고 있으며 DAQRI사는 BIM Data를 스마트 헬멧에 탑재하여 시공 정보를 실시간으로 확인 가능한 기술을 개발하였다.

국내의 BIM 발주현황과 활용

(1) BIM 발주현황

국토교통부는 2020년까지 정부 토목 프로젝트의 20%까지 BIM 의무화를 적용하겠다는 로드맵을 제시하여 정책을 추진하였다. 국내에서는 건축분야에서 활용이 점차 증대되고 있지만 SOC 분야에서는 아직도 초기 단계에 머물러 있는 실정이다. 국내는 프로젝트의 효율적인 정보관리와 의사소통을 위해서 2009년부터 BIM이 본격적으로 적용되었고 조달청은 2009년부터 2015년 9월까지 21건, 총 4조 354억 원 규모의 맞춤형 서비스 사업에 BIM을 적용하여 발주하였다. 2016년 이후 조달청이 발주를 대행하는 모든 건축사업에서는 BIM을 의무적으로 적용하고 있는 중이고 SOC 사업도 일부 공공기관(한국도로공사·LH 등) 등을 중심으로 BIM 적용이 점차 확대 중에 있다.

표 6-2 조달청 BIM 적용 발주현황

연도	프로젝트
2009	용인시민체육공원 조성사업 / 서울대학교 병원 지하복합 진료공간사업 / 행복청 복합커뮤니티센터 / LH공사 양주 회천지구A-1BL / LH공사 파주·운정3지구 A4 BL
2010	전략거래소 본사 사옥 지방이전사업 / 강릉아트센터
2011	디지털방송 콘텐츠 지원센터 / 전략거래소 본사 사옥 지방이전 사업
2012	성남시 의료원 / LH공사 본사 신사옥 건설공사
2013	한국전파진흥원 신축사업 / 건강보험심사평가원 신사옥 건립 / 세종시 임차청사 건립사업
2014	EBS 디지털통합사옥

(2) BIM 활용현황

건설회사들의 경우에는 경영진이 BIM에 대한 관심도가 높아 2009년부터 BIM 활용을 시작하였고 현재 일부 대기업의 경우에는 전체 건설현장에서 BIM을 적용하고 있기도 하다. 처음에는 BIM 발주 프로젝트 때문에 시작했지만 현재는 시공단계에서 더욱 효율적인 사용을 위한 자체적 고민과 연구를 해왔고 전 건설현장에서 BIM 기반 물량산출 등을 단계적으로 실시하고 있기도 하다. 특히 국내 굴지의 건설회사인 S건설의 경우에는 몇 년 전부터 40~50여 명 규모의 BIM 조직을 갖추고 해외 고층건물 프로젝트 등에 활용하고 있다. 또 다른 건설회사인 G건설은 설비전기 Precon에 관심을 가지고 BIM을 도입하였고 몇몇 대기업 건설회사의 경우에는 시공현장에서 어떻게 하면 효율적으로 BIM을 잘 사용할 것인지에 대한 관심을 가지고 외부 전문업체와 협업해 BIM을 활용하고 있는 것으로 나타났다.

설계회사 중 일부 대형 설계사의 경우 2007년부터 BIM을 사용하기 시작하였다. BIM 업무를 수행하면서 설계자와 CM, 발주자가 BIM을 이해하는 수준이 같아야 BIM이 제대로 수행되는데 서로 모르는 부분이 많아 초창기에는 상당한 어려움을 겪었다. 많은 설계사무소에서는 설계도면을 외주로 주듯이 BIM도 외주를 줌에 따라 엔지니어가 아닌 모델러만 양성하고 있는 꼴이었다. 무엇보다 우리나라의 설계도면 품질이 올라가야 BIM도 같이 잘 활용될 수 있다는 생각이 든다.

설계, 시공단계의 BIM 활용 사례는 그래도 어느 정도 있지만 유지관리 단계에서 건축주가 어떻게 활용하는지에 대한 사례는 거의 없는 상황이다. 향후에는 건축주가 리모델링 시기에 정보 활용을 할 수 있도록 하는 것이 중요하다.

도로시설 및 토공의 BIM 설계도서 납품을 위한 3차원 표준 포맷 개발이나 도로의 BIM 설계도서 납품 시 적합성 검증을 위한 BIM 검사도구(Viewer / Converter) 개발 및 운영 매뉴얼 등이 마련되었고 효율적인 BIM 설계, 물량산출과 설계변경 등에 활용토록 국토교통부 표준도 기반의 BIM 라이브러리도 개발되었다. 그러나 설계, 시공, 유지관리의 생애주기 단계에서 BIM 활용이 적극적으로 되려면 표준화된 기준이 있어야 하는 데 아쉽게도 아직까지 LH나 조달청, 국토교통부, 협회 등의 기준이 각각 다르다. 하루빨리 이런 부분이 통합돼 하나의 표준이 만들어진다면 국내외에서 원활한 소통이 이뤄지지 않을까 싶다.

BIM 가이드라인

국토교통부 "건축분야 BIM 적용가이드"와 조달청 "시설사업 BIM 적용 기본지침서"가 기본적인 BIM 가이드라인으로 제시되고 있으며 가이드라인의 구성과 내용은 표 6-3과 같다.

표 6-3 BIM 가이드라인 구성

구분	주요 구성 및 내용
국토교통부 건축분야 BIM 적용가이드	- BIM 업무가이드, 기술가이드, 관리가이드 - BIM 적용가이드 및 가이드 활용 - BIM 데이터 작성기준, 품질기준
조달청 시설사업 BIM 적용 기본지침서	- 조달청 BIM 관리지침 - 계획 / 중간 / 실시설계 BIM 적용지침 - 시공단계 BIM 적용지침 - BIM 속성입력기준, 결과보고서, 표준 템플릿

국토교통부 가이드는 개방형 BIM 도입을 위하여 국내와 국제 BIM 표준의 일관성 확보를 위해 공통적 요건을 제공할 목적으로 작성되었다. 이 가이드는 공공 또는 민간기관이 고유의 목적과 환경 여건에 따라 BIM 실무기준을 제작할 수 있도록 BIM 업무가이드, BIM 기술 가이드, BIM 관리가이드를 제공하고 있다.

조달청의 지침서는 시설사업의 공모와 설계단계에 BIM을 적용하고 BIM 모델을 시공 및 유지관리 단계에서 활용하기 위한 업무기준을 제공할 목적으로 작성되었다. 이 지침서는 조달청 BIM 관리자의 BIM 발주사업 관리에 필요한 사항을 기술하고 있고 BIM 발주사업의 응모자, 입찰자, 당선자, 계약자의 BIM 모델 개발과 운용에 필요한 데이터 작성기준, 산출물 제출기준, 평가기준을 정의하고 있다. 국토교통부 가이드와 조달청 지침은 BIM 데이터 작성 방법과 제출물 위주의 내용으로 작성되어 있지만 국토교통부 가이드는 건축분야에서 BIM을 활용하기 위한 업무지침서 작성에 필요한 사항을 정의하고 있는 반면에 조달청 지침서는 건축 프로세스에 BIM을 적용하려는 성격이 강하다.

시공단계 BIM 적용지침

조달청 지침서는 프로젝트 진행 단계별 BIM 적용지침에서 BIM 적용 범위와 활용목표, 대상 등을 제시하고 있다. 시공단계 BIM 적용지침은 시공단계 BIM 적용 시 기본적으로 활용할 수 있는 기본범위와 사업의 특성에 따라 발주자의 요구나 시공자가 제안하는 시공 BIM 업무수행계획서에 따라 선택적으로 활용할 수 있는 확장범위를 제시하고 있다. 구체적인 세부항목은 표 6-4와 같다.

표 6-4 기본범위

활용목표	대상
BIM 업무환경 구축 지원	- BIM 데이터를 활용할 수 있는 시스템환경과 교육 프로그램 등의 업무환경 구축 지원
시공 BIM 데이터 작성	- 실시설계 BIM 데이터를 수정 및 보완하여 작성
시공도/제작도 작성	- BIM 데이터 추출도면을 기반으로 시공도면과 부재 제작도 작성
간섭확인 및 시공성 검토	- 공종 간 물리적 충돌간섭요인 사전제거 - 시공에 문제 또는 어려움이 있는 경우의 문제 해결
대안검토 및 설계변경 지원	- 설계변경 요인 분석 및 대안 검토 - 시공성능 향상을 위한 대안 검토

표 6-5 확장범위

활용목표	대상
공정 시뮬레이션	- 시공현장의 공정관리에 BIM 요소 연계
수량 데이터 산출	- 시공 업무에 필요한 정확한 자재수량 산출 및 확인
As-Built 모델 작성	- 준공 이후의 유지관리 목적으로 유지관리에 필요한 완료 모델 제작 및 관련 정보 입력
시각화 자료 제작	- 품질관리, 안전관리, 현장교육 등 시공관리에 BIM 정보 활용

그러나 조달청의 지침서는 BIM의 적용범위와 방법을 구체적으로 제시하고는 있지 못하고 있다. 기본범위에 해당하는 항목은 설계지원의 업무에 치중되어 있으며 실제 현장에서 자주 활용되는 업무들은 확장범위에 포함되어 있고 구체적인 적용범위나 수준은 시공자 제안사항으로 정하고 있는 실정이다. 시공자 기술제안으로 BIM 적용범위와 활용방안을 결정하기는 사실 힘든 실정이다.

그렇지만, 일부 건설회사들은 발주처 요구사항에 대응하여 시공단계에서 BIM을 적용하고 있거나 BIM 기술제안으로 BIM의 적용과 활용범위를 설정하여 수행하고 있다. 설계 적정성 검토(2D와 3D), 각 공종 간 간섭체크, 사전 시공계획과 시공성 검토, 단순 공정의 순서관리에서 벗어나 공정과 비용을 연계한 공정 시뮬레이션(4D), 간단한 수량과 물량 산출부터 완벽하지는 않지만 공사비의 산출(5D), 설계도면과 Shop 도면의 추출 등 다양한 부분에서 활용되고 있다.

공사 단계별 BIM 적용과 활용성

BIM은 간단한 프로세스가 아니다. 단지 3D 모델 구축, 간섭검토와 같이 단순한 몇 가지 기능을 활용하는 것으로 완성되는 사항이 아니다. 그러나 건설회사들은 발주처나 현장의 요구사항을 만족시키기 위하여 빠르고 효율적으로 BIM을 적용하고 있다.

(1) 공사단계별 BIM 모델 활용

BIM 모델은 3D 기반의 속성정보를 갖고 있는 객체, 즉 바닥, 벽, 기둥, 천장, 문, 창 등 패밀리의 조합으로 작성된다. 프로젝트 단계별 BIM 활용 목적에 따라 작성범위와

LOD(Level of Detail) 수준을 다르게 설정해야 한다.

아래 표와 같이 입찰단계에서 BIM 모델은 시공 시퀀스 이미지 작성에 활용하기 위해 모든 객체를 상세하게 작성하지 않고 골조와 간략한 건축마감, 외피마감을 중심으로 작성된 후에 활용되고 있다.

표 6-6 단계별 BIM 모델 작성 수준

입찰단계	초기 현장지원 및 기술지원	시공단계
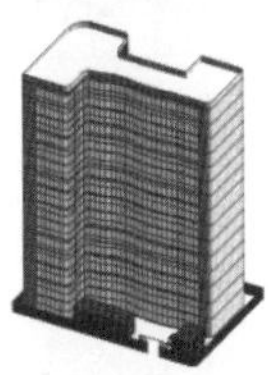 	 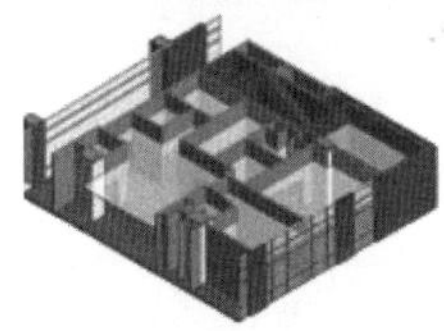	 

초기 현장지원과 기술지원 단계에서 BIM 모델은 골조 전체와 기본적인 건축마감 작성 후 검토가 필요한 일정 부분만 추가적으로 상세하게 작성하고 있다.

시공단계에서 BIM 모델은 모든 골조와 건축마감 작성 후 전체 또는 부분적인 설비나 전기 분야까지 작성하고 있다. 단순히 BIM 모델 작성에서 끝나는 것이 아니라 현장의 공종, 레벨, 공구, 계획공정 등 향후 활용하게 될 운영 정보까지를 입력하게 된다.

(2) 설계오류와 간섭검토

BIM 모델을 가장 많이 활용하는 사례는 아마도 설계오류나 간섭을 검토하는 데 활용되는 부분일 것이다. BIM 모델을 활용하여 설계기준의 반영 여부를 확인하고 객체의 중복 작성여부와 공종 간 간섭검토를 진행하고 있다.

아래 그림은 BIM 소프트웨어 기능을 사용하여 손쉽게 간섭검토를 진행하고 있는 경우이다. 간단한 조건 설정부터 세부적인 조건 설정이 가능하고 중복이나 간섭이 발생하는 부위에 대한 정보와 이미지를 첨부한 결과 보고서를 얻을 수 있음을 보여주고 있다.

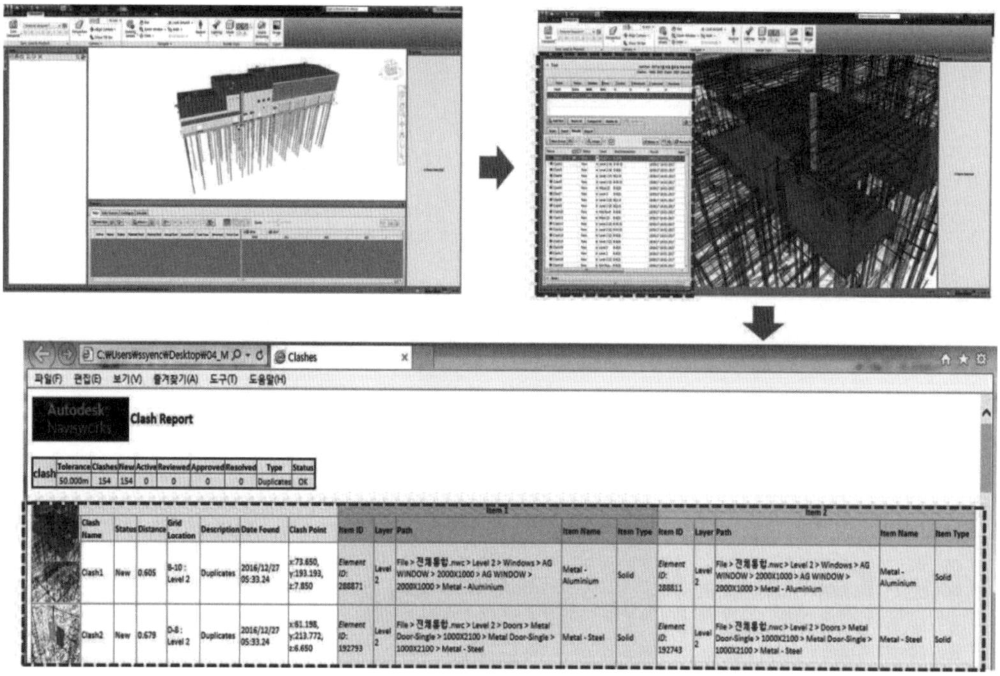

그림 6-58 BIM 소프트웨어를 사용한 간섭검토 예

단순한 간섭검토 기능을 사용하여 그동안 2D 설계에서는 발견할 수 없었던 기초부분이나 기계실 또는 전기실의 레벨 계획을 검토하거나 경사로 계획에 대하여 검토하는 데 BIM 모델을 활용할 수가 있다. 또한, MEP(건축기계설비, 냉난방, 위생, 전기, 소방) 작업공간과 천장 내부 공간계획, 슬리브 위치 검토 등과 같은 설계 오류부분 대한 검토도 BIM 모델을 활용하여 할 수가 있음을 보여주고 있다. 아래 그림은 공사 초기에 MEP Coordination을 통해 최적의 설계안을 도출한 후에 Shop drawing을 진행하여 의사결정 시간과 Shop drawing 작성 기간을 단축한 경우를 보여주고 있다.

(3) 물량산출

BIM 모델에 작성된 모든 부재에 대한 물량은 산출이 가능하다. 견적을 위해 필요한 부재나 공종, 공구, 영역별로 면적이나 수량, 볼륨 등을 정확하게 산출하여 제공하고 있다. BIM 모델 작성과정에서 입력했던 공종이나 공구, 공정정보 등의 현장정보를 활용하여 물량산출을 진행하게 되는데 CAD를 통한 물량 산출 시 누락될 수 있었던 사각부분의 물량까지도 산출이 가능한 장점을 가지고 있다. 하지만 모든 요소가 3D로 작성되지 않았기 때문에 일부 항목은 BIM에서 산출되었던 면적이나 물량에 계산식을 대입하여 산출해야 하는 수고를 해야 한다. 예를 들어 방수는 모델에 작성되지 않지만 벽이나 바닥의 면적을 산출한 후에 계산식을 대입하여 산출해야 되는 경우처럼 말이다.

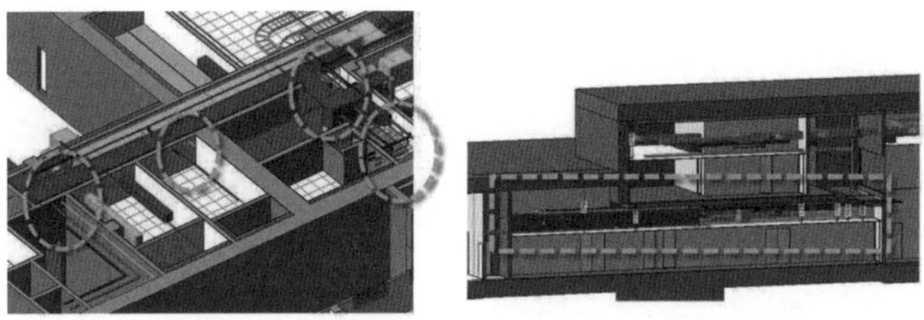

MEP Coordination

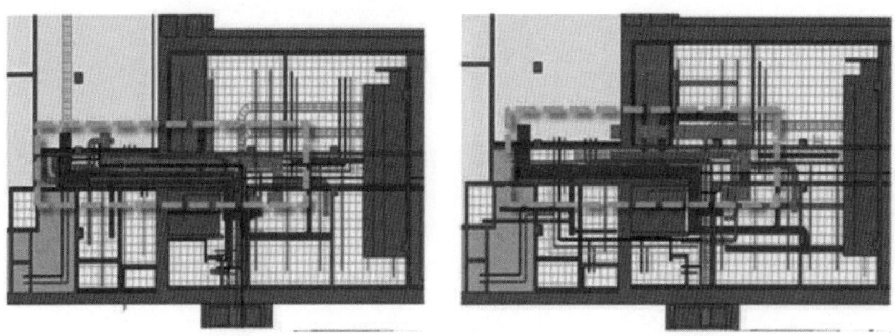

변경 전　　　　변경 후

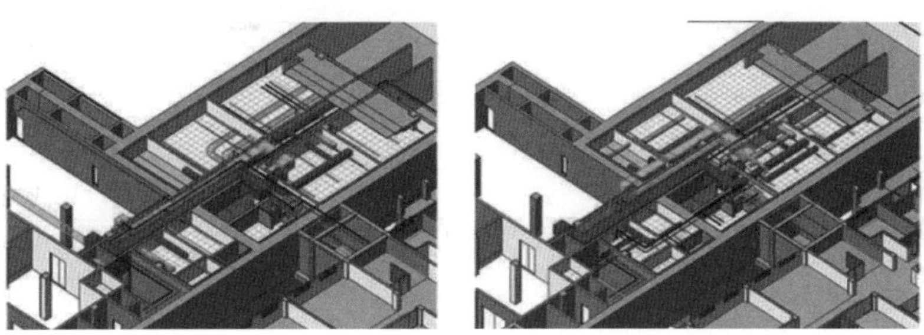

설계 대안 제시

그림 6-59 MEP Coordination

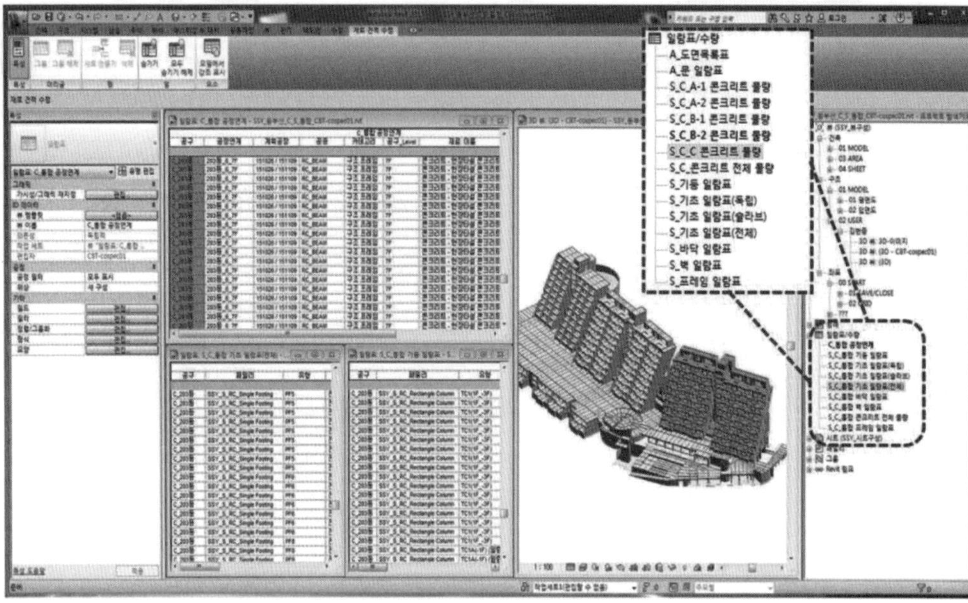

그림 6-60 콘크리트 물량산출

위의 그림은 BIM 물량을 산출하고자 하는 대상의 모든 객체에 대한 정보를 일람표로 산출한 후에 필요한 정보나 형식으로 정리하는 과정을 보여주고 있다.

이러한 방법으로 부재별, 공구별, 공종별, 공정별 물량 등의 다양한 데이터를 정확하게 산출할 수가 있다. 하지만 BIM 모델에서 산출된 물량은 정확한 수량이기 때문에 견적이나 공무에서 말하는 할증량이 반영된 물량과는 차이가 있다. BIM 모델 작업자의 모델링 수준이나 모델링의 디테일 수준에 따라서 결과가 다르게 나올 수도 있다.

(4) 도면작성

BIM 모델에서 평면도나 입면도, 단면도 등 2D 도면을 작성하거나 조감도, 투시도 등의 이미지를 활용한 3D 도면을 작성할 수도 있다. 일단 BIM 모델이 작성되면 손쉽게 도면작성이 가능하지만 클릭 한 번에 자동으로 2D나 3D 도면이 작성되어 나오는 것은 아니다.

BIM 모델에서 도면을 작성하는 방법은 먼저 BIM 모델에서 도면을 작성할 뷰를 추출하고 새로운 Sheet를 작성한 후에 추출된 뷰를 Sheet에 배치하여야 한다. 뷰를 배치한 후에는 스케일을 조절하고 가시성 설정을 통해 Sheet를 구성해야 한다. 마지막으로 도면에 추가적인 정보 표현을 위해서 2D의 주석요소(키맵, 실명, 치수, 재료명, 범례, 상세선 등)를 작성해야 한다.

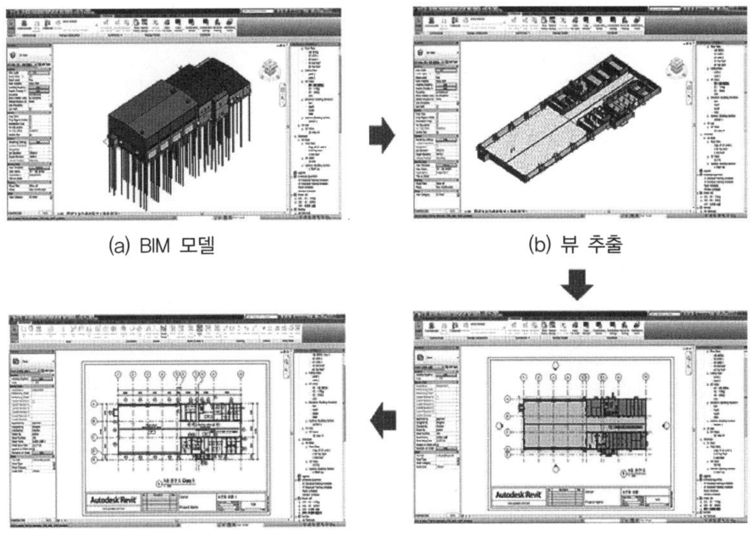

(a) BIM 모델
(b) 뷰 추출
(c) 2D 주석요소 작성
(d) Sheet

그림 6-61 BIM 모델에서 도면작성

비록 복잡하지만 BIM 모델을 활용한 도면작성의 가장 큰 장점은 설계변경이나 도면수정 시간이 매우 단축된다는 점일 것이다. BIM 모델에서 변경되는 사항은 해당 객체가 포함되어 있는 모든 도면에 일괄 적용된다. 따라서 CAD 기반으로 작성된 도면에서 직접 수정하는 시간보다도 수정시간을 대폭 단축할 수 있다.

또한 조감도나 투시도를 첨부하여 도면을 작성할 수 있기 때문에 도면에 대한 이해도가 향상되며 정확한 의사전달이 가능하다는 장점을 가지고 있다

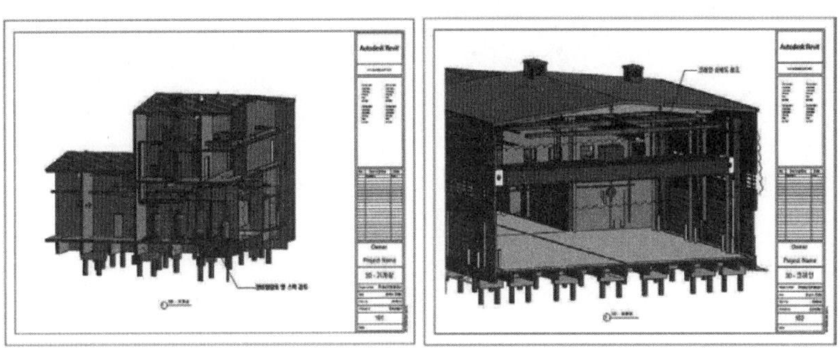

그림 6-62 이미지를 활용한 3D 도면

(5) 시각화 자료 작성

BIM 모델에서는 이미지나 동영상, 뷰어파일 등의 다양한 포맷 자료들을 활용하여 작성이 가능하므로 건축주나 발주처들에게 신속한 의사결정을 지원하는 데 활용될 수가 있다. Digital Mock-up을 통한 시공계획이나 대안 검토, 랜더링을 통한 마감재 검토, 건물이 완공된 후의 영상물 제작 등과 같은 시각화 자료 작성과 주변 지형이나 현황을 반영한 사전검토 등을 BIM 모델을 활용해 작성할 수가 있다. 예를 들어, 랜더링을 통한 마감재 검토의 경우 CG와 같이 고퀄리티 이미지 작성을 위해서는 전문적인 랜더링 설정과 랜더링 시간이 필요하지만 BIM 소프트웨어를 활용한 공간의 분위기나 마감재 검토를 위한 랜더링은 짧은 시간에도 작성이 가능한 장점을 가지고 있다. 3D PDF를 활용하면 현장의 하드웨어나 BIM 소프트웨어 또는 BIM 운영 가능 인원 등의 다양한 제약에서 벗어날 수가 있다. PC나 모바일 기기를 활용하여 BIM 모델을 활용한 협업 진행이 가능하기 때문이다.

또한 전문적인 랜더링과 영상제작 프로그램을 활용한 홍보영상 제작을 만들어서 발주처나 감리를 대상으로 하는 공정 회의나 주민설명회 자료 등을 만드는 데도 사용될 수도 있다.

랜더작업으로 재질감을 반영한 마감 검토

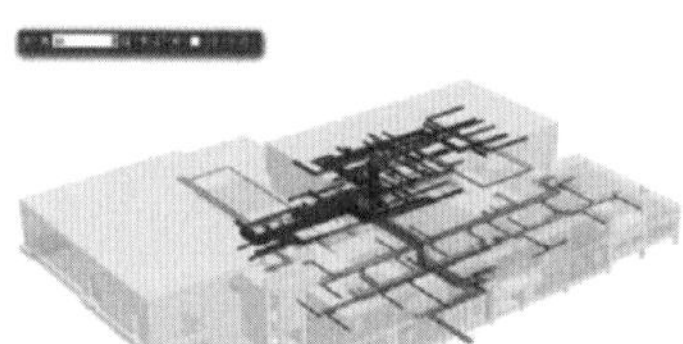

3D PDF를 활용한 시각화 자료 작성

홍보영상 제작

현장 가시설 설치 검토

그림 6-63 시각화 자료 작성

무료로 공개되는 지형정보나 건물, 도로, 다리, 철도 등과 같은 지역의 다양한 정보들을 활용하여 현장의 지형이나 도로, 주변현황을 3D 모델로 빠르고 신축하게 구축할 수 있다. 또한 공사단계별로 현장의 가시설 설치에 대한 시공과 안전성 문제 등도 검토할 수 있다.

1. 지형 데이터 구축	2. 이미지 드레이핑	3. 시설물 모형 구축	4. 시각화 자료 작성
- DEM 데이터를 활용한 3D 지표면 생성 - 국제 지리정보부와 미국 항공우주국주관	- 구글어스에서 위성사진 작성 후 불러오기 - 작성된 지형데이터에 맞게 배치	- 사업대상지 대지경계 및 건축물, 가설장비 작성 - 지형, 도로, 하천, 교량, 주변 건물 구축	- 애니메이션(자동차 동선) - 이미지 컷 - 날짜, 시간, 바람의 방향, 구름 등 조정 가능

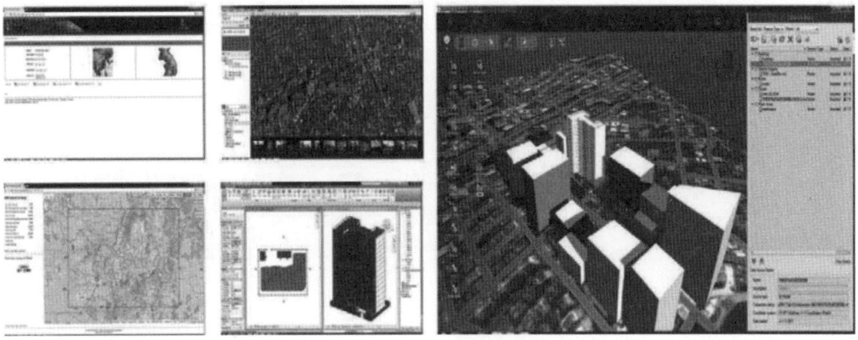

그림 6-64 지형 및 주변현황 작성과정

클라우드 기반의 서비스를 활용하여 Web, Mobile, Tablet PC에서 협업을 진행하고 기본설계 시 개념설계, 경관도로, 도시계획 등을 신속히 검토하고 간단한 작업만으로 시각화 자료 작성이 가능한 장점이 있다.

1. 지형구축 및 분석	2. 설계	3. 시설물 모형 협업
- dwg, shp를 활용한 지형구축 - Model Builder를 활용한 전 세계 지역의 지형구축 - 높이, 경사, 경사방향분석	- 도로, 교차로 설계 - 교량설계 - 배수시설 설계 - 설계 비교안 작성	- 설계보고 워크 플로우 - 그룹 설정을 통한 협업 - 공청회 및 주민설명회 활용

그림 6-65 클라우드 기반 설계검토

(6) 공정 시뮬레이션

BIM 모델을 활용하여 계획대비 실적비교나 대안비교 시뮬레이션을 통해 합리적인 공정계획을 수립할 수 있도록 지원하는 기능을 가지고 있다. 공정표상에서 공정 간 간섭이나 공사일정의 오류를 확인할 수도 있다. 먼저 BIM 모델을 활용하여 공정 시뮬레이션을 진행하기 위해서는 BIM 모델 작성 시 공정정보의 입력이 필수조건이다. 공정표에 작성된 Task 이름과 BIM 모델의 공정 정보 이름이 동일하게 작성되어야 하고 BIM 모델과 공정표를 연결하여 공정 시뮬레이션을 진행하게 된다.

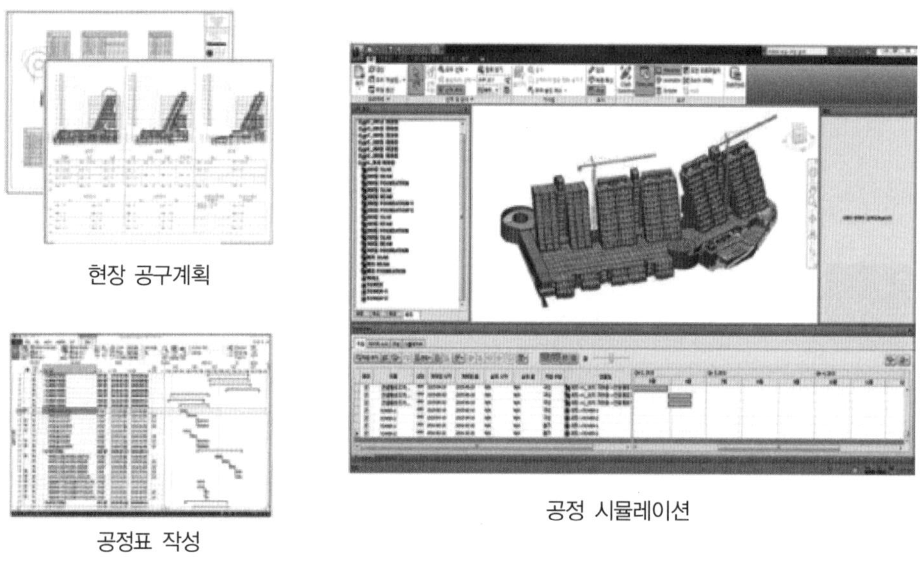

그림 6-66 공정 시뮬레이션

(7) 클라우드 서비스를 활용한 BIM 모델

클라우드 서비스를 통해 하드웨어나 소프트웨어의 제약에서 벗어나 BIM 모델을 누구나 쉽고 빠르게 활용할 수 있다. 최근 많이 사용되고 있는 클라우드 기반의 서비스는 Web, Mobile, Tablet PC 등의 컴퓨터와 다양한 스마트 기기에서 사용이 가능하다. 클라우드 서비스는 모든 정보를 한 곳에 보관하고 관리, 운영이 가능하기 때문에 단일화된 작업공간을 통한 상호 협업을 진행할 수가 있다. 특히 BIM 모델, CAD, DXF, PDF, PPT, WORD, JPG 등 다양한 파일 포맷에 대한 지원이 가능하다.

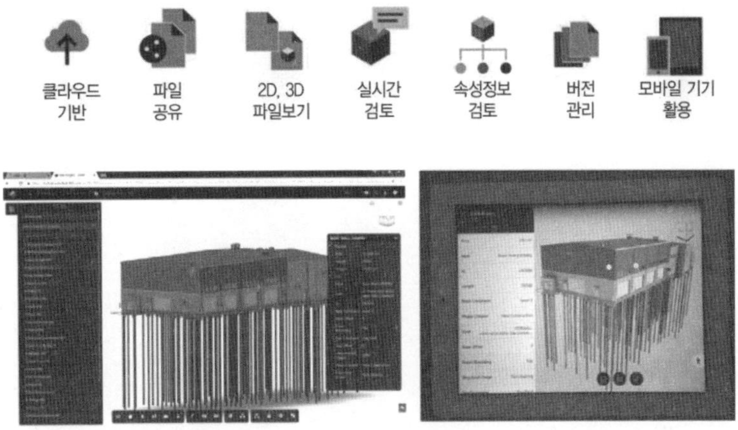

그림 6-67 클라우드 서비스를 활용한 BIM 모델 활용

많은 건설공사현장에서 설계와 시공 정보를 통합한 BIM 모델을 작성한 후에 엔지니어링 관련 정보를 상호 교류하고 각 공종 간에 협업과 조율 작업을 진행하고 있다. 그러나 실제 BIM이 가지고 있는 본래의 기능을 추구하는 활용사례는 극히 일부분에 머물고 있는 실정이다. 아직까지 BIM을 통한 비용관리나 일정관리, 시설물 유지관리(FM), 자산관리(AM) 등에 대한 활용실적은 미미한 상태이다. 그러한 이유를 살펴보면 첫 번째로 BIM 적용으로 인해 과다한 투자비가 증가하는 데 있고 전문적인 BIM 운영자 또한 부족한 실정이며 업무 프로세스 정립 부족과 매뉴얼 부재 등을 들 수 있다. 그러나 가장 중요한 원인은 참여자들의 인식변화 부족 등을 꼽을 수 있겠다.

그림 6-68 주석을 활용한 검토내용 작성

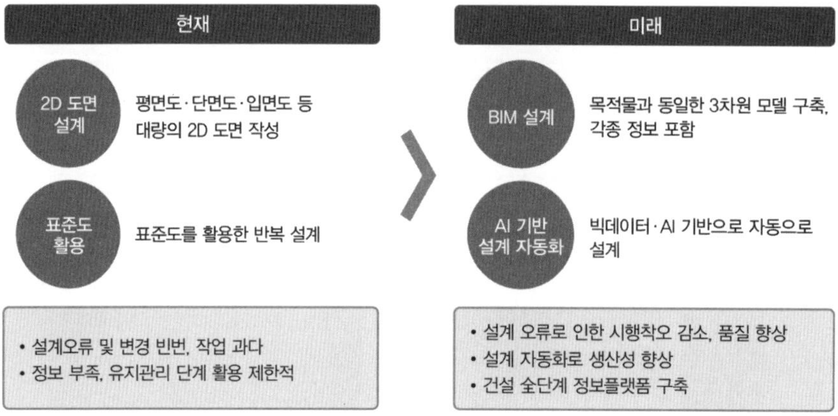

그림 6-69 BIM 도입 효과

단순히 BIM 소프트웨어의 기능을 활용하는 수준에서 벗어나 BIM을 적용하여 사업기간 전체동안 프로젝트를 효과적으로 관리하고 비용절감을 통한 생산성 향상을 달성하기 위해서는 BIM을 적극 활용하여야 할 것이다. 그러기 위해서는 우선적으로 BIM 전략수립과 BIM 조직의 구성과 역량 강화, BIM 운영 매뉴얼, BIM 기술력 확보 등이 필요하다.

우리나라 BIM 도입의 성과와 한계

최근 건설사들은 BIM 기반의 설계와 시공관리를 통해 설계오류와 시공오차를 최소화하려는 노력을 기울이고 있다. 대공간·초고층 건물의 철골 시공 등에 대한 정밀성을 확보하기 위하여 3D 스캐닝 기술을 전면 도입해 BIM 시공 시뮬레이션을 통해 현장의 위험요소를 사전에 발굴해 해결함으로써 시공관리와 안전성을 확보하려고 노력하고 있다.

국내에서 BIM 기술은 건축분야를 중심으로 활용 중이나 건설 프로세스 전반에 적용되기보다는 설계 과정에 국한돼 부분적으로 적용되고 있는 실정이다. 정부는 그간 뚜렷한 비전과 목표를 제시하지 못하였고 발주제도와 건설기준이 시대 환경을 따라가지 못함에 따라 스마트 건설기술이 활성화되기에는 미흡한 실정이었다. 발주청은 건설시장의 주요 수요자임에도 불구하고 스마트 건설기술에 대한 이해가 부족해 기술 활용에 소극적 태도를 유지하였다. 그러나 일부 대기업들을 중심으로 해외사업 진출을 위하여 BIM 기술을 도입하여 활용하였지만 이마저도 R&D와 전면적인 활용 등은 상당히 저조한 수준이었다. 대기업은 전반적으로 기술 투자보다는 오직 단기적인 비용절감에만 관심을 기울였을 뿐이었다.

2D 설계도면 중심으로 규정된 '설계도서 작성기준' 등 관련 기준을 개정하여 BIM 도입에 따른 현장 혼선을 최소화하고 발주사·설계사 등이 BIM을 원활히 도입할 수 있도록 하는 가이드라인의 마련이 시급하다. 또한, 개방형 플랫폼 구축과 관련하여 BIM 기반 성과물 관리와 정보공유 등이 가능하도록 클라우드 기반의 통합시스템 구축도 필요하다.

BIM을 사용할 때는 꼭 필요한 프로젝트와 필요한 때에만 사용이 되도록 해야 한다. 해외 어느 나라를 보더라도 BIM을 강제로 하라고 규제하는 나라는 없다. 싱가포르에서도 인·허가 도면을 제출할 때 3D 도면을 참고용으로 제출하라고 하고는 있지만 강제 규정은 아니다. BIM은 몇 년 전부터 건설업계의 커다란 화두였지만 BIM을 도입한 후의 반응은 상당히 부정적으로 변하였다. 비싼 비용을 투자하여 BIM을 도입한다고 하더라도 건설현장에서는 계속해서 기존의 2D 도면을 보고서 옛날의 작업방식대로 작업을 진행하고 있다는 점이 가장 큰 문제인 것이다.

7 3D 프린터를 이용한 미래의 건설

건설산업에서 3D 프린팅이 필요한 이유

최근 몇 년까지는 건설산업에서 3D 프린터는 단지 조경용 벽돌이나 장식품과 같은 3D 형태의 시제품(Prototypes)이나 작은 비구조용 건축부품을 만드는데 주로 사용되었다. 그러나 이제는 3D 프린팅 기술로 집을 짓는 시대가 열렸다. 최근 캐나다에서는 방 4개짜리의 콘크리트 주택 외형을 단 하루 만에 제작하는 주택건축용 3D 프린터가 개발돼 사람들의 이목을 집중시켰었다. 이 3D 프린터는 통상 6개월 정도 걸리는 콘크리트 주택의 건설공사 기간을 단 며칠 만에 완공이 가능한 수준으로 단축시켰을 뿐만 아니라 소요되는 비용 또한 기존 건설 방식의 10% 밖에는 들지 않았다. 3D 프린팅 건축 분야는 중국과 러시아에서 앞 다퉈 경쟁하고 있다. 몇 년 전 러시아에서는 3D 프린터로 하루 만에 집을 완공하는 데 성공하였다. 콘크리트 혼합물을 3D 프린팅한 다음 페인트칠과 지붕 얹기 등의 집을 완성하기까지 겨우 1주일밖에는 걸리지 않았다. 중국은 2016년 두바이에서 3D 프린팅 부재로 지은 오피스 빌딩 '오피스 오브 더 퓨처'를 선보이기도 하였다.

적층제조(Additive printing)와 적층가공(Additive manufacturing)으로도 불리는 3D 프린팅은 3D 프린터에 업로드된 디지털 파일로부터 물체를 만들 수 있는 혁신적인 제조기술이다. 이 프린터는 디지털 파일을 읽고 의도하고 구상하였던 건설 구조물이 만들어질 때까지 플라스틱이나 레진, 콘크리트, 모래 또는 금속 등과 같은 재료를 활용하여 연속적인 층을 만들어 나가는 건설용 자동화 기계이다.

4차 산업혁명의 중심에 선 '3D 프린터' 기술개발 현황

최근 디지털 산업(Digital industry)의 기술 집약으로 3차원 데이터 작업(3D data work)이 원활해졌고 주변기기의 기술 발전과 함께 3D 프린팅 관련 기술의 원천 특허권이 만료되면서 3D 프린팅 기술이 전 세계적으로 주목을 받고 있다.

건축용 3D 프린터의 경우 노즐을 통해 몰탈이나 콘크리트가 분사되면서 적층을 하게 된다. 그러나 적층되는 몰탈이나 콘크리트 내부에는 철근의 역할을 할 수 있는 별도의 재료를 투입할 수가 없어서 3D 프린터로 형성되는 건축물은 철근콘크리트 강도 등에 있어서 한계가 있었다.

그러나 최근에는 이러한 한계를 극복하기 위하여 3D 프린터의 노즐을 두 가지 이상으로 마련하고 각각의 노즐들을 통해 서로 다른 분사액을 분사함으로써 적층되는 적층물의 강도와 형태의 보존이 용이하도록 기술이 발전하였다.

동대문 디자인 플라자(DDP), 카타르 박물관(Qatar Museum) 등 극단적인 비정형 건축물은 전통적인 건설 생산체계의 낮은 생산성으로 인해 공사를 수행하는 데 막대한 시간과 비용 손실이 발생한다. 특히 비정형 건축물을 공사하는 데 있어 구조부재의 맞춤형 제작 생산이나 내·외부 마감의 맞춤형 제작 생산, 맞춤형 곡면 노출콘크리트 등에 대한 생산단가 상승, 생산의 비효율성 급증 등의 기술적 한계를 보이고 있다. 그러나 이러한 비정형 건축물은 3D 프린팅 기술을 적용하여 공사를 수행하게 되면 외부형상의 곡면 등에 대해서는 단기간 내에 저렴한 비용으로 매끄러운 시공이 가능하고 기능의 다양성을 통해 건축주인 사용자의 니즈(Needs)에 완벽하게 대응할 수 있는 장점을 가지고 있다. 이러한 점 때문에 건설용 3D 프린터는 노동 집약적인 저부가가치 건설산업을 기술집약적이고 부가가치가 높은 산업으로의 변화시키는 데 있어서 없어서는 안 될 필수 불가결한 기술이다.

3D 프린팅은 건축주의 취향에 맞춘 자유로운 디자인이 최대 강점이다. 이는 전통 주택의

시공방식에 비해 노동력과 재료를 최대 70~80% 아껴 공사기간을 단축할 수 있다. 아울러 3D 프린팅 기술은 획기적인 공사비 절감효과도 거둘 수 있다. 또한, 시공과정에서 발생하는 폐기물을 1%로 최소화하는 친환경 기술이기도 하다. 건축용 초대형 3D 프린터는 고객이 원하는 맞춤 디자인과 효율적인 시공과 대량 공급이 가능한 시스템으로 진화하고 있다.

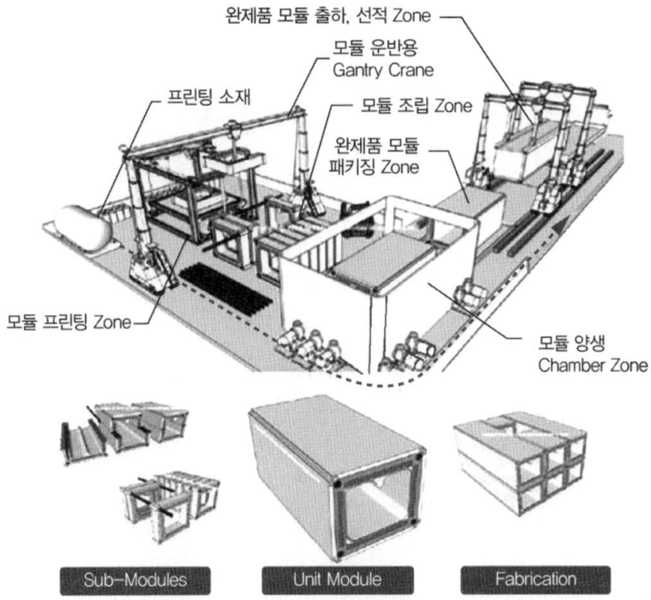

그림 6-70 3D 프린팅 개념도

3D 프린터의 사용범위를 확장하고 다양한 종류의 제조기술과 원료를 이용하여 3D 프린팅 기술을 더욱 발전시키기 위한 연구가 다음과 같이 계속해서 진행되고 있다.

① 재활용 플라스틱, 바이오 플라스틱, 콘크리트 또는 모래와 화학물질을 조합해서 만든 합성석재와 같은 재료(Synthetic “stone-like” material)를 포함한 다양한 원자재
② 여러 재료를 압출(Extruding)할 수 있는 첨단 3D 프린터
③ 다양한 제조법(즉, 현장에서 실제 크기의 벽체를 만들 수 있도록 건설재료로 채워질 수 있는 구조용 비계의 프린팅과 현장에서 조립될 수 있는 단면을 가진 벽체 구성 부재의 프린팅 등)
④ 철근 콘크리트 빔 제작
⑤ 현장이나 공장에서 직접 프린팅

암스테르담 3D 운하 하우스(Canal House/DUS Architects) 프로젝트와 같이 3D 프린팅에 의한 모듈화 부재로 주택 등을 건설하려는 연구 프로젝트가 최근 진행되고 있다. 3D 운하 하우스는 13개의 객실이 있는 홍보용 주택을 3D 프린터를 이용하여 만드는 연구 프로젝트이다. 사용된 3D 프린터는 플라스틱 섬유와 80%의 식물성 오일을 배합한 바이오 플라스틱으로 벽 구성부재(Wall components)를 만들었다. 벽 구성부재는 구조적 강도를 발현할 수 있도록 서로 맞물려 조립된 다음 바이오 콘크리트로 채워지는 방식이다.

많은 건축가와 엔지니어들도 3D 프린터로 완벽한 건축물을 만들 수 있는 가능성을 다각도로 모색하고 있다. 2015년 이탈리아에서 "빅델타(Big Delta)"라 불리는 높이 12 m 크기의 3D 프린터가 공개되었다. 그런데 공개된 3D 프린터는 진흙이나 점토 그리고 천연 섬유질 재료 등 우리들 주변에서 쉽게 발견할 수 있는 건축자재를 프린터 원료로 사용되고 있다. 재난이 발생한 지역이나 대규모로 많은 주택이 요구되는 응급상황이 발생한 지역 등에서 신속히 저렴한 비용으로 주택을 건설하는 데 사용될 가능성이 높다.

남부 캘리포니아 대학 출신의 Berok Khoshnevis는 적층형 건축술이라 불리는 3D 제작공법을 개발하였다. 이 공법은 전기, 배관, 건식벽체 및 단열을 포함한 완벽한 주택을 자동으로 건설할 수 있다고 한다.

현재 전 세계적으로 전통적인 건축 재료에 기반을 둔 기초적 수준의 3D 프린터가 연구개발되고 있다. 이런 상황 속에서 상품의 규모나 형상, 기능 등 종합적이면서도 구체적인 상품기획을 설정한 3D 프린팅 소재나 장비를 선제적으로 개발하게 된다면 글로벌 건설 시장에서 기술 선도와 독점적 시장 지위를 확보할 수 있을 것으로 보인다.

미래 건설시장을 이끌어갈 건설용 3D 프린터 시장현황

원래 3D 프린팅 기술은 Mckinsey사가 선정했던 12대 와해성 기술 중의 하나였다. 3D 프린팅 기술은 2025년까지 550억 달러의 경제적 파급효과뿐만 아니라 제조업, 건설업 등 모든 산업의 생산체계와 비즈니스 모델을 급격하게 변화시킬 것으로 예상되고 있다.

최근 건설시장에서는 비정형 건축물을 시공하는 데 있어서 생산단가 상승이나 정밀한 생산방식 요구, 생산의 비효율성 증대 등에 따른 기술적 한계 문제에 봉착하고 있다. 따라서 이러한 비정형 건축 구조물에 특화된 3D 프린팅 생산 플랫폼이 관심을 끌고 있다.

영국 시장조사 기관인 Canalys에 따르면 건설분야에 대한 3D 프린팅의 글로벌 시장 점유율은 현재 3%에 불과해 앞으로 건설분야의 3D 프린팅 시장은 점차적으로 확대될 가능성이 가장 높은 분야라고 하였다.

2020년 세계 인구는 82억 명에 도달(UN, 2006)하고 세계 건설시장은 2020년 12.7조 달러로 예상되는 가운데 2050년까지 10만 명 규모의 도시 1만 4,000개 조성이 전 세계적으로 필요하며 이와 관련된 건설시장규모는 1,000조 달러로 예상되고 있다. 때문에 환경측면에서 에너지 과소비나 폐기물이 대량 발생되는 기존 건설시장의 한계점을 극복할 대안으로 건축용 3D 프린터가 각광받고 있는 것이다. 3D 프린터 시장은 지속가능한 친환경, 에너지 자립 등으로 글로벌 건설시장 점유율을 높일 수 있는 유일한 대안인 것이다. 또한 건설용 3D 프린터는 기후·인구·사회학적 환경변화 대응은 물론이거니와 에너지의 생산·소비 균형, 폐기물 배출과 재사용·재활용 순환, 이산화탄소 배출과 흡수 순환 등의 융·복합 건축기술로 새롭게 떠오르고 있다.

건설용 3D 프린터에서 요구되는 기술은 자동화기술, 로봇응용, S/W 기술을 바탕으로 한 정밀제어 기술이 필요하다. 건설용 3D 프린터는 거푸집을 사용하는 기존의 방식에서 탈피해 시멘트 등 구조용 재료를 직접 출력해 비대칭적이고 비선형적인 대형 구조물을 빠른 시간 내에 경제적으로 제작할 수 있다. 국내에서 건설용 3D 프린터를 이용하여 32평 주택을 시공하는 데 32시간이 걸렸는데 평균적으로 1평을 건축하는 데 1시간이 소요된 꼴이었다.

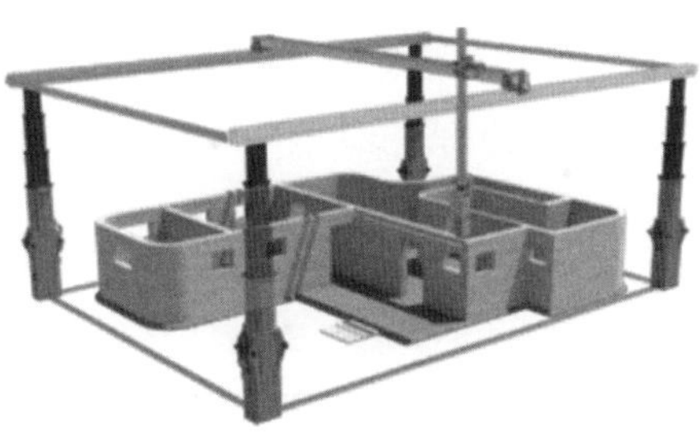

그림 6-71 3D 프린팅 건설장비 개념도

건설용 3D 프린터의 3가지 구성요소는 구조와 디자인(Structure and Design), 건축재료(Material), 프린터(Printing system) 등 3가지이다. 프로세스의 핵심인 구조와 디자인은 캐드(CAD)작업으로 진행을 하게 된다. 건설산업의 가장 큰 난제는 그 무엇보다도 낮은 생산성으로 인해 막대한 시간과 비용의 손실인데 건설용 3D 프린터가 이러한 건설산업의 난제를 해결할 것으로 기대를 모으고 있다. 일반적으로 건설은 재료를 가공해 노동력을 투입해서 건설 구조물을 완공하고 있다. 이때 다양한 건설기계가 필요함은 두말할 필요도 없다. 건설

구조물을 다 완공하여도 온갖 건설 폐기물까지 처리해야 하는 부담이 따른다.

반면 건설용 3D 프린터를 사용하는 경우에는 기초공사가 된 부지에 건설용 3D 프린터를 설치하고 건설재료만 투입하면 1시간에 1평 정도의 건설 구조물이 완성되게 된다. 당연히 건설폐기물은 발생하지 않아 폐기물 처리를 걱정할 필요도 없다.

건설용 3D 프린팅은 건축주인 발주자의 취향에 맞추어 자유로운 디자인을 구축할 수 있다는 점이 최대 강점으로 꼽힌다. 이는 전통적인 건설 시공방식에 비해 노동력과 소요되는 재료를 최대 70~80% 절감하여 공사기간을 단축할 수도 있다. 여기에다가 건설용 3D 프린터는 획기적인 공사비 절감효과는 물론이거니와 시공과정에서 발생하는 폐기물을 1%로 최소화할 수 있는 친환경 기술이다.

정화조를 설치한다고 가정할 때 기존에는 7명이 7~10일 정도 소요되었지만 건설용 3D 프린터를 사용하게 되면 혼자서 6시간이면 공사를 마칠 수 있는 놀라운 무인화 건설기계이다. 3D 프린터는 곧 무인화 건설기계라고 할 수 있다

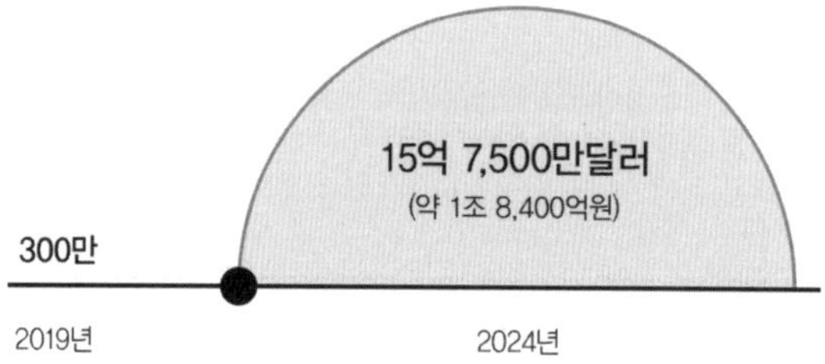

그림 6-72 글로벌 3D 건축 시장 규모 추이

표 6-7 세계 곳곳에 세워지는 3D 프린팅 건축들

업체	위치	내용
아이콘	미국 텍사스	홈리스를 위한 주택
낭트대학	프랑스 낭트	96 m^2 면적의 주택으로 실제 가족이 입주해 생활
에인트호번공대	네덜란드 에인트호번	2023년 까지 1~3층 규모의 건물 5채 건설 목표
윈선	아랍에미리트 두바이, 중국 상하이	정부기관 건물과 5층짜리 주택
아피스코	러시아 모스크바	100 m^2 면적의 전시용 주택

3D 프린터 해외 적용사례

(1) 중국, 6일 만에 5층 아파트 뚝딱

전 세계적으로 3D 프린터 건설이 활발하게 진행되고 있다. 비단 중국 뿐만 아니라 미국, 프랑스, 캐나다, 이탈리아, 네덜란드, 스웨덴, 러시아 등은 적극적으로 3D 프린터를 활용하여 건설 구조물들을 구축하고 있다.

그림 6-73 3D 프린터로 지은 중국 퉁저우구의 주택

중국은 건물 일부분을 제작한 뒤 사람이 조립하는 방식이 아니라 3차원(3D) 프린터를 이용해 통째로 지은 주택을 시공하고 있다. 베이징 퉁저우구에서 3D 프린터로 건축한 주택은 약 45일간의 공사 기간을 거쳐 완공되었다. 이 주택은 2층짜리 별장형 주택으로 규모는 약 400 m^2에 달하며 벽 두께는 2.4 m로 진도 8의 지진에도 견딜 수 있도록 설계되었다.

과거에도 3D 프린터로 주택을 짓는 시도는 있었지만 기존에는 일부분씩 만든 뒤 조립하는 방식을 이용하였다면 이번에 시공한 주택은 조립 방식이 아니라 3D 프린터를 이용해 통째로 만든 세계 최초의 건물이다.

중국 장쑤성 쑤저우 공업원구에 가면 2015년 1월 3D 프린터로 만들어진 5층짜리 아파트를 볼 수 있다. 세계에서 가장 높은 3D 프린팅 주택이다. 건설업체 윈선은 자체 공장에서 길이 150 m, 폭 10 m, 높이 6 m의 3D 프린터로 기둥 같은 수직 부재를 만들고 현장으로 옮겨와서 조립하였다. 이후 바닥·보 등의 수평 부재를 조립하고 철골 보강과 내·외장 마감을 거쳐 아파트를 완성하였다.

그림 6-74 중국 장쑤성 쑤저우 공업원구의 5층짜리 아파트

이때 걸린 시간은 단 6일이라고 한다. 전통적인 건설 방식과 비교할 때 소요되었던 비용은 30~60%, 건설 공사기간은 50~70% 수준으로서 반값에 2배 더 빨리 시공되었다. 다만 이 아파트는 전시용이라 현재 사람이 살고 있지는 않다.

(2) 프랑스, 세계 첫 '3D 프린터 공공주택'

프랑스에서 3D 프린터로 출력한 집에서 사는 최초의 가정이 나왔다. 3D 프린터 출력기술을 사용하여 집을 짓는다는 것은 아주 먼 미래처럼 보이는 일이었으나 불과 20년 만에 실현되었으며 프린팅 기술은 계속해서 빠르게 발전하고 있다.

프랑스 낭트에 가면 3D 프린터로 지은 세계 첫 공공주택인 이누바(Yhnova)를 볼 수 있다. 부드럽게 휜 'Y'자를 닮은 하얀색 주택은 면적 95 m^2, 방 5개 규모로서 이 건물을 완성하는데 단 이틀이 소요되었다. 3D 프린터가 건축 현장에서 4 m 길이의 로봇 팔을 움직이며 설계도면대로 벽체를 쌓아 올리고 구조체와 내·외장재를 적층하는 방식으로 집을 만들었다. 창호와 지붕 작업은 사람이 직접 나서서 마무리하였다. 건축 비용은 전통적인 방식보다도 20% 가량 절감되었다.

낭트대 연구진이 개발한 3D 프린터 '베티프린트 3D'는 길이 4 m의 로봇 팔을 레이저 유도 방식으로 미리 그려진 모형에 따라 다양한 건축 재료를 적재하는 방법을 사용하여 구조물을 축조한다. 일반적인 3D 프린터 건축에서는 혼합한 한 가지 재료를 이용해 증축을 하고 있지만 이 주택을 건축하는 데에는 세 가지 유형의 재료가 각각 사용되었다. 100년간 절연성이 유지되는 특수 폴리머가 사용되었고 벽면은 우리에게 친숙한 콘크리트로 채워졌다. 내부 인테리어를 제외한 건축 기간은 단 18일밖에 걸리지 않았다.

그림 6-75 '3D 프린터'로 건설한 세계최초 공공주택 등장

(3) 네덜란드

해외에선 이미 사람이 거주할 수 있는 3D 프린팅 주택이 속속 지어지고 있다. 네덜란드 에인트호번 시에는 2023년까지 세계 최초의 상업용 3D 프린팅 주택 단지가 건설될 예정이다.

테오 살럿 에인트호번 공대 교수팀은 건축설계사무소 판베이언과 함께 이 도시의 친환경 신도시 개발지구인 보스레이크에 1~3층 규모의 3D 프린팅 주택 5채를 지어 사람들이 머물 수 있는 임대주택단지로 운영한다는 계획을 밝혔다.

이들이 공개한 조감도에는 매끈한 곡면으로 이뤄진 바위처럼 생긴 집 5채가 보인다. 일반 건축물과 다르게 모서리가 둥글고 벽면이 완만한 곡선형태이다. 지금까지 이런 모양의 집은 각 부분을 거푸집으로 만들어 이어 붙여야 하는 등 비용과 시간이 상당히 많이 들어 회피했었다. 하지만 3D 프린터를 이용하면 곡선을 따라 콘크리트 액체를 정교하게 쌓아 올릴 수 있어 아무리 복잡한 구조의 벽면도 쉽게 만들 수 있게 된다.

작은 3D 프린터도 있지만 매우 큰 3D 프린터도 있다. 최근 등장하고 있는 3D 프린터 가운데 대형 프린터들이 주목을 받고 있다. 특히 집 짓는 프린터들은 건설업계로부터 비상한 관심을 불러일으키고 있다.

네덜란드 건축회사 두스 아키텍츠(Dus Architects)는 초대형 3D 프린터를 이용하여 암스테르담에서 운하를 따라 펼쳐져 있는 커날 하우스(Canal house)를 짓고 있는 중이다. 네덜란드 말로는 '방 만들어주는 기계'란 의미의 이 '카머 마커(KamerMarker)'는 높이 6 m 크기의 대형 프린터다. 2013년 처음 선보인 후 그 기능을 계속 업그레이드해 지금은 '카머마커 2.0'으로 발전시켰다.

그림 6-76 네덜란드, 3D 프린터를 이용한 커날 하우스(Canal house)

(4) 미국

3D 프린팅 기술이 건설분야에 본격 적용되면 살다가 버리는 집이 나올 수 있다는 전망도 나온다. 미국에서는 3D 프린팅 주택을 '홈리스'의 거주 문제 해결책으로 활용하고 있다. 미국 로스앤젤레스(LA) 시의회는 3D 프린터로 노숙자를 위한 미니 주택을 건설하는 계획을 공개하였다. 미국의 3D 프린팅 건축업체인 '아이콘'은 미국 텍사스주 오스틴시에서 노숙자를 위해 만든 '웰컴센터' 건물을 공개하였다. 이 회사가 제작한 대형 크레인 모양의 3D 프린터 '벌컨(Vulcan)'으로 지은 이 건물은 면적이 46 m^2 크기로 만드는 기간은 단지 27시간이 소요되었다. 앞으로 이 부지에는 480명의 노숙자를 수용할 수 있는 주택단지도 세워질 계획이다. 이 업체는 4,000달러(약 480만 원) 안팎의 건축비로 빈민층도 감당할 수 있는 주택을 공급하는 것이 최종 목표이다.

최근 미국 샌프란시스코의 3D 프린터 업체인 '아피스코어'는 3D 프린터로 소형 주택을 하루 만에 만들어냈다. 3D 프린터는 소형 크레인에 가까운 크기였고 24시간 안에 집을 완성하였다. 프린터로 집 구조물을 만들고 기술자들이 단열재, 창, 전기 제품 등을 집에 설치하자 완벽한 집이 탄생하였다. 이 업체가 '출력'한 집의 규모는 면적이 37 m^2로 11평 규모였다. 이런 소형 주택은 1,000만 원 정도만 들이면 만들 수 있지만 175년은 지속될 수 있을 정도로 튼튼하다. 기존 건축 기술과 비교해 최대 70%의 비용이 절감되었다.

(5) 두바이

중동 두바이에서는 정부 프로젝트로 3D 프린터 된 오피스빌딩을 설치할 계획이다. 이 프로젝트에서는 건물의 외관뿐만 아니라 내장과 가구를 포함한 모든 것을 3D 프린터로 하는 것을 목표로 하고 있다.

그림 6-77 두바이의 3D 프린터로 시공될 오피스빌딩 이미지

프로젝트의 건설을 담당하고 있는 시공사는 3D 프린터로 주택건설의 실적이 있는 중국의 건설업체인 윈선(Win Sun)이다. 3D 프린터로 사용되는 재료는 콘크리트뿐만 아니라 강화섬유플라스틱, 글래스 섬유석고 등이 활용될 예정이다. 만약 계획대로 시공이 된다면 1개월 안에 시공이 가능하다고 한다.

(6) 스페인

3D 프린터로 집만 짓는 게 아니다. 2017년 2월 스페인 마드리드 한 공원에선 세계 최초의 '3D 프린팅 육교'가 등장했는데 카탈루냐 고등건축연구소(IAAC)는 미세 강화 콘크리트와 열가소성 폴리프로필렌 등의 재료로 길이 12 m, 폭 1.75 m의 육교를 제작하였다. 교량 뿐만 아니라 맨홀 뚜껑, 벤치, 조형물, 가구 등도 3D 프린터로 제작이 가능하다.

그림 6-78 스페인 마드리드에 있는 세계 첫 '3D 프린팅 육교'

(7) 독일

산업용 금형을 생산하는 독일 복셀젯(Voxeljet Technology)은 자체적으로 축적한 '적층형 몰딩 기술'을 활용해 산업용 3D 프린터 'VX4000'을 최근에 공개하였다. 이 프린터는 모래 등의 건축자재를 원료로 투입해 4×2×1 m 크기의 공간을 만들 수 있다.

(8) 이탈리아

이탈리아의 WASP(World's Advanced Saving Project)는 높이 12 m에 달하는 3D 프린터 '빅 델타(Big Delta)'를 선보였다. 지금까지 등장한 3D 프린터 가운데 그 규모가 가장 큰 것으로 평가받고 있다. 이 프린터는 진흙, 모래 등 주변에서 쉽게 발견할 수 있는 건축자재를 원료로 벽면, 천장 등을 제작해 원통 모양의 집을 지어나갈 수 있다. 특히 에너지가 적게 드는 환경친화형 건물을 지을 수 있는 강점을 지니고 있다. 이에 따라 UN에서는 이 프린터를 널리 보급하여 세계 전역에 있는 저소득층 주택을 건설할 방안을 모색하고 있는 것으로 알려졌다. 현재 아시아, 아프리카, 남미 등의 저개발 국가들은 빈부 격차로 심각한 주택난을 겪고 있는 중이다.

3D 프린터로 만든 강교, 콘크리트 교량도 등장하였다.

(1) 중국의 콘크리트 아치교

중국의 칭화대학교 쉬 웨이궈(Xu Weiguo) 교수는 폭 3.6 m, 길이 26.3 m의 콘크리트 아치형 교량을 3D 프린팅 기법으로 건설하였다. 아마도 3D 프린팅 교량으로는 현재까지 세계에서 가장 길 것 같다.

그림 6-79 상하이에 건설된 세계에서 가장 긴 3D 프린팅 콘크리트 교량

176개의 콘크리트 유닛으로 이루어진 콘크리트 아치형 교량은 두 대의 로봇 팔인 3D 프린팅 시스템을 이용하여 시공하였다. 전체 유닛을 출력하여 완공하는 데 소요된 시간은 불과 450 시간밖에 걸리지 않았다. 교량의 곡선부 형태는 중국에서 현존하는 가장 오래된 교량인 안지교를 모방했지만 3D 프린팅 기술을 실용적 사업에 도입하였다는 점에서 의미를 가진다. 교량의 주요 구조물에 교량의 안전성을 확보시켜 주는 철근이나 가설구조물 등을 사용하지 않았기 때문에 기존 방식으로 제작했을 때와 비교할 때 건설비는 2/3 수준밖에 소요되지 않았다. 또한 교량에는 모니터링 시스템이 내장되어 있어 시간이 경과되면서 콘크리트가 어

떻게 변형되는지를 기록하게끔 하였다. 여기서 얻은 정보는 3D 프린팅의 공학적 활용기술 개발을 위한 참고자료로 쓰일 예정이다.

(2) 네덜란드의 강철 교량

네덜란드 로봇공학 업체인 MX3D는 3D 프린터로 강철 교량을 완성하였다. 이 강철 교량은 12 m 길이의 보행자 전용 다리로서 암스테르담에 있는 운하에 설치되었다.

그림 6-80 네덜란드의 세계 최초 3D 프린팅 강철교량

2015년에 처음으로 제안된 이 강철 교량은 로봇을 이용해 용해된 강철 층을 소재로 만들었다. 6축 로봇이 제작에 투입되었고 특히 프로그래밍된 로봇 팔을 이용해 규모가 상당히 큰 용접 기계를 조종하게 된다.

MX3D는 설계 당시에는 현장에서 교량을 직접 3D 프린터로 출력을 할 계획이었으나 예산 제약과 안전상의 문제로 당초 계획은 철회되었다. 이 프로젝트에는 스마트 센서 네트워크를 제작하는 등 첨단 디자인이 적용되었는데 스마트 센서는 변형과 회전, 하중과 변위, 진동 등의 데이터를 수집해 교량의 성능을 기록하게 된다. 수집된 데이터는 보행자 수와 보행속도, 구조적 완결성과 주변 환경 등을 파악하는 데 사용될 계획이다. 아울러 수집된 정보는 교량의 "디지털 쌍둥이"이라고 할 수 있는 컴퓨터모델에 실시간으로 입력돼 교량의 성능과 안정성을 평가하게 된다. 향후 유사한 금속교량을 3D 프린터로 제작할 때 참고자료로 활용될 계획이다.

(3) 네덜란드의 콘크리트 교량

콘크리트를 출력하여 지금까지는 없었던 디자인과 형태의 세계 최장인 3D 프린터 교량이 곧 탄생될 예정이다. 새로운 교량은 네덜란드 동부의 네이 메헨 도시를 흐르는 강에 설치되며 교량 길이는 29 m인 5경간 연속교로서 보행자·자전거 교량이다.

이 교량의 가장 큰 특징은 흐름 선형을 비정형 모양으로 사용한 디자인을 가지고 있어 기존의 시공 방법으로는 도저히 실현될 수 없는 조형물이라는 점이다. 오직 3D 프린터로만 출력이 가능하다는 점이다. 교량은 39개의 부재로 나누어 출력된 후 가설 현장 근처에서 조립하게 된다.

그림 6-81 네덜란드 동부의 네이 메헨의 세계 최장 3D 프린터 교량

주택 건설에서의 3D 프린팅의 미래

3D 프린터를 이용한 주택 건설의 장점은 빠른 시공속도와 인건비 절감에 따른 건설 비용의 절감이라 할 수 있다. 물론 3D 프린팅 기술로 제작된 건축물에 대한 안정성 문제나 단열, 보온 적합성에 관한 의문이 계속해서 제기되고 있기는 하다. 하지만 3D 프린팅 건설업체도 이런 점을 매우 잘 알고 있고 다른 그 무엇보다도 우선적으로 보완하기 위해 노력 중에 있다. 최근, 실리콘밸리의 건축용 3D 프린터 Vulcan에 사용되는 콘크리트 재료는 단열 작용도 뛰어나고 내구성이 강해서 안정성에 문제가 없다는 판정을 받았다.

3D 프린팅 기술발전이 어디로 향할 지에 대해서는 광범위한 전망들이 제시되고 있다. 3D 프린팅이 아직 건설분야에서는 초기단계에 있긴 하지만 잠재적인 이점 등으로 인해 관련 기술의 발전을 앞당길 것이라는 점은 주지의 사실이다. 한편에서는 건설업계에 혁명을 일으킬 수 있는 변화의 기술로 3D 프린팅을 상상하고 있는 반면에 일부에서는 건축부재나 판넬 등을 만드는 데 주로 사용될 것이라고 전망하기도 한다. 시장조사업체인 마켓앤마켓에 따르면 글로벌 3D 프린팅 건설 시장은 2024년엔 15억 7,500만 달러(약 1조 8,400억 원)로 급성

장할 것이라고 전망하였다.

아직 초기단계에 있지만 3D 프린팅은 다음과 같은 장점을 건설공사 현장에 제공할 수 있을 것이다.

① 현장이나 공장 어디에서도 이용이 가능하다.
② 건물 제작 시 그 목적물을 만드는 데 요구되는 만큼의 재료만을 사용할 뿐이다. 이것은 기존 방식보다 자원을 덜 필요로 하고 그만큼 폐기물이 덜 발생된다는 것을 의미한다.
③ 만약 목적물이 현장에서 출력되어 제작된다면 수송비는 절약될 것이다. 하지만 출력된 구조물을 현장에서 조립하기 위하여 운반한다면 운반하는 비용은 프린터 출력물의 크기로 인하여 고가일 가능성도 있다.
④ 비정형 모양과 같이 기존 기술로는 만들 수 없는 모양을 3D 프린팅으로는 제작이 가능하므로 저렴한 비용으로 빠른 시간 내에 흥미로운 디자인을 창출할 수 있다.
⑤ 소요되는 인건비를 낮출 수 있다.
⑥ 맞춤형 설계에 대한 소요 비용이 감소된다. 3D 프린팅에 의한 건축물 건설은 한번만 건설하는 건축물의 건설비용이나 수천 번 동일한 건설을 시행하는 건축물에 비하여 건설에 소요되는 비용이 감소된다.
⑦ 만약 3D 프린팅이 별도의 특수 장비나 주의사항이 필요한 조립품을 생산하는 데 사용될 수 있다면 안전이나 보건에 대한 위험도를 대폭 감소시킬 수 있다.
⑧ 3D 프린터 건설의 가장 큰 장점은 빠르고 싸게 지을 수 있으면서 시공 정확성도 높일 수 있다는 점이다.
⑨ 폐기물 발생을 최소화하고 안전사고 발생률을 크게 낮출 수 있다.
⑩ 비정형 디자인 건축물을 손쉽게 만들 수 있고 주택의 경우 집값 안정화에도 기여할 수 있다.

반면에 극복해야 할 문제점은 다음과 같다.

① 3D 프린팅 기술과 사용방법에 대한 업계의 경험부족과 고가의 3D 프린터 구매 비용 등으로 인해 기존 건설비용 대비 고가의 건설비가 소요된다.
② 현재 더욱 복잡한 조립제품을 생산할 수 있도록 여러 재료들을 사용한 프린터가 개발되

고 있지만 현재까지 사용될 수 있는 재료의 숫자는 제한되어 있다.

③ 3D 프린터는 크기가 클 수 있으므로 현장에 설치하는 데 어려움이 있고 비용이 많이 든다.

④ 3D 프린팅은 결과적으로 안전하고 비용 효율적인 목적물을 만들 수 있겠지만 디지털 모델을 만드는 데 있어 많은 선행비용이 소요된다.

⑤ 프린터는 비록 하루 24시간 일주일 7일 동안 내내 작동될 수 있지만 아직까지는 기존 방법에 비해 시간이 많이 소요되는 편이었다.

⑥ 주택을 설계하고 건설하는 데 요구되는 기술과 인력들을 와해시킬 가능성이 크다.

⑦ 3D 프린팅 건축 기술은 아직 한계가 명확하다. 좁은 땅에 많은 사람을 수용해야 하는 도시의 특성상 주택난을 해결하려면 고층 아파트 같은 건물은 필수적이다. 하지만 높은 주택을 시공하기 위해서는 현재보다 훨씬 더 큰 초대형 3D 프린터 장비가 필요하다. 예컨대 20층짜리 아파트를 지으려면 20층 높이에서 콘크리트 액체를 뿜는 작업을 할 수 있는 3D 프린터가 필요하다는 뜻이다. 건설업계에서는 3D 프린팅 건축은 사실상 5층 안팎이 한계라고 이야기하고 있다.

⑧ 3D 프린팅 건축은 대형 건축용 3D 프린터를 이동시키는 것부터 문제이다. 3D 프린터를 활용한 공법으로 주택을 시공할 때 건물 높이가 높을 경우에는 건축물의 안전성을 보장하기 어렵다. 어찌 됐든 3D 프린팅 주택이 건축 시장에서 환영받으려면 장기적이고 세부적인 연구 성과가 나와야 할 것으로 보인다.

절지동물 외골격을 모방한 적층 구조의 3D 프린팅

3D 프린팅의 장점은 아무리 복잡한 구조로 이루어진 물건이라 하더라도 빠르고 쉽게 출력할 수 있다는 점이다. 그러나 단점도 있다. 기존 제조 방식으로 만든 결과물에 비해 상대적으로 강도와 내구성이 약하다는 점이다. 3D 프린터로 출력할 때 사용하는 소재는 열가소성 플라스틱 분말이 대부분이다. 때문에 물을 만나게 되면 결합력이 떨어질 수밖에 없다. 또한 열에도 약해 주변의 온도가 높아지게 되면 소재가 녹아내릴 수도 있다. 이 같은 문제를 해결하기 위해 활발한 연구가 진행되고 있다.

시멘트는 현대 건축에 있어서 없어서는 안 될 귀중한 재료이다. 많은 시간이 지나도 강도가 높아지고 철골과의 복합사용도 문제없기 때문에 빌딩이나 아파트 등의 건축재료로 널리 사용되어 왔다. 반면에 너무 무겁고 균열이 발생하기 쉽다는 약점이 있다. 이 같은 문제를 해결하기 위하여 생체모방 기술을 활용하는 연구가 진행되고 있다. 퍼듀대 연구진은 갑각류나 곤충 같은 절지동물의 외골격에서 힌트를 얻었다. 이들은 절지동물 외골격의 미세구조를 분석한 끝에 벌집 구조나 빗살 구조 형태로 겹쳐서 쌓는 방법을 파악하여 3D 프린터에 적용하는 방법을 고안하였다.

3D 프린터로 시멘트를 분사할 때 벌집 구조나 빗살 구조를 형태로 구조물을 출력한 결과 가벼우면서도 균열에 상당히 강하다는 특징을 파악하였다. 특히 컴플라이언트(Compliant) 형태로 설계한 구조물은 재질이 시멘트임에도 불구하고 스프링과 같은 탄력을 가지고 있는 것으로 분석되었다. 이러한 특성은 향후 내진 건물을 건설하는 데 있어 많은 도움을 줄 것이다. 물론 3D 프린팅 방식으로 건물을 짓는다는 것이 당장은 요원한 상황이지만 멀지 않은 미래에 이 같은 방식을 활용하여 건물을 시공하는 경우가 있을 것으로 전망된다.

3D 프린팅 기술이 절실한 또다른 분야가 있는데 바로 '군사 건축' 분야이다. 군사 작전지역에서는 병사들의 숙소나 지휘소 등을 위하여 임시로 많은 수의 건축물이 필요하다. 이러한 건축과정에서 가장 중요한 요소가 바로 빠른 속도와 건축물의 안정성 문제이다. 이러한 문제를 해결하기 위하여 3D 프린터용의 강화된 콘크리트 재료를 완성하기 위한 연구가 수행되고 있다. 최근에는 2.9 m 높이의 강화 콘크리트 막사를 제작하는 것이 성공하였고 10 m짜리 군사용 임시 육교를 완성하는 데에도 성공하였다. 머지않아 3D 프린터로 지어진 건물은 안전하고 내열성도 뛰어나다고 자신 있게 말할 수 있는 시기가 곧 다가올 것으로 보인다.

8 생산방식의 변화를 주도하는 '모듈화'

건설산업의 오픈 이노베이션 : 모듈화, 자동화, 디지털화를 주목하라

건설산업을 둘러싼 수많은 내·외부 환경 요인들은 새로운 변화를 요구하고 있고 이러한 건설산업의 환경변화는 건설사업을 질적, 양적으로 변화를 이끌고 있다. 건설산업은 그동안 좋았던 시절로 다시 돌아가고 싶겠지만 이제는 불가능하다는 것을 분명하게 인식해야 할 것이다.

최근 건설산업은 공장생산 기반의 새로운 생태계로 바뀌고 있는데 공장에서 사전 제작해서 현장에 설치하는 '모듈러(Modular) 건축'이 바로 그 주인공이다. 모듈러 공법은 공기 단축과 저렴한 비용, 친환경적이라는 장점을 가지고 있어 해외 시장에서는 몇 년 전부터 떠오르고 있는 건축 공법이다. 이미 많은 국가에서는 사무실이나 병원, 기숙사, 공동주택 등 다양한 유형의 건축물에서 사용되고 있다. 그러나 아직까지 국내에서는 유럽이나 일본 등에 비해 보급률이 그다지 높지 않은 상황이다.

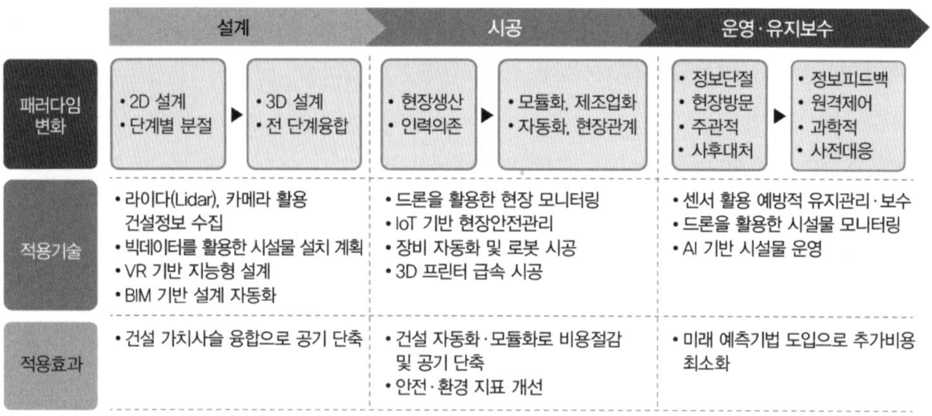

그림 6-82 건설산업 가치사슬 단계별 패러다임의 변화

건설생산 방식의 전향적인 변화 즉, 모듈화와 사전제작은 이제 건설산업의 실질적이고 현실적인 대안으로 우리 곁으로 다가오고 있다. 조만간 세계 건설산업의 핵심 경쟁력은 틀림없이 모듈러공법이 될 것으로 예상된다. 이에 발맞추어 모듈러와 관련된 설계나 엔지니어링, 시공기술, PM 지식 등도 상당한 변화를 맞게 될 것이다.

이러한 변화는 그동안 유지되어 왔던 건설산업의 가치사슬 체계를 붕괴시키면서 혁신적인 변화를 가져올 것이다. 그동안 종합건설업체와 전문건설업체가 주축이 되어왔던 생산체계는 모듈러를 생산하는 생산업체와 이를 현장에서 직접 설치하는 시공업체로 무게 중심이 변화될 것이다. 생산과 설치의 전주기 동안 기획과 관리를 담당하는 PM 그리고 이를 지원하는 각종 정보화 기술이 더욱 강조될 것이다. 그동안 건설산업의 주요 활동그룹으로 인식되지 못했던 생산과 자재공급업체의 관여는 그 어느 때보다도 더 높아질 것이다. 모듈화는 설계와 시공의 통합을 넘어서 기획단계까지 건설생산 프로세스의 통합을 가속화시킬 것이고 BIM 등은 미래 건설사업의 핵심 수단으로 활용될 것이다.

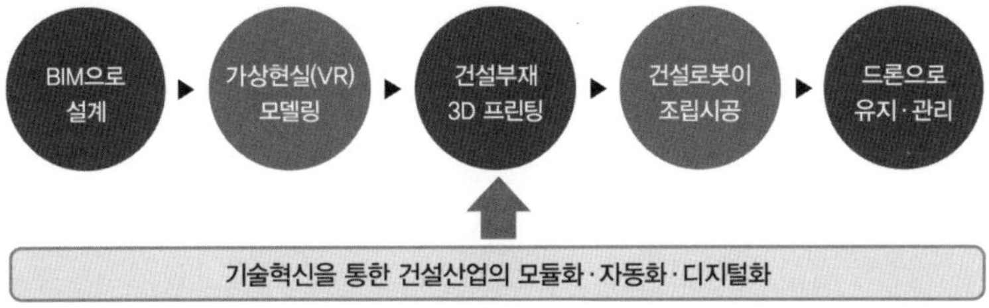

그림 6-83 기술혁신이 촉발할 건설산업의 미래 사례

모듈화는 현재 국내 실정상 체계화된 생산 프로세스를 갖추고 있지는 않은 실정이고 이에 따라 국내 시장의 경우 모듈러를 적용할 때 공사비가 높고, 공장 제작 과정에서 생산성도 상대적으로 떨어지는 것으로 나타났다. 모듈러 실증단지 건축물의 공사비를 분석한 결과 기존의 RC 공법에 의한 건축비를 기준으로 할 때 약 30%의 공사비가 더 소요되는 것으로 파악되었다. 이렇게 높은 공사비는 모듈러 공법의 대중화와 시장형성에 크나큰 저해 요인으로 작용되고 있다. 아울러 그동안 모듈러 건축물의 가장 큰 단점으로 꼽히는 단열이나 환기, 냉난방 등 풀어야 할 숙제도 아직까지는 많이 남아 있는 상태이다. 그럼에도 불구하고 국내의 많은 건설사들은 앞으로 더욱 활성화될 것으로 보이는 모듈러 건축 시장을 사전에 선점하기 위해 치열한 경쟁을 벌이기 시작하였다.

국내의 경우 현재까지 성공적인 모듈화 생산방식 전 과정을 제대로 경험한 기업이나 인력이 별로 없고 경험도 사실 부족한 실정이다. 설계 엔지니어링에서 설계오류로 인한 비효율성과 추가비용 발생 문제 그리고 신뢰성 한계로 인한 저층·소규모 건설에만 한정된 시장상황, 수작업으로 인한 제작과 시공오차로 인한 공기지연과 비용 증가 등의 문제를 안고 있다. 또한 유지관리 측면에서 실시간 현장조사나 현장관리의 어려움, 유지관리 문제점에 대한 선제적 대응의 한계 등 많은 문제들이 산적해 있는 실정이다. 그러나 그 무엇보다도 가장 중요한 문제는 이와 같은 모듈화 기술의 문제를 해결해 나갈 기업과 인력 등의 협업시스템 구축이 미흡하다는 점이다.

이렇듯 모듈화 등을 중심으로 한 건설 생산방식의 변화는 건설산업의 DNA 자체를 변화시킬 수 있는 파급력을 가지고 있다. 그리고 이에 따른 상당한 난관도 예상되기 때문에 앞으로 건설회사들은 모듈 생산방식의 안전성을 확보하고 생산성 향상과 관련된 부문에 기술 역량을 집중하고 투자를 서둘러야 할 것이다.

우리나라에서 기존의 공업화 주택은 벽체 패널 위주의 PC 프리패브 공법으로 인식되고 있다. 그렇지만 모듈러 공법은 공장제작 방식의 3차원적인 프리패브 주택으로 PC와 같은 현장 프리패브공법에 비해 경제성은 증대되지만 아직까지 부품 설계나 부품 표준화가 미흡한 실정이다.

국내 모듈러 관련 제도는 주택법을 기반으로 한 공업화주택 인정제도가 유일하다. 공업화주택 인정제도는 1992년에 주택의 대량 보급을 위해 도입된 제도이지만 PC 주택 위주로 제한적이었다. 물론 2010년도 이후에는 공업화주택 인정제도도 모듈러 중심으로 바뀌게 되었다. 그러나 여전히 공업화 공법의 특성을 고려한 발주나 설계, 시공, 유지관리 등의 기준이 부재하며 용도도 현재는 주택에 한정돼 있다는 단점을 가지고 있다. 또한, 현행 주택법과 건축법상의 규제와 불일치 요인들을 과감하게 제거할 필요가 있다. 현 제도는 모듈러 관련 제도가 주택에 한정돼 있지만 주택 외 용도가 활용되고 있는 비율은 절반(주택 46%/주택 외 54%)이 넘고 있는 실정이다. 주택법의 주택과 건축법의 일반건축물로 대상을 더욱 확대해서 다양한 용도의 모듈러가 활용되도록 제도를 개선할 필요가 있다.

모듈러 적용 효과

모듈화는 제조업의 '패브리케이션(Fabrication)'을 건설업에 적용해 건축물을 모듈 형태로 설계, 사전제작하고 현장에서 빠르게 설치, 조립하는 방식이다. 현장준비와 모듈제조가 동시에 이루어지는 것이 특징이다. 모듈화는 건설회사들을 자동차 제조사처럼 설계, 엔지니어링, 시공, 자재 등 전문회사들의 수직 계열화를 이끌 가능성이 있고 이를 바탕으로 초대형 건설기업 탄생도 전망된다.

최근 국내에서는 건설현장에서의 인건비 상승과 과다한 공기단축 요구, 이동과 재사용이 가능한 건축물에 대한 요구, 친환경 건축물에 대한 요구 등으로 인해 모듈러 건축물의 도입을 신중하게 고려하고 있다.

건설산업에서 모듈러 제작 방식을 도입한 것은 제조업의 성공모델을 벤치마킹한 것이다. 전통적으로 건설산업은 모든 작업공종이 현장에서 직접 시공을 하는 것에 뿌리를 두고 있다. 그러다 보니 현장별로 설계가 매번 다르고 현장 작업환경에 따라 공사기간과 공사비용도 들쭉날쭉한 실정이다. 이런 이유로 제조업 등 주요 산업들이 혁신을 거듭하는 동안에도 건설산업은 여전히 생산성이 떨어졌고 소요되는 비용은 계속해서 상승하였다. 따라서, 모듈러 도입은 건설산업의 낮은 생산성 극복을 위한 자구책이자 살아남기 위한 마지막 비책인 셈이다.

영국과 미국에서는 일찍부터 주택 수요와 노동력 절감을 위하여 모듈러에 주목했지만 시장에서의 인기는 오래 가지 못하였다. 수요자인 고객의 니즈를 충족시키기에 디자인이 너무나도 단순하였고 자재와 마감은 기대에 훨씬 못 미쳤다. 그러나 모듈러가 다시 각광을 받기 시작하게 된 계기는 정보통신기술(ICT)를 중심으로 한 요소기술이 급속히 발전하면서부터이다.

전통적인 토목·건축 기술에 ICT, 인공지능(AI), 드론, 로봇, 빅데이터 등 신기술을 융합한 스마트 건설기술이 모듈러에 접목되기 시작하면서 수요자의 니즈와 제공되는 모듈러 제품의 간격이 점차 좁혀지기 시작하였다. 맥킨지가 건설산업의 모듈러 우수사례(Best Practice)를 분석한 결과 설계와 현장시공의 효율성이 대폭 개선된 것으로 나타났다. 구체적으로 살펴보면 설계·엔지니어링 부문에서 생산성은 8~10%, 비용은 7~10% 개선되었다. 또한 현장 시공 부문에서는 생산성이 6~10%, 비용이 4~5% 각각 개선되었다. 전체 공종을 모두 합쳐서 분석해보니 생산성 향상과 비용절감 효과는 각각 최대 60%와 38%에 달하였다. 기존 건설방식 대비 모듈러 건설의 공사기간 단축효과는 약 20~50%로 파악되었다. 공사비의 경우 현재는 절감 폭이 미미한 수준이지만 향후에는 30~40%까지 달성할 수 있을 것으로 예상된다. 특히, 건축물 유지관리 단계까지를 고려한다면 지속가능한 비용절감 효과가 더욱 클 것으로 기대된다.

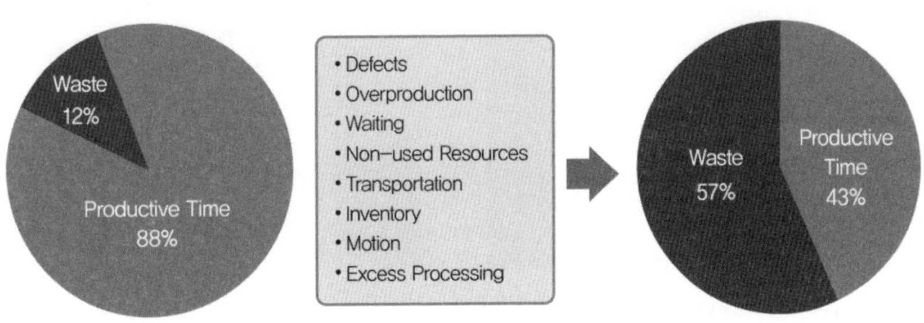

그림 6-84 제조 vs 건설, 낭비시간(Waste Time) 비교

아파트 건설 프로젝트의 경우에는 3차원 유닛 모듈 제작을 통한 공기단축 효과가 기존의 전통방식보다는 20~50% 절감되는 것으로 집계되었다. 공사비는 투입인력 감소로 기존의 시공방식보다는 20% 절감됐지만 운송비용이 10% 증가되어 여전히 리스크가 존재하는 것으로 나타났다.

해외 적용 사례

(1) 영국

영국은 유럽에서 가장 활발하게 모듈러공법을 보급하고 있는 국가로서 1990년대 말부터 유닛 모듈러에 대한 연구를 시작하였다. 초기에는 주로 군부대의 기숙사용 주거 시설물로 공급되었지만 최근에는 울버햄튼 지역에 세계에서 가장 높은 25층 대학생 기숙사 건물을 완공한 바 있다.

모듈러 구조체는 기둥과 보의 접합형상에 스틸 스터드를 사용하여 내력벽체와 혼합한 복합구조 시스템을 적용하고 있다. 스틸 스터드(아연도금강판 사용) 단면형상으로 두께 1.2~2.4 mm, 단면크기는 65~300 mm로 다양하며 강도는 S280~S390을 주로 사용하지만 역시 아직까지 부품설계나 표준화에 대해서는 미흡한 단계이다.

고층 전문 모듈러 회사인 영국의 엘리먼츠사는 영국 내 다수의 고층 모듈러 실적을 보유한 회사로서 코어(Core) 선행과 모듈러를 활용한 공법으로 현재는 21층 고급 레지던스(Croydon, London)를 시공 중에 있다. 선진 모듈러 시장 위주로 형성되어 있는 모듈러 화장실을 생산하는 데 있어 특화된 기업이기도 하다.

Baron Place(London) Barling Court by PCKO(London)

그림 6-85 영국의 London에서 건설된 모듈러 공동주택 사례

(2) 캐나다

캐나다의 철골조 유닛 모듈러 시스템 주택의 유닛은 정형화되어 있지는 않지만 운송 등의 이유로 폭×길이×높이(4~4.5×12~18×4 m)로 제한하여 사용되고 있다. 일반적으로 설계 대상에 따라서 가장 적절한 기본 모듈을 2개 정도 결정하고 이를 조합하여 다양한 공간을 구성

하여 사용한다. 캐나다 유닛 모듈러 시스템에서는 각형강관, 목재, 스틸 스터드를 작용하는 하중에 따라 적절하게 사용하지만 경제성의 이유로 스틸 스터드를 가장 많이 사용하고 있다. 그 이유는 각형강관과 목재는 비싸고 접합부의 볼트와 용접은 많은 인력이 필요하기 때문이다.

그림 6-86 캐나다의 공장제작

(3) 미국

미국의 유닛 모듈러 주택은 대체로 단층 목조구조로 도로교통법의 예외 조항을 활용하여 폭×길이(4×20 m)의 대형유닛으로 제작·생산하여 공급되고 있다. 용마루 방향으로 2개로 분리되어 공장에서 제작되며 현장에서는 2개를 합쳐서 주택을 구성한다. 주로 미국 동남부 지역에서 많이 시공되고 있는데 일반적인 주택은 반나절 만에 조립된다. 대형 유닛 속에 각종 칸막이벽, 창호, 전기와 기계설비, 내장 및 외장, 주방설비 등이 내부에 모두 설치되게 된다. 접합 목재 간에 듀벨을 삽입하는 접합에 의해 조인트는 결합된다. 또한 바닥이나 벽 마감재에 대한 프리패브화율이 높고 유닛 간의 수평접합에 대한 시공 정밀성이 보장된다. 현장에서 직접 조립이 가능하기 때문에 공정과 품질관리가 매우 우수하다.

미국 S사는 BIM(Building Information Modeling)을 통한 설계, 원가, 시공 관리와 글로벌 소싱(Global sourcing)을 통해 원가 경쟁력을 확보하고 있다. 모듈러 제작에 있어서 범용성이 가장 높은 BIM 기술을 필수적으로 사용하고 있다. BIM을 통한 설계가 있어야 공장에서 필요로 하는 사전 제작이 가능하기 때문에 모듈러에 있어서는 매우 중요하다.

Roof-finishing

현장조립1

Frame-finishing

현장조립2

그림 6-87 미국 모듈러 단독주택의 공장제작과 현장조립

(4) 일본

전 세계가 코로나19 팬데믹으로 신음하고 있다. 하지만 모든 위기는 비즈니스 혁신의 기회이다. 서서히 '코로나, 그 너머'를 생각할 때다. 코로나 사태는 우리 사회는 물론이고 건설 생태계에도 '언택트(Un-tact, 비대면)' 문화를 확산시키는 전환점이 되었다. 전체 모듈 유닛의 70~80% 이상을 제조공장(Off-site)에서 만들어 현장(On-site)에서는 단지 조립·시공하는 모듈러(Modular) 건축이 재조명받는 이유이다.

1950~60년대에 이미 공장에서 주택을 제작하는 유닛 하우징 연구가 시작되었다. 일본 전통주택(공기 120일, 프리패브율 40%)과 일반 프리패브 주택(공기 90일, 프리 패브율 50%)에 비하여 유닛 하우징은 공기는 40일, 프리패브율이 80%로서 매우 우수한 능력을 자랑한다. 프리패브는 Prefabrication의 약자로 주요 구조물을 미리 공장에서 제작한 뒤 공사 현장에서는 조립만 하는 공법이다. 레고 블록처럼 구조물을 쌓아 올리는 방식의 모듈러 공법과 벽체를 패널 형태로 만들어 현장에서 조립 시공하는 패널라이징 공법이 있다.

일본은 전통적으로 단독주택에 대한 선호도가 공동주택에 비하여 월등히 높아 거의 3층 이하의 단독주택 형태로 모듈이 보급된다. 고층형 모듈러 건축물에 대한 기술이 부족하기보다는 수요적 측면과 함께 고층에 필요한 내화설계로 인한 비용의 상승 때문에 시장이 확장되고 있지 못하고 있다. 그러나, 90년대 중반 일본 고베 대지진 이후부터는 공장에서 생산된 모듈러가 내진에 우수한 성능을 인정받으면서 급격한 매출신장을 보이고 있고 지금은 상당히 고급주택으로 인식되고 있다.

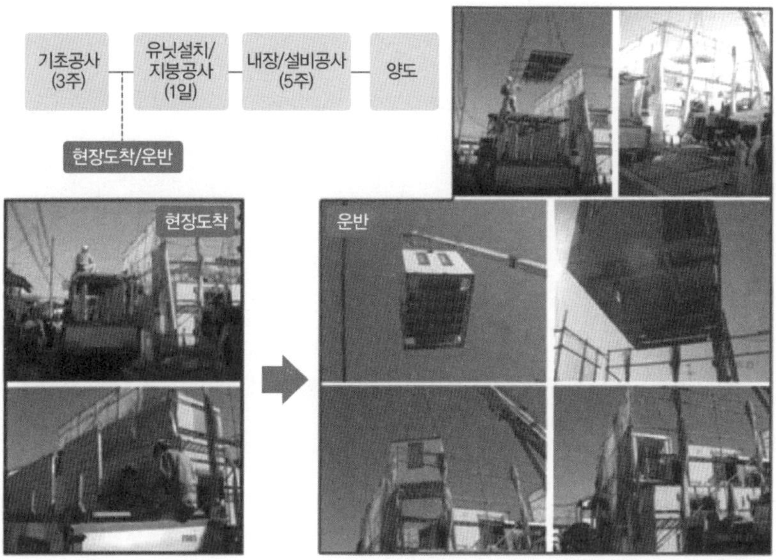

그림 6-88 일본의 모듈러 단독주택 현장 조립

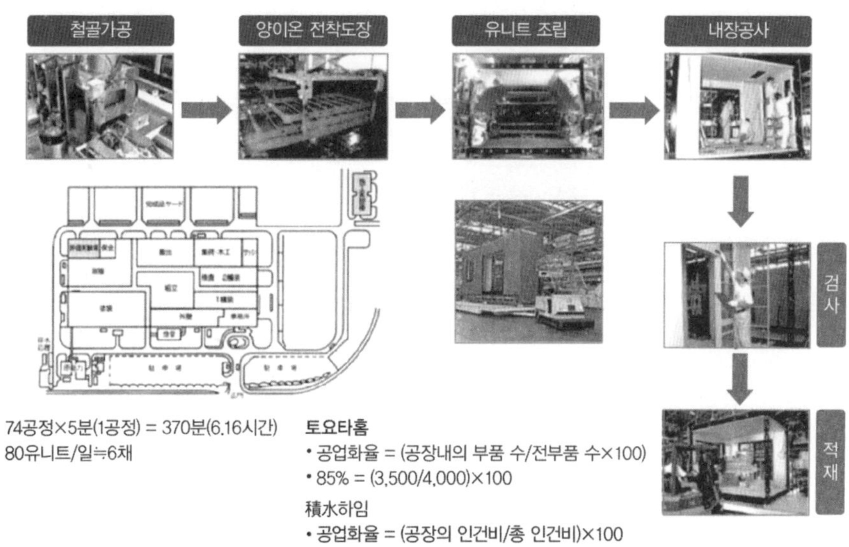

그림 6-89 일본의 모듈러 주택의 공장제작

유닛의 횡방향 치수는 5,400, 4,500, 3,600, 2,700 mm로 제작되고 있고 9개의 표준 유닛과 8개의 서브 유닛 그리고 겹침 유닛 8개 등 총 25개의 기본 유닛으로 구성되어 있다.

일본은 연간 공급되는 100만여 가구 중 15만 가구를 프리패브(철골+목조) 방식으로 공급하고 있다. 그러나 일본의 모듈러 공급방식은 너무 다양하고 내수 의존도가 높은 탓에 글로벌 확장성은 떨어진다는 평가를 받고 있다.

(5) 독일

세계적으로 모듈러 건축시장이 가장 발달한 국가로 독일과 일본이 꼽힌다. 모듈러 주택과 조립식 주택은 세계적으로 미국, 유럽으로 나누어지고 유럽 안에서는 북유럽, 독일 이렇게 두 개의 축을 이루고 발전을 거듭하고 있다.

모듈러 건축시장만 놓고 보면 독일은 일본보다도 작다. 그렇지만 독일은 연간 26만 가구 중 약 2만 가구 정도만 프리패브 방식이다. 독일은 넓은 유럽시장과 외국기업에 대하여 열린 시스템을 운영 중인데 이러한 부분은 높은 점수를 받고 있다.

국내 모듈러 시장 현황

2020년은 본격적인 모듈러의 진출을 위한 원년이 될 수 있을까? 올해부터 건설현장에 모듈러 공법을 적용한 주택이 대폭 증가할 것이라는 관측이 제시되고 있다. 대형 건설사들의 경우 해외 모듈러 시장은 물론 향후 국내 모듈러 시장진출을 염두하고 있다는 징후가 곳곳에서 감지되고 있다.

국내에서 모듈러 건축시스템(Modular Construction System)을 적용한 주택의 개발은 선진 외국의 경우와 비교하여 볼 때 아주 짧은 역사를 가지고 있고 이제 막 첫걸음을 시작하는 단계라 할 수 있다. 모듈러 건축시스템의 개발이 일찍 이루어지지 못한 이유는 일본이나 미국, 유럽의 경우와 달리 주거 환경과 생활습관이 전혀 다른 점에 기인하고 있고 조립식 주택에 대한 인지도가 아직까지는 상당히 낮은 상태에 있기 때문이다. 국내에서 주택의 공업화 기술 개발은 1990년대 초에 주로 PC(Precast Concrete)를 이용한 아파트의 건설에 집중되었다. 그러나 설계 엔지니어링 기술과 시공기술의 부족으로 큰 성과를 거두지 못하고 결국은 실패한 쓰라린 경험을 안고 있다. 2002년부터 경량철골 부재를 사용하여 공장에서 모듈러 유닛을 제작하고 현장에서 조립하는 모듈러 건축시스템이 개발되었고 시범 건립을 통해 전체 공정의 50%는 공장에서 제작하는 방식이 채택되었다.

국내 모듈러 건축시스템은 2003년부터 본격적으로 도입된 이후 학교나 군막사 등과 같은 시설 등을 중심으로 성장기 시장에 진입하였다. 2003년~2004년에는 기반기술을 개발하고 품질성능 확보에 중점을 둔 도입기라고 할 수 있다. 2006년 이후에는 학교와 군막사, 오피스, 주거, 독거노인시설, 기숙사 등 다양한 용도에 적용되고 있고 점차 공공건축물과 도시형 생활주택과 같은 주거시설 등에서 시장수요가 증대되었다.

표 6-8 국내·외 모듈러 주택의 비교

<table>
<tr><th>구분</th><th>유럽</th><th>일본</th><th>미국</th><th>한국</th></tr>
<tr><td>용도</td><td>공동주택, 학교,
군부대시설</td><td>단독주택</td><td>단독주택</td><td>군부대 시설,
단독주택</td></tr>
<tr><td>규모</td><td>중고층
(25층)</td><td>저층
(3층)이하</td><td>저층
(2층)</td><td>중저층
(4층)이하</td></tr>
<tr><td>공법</td><td>내력벽식</td><td>라멘조식</td><td>라멘조식</td><td>내력벽 +
라멘조식</td></tr>
<tr><td>장점</td><td>- 고층구현
- 다양한 공법</td><td>- 설계자동화가능
- 성능 및 자동화 생산우수</td><td>-</td><td rowspan="2">- 3대 난제 해결 필요
* 3대 난제
· 층간소음
· 내화구조
· 구조 안전성</td></tr>
<tr><td>단점</td><td>- 내력벽식으로 공간 가변성 부족
- 층간 소음 취약</td><td>- 주로 단독주택에 국한
- 저층 바닥판 등 내화구조 해결 안 됨</td><td>- 소규모 목조 유닛 주택에 국한
- 성능 및 생산성 낮음</td></tr>
</table>

그림 6-90 국내 최초의 모듈러 단독주택(2006. 평창)

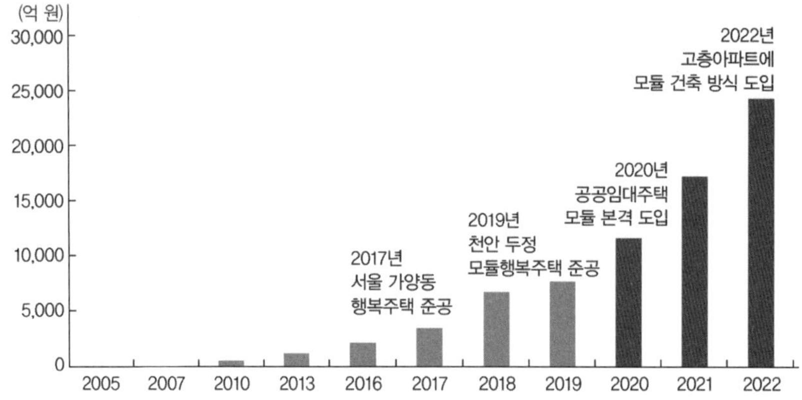

* 자료 : 국가건축정책위원회, 미래에셋대우 리서치 센터

그림 6-91 국내 모듈러 건축시장 전망

국가건축정책위원회의 자료를 분석한 결과 2020년 모듈러 건축시장의 발주 규모는 2019년보다 51% 이상 증가한 1조 2,000억 원 규모에 달할 것으로 예상된다. 2022년에는 2020년보다 두 배 늘어난 2조 4,000억 원으로 추산된다. 모듈러 건축시장의 발주 규모가 증가한 원인은 공공기관이 공공주택 도입 시 모듈러 주택 활용이 대폭 늘어날 것이라는 기대감 때문이다. 국내 건설시장은 그동안 모듈러 건축에 대한 건설인력 확보가 어려워 시장이 형성되지 못하였고 임금이 비싼 선진국 위주로 모듈러시장이 형성되었다. 최근 국내에서도 건설인력 고령화와 기능 인력난, 환경 규제로 모듈러 시장이 성장세를 타고 있지만 당분간은 유럽과 미국 시장이 더욱 활성화될 것으로 보인다.

BIM을 이용한 모듈러 주택의 기술 개발

모듈러 공법은 완전 건식공법으로서 제조 산업의 장점을 건설현장에 적용할 수 있는데 객체 지향적인 기술특성으로 인하여 BIM 설계기술을 접목할 경우에는 생각보다 많은 효과를 기대할 수 있다. 특히 친환경적인 공법을 만족하여야 하는 도시형 생활주택의 개발을 위해서는 BIM을 활용한 건물에너지 효율 검토와 에너지 시뮬레이션 프로그램의 적극적인 활용이 필요하다. BIM 설계를 통한 공사비 절감을 위해서는 건축물의 공간구성 요소별로 세부적인 속성정보 입력을 통해 상세한 물량산정으로 대안 검토를 수월하게 할 수가 있다.

BIM으로 설계된 유닛 모듈의 정보를 공장 생산 자동화 프로그램에 제공할 경우 공장 생산

시간의 단축을 도모하고 대량생산을 촉진시킬 수 있다. 특히 BIM으로 설계된 유닛 모듈의 자재나 부품 속성 데이터는 건축물의 전 생애주기 동안 품질효과를 측정할 수가 있고 생성된 건축물의 유지관리 정보는 효율적으로 활용될 수 있게 된다.

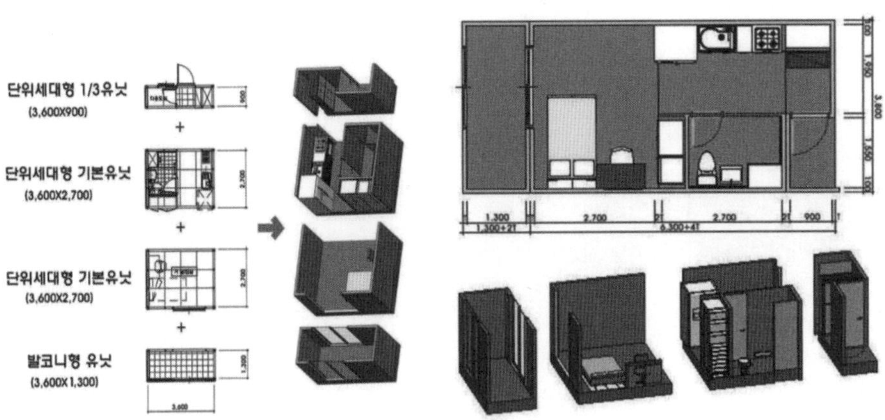

그림 6-92 BIM 설계를 위한 유닛의 DB화

그림 6-94는 도시형 생활주택의 원룸형 단위 유닛에 대하여 BIM을 이용하여 3D로 작업한 것이다. 2D로 설계한 도시형 생활주택 원룸형의 유닛을 BIM 설계를 이용하여 3D로 작업하게 되면 에너지 효율 분석이나 물량 산출을 용이하게 할 수 있는 장점이 있다.

그림 6-95는 도시형 생활주택 원룸형 단위세대를 구성하는 모듈이다. 이 모듈은 조립식 욕실, 시스템 키친, 붙박이장, 창호와 같은 공동주택의 주요 부품들로 이루어져 있다. 이렇게 만들어진 하나의 단위세대가 집적되어 도시형 생활주택 원룸형의 기준층이 만들어지고 또 그 층들이 쌓여 하나의 동(棟)이 형성될 수 있다. 향후에는 BIM 적용을 통한 유닛모듈 시스템개발과 함께 웹 브라우저 프레임 워크가 구축될 수 있을 것이다. 이를 위해서는 자재와 부품의 패밀리 정보를 DB화시키는 작업부터 선행되어야 할 것이다.

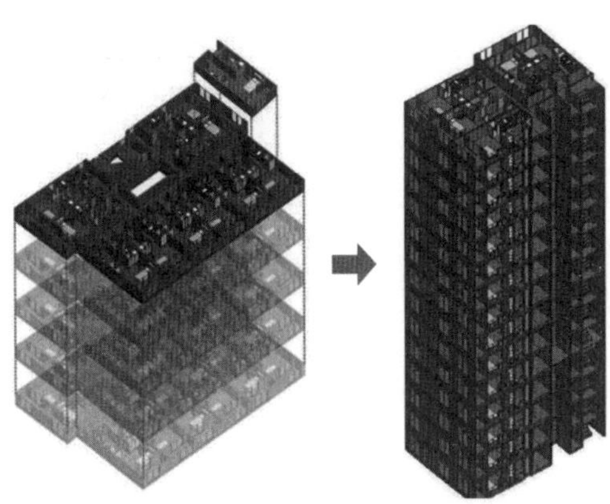

그림 6-93 BIM에 의한 도시형 생활주택 설계

모듈러의 한계

모듈러 건축물이 우리 실생활에 다가서기 위해서는 아직 해결해야 할 과제가 많이 남아 있다. 특히 바닥 충격음과 내화성능 그리고 고층화되었을 때의 구조적 안전성을 확보하는 것이 가장 시급한 문제이다.

우선 바닥 충격음의 경우 습식 바닥판에 의한 중량 충격음은 해결될 수 있겠지만 더 나아가 완전 건식에 의한 바닥 충격음 연구는 더 필요할 것 같다. 또한 모듈러를 고층화했을 경우 발생하는 코아와 모듈러의 접합문제와 모듈러 코아를 적용하는 경우 가새 설치에 필요한 비용 상승문제도 해결해야 할 과제이다. 마지막으로 12층을 초과하는 경우 기둥이나 보에서 3시간 이상의 내화성능이 필요한데 방화석고보드의 경우에는 모듈의 무게가 무거워지는 단점이 있고 도료의 경우에는 비용을 상승시키는 문제가 있어 이에 대한 해결 방안이 필요하다.

CHAPTER 7 스마트 건설안전

1 스마트 건설안전

스마트 건설안전 확보를 위한 정부의 노력

건설현장의 안전성을 높이기 위한 첨단장비 도입이 확대되면서 4차 산업혁명 기술로 대변되는 '스마트 안전기술'이 급부상하고 있다.

국토교통부는 최근 「건설기술진흥법 시행규칙」을 개정하면서 스마트 안전장비 도입을 위해 안전관리비 항목을 확대하고 특히 건설현장에 사물인터넷(IoT), 빅데이터 등을 활용한 스마트 안전장비 도입 등 첨단기술을 활용토록 개정하였다.

안전관리비 항목에 무선통신 및 설비를 이용한 안전관리체계 구축·운용비용이 추가되었고 민간공사도 스마트 안전장비를 사용하는 경우 발주자가 비용을 지불하도록 근거를 마련한 점이 특히 눈에 띈다. 건설현장에서 사용되는 스마트 안전장비의 종류로는 개인보호구, 건설장비 접근 경보시스템, 붕괴위험 경보기, 스마트 터널 모니터링 시스템, 스마트 건설안전 통합 관제시스템 등이 있다.

좁게는 건설현장의 작업자 안전에서부터 넓게는 작업인원과 장비의 원격관제를 통해 건설현장 자체를 보호하는 수단들이다. 모두 원격 무선설비·무선통신 등을 근간으로 하는 것들이다. 이처럼 기존의 건설기술에 BIM, IoT, Big Data, 드론, 로보틱스 등 첨단 기술이 융합되어 건설 전과정(설계-시공-유지관리)에서의 디지털화를 실시하고 스마트화를 통해서 건설 생산성 향상과 안전성을 극대화하는 방안은 이제 필수 불가결한 시대가 되었다.

한국시설안전공단에서는 건설현장의 재해발생에 밀접한 영향요소인 인적요소(근로자 안전)와 물적요소(임시구조물)에 대하여 어떻게 안전을 확보할 것인지와 더불어 이를 통합하는 관제시스템 구축 운영에 노력을 집중하고 있다. 그동안 소규모 건설현장은 건설공사 안전관리가 제대로 이루어지지 않고 있었으며 상대적으로 영세하기 때문에 정부의 규제와 의무에서 자유로워 현장 안전관리자나 작업자들의 내부 분위기에 따라서 안전관리 준수 이행 여부가 좌우되고 있었으며 근로자 안전사고는 건설현장별, 공정별로 다양하게 발생하지만 기존의 근로자 안전확보 대책은 획일적이었다. 따라서 근로자의 안전사고 저감을 위해서는 현장별, 공정별 맞춤형 위험성 평가 기술이 요구되고 이를 위해 Wearable 3D Camera 등을 활용한 영상기반 기술과 작업자 위험 요인 인지기술 개발이 필요하다. 건설현장의 유형, 작업 내용, 환경 조건에 따라 위험요인을 분석하고 진행 중인 공정률, 현장 고용현황, WBS 등을 빅데이터를 통해 관리함으로써 현재의 위험성과 미래에 발생 가능한 리스크를 선제적으로 대비하겠다는 것이다.

한국시설안전공단에서는 임시구조물의 안전 확보를 위해 노력을 집중하고 있다. 건설가설자재 등에 대한 안전인증제도는 2009년부터 시행되어 왔지만 임시 가설구조물 붕괴로 인한 인명피해는 꾸준히 발생되어 왔다. 공사 현장에서 임시 구조물에 대해서는 안전점검을 실시해야 하지만 공사기간 단축의 이유로 간략한 육안점검만이 진행되고 있어 공사 작업 시 위험요소는 줄어들지 않고 있는 실정이다. 또한 임시구조물과 가설공사 안전 확보를 위하여 안전내용이 포함된 안전관리계획서를 작성하고는 있지만 여전히 안전사고가 발생하는 것을 막지 못하고 있다. 이러한 사고를 예방하기 위해서 가설자재의 품질 상태를 측정하고 공정단계와 설치 순서도와의 일치 여부를 실시간으로 확인하며 건설현장의 임시구조물에 대한 안전 상태를 스마트 기술을 활용하여 모니터링하고 평가하여 사고를 방지할 계획이다.

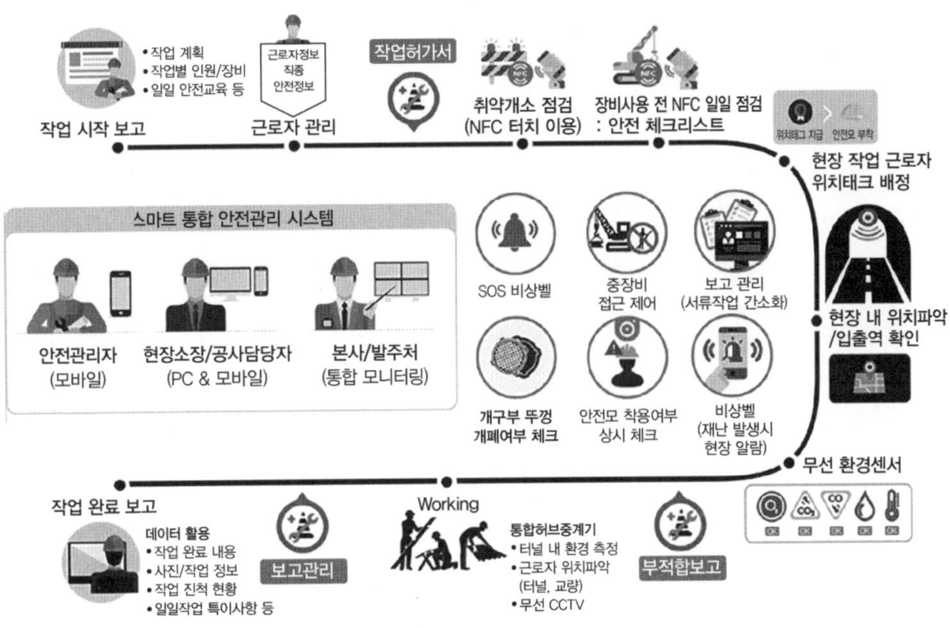

그림 7-1 스마트 건설안전 시스템 개요 예

스마트 건설안전관리 시스템

스마트 건설안전관리 시스템(Smart Safety System)은 IoT 기술을 기반으로 하는 통합

안전관리 시스템이다. 건설현장의 시설이나 공정, 구역별로 근로자 위치 측위와 상태, 위험 환경요소 데이터를 수집하고 분석해서 건설현장의 위험요소를 실시간으로 모니터링하는 시스템이다. 실질적 안전점검이 이루어져 안전사고를 예방하고 현장 내 모든 안전정보가 모바일(App), PC(Web), 통합관제(DID)를 통해 실시간 모니터링이 가능하다는 장점을 가지고 있다.

스마트 기술을 활용한 건설안전 시스템 구축 사업이 속속 추진되고 있는데 이는 안전점검을 수행할 수 있는 점검인력에 비하여 건설현장의 수가 월등히 많아 기존의 방식으로는 현실적으로 안전 사각지대를 완전히 제거하기가 불가능하기 때문이다.

최근 급격한 ICT(Information and Communications Technologies) 산업의 발달과 더불어 인공지능(AI, Artificial Intelligence)에 대한 관심이 증대되고 있으며 현장의 안전사고를 선제적으로 예방하기 위해 4차 산업혁명의 근간 기술인 인공지능(AI) 기반의 딥러닝(Deep Learning), 사물인터넷(IoT) 기술 등이 활용되고 있다. 한국시설안전공단에서는 스마트 안전 통합관제 시스템을 개발할 계획이다. 건설현장의 객체(구조물, 가시설, 근로자, 장비, 자재, 환경 등)에 대한 통합정보(영상 및 센싱 데이터)를 기반으로 다양한 사고의 유형을 사전에 정의·분석·학습해 위험을 예측하는 모델을 개발하고 이러한 모델을 탑재한 스마트 안전 통합 관제시스템으로 사고를 미연에 방지하겠다는 것이다.

쉽게 요약하자면 스마트 기술을 활용해 개별 건설현장을 공정별로 분류하여 위험도를 실시간으로 예측하고 실시간으로 예방 서비스를 제공하자는 것이 목표이다. 이미 건설현장에 다양한 스마트 기술이 활용되고 있는 만큼 이를 연계해 안전보건관리에 활용하겠다는 것이다. 지금까지 건설현장의 안전점검은 점검자가 직접 현장을 찾아가 점검을 하고 기술지도를 하는 식으로 진행되었다. 이렇다 하다 보니 40만여 개에 이를 것으로 추정되는 전국 건설현장 가운데 극히 일부분만 예방 점검이 이뤄지고 있었고 나머지는 사각지대에 방치되어 있었다. 따라서 점검인력이 직접 건설현장을 방문하여 기술지도를 실시하는 것이 효과적일 수도 있겠지만 스마트 안전기술을 잘 적용하기만 한다면 사고예방을 달성할 수 있을 것으로 기대하고 있다.

또한, 한국산업안전보건공단은 작업자의 안전사고 감소를 위해 공정별 위험도 예측 등을 통해 산재예방 서비스를 제공하는 시스템을 구축할 계획이다. 시스템의 핵심 기능은 각종 스마트 기술을 활용해 전국 건설현장의 위험도를 점검해 실시간으로 정보를 제공하는 것이다. 산재예방 서비스를 제공하는 시스템은 건설현장별로 관리하고 있는 모니터링 시스템을 연계해 위험지점과 위험작업 등을 발주처나 인허가기관이 함께 공유한다는 개념이다. 예를 들어 건설현장 곳곳에 설치된 센서 등을 통해 유해가스 농도 정보를 실시간으로 확인하고 질식 우려가 큰 작업장으로 작업자가 접근하게 되면 관련 정보를 시공사는 물론 발주처와 인허가기관 등에서도 동시에 제공받는 방식이다. 이때 당연히 근로자에게도 바로 위험 경보가 전달되어 받아볼 수 있게 된다. 특히 이러한 정보가 쌓이게 되면 건설현장별로 어느 시점이나 작업 지점에서 질식 우려가 높은 상황이 발생 가능할 것인지를 예측할 수 있게 된다. 이로 인하여 단순 실수로 인한 인명사고 가능성을 크게 줄일 수 있는 효과가 있게 된다. 근로자는 작업 중 현장 여건이나 환경이 변화함에 따라 기본적으로 실수를 할 수밖에 없다. 그럼에도 안전하게 해야 한다는 것이 스마트 건설안전의 핵심 개념이다. 시스템의 목표는 근로자가 실수하지 않도록 예방하고 실수가 사고로 연결되지 않도록 한다는 개념이다. 4차 산업혁명 시대 스마트 기술을 활용한 건설안전 사업이 추진되면 건설현장의 안전관리는 지금과는 달리 근본적으로 변할 것이다.

그림 7-2 스마트 건설안전관리 시스템 구축 예

스마트 건설안전 시스템 구성과 제공 서비스

스마트 건설에서는 계획, 설계, 조달, 시공, 유지관리 전 단계에 걸쳐 시스템의 연계가 가능해야 하고 건설과 관련된 이해관계자 간에 협업이 효과적으로 이루어져야 성공할 수 있다. 이를 위해 스마트 건설안전 시스템은 크게 원격, 실시간 데이터 수집 시스템, CPS(Cyber Physical System, 디지털 가상현장), 분석 및 예측 시스템으로 구분된다. CPS는 3D 설계와

2D 공간정보를 기반으로 설계와 시공정보를 수집 공유하는 시스템이다. 분석 및 예측 시스템은 CPS로 수집된 데이터를 이용하여 Big data, AI 등의 지능형 분석을 통해 의미 있는 결과를 도출하는 시스템이다. 데이터 수집 시스템은 각종 IoT 센서를 통한 정보수집과 사용자가 정보를 편리하게 조회, 공유할 수 있는 운영시스템이다. 이러한 기본 기술구성을 바탕으로 스마트 건설안전서비스를 제공하고 있다.

위치기반 안전관제는 작업자와 사용 중인 장비의 위치를 실시간으로 파악하여 안전관리를 지원하는 시스템이다. 주로 위험구역의 출입 관제, 안전활동(TBM) 참여, 긴급 상황 시 호출 등으로 구성된다. 위치기반 시공관리는 현재 작업을 하고 있는 위치와 현황을 파악할 수 있다. 주로 출력인원과 사용 중인 장비의 확인, 품질검사기록, 공정기록을 자동으로 수집이 가능하다. 특히 디지털 가상현장을 통해 시공정보에 대한 실시간 정보공유가 이루어짐에 따라 협업효율이 증대되어 생산성 향상과 안전사고 감소에 큰 효과가 있다. 안전 및 환경 모니터링은 센서를 통해 시공현장의 가스, 화재연기, 구조물 진동 등에 대한 각종 정보를 실시간으로 수집하고 분석하여 사고발생 위험을 경고함으로써 현장의 안전활동을 지원하는 시스템이다. 특히 IoT 센서는 현장의 임의 위치에 간편하게 설치할 수 있기 때문에 다양하게 변화하는 현장 여건에 효과적으로 사용될 수 있다. 드론 영상관제는 드론으로 촬영된 항공영상을 입찰 단계의 설계를 지원한다든지 시공물량 조사나 안전관리, 공정관리에 활용될 수 있다. 3D Mapping 기법을 활용하면 설계물량 산정과 기성측량이 가능하게 된다. 현장에서 수집된 각종 정보는 현장의 효과적인 관리를 위해 1차적으로 먼저 사용된다. 이러한 데이터는 각 현장으로부터 수집되어 향후 공사관리 계획수립이나 수주제안에 활용될 수도 있다.

국내 S건설의 경우에는 밀폐공간 내 근로자 안전대책 적용을 위해 오·폐수 처리시설 등과 같은 밀폐공간의 안전관리 시스템 활용을 준비하고 있다. 준비 중인 스마트 안전관리 시스템은 건설현장 사고를 예방하고 안전관리 사각지대를 없애고자 개발됐으며 근로자 위치 파악, 비상 구호체계(SOS 기능) 등이 가능하다. 현장 작업장마다 대형 태블릿 PC를 설치해 근로자들이 현장 상황과 위치를 공유할 수 있고 문제 발생 시 알람 등의 안내 서비스를 제공받게 된다. 작업장 내 산소, 일산화탄소, 이산화탄소, 가연성가스, 황화수소의 환경정보를 수집하고 실시간 확인할 수 있어 밀폐공간 내 산소 수치 하락과 유해가스로 인한 사망 또는 인명사고를 사전에 방지할 수 있다. 또한 근로자의 작업장 내 투입, 퇴실 이력도 언제든지 볼 수 있으며 근로자별 안전교육 이수, 건강검진 진단 여부 등의 이력 관리도 가능하다. 비상사태 발생 시 근로자 센서의 SOS 버튼을 누르면 모바일과 웹에서 SOS 알람이 울리는 등 신속한 구호도 가능하다.

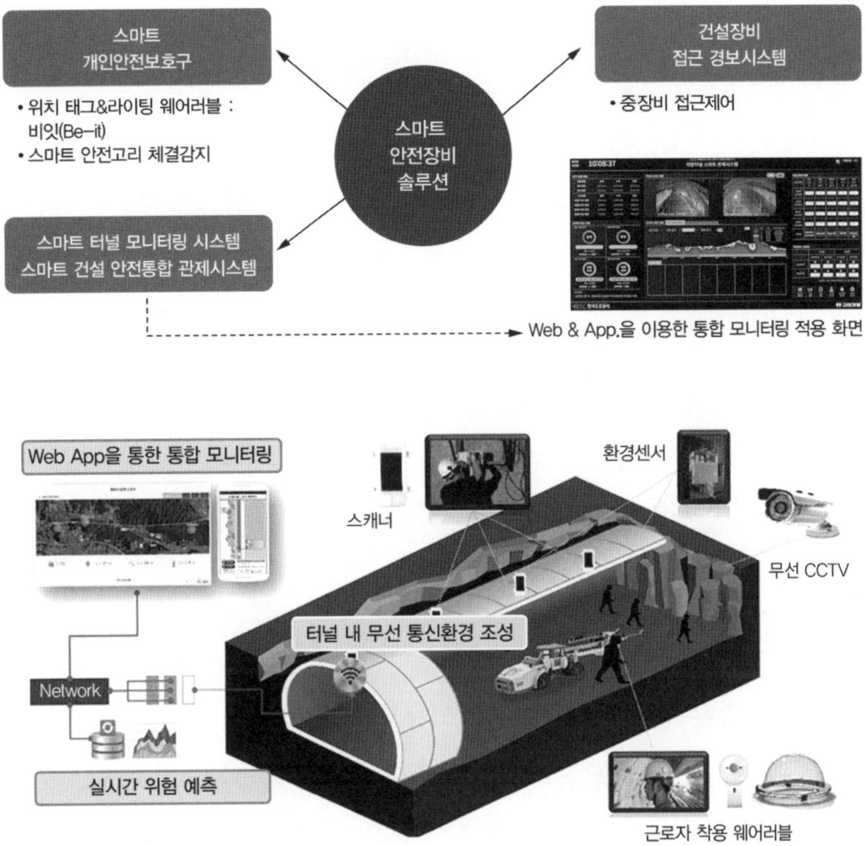

그림 7-3 스마트 건설안전 시스템 예

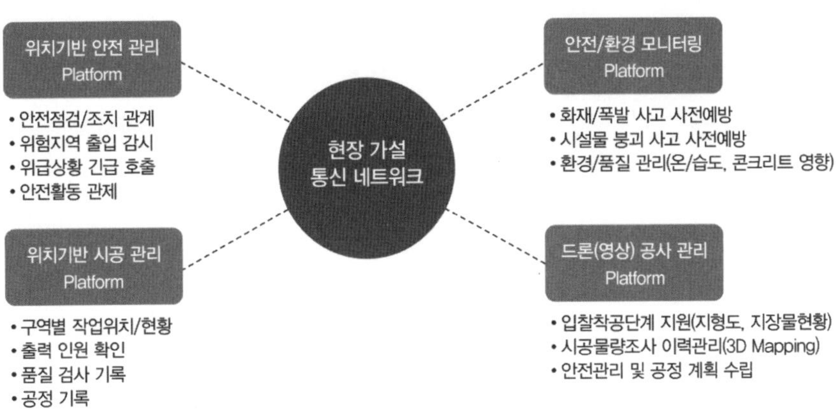

그림 7-4 스마트 건설안전 서비스 구성 예

2 스마트 건설안전관리 적용사례

국토교통부는 2020년 3월 스마트 안전장비 도입을 위한 안전관리비 항목 확대를 내용으로 하는 「건설기술진흥법 시행규칙」을 개정·공포하였다. 안전관리비 항목에 무선통신 및 설비를 이용한 안전관리체계 구축운용 비용을 추가해 건설현장에 사물인터넷(IoT), 빅데이터 등을 활용한 스마트 안전장비 도입 등 첨단기술 활용 근거를 마련하였다. 현장의 위험요소를 사전에 인지하고 제거할 수 있도록 즉각적인 대응 기반을 마련해 현장 근로자의 안전 확보를 최우선으로 하겠다는 것이다. 이에 따라 스마트 건설안전과 관련된 창업 스타트업이나 대기업 등에서는 스마트 안전관리 시스템에 대한 적용을 보다 광범위하고 다양화 분야에서 활용하기 위하여 고민하고 있는 중이다.

D 건설사의 스마트 건설안전 시스템 적용사례

국내 건설회사인 D사의 경우에는 스마트 건설안전 시스템의 현장 적용성을 파악하기 위해 철도노반 건설현장과 공동주택 건설현장 등에 시범적용을 통한 실용화에 박차를 가하고 있다.

(1) 철도노반 건설현장 적용

철도노반 건설현장에는 약 4.7 km의 터널이 위치하고 있는데 해당 터널에 스마트 건설안전 시스템을 구축하여 적용한 경우이다. 해당 현장의 터널공사는 중간위치의 경사갱을 통로로 하여 입출구부 양쪽에서 굴착을 진행하는 것으로 계획되어 있다. 해당 터널은 철도공사 특성상 터널 단면이 매우 좁기 때문에 장비의 교차운행이 불가능한 상태이고 이에 따라 작업 중 작업자와 장비간의 충돌가능성이 매우 높은 현장이다. 또한 터널 내 가스누출이나 화재·폭발과 같은 사고발생 위험이 있어 실시간으로 가스 누출 모니터링이 요구되는 현장이다. 터널의 붕락이나 침하와 같은 사고 예방을 위하여 각종 계측 데이터와 Face Mapping 자료의 수집과 공유가 필요하다. 이러한 현장 특성으로 인한 사고로부터 인적, 물적 손실을 방지하기 위하여 스마트 건설안전 시스템을 적용하게 되었다.

그림 7-5 철도노반 건설현장에 대한 스마트 건설안전 시스템 적용 예

적용된 현장에는 스마트 태그와 스마트 AP를 이용하여 작업자와 장비의 실시간 위치를 파악할 수 있는 위치관제 시스템이 적용되었다. 이를 통해 터널 막장 위험구역의 작업 상황을 실시간으로 파악할 수가 있었고 작업자와 장비의 진출입 현황도 실시간으로 관리가 가능하였다. 구축된 시스템의 장점은 기존 RFID 방식과는 달리 최신의 통신기술을 사용함에 따라 다수의 작업자가 차량에 승차하고 터널에 들어가더라도 실시간으로 위치파악이 가능하였다는 점이다. 기존과는 달리 차량 하차 후에 작업자로부터 일일이 터널 진입기록을 별도로 받지 않아도 되었기 때문에 효율적인 작업과 안전관리가 이루어질 수 있었다. 또한 경사갱의 입구와 본선 교차로에 차단기를 설치하여 경사갱 내에서 장비나 차량이 주행하고 있는 경우에는 다른 차량이 진입하지 못하게 함으로써 장비 간의 충돌을 사전에 예방하는 효과를 거둘 수 있었다.

(a) 작업자 스마트 태그 (b) 디지털 현장 화면

그림 7-6 터널 내 작업자와 장비의 위치관제 시스템

발파는 통상적으로 시간대 별로 발파 사전경고(비상방송) → 잔류작업자 확인 → 발파 카운트 다운 → 발파 → 발파 후 가스 확인 → 작업재개의 순서로 시공하고 있는데 발파로 인한 안전사고를 예방하기 위하여 모바일 발파관제 시스템이 적용되었다. 기존의 안전관리 절차는 준수하면서도 작업자 위치관제 시스템과 터널 내 CCTV 영상을 이용하여 안전한 발파 프로세스가 진행될 수 있었다.

IoT 가스센서를 사용하여 터널 내 산소농도나 유해가스, 폭발성 가스의 누출 여부를 실시간으로 모니터링하는 시스템이 적용되었다. 기존의 가스센서는 주로 유선으로 구축되어 한 곳에 설치하게 되면 이동이 용이하지 않은 단점이 있었다. 그러나 기존의 가스센서를 대체한 IoT 센서는 전원만 공급되면 터널 내 무선통신 네트워크에 자동으로 연결되므로 어느 곳에 위치하든지 가스정보를 실시간으로 보낼 수 있었다. IoT 센서는 전원을 배터리로 구동하므로 언제 어느 장소에서나 편리하게 사용될 수 있는 장점이 있었다. 수집된 가스정보는 실시간으로 모바일로 전송되어 누구나 조회가 가능하며 위험 시 경광등과 비상방송을 통해 대피 알람을 제공하고 있다.

(a) 터널 발파 관제 시스템　　(b) 터널 내 비상방송 시스템

그림 7-7 터널 내 위험상황 관제 시스템

스마트 건설안전 시스템을 통하여 수집된 모든 정보는 모바일과 개인 PC에서 확인이 가능하고 별도의 DID(Digital Information Display) 화면을 통해 실시간으로 전달된다. 터널 입구에 DID 모니터를 설치하여 작업과 관련된 모든 관계자가 터널 외부에서 내부의 상황을 확인할 수 있고 이를 통해 작업 전 터널 내 안전상황을 확인하고 진입할 수 있다. 긴급 상황의 경우에는 위험의 발생위치와 시간을 확인하고 즉각적으로 조치할 수도 있다.

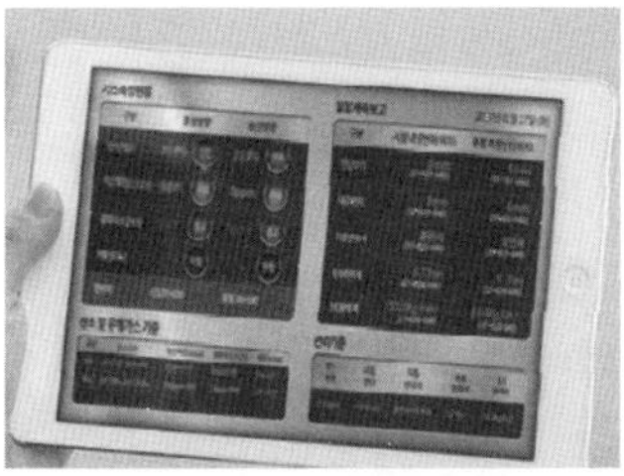

(a) 모바일 공사 계측관제

(b) 현장 정보 현황판

그림 7-8 스마트 건설안전 관제 시스템

(2) 공동주택 건설현장 적용

공동주택 건설현장에는 위치기반 안전과 시공관제, 밀폐공간 용접 시 산소농도 측정, 지능형 CCTV를 이용한 화재감시 등의 스마트 건설안전 시스템이 적용되었다. 작업자가 스마트 태그를 착용하면 현장 내 출입 여부와 위험구역 출입 여부를 실시간으로 관제할 수 있다. 또한 진행되고 있는 작업과 작업자의 현황은 디지털 가상현장에 표시되어 모든 관계자들이 공유할 수 있게 된다. 만약 작업 중 긴급한 상황이 발생하게 되어 스마트 태그의 긴급호출 버튼을 누르면 작업자의 현재 위치가 디지털 가상현장에 표시되어 가장 가까운 관리자가 즉시 위치를 확인하고 빠른 조치를 취할 수 있게 된다.

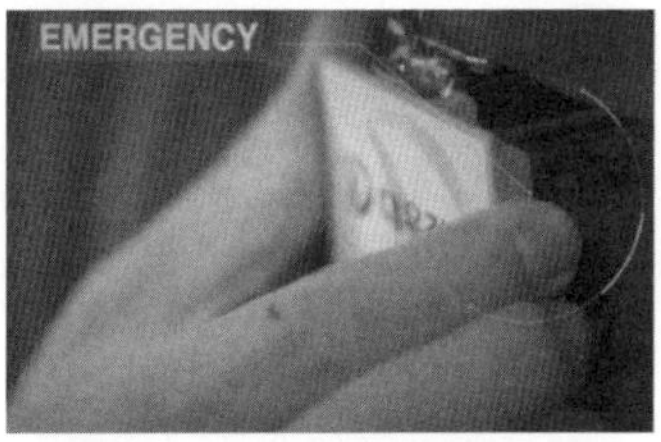

(a) 스마트 태그(긴급호출)

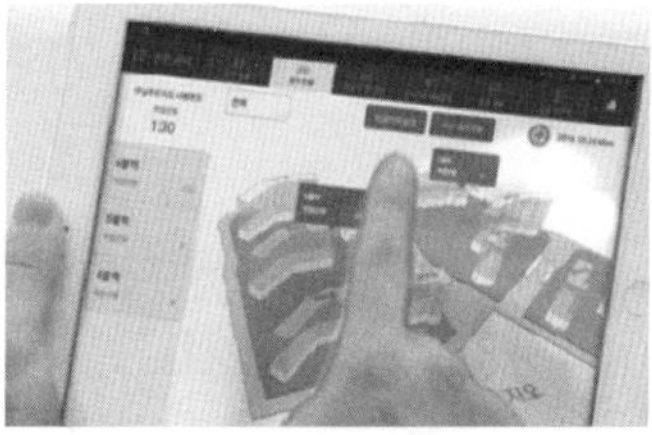

(b) 디지털 가상현장

(c) 스마트 안전밴드

(d) 모바일 위험상황 경고

그림 7-9 스마트 건설안전 시스템 적용 예

밀폐공간에서 용접작업 시에는 IoT 가스센서를 설치하여 가스농도를 측정하고 감시하도록 되어 있다. 용접 작업자에게는 안전밴드를 지급하여 가스센서의 정보를 직접 밴드에서 수신토록 함으로써 산소농도 저하 시에는 스스로 위험 상황에서 벗어날 수 있도록 되어 있다. 이와 함께 스마트 패드에도 위험 위치를 표시하고 경고를 발생시킴으로써 관리자가 신속히 조치를 취할 수 있게 된다. 화재 폭발의 위험이 있을 경우에는 현장에서 신속히 대피가 이루어지도록 하며 이때 잔류 인원수와 위치를 확인함으로써 전원 대피유도가 가능한 장점을 가지고 있다. 이번에 사고가 발생한 이천 물류창고 화재에서 이 시스템이 적용되었다면 많은 생명을 구할 수도 있었을 것이다.

그림 7-10 화재위험 시 대피 관제

안전관리를 위한 철도시설 이력관리 종합정보시스템(RAFIS) 적용사례

철도시설 이력관리 종합정보시스템(RAFIS)은 철도시설에 대한 이력과 유지 보수 정보를 구축하는 스마트 기술이다. 실제 유지 보수 현장에서 철도시설의 전 생애(기획－설계－시공－유지 보수)의 정보를 한눈에 파악할 수 있게 된다. 종전 수기로 작성한 이력에 비해 자료를 찾기도 쉽고 철도안전에 직결되는 보수, 개량 시기도 손쉽게 결정할 수 있으며 무엇보다 관리자가 합리적인 유지 보수 결정을 내릴 수 있도록 지원해 선제적 예방보수 체계의 근간이 되고 있다.

기존의 철도시설 관리는 유지 보수 작업자가 일일이 현장으로 나가서 육안이나 일부 검측 장비로 점검한 후 보수하는 방식이었고 시설의 노후화가 심해져야 시설물 교체와 보강이 이뤄졌었다. 그러나 사물인터넷(IoT)을 통해 철도망 상태를 실시간으로 점검해 고장을 사전에 방지하고 드론을 활용해 위험한 구간의 시설을 관리하는 방향으로 철도관리 패러다임이 바뀌고 있다. IoT와 드론, 빅데이터와 연계한 스마트 기술이 철도시설 관리에 적용되고 있는 것이다. 드론은 전차선이나 교량 등 점검 인력들이 직접 눈으로 확인하기 어려운 사각지대에 적극적으로 활용되고 있다. 드론 활용으로 점검시간 단축은 물론 주기적인 촬영으로 철도 시설 주변의 불법시설물도 손쉽게 포착할 수 있고 긴 거리를 한 번에 확인할 수 있어 인력을 통한 기존 점검방식보다 효율성이 몇 배 높은 장점을 가지고 있다. 또한, IoT 시스템을 활용해 철도 주요 시설물의 상태(변위, 응력, 온도, 미세먼지 등)를 수시로 측정하고 관리하고 있다. 예측이 어려운 기상이변, 지진발생도 대비할 수 있고 간헐적으로 시행하는 점검과 진단 등의 한계점을 보완해 자동으로 시설물의 상태를 알 수 있는 장점이 있다. 한국철도시설공단은 우선 오는 2022년 말까지 경강선 서원주~횡성 11 km 구간에 대하여 IoT 시스템을 구축해 실용성을 검증할 계획이다. 시범사업을 통해 검증된 시스템은 전국 철도시설에 신속히 도입한다는 방침이다.

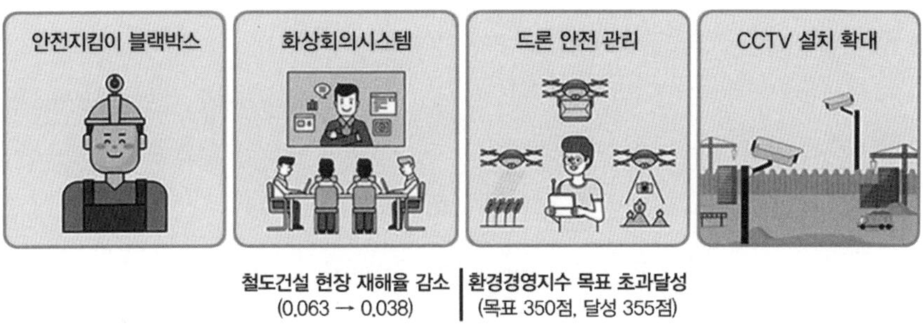

그림 7-11 철도건설현장의 안전과 품질 강화 대책(한국철도시설공단)

건설 작업자의 열사병 예방 시스템

건설시공 현장은 열기가 가득해 주변 기온보다도 매우 높아 예상 외로 건설 작업자들이 뜨거운 날씨에 열사병에 걸리는 경우가 많아 VR과 센싱 기술 등을 이용해 건설 작업자의 열사병 예방 시스템이 개발되어 활용 중에 있다. 이 시스템은 온열환경 예측시스템, 체내 온도 예측시스템, 내비게이션 시스템의 3가지 서브시스템으로 구성되어 있다.

온열환경 예측시스템은 하루의 작업환경에 대한 온열환경 변화를 예측하고 있다. 건설작업 현장의 기상 센서의 정보나 기상청이 예보한 기압 배치를 시스템에 입력해 온열환경 변화를 예측하는 구조이다. 또한, 건설현장 주변의 온열환경 분포상황을 3차원 CFD 해석과 햇볕 시뮬레이션 등으로 얻은 결과를 이용해 예측한다.

체내 온도 예측시스템에서는 열사병과 관련성이 높은 체내 온도 변화를 예측하고 있다.

온열환경 예측 시스템에 의해 예측된 작업환경의 온열환경 값과 건설 작업자에게 설치된 센서의 생리정보를 기존 체내 온도 추정식에 대입한다. 이를 통하여 건설 작업자에게 걸리는 열수지를 예측하고 건설 작업자의 체내 온도 변화를 예측하는 시스템이다.

이미지와 자연어 분야와 같은 첨단기술이 안전의 패러다임을 바꾼다.

앞으로 안전보건 분야에서 관심 가져야 할 첨단기술 분야는 이미지 분야와 자연어 분야일 것이다. 이미지 분야는 인공지능이 이미지를 인식하여 보호구 착용 유무, 압력·온도 등의 레벨 게이지 변화 감지, 근로자 동작 인식을 통해 사전 위험을 감지하는 것으로 센서보다 한 단계 더 나아간 기술이다. 뿐만 아니라, AI 진단을 통해 건강검진 분야에서도 정확성을 높일 수 있어 직업성 질병 판정에도 도움이 될 것으로 보인다.

자연어 분야에서는 최근 급속한 성장을 보이고 있는 AI 스피커와 같이 챗봇을 통해 보다 쉽게 안전 지식을 제공하는 서비스 기술이다. 특히, 방대한 범위를 특징으로 하는 산업안전보건관련 법령과 규정을 인공지능이 학습한다면 효율적인 정보제공은 물론 안전보건 교육에서도 적극 활용될 수 있을 것으로 보인다. 그 밖에도 복합소재가 함유된 스마트 페인트는 기계적 진동이나 부식, 갈라짐 등을 감지할 수 있으며 전력선, 연소탑과 같이 접근하기 힘든 공장 설비검사에 드론을 이용하는 방향으로 안전의 패러다임이 바뀔 것이다.

해저터널 공사에 구축한 스마트 안전관리 시스템

한국전력공사에서 발주한 해저터널 공사에 구축한 스마트 안전관리 시스템은 지문이나 얼굴인식이 가능하여 근로자 위치정보를 파악할 수 있고 터널의 출입관리에 용이하다. 또한 산소농도, 유해가스, 수직구 수위정보 등을 자동으로 탐지하고 안전수치를 관리할 수 있다. 영상정보 기반의 실시간 모니터링 등으로 근로자의 안전관리를 실시할 수 있는 통합시스템이다. 이 시스템은 공사 현장을 웹과 모바일 앱으로 연결하여 언제 어디서든 모니터링이 가능하여 안전관리 효율성을 기할 수 있다.

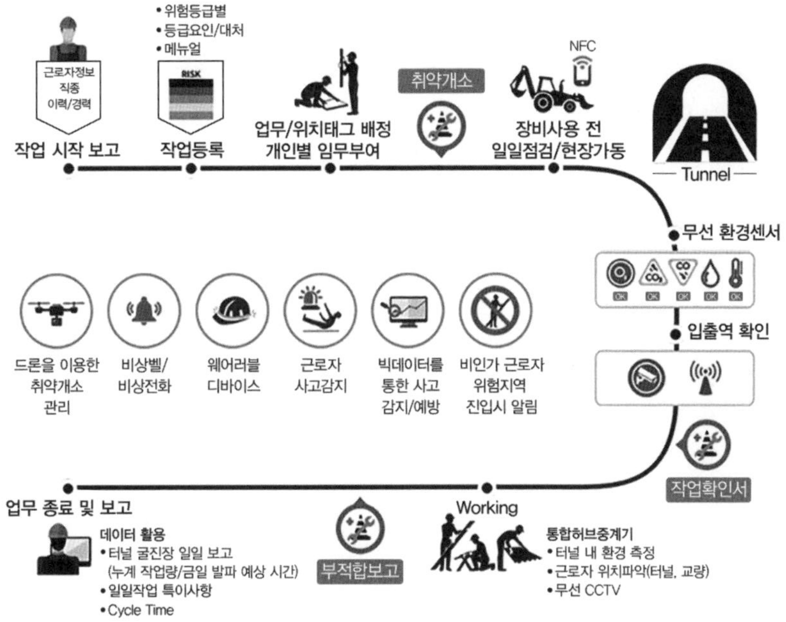

그림 7-12 해저터널 공사에 도입된 스마트 안전관리 시스템 예

3 IoT 기술을 활용한 재난안전사고 예방 기술

IoT 기술로 재난안전사고 인명피해 막는다.

건설현장에서 발생하는 작업자의 추락이나 붕괴, 화재, 폭발 등 수많은 인명피해를 유발할 수 있는 재해가 발생했을 때 골든타임 내에 신속한 정보 전달과 대피 안내를 할 수는 없을까? 안전사고 발생 시 가장 중요한 요소는 초동대응시간, 즉 골든타임 내에 '더 빨리, 더 많이 그리고 더 안전하게 대피시키는 것'이다. 하지만 복잡한 절차와 인력 부족 등으로 인해 소중한 골든타임을 놓치는 일이 많다. 신속한 상황 파악과 올바른 의사결정 그리고 간결하고 명료한 현장 대피안내, 타 기관들과의 정보공유 등이 매우 효율적으로 골든타임 내에 이뤄져야 소중한 생명을 지키고 피해확산을 막을 수 있다.

사물인터넷(IoT)을 통한 융·복합 기술로 이 같은 의문에 대한 해답을 찾는 노력이 계속되고 있다. 최신 사물인터넷(IoT) 기술은 실시간 상황 감지와 복잡한 시설 구조를 반영한 안전한 대피로 산출, 골든타임 내 비상대피와 구조를 극대화하는 것을 가능하게 도와주고 있다.

IoT 기술이 접목된 차세대 재난안전 환경(IoS, Internet of Safety)에서는 비상유도등이 사고발생 위치를 인지해 최대한 빠른 시간 내에 대피할 수 있도록 항상 안전한 방향을 표시하고 있다. 또한 센서가 수집한 재난 확산 정보가 실시간으로 대피로 결정에 사용될 수 있고 획일적인 안내방송이 아니라 위치에 따라 맞춤형 안내방송을 제공하고 있다.

저전력 광역 무선통신(LPWAN)에 의한 재난 시 저비용 고효율 통신성능을 보장하고 사고발생 즉시 안전한 대피경로와 구조경로를 제시해 피해를 최소화시킬 수 있게 된다. 이러한 IoT 기반 차세대 재난안전시스템은 시설 곳곳에 안전담당자를 상시 배치해 위험천만한 환경에 직접 노출되지 않더라도 실시간으로 이와 같은 일들을 가능하도록 만드는 역할을 수행한다.

일반적으로 스마트 안전 시스템은 IoT 융·복합 기술들이 집약되어 구성된다. 대피안내 일체형 센서를 통해 수집된 상황정보가 중앙 방재실에서 3D 공간모델을 기반으로 모니터링된다. 우리가 일상적으로 자주 사용하고 있는 카카오 맵이나 T 맵과 같은 원리에 의하여 대피 실행을 위해 실시간으로 안전한 대피경로가 자동으로 결정되고 그 결과는 실제 대피 현장에 설치된 스마트 안전 에이전트에게 전달되어 대피안내가 이뤄지게 된다. 스마트 안전 시스템간에는 저 전력의 광범위한 통신이 가능한 LPWAN 무선통신 기술이 사용되어 비상시에도 상호 간섭 없이 통신 성능을 보장된다. 마치 건물 내 요소요소에 안전관리자가 상시

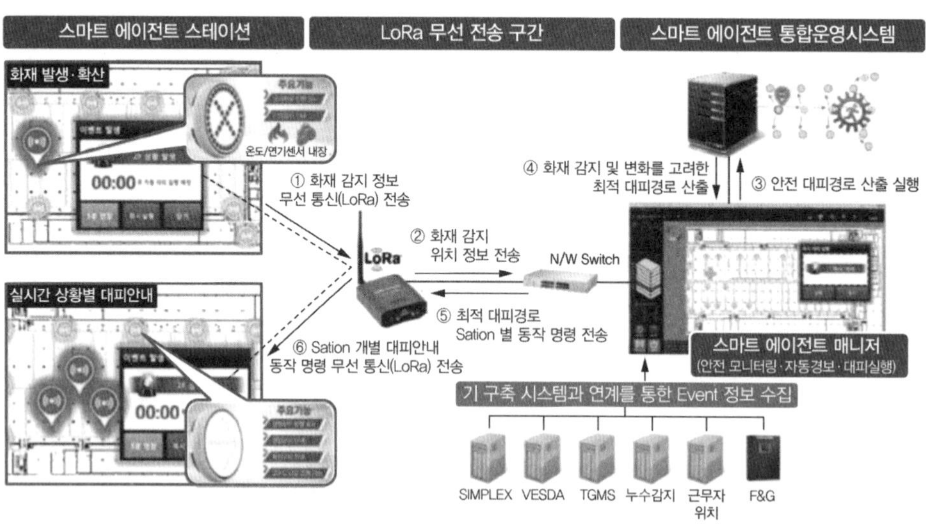

그림 7-13 스마트 안전관리 시스템 예

배치돼 비상상황 발생 시 각자의 위치에서 상황정보를 공유하면서 즉시 안전한 경로로 안내를 수행하는 효과를 발휘하여 골든타임 활용도를 극대화시킬 수 있다.

재난 발생 시 사고 위치와 상황 정보를 수집하고 이를 반영한 안전 대피경로의 산출과 현장에서 실시간으로 비상 대피로를 안내하는 스마트 안전 기술이 활성화됨에 따라 이제는 더 이상 대피 안내를 못 받아서 희생되는 일은 사라지게 될 것이다. 실시간 센서 디바이스 감지 정보와 시설 전체를 대상으로 하는 고립지점 그리고 안전한 경로 정보는 구조 활동을 수행 중인 소방대원들에게도 실시간으로 제공되어 구조 효율성을 높일 수 있게 되고 아울러 소방대원들의 안전까지도 확보가 가능하게 된다.

그림 7-14 스마트 안전관리 시스템이 결합된 IoS 구현

사물인터넷과 인공지능을 결합한 스마트 안전 시스템은 안전 혁신을 달성하기 위한 필연적 도구이다. 이러한 기술은 IoT 안전 신산업을 창출할 것이고 글로벌 시장을 선점하여 대한민국이 신성장 동력으로 계속해서 발전하는 데 커다란 기여를 할 것이다.

그러나 한편으로는 고민해 보아야 할 문제가 있다. 안전산업은 사람의 목숨과 직접적으로 연관된 산업이며 건설산업 재해는 대부분 안전관리의 취약점 때문에 발생하는데도 실제 건설현장의 상황은 개선되지 않은 채 매년 수많은 인명사고를 발생시키고 있다. 현재 IT 시대라고 하나 실제 공사 현장의 안전관리는 30년 전과 별반 다름없이 구식으로 행해지고 있다. 아무리 좋은 기술이라도 현장에 실질적으로 적용할 수 없다면 무용지물일 뿐이다. 개발된 스마트 안전 시스템은 실질적으로 건설현장에서 직접 적용과 활용이 되어야만 한다. 보여주기 식의 안전관리가 아니라 정말로 건설현장에서 사고 예방에 도움이 되는 시스템이 개발되어야만 한다.

이러한 스마트 건설안전 기술의 성공적인 개발과 현장 적용을 통한 목표를 달성하기 위해서는 보다 적극적으로 정부가 지원할 필요가 있다. 현시점에서 보면 발주자는 건설시장의 주요 수요자임에도 불구하고 스마트 건설안전 기술에 대한 이해가 부족해 관련 기술의 활용에 소극적 태도를 유지하고 있다. 또한 정부가 보유한 정보를 민간이 활용할 수 있도록 하는 플랫폼이 없는 상태이고 새로운 정보나 자료의 수집과 유통도 미흡한 실정이다. 물론 정부가 그동안 노력을 하지 않은 것은 아니다.

건설현장에 사물인터넷(IoT), 빅데이터를 활용한 '스마트 안전장비' 도입을 위해 「건설기술진흥법」 하위법령을 개정하였고 스마트 건설안전 기술을 적용하는 공사의 경우 턴키로 발주 할 수 있도록 '대형공사입찰방법심의기준'을 개정하였지만 보다 적극적으로 스마트 건설안전 기술의 현장 도입을 위해 시방서나 설계기준, 비용 산출기준 등 각종 건설기준의 정비와 개정이 필요할 것으로 사료된다. 아울러 민간이 개발한 기술의 시공성과 안전성 등을 검증할 수 있도록 Test Bed를 지원하고 영세한 중소 건설업체들이 이러한 스마트 안전기술을 활용할 수 있도록 다양한 정책적 지원이 필요할 것으로 보인다.

IoT로 건설현장 안전도를 향상시킨다.

대단위 건설현장 내 근로자들의 안전을 IoT 기술로 높이기 위하여 사물인터넷(IoT) 기술을 활용한 '스마트 건설' 솔루션이 선을 보이고 있다. 국내 D건설사의 IoT 네트워크와 IoT 플랫폼 '씽플러그(ThngPlug)'를 기반으로 하는 솔루션은 지능형 CCTV, 진동센서, 화재 감지센서 등을 설치해 즉각적인 대응이 가능하도록 하고 있다. 근로자들에게 출입증이나 손목 밴드형 스마트 태그를 착용하게 하고 근로자들의 작업장 내 위치가 태블릿 PC로 전송돼 재해 발생 시 즉각적인 구호 활동을 할 수 있도록 하고 있다. 지하 등 밀폐공간에는 가스센서가 설치되어 유해가스를 자동으로 실시간 확인이 가능하고 비상대피 알람도 가능하다. IoT 네트워크 기반 휴대형 가스측정기로 가스누출 사고를 실시간으로 모니터링할 수도 있다.

4 로봇을 활용한 안전기술

일반적인 안전로봇의 분류와 적용분야

건설공사 현장에 작업자가 아닌 로봇의 투입으로 안전사고 예방과 공기단축을 위한 새로운 건설안전 로봇이 개발돼 공개되고 있다. 로봇으로 보안, 감시, 인프라의 유지 보수, 응급구조, 재난·재해 대처 로봇과 국방분야 로봇 등이 해당된다.

(1) 사회안전

대형건물 등의 시설물 안전진단이나 경비, 화재나 재난환경에서 활용될 수 있는 감시·경계, 소방, 재난대응 로봇이 여기에 포함된다.

청소로봇이 일반 가정의 한쪽 자리를 서서히 차지해 가듯이 앞으로 5년 후면 아파트 지하주차장에서 경비 로봇을 만날 수 있게 될 것이다. 아파트 지하주차장이나 국가 주요시설 등에

그림 7-15 경비로봇 활동 예시

서 여러 대의 로봇이 24시간 경비근무를 하고 침입자를 발견했을 경우에 이를 퇴치하도록 하는 사회안전로봇 개발 프로젝트가 한창 진행되고 있다. 휴대용 소형로봇은 가스누출, 화재 발생 등 직접 접근이 어려운 사고현장에 투입해 영상을 확보함으로써 경찰이나 경비인력의 신변안전 확보가 가능하도록 개발되고 있다. 이 분야는 구미 불산사고나 이천물류창고 화재 사고 등 대형 재난사고가 주목을 받으면서 로봇계의 새로운 수요처로 떠오고 있다.

시설물 감시와 유지관리 분야는 전 세계적으로 투자가 증가되고 있고 재난 대응을 통한 직·간접적 사회비용의 절감이 요구되고 있어 앞으로 급속한 고성장이 전망되는 분야이다. 향후 원유라인 감시 등 사회기반시설에 대한 점검과 유지관리 분야에서 로봇 수요가 급증될 전망이다. 재난·재해와 사건·사고가 증가함에 따라 인명구조나 재난 대응 등을 위한 로봇 개발도 점차 활성화되고 있는 추세에 있다. 조사와 경계·감시, 유지 보수용 로봇의 시장규모는 2010년도에 10.1백만 달러에서 2015년에는 25.2백만 달러로 연평균 20% 이상 성장을 하였다.

(2) 국방안전

만약 2025년에 전쟁이 일어난다면 바퀴로 굴러가는 로봇과 개처럼 다리가 달린 기계들이 네트워크로 연결돼 전선을 누비며 전투를 벌일 전망이다. 최전방 철책선에서 경계를 서고 지뢰 탐지와 제거임무도 맡는다. 인공지능(AI)이 탑재된 로봇병사가 전투에서 사격을 하고 수류탄을 던지는 무인(無人)전이 확대될 것으로 보인다. 병사들을 대신하거나 보조하여 효율적인 군사 작전임무를 수행하거나 주요 군사시설을 보호하기 위한 로봇으로서 지상, 해양, 항공 무인체계로 분류된다. 미래 전쟁은 위협유형이 다양화되고 있고 전투 병사의 생존성 보장과 효과적인 전투수행으로 개념이 변화되면서 국방분야에서도 무인로봇 활용이 증가될 것으로 전망된다. 앞으로는 병사들을 대신해서 위험하거나 단조로운 임무 수행이나 지원업무 등은 중장기적으로 로봇이 수행할 것으로 전망된다.

UAV(무인항공기), UGV(무인차), UUV(무인잠수정), 국방분야 어플리케이션까지 포함하는 세계 국방로봇시장 규모는 2025년 165억 달러까지 성장할 것으로 전망되고 있다.

(3) 원자력안전

원자력 관련 시설의 모니터링과 유지 보수, 사고 대응, 제염, 해체 등을 위한 로봇이 개발되고 있다. 후쿠시마 원전사태 이후 원전의 유지 보수와 원전 해체시장이 급격히 증가될 것으로 예상되며 원전 대응 로봇시장 규모는 2019년 11억 달러에 이르러 향후 지속적인 성장 가능성이 있는 분야이다.

표 7-1 일반적인 안전로봇의 분류 및 적용분야

대분류	중분류	주요 적용 분야 및 로봇
사회 안전	검사/진단 및 유지관리(경비)	- 실내외 경비 로봇 - 비파괴 검사 로봇 - 탱크, 튜브, 파이프, 하수관 등 유지관리 로봇 - 기타 감시 및 유지관리 시스템
	사고대응 및 구조	- 위험지 및 협소공간 이동 정찰 로봇 - 화재 대응용 소방 로봇 - 요구조자 이송 로봇, 소방대원 근력 지원 로봇 - 장비 수송, 공간확보 및 구조작업 지원 로봇
국방	지상 무인체계	- 감시 정찰 및 전투 로봇 - 폭발물 탐지/제거 로봇 - 병사 착용형 로봇, 생체 모방형 로봇
	해양 무인체계	- 연안 및 항만 감시경계 무인수상정 - 수중 임무용 무인잠수정 - 무인기뢰 처리기
	항공 무인체계	- 통신중계 무인기 - 감시정찰 무인기, 무인전투기
원자력 안전	검사 및 유지관리	- 원전 시설용 감시/정찰 로봇 - 비파괴 검사 로봇
	사고대응 및 구조	- 실내외 비상 대응 로봇 - 장비 수송 및 원격작업용 로봇
	원자력시설 제염 및 해체	- 원자력 시설 제염 및 해체용 로봇

안전로봇 기술 동향

(1) 사회안전

① 검사, 진단, 유지관리(경비) 로봇

구조물 3D 진단 로봇과 같이 터널이나 암거와 같은 구조물의 안전성을 신속·정확하게 조사, 분석, 평가할 수 있는 새로운 개념의 로봇이 개발되고 있다. 이 로봇은 3D 형상정보와

영상기반 구조물 성능평가 기법 즉, 레이저 스캐너와 고해상도 카메라를 이용하여 구조물의 3차원 형상좌표와 표면영상을 획득하고 텍스처 맵핑으로 두 데이터를 맵핑시켜 3D 영상데이터를 생성한다. 이 결과로부터 구조물의 외관손상과 형상변화량을 검측하고 구조 안전성 검토 등 구조물의 성능평가를 일괄로 수행한다. 구조물의 환경에 따라 최적의 조사와 데이터 획득 방법을 선택할 수 있다. 파형강판 암거에 대한 실구조물을 대상으로 구조해석을 수행한 후 단면력을 검토하는 한편 설계 값과의 비교를 통한 구조안전성 평가에 대한 효용성을 거쳤다.

모바일 플랫폼 기반의 로봇에 임무 기능을 수행할 수 있는 다양한 센서를 응용한 인공지능 기술이 개발되고 있다. AGV(무인로봇), UAV(드론) 등 로봇 플랫폼에 레이저 스캐닝, 근접 육안 검사 등의 진단과 감시 등 분야에서 적용이 가능한 기술개발이 활발히 이루어지고 있다.

또한, 비파괴 검사와 모니터링, 데이터관리 기술, 점검·진단·평가, 예측 기술의 고도화를 통해 사회 인프라에 대한 점검과 보수속도 향상, 비용 저감, 품질 확보가 가능한 안전로봇이 얼마 후면 우리들 곁에 출현할 것이다.

표 7-2 검사/진단 및 유지관리(경비) 로봇

구분	실외용 경비 감시 로봇	실내용 경비/감시 로봇	드론 형태 감시·조사 로봇
실내외경비	 ROVER-S5(미국)  Kinghtscope K5(미국)  GroundBot(스웨덴)	 EOS(독일) 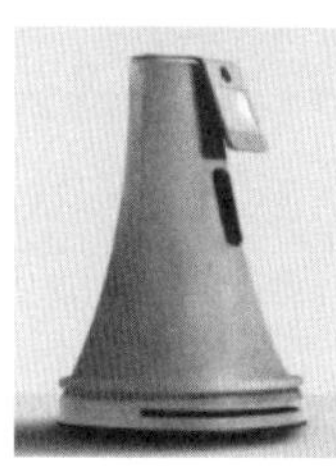 Cobalt(미국)	 eBee(스위스)
	- 상황예측 분석 기술 - 자율 경비, 자율주행 등 기술	- 음성인식모듈, 라이더, 카메라, RFID, 연기센서 등 내장을 통해 실내 경비인력 대체	- 광범위한 영역 조사 감시 기술 - 군집비행 기술

구분	도로 유지관리	댐, 교량 검사	배관검사 (가스, 상수도, 오일)
검사 및 진단 / 유지 관리 로봇	 RABIT™ (미국)  Transtec(미국)	 케이블 로봇(EU)  ARIA 플랫폼(미국)	 PureMFL검사장비 (캐나다)  파이프 배관 검사 장비(캐나다)  가스관 검사용 로봇(한국)
	- 도로표면 아래 철근 및 기타 금속 물체에 대한 구조를 파악하고 콘크리트 상태평가 기술 개발 - GPS를 활용하여 관련 내용을 기록하고 정확한 위치데이터를 표시 - 도로 포장상태 등 3D 모델링 및 검사 기술 개발	- 3차원센서 및 GPS를 기반으로 3D 모델링화, 시각적 분석을 통해 균열, 콘크리트 열화, 녹 등 검사 수행 기술개발 - 케이블의 코팅두께 측정, 단선, 내부부식에 대한 자기유도 테스트 수행기술 개발 *자기유도 : 자성체 활용 정전기 유도 기술	- 배관 환경에 적합한 맞춤형, 저에너지형 첨단 장비 기술 개발 - 고감도 멀티 센서, FEM, 3D 영상화 융복합 첨단기술 발전 *FEM : Finite Element Model 격자 모델
	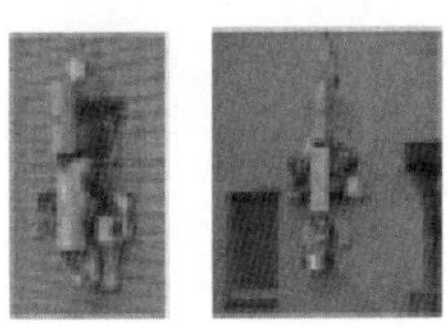 외벽 진단 장비(일본)	 수중점검로봇(일본)	 토사붕괴 및 화산재해 점검 로봇(일본)
	- 비계 설치 없이 건물의 외벽 진단에 필요한 저비용으로 정밀한 검사를 수행할 수 있는 기술 개발	- 수중 화상영상 취득 기술 - UUV(무인잠수정) : 기존의 수중로봇을 선상에서 원격 조종 - 복합형로봇 : 수상 + 수중을 동시에 보트에서 점검 가능	- 멀티콥터를 활용해 이동형 로봇 이동 - 이동로봇에 탑재된 샘플링 장치, 센서 등에 의한 토사 특성 계측

사회 안전로봇은 위험환경에 노출되기 쉬운 경찰, 경비 인력들의 안전을 확보하는 한편 사람들로 하여금 보호받고 있고 누군가 지켜주고 있다는 심리적 안전감을 높여 행복지수를 높이는 효과도 제공할 것으로 기대된다. 국내 보안시장은 연 8~10%, 해외시장은 7~9%의 지속적인 성장이 예상되고 경비·로봇 분야의 로봇 적용 증가율은 다른 분야보다 높을 것으로 예상되어 사회안전 로봇의 수요전망을 밝혀주고 있다.

② 사고 대응 및 구조 로봇

공공부문 주도의 기술개발이 진행 중에 있고 특히 국방 분야에서 개발된 기술이 재난관리 분야에 응용되고 있다. 재해 정보의 신속한 파악과 전달, 재해 대응을 위한 안전 로봇은 개발 기간이 길고 많은 비용이 소요되고 있다. 국내에서는 한국과학기술연구원, 한국원자력연구원, 한국로봇융합연구원 등을 중심으로 재난환경에서의 매몰인명 탐색 등 정보수집 로봇과 인명탐색·구조 로봇, 안전 로봇 등이 개발 중에 있다.

표 7-3 사고 대응 및 구조로봇

위험지 및 협소공간 이동정찰	소방 로봇	작업지원
 Snake-arm robot(영국)	 Rainbow5(일본)	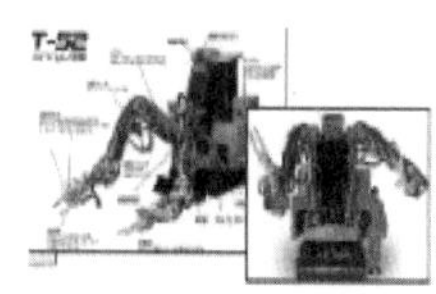 Genbu(일본)
 Genbu(일본)	 LUF 60(독일)	 Brokk(스웨던)
- 협소 공간 정찰을 위한 뱀형 로봇 - 유연한 움직임이 가능하도록 효율적인 다관절 제어가 핵심기술	- 원격조종을 통해 사람 대신 방수작업을 해주는 것이 주요 기능 - 고열을 극복 가능한 내환경 기술과 험지 이동이 가능한 크롤러기술이 핵심 기술	- 무인 파쇄, 운반 등 중장비 작업을 수행하는 것이 주요 기능 - 정밀한 원격조종 기술과 내충격 기술이 핵심기술

위험지 및 협소공간 이동정찰	소방 로봇	작업지원
 매몰자 탐색로봇	 실외 화재 진압로봇	 착용형리프팅로봇
 지상이동 Scout Robot	 공간확보 소방로봇	 재난재해대응 특수목적기계
- 원격정찰 로봇과 소형 지상플랫폼 협업 - 필요 임무에 따라 비행 - 무선 기지국의 기능을 추가할 수 있는 재난현장 정찰 로봇 개발	- 구조물 잔해 위를 이동하면서 간이벽체나 잔해물, 농연 환경을 극복하고 인명을 탐지할 수 있는 기술 개발 - 유무인으로 위험현장 신속 침투 후 긴급 인명구조 또는 진압/방재 가능한 특수 장갑형 작업로봇 기술 개발	

(2) 국방로봇

지상무인체계의 기술 선도국은 역시 미국인데 주로 정찰과 경전투용으로 로봇기술을 개발하고 있고 전장 적용 확대 추세에 있다. 군사적 목적의 임무수행 지원을 위해 원격제어와 자율주행 기술 등의 로봇 이동성과 지능기술 개발을 활용한다. 근력증강 로봇, 야지 자율주행 로봇, 감시정찰 로봇, 견마 로봇 등이 개발되고 있다. iRobot, Boston dynamics, Sarcos 등의 기업을 중심으로 정찰 로봇, 지뢰탐사 로봇, 폭탄처리 로봇(Warrior), 감시 로봇, 폭발물 제거 로봇 등이 제품화되고 있고 미국 국방로봇 시장의 대부분을 차지하고 있다.

한국은 하지근력 증강 로봇, 야지 자율주행 로봇, 120 kg급 구난 로봇, 감시정찰 로봇, 견마로봇에 대한 기술개발을 추진하고 있다. 로봇을 미래 전장에 필수적인 요소로 규정하고 민·군 기술융합과 협력을 통한 기술개발을 추진 중이며 현장 적용도 지속적으로 확대하고 있다.

표 7-4 국방로봇

정찰/감시·폭발물 처리	착용형 로봇/이송로봇
 TALON(미국)  PackBot(미국)  Guardian S(미국)  tEOD(독일)	 MK2 Arm (미국)  BEAR (미국) 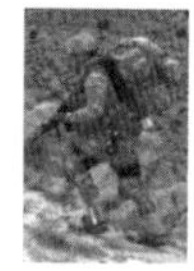 Hulc(미국) 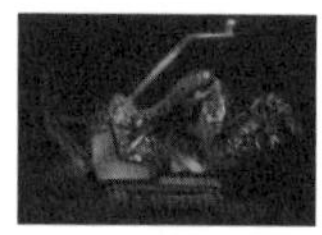 Sarcos(미국)  견마로봇(미국)
- 정찰용, 폭발물처리, 위험물 취급 등 수행, 이라크와 아프가니스탄에서 실재 폭발물 처리, 탐사용 활용 중 - 기능이 다양화되고 토크, 속도, 운용시간 등이 향상	- 견마로봇, 아바타 로봇, 웨어러블 로봇 등 로봇 기술을 활용해 고중량 물품 이송이 가능한 기술 개발
정찰/감시	**착용형 로봇/이송로봇**
 기지방호로봇  고정형 감시  경계로봇  스카봇  슈퍼이지스I	 근력증강로봇 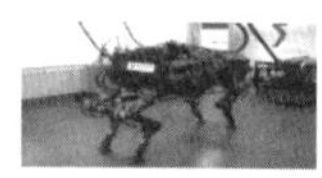 견마로봇  차륜형견마로봇
- UGV(무인지상차량)가 가장 많이 활용되는 분야는 감시·정찰, 폭발물처리(EOD), 화생방(CBRN) 분야이며 주로 중·소형 UGV(무인차량) 플랫폼을 중심으로 연구 개발이 진행 중 - 감시 경계용 기지방호 로봇은 성공적으로 개발되어 군사용 적합 판정을 받았음	- 운반, 전투 등 수행이 가능한 웨어러블 로봇, 견마로봇 등 기술개발이 추진되었으나 제품화되어 현장적용 중인 로봇은 없음(대부분 기술개발 단계)

(3) 원자력

유럽, 일본을 중심으로 원자력 재난대응 로봇이 지속적으로 개발 중에 있다. 작업하는 공간이 좁고 험하거나 사람의 접근이 어려운 원자력 발전소의 현장특성을 반영하여 원격제어, 험지 자동주행 기술 등을 개발하고 있다.

① 검사 및 유지관리 : 원자력 시설 유지 보수와 검사를 위한 로봇 개발과 현장 적용 확대
② 사고대응 : 내방사선 특성은 물론 원자로의 종류에 맞는 형태와 내부 차폐를 통한 내습, 내압력과 내고온 특성을 갖춘 로봇 작동의 신뢰성 향상을 위한 기술 개발
③ 원자력 해체 : 미국, 영국, 프랑스, 일본 등 원자력 선진국에서는 정부 주도로 자국 내 원자력 시설의 해체를 위한 기술과 실증을 진행 중에 있음

원자력 로봇은 에너그리드(Energid), 미쓰비시(Mitsubishi), 노드롭 그루만(Northrop Grumman), 모로텍(Romotec), 제너럴 다이나믹(General Dynamics) 등 기업과 정부 연구기관이 연계하여 개발하고 있다.

표 7-5 원자력안전 로봇

검사 및 유지관리	원자력 해체 및 분해
 EOLE (미국)  EROS (프랑스)  VERI II B (프랑스)	  원전 해체 로봇(스웨덴)
- 국영전력회사인 프랑스 전력공사(EDF)와 다국적 기업인 AREVA, 국가연구소인 프랑스 원자력청(CEA)를 중심으로 원자력 관련 로봇과 자동화기술을 개발	- 스웨덴(블록 사)에서 개발한 해체 로봇이 후쿠시마 원자력 발전소 사고 지역에 투입됨 - 체르노빌 원전을 비롯한 세계 각국의 방사능 건물 해체와 폐기물 제거 실적을 보유

사고대응		
		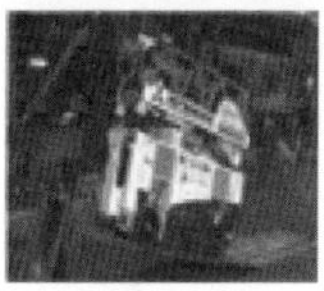
재해 대책용 작업 보조 로봇	소형 고답파성 원격 이동장치	좁은 지역의 원격 중량물 하역/작업 대차
- 후쿠시마 원전 사고 이후 일본 경제산업성 주도의 '재해 대응 무인화시스템 연구개발 사업' 추진을 통해 작업이동 기구개발, 측정작업 요소기술 개발, 재난 대책용 작업보조 로봇개발		

국내에서는 한국원자력연구원을 중심으로 원전 시설의 모니터링, 유지 보수와 사고대응을 위해 원격 작업로봇에 대한 연구를 진행 중에 있다. 사람이 접근하기 어려운 극한환경이나 위험환경 내에서 유지 보수를 실시하는 로봇들을 개발하고 있다. 국내 원자력 산업용 로봇과

자동화 기술은 원자력연구원을 중심으로 정비전문업체인 한전KPS와 기기제작 업체인 두산중공업 등의 기술서비스 업체가 공동협력으로 개발하고 있다.

표 7-6 원자력안전 로봇

모니터링	검사 및 작업
  KAEROT_M1/M2 (원격모니터링 로봇)	 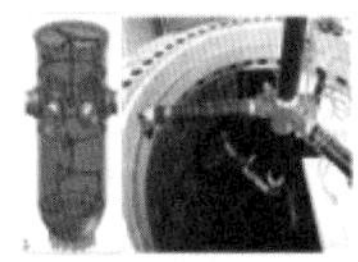 전열관 검사용 이동로봇 / 원자로 용기 검사용 수중 로봇 팔
- 원전 내 연료교환기와 배관 등의 이상 부위 검사, 비상조치를 위한 로봇 개발 - 작업자 접근이 어려운 고 방사능 환경에서 로봇을 통한 원격 모니터링과 원격조작용 기술	- 원자력발전소에서 증기를 발생시키는 전열관의 안전검사를 위한 로봇개발 - 원자로 용접부의 결함 검사를 위한 원자로 용기 검사용 수중 로봇팔 개발

표 7-7 분야별 로봇기술개발 동향 요약

키워드	설명
사회안전 로봇	- Application : 검사·진단, 유지관리(경비) - AGV(무인차량), UAV(드론), 레이저 스캐닝, 감시, 비파괴 검사 및 모니터링, 실내외 경비, 자율 경비, 자율주행, 군집 비행 - Application : 사고대응 및 구조 - 재난 대응, 위험지 및 협소 공간 정찰, 소방 로봇, 작업지원(구조, 무인 파쇄), 내열, 내충격, 화재 진압, 매몰자 탐색, 인명구조
국방로봇	- Application : 무기 체계 - 원격제어, 자율주행, 근력 증강 로봇, 야지 자율주행 로봇, 감시정찰 로봇, 견마로봇, 통신중계, 감시정찰 무인기, 무인 수상정, 무인 잠수정, 무인 기뢰 처리기
원자력 안전로봇	- Application : 검사, 유지관리, 사고 대응 및 해체 - 원자력 시설 유지 보수, 검사 - 내 방사선, 내습, 내압, 내고온 - 선진국에서는 정부 주도로 원자력시설 해체 기술 개발 중

국내외에서 사회안전, 국방, 원자력 등 공공적인 전문 서비스를 위해 감시, 예측과 대응수단을 제공하는 다양한 형태의 로봇이 개발되고 있다.

참고문헌

1. 국토교통부, 건설 생산성 혁신 및 안전성 강화를 위한 스마트 건설기술 로드맵, 2018
2. 국토교통부, 국토교통 4차 산업혁명 대응 전략, 2017
3. 조달청, 시설사업 BIM 적용 기본지침서, 2015
4. 국토교통과학기술진흥원, 2015 국토교통기술수준분석, 2015
5. 글로벌 뉴스 미디어 채널 데일리포스트(http : //www.thedailypost.kr)
6. 강석오, 공개 SW 기반 클라우드 구현으로 업무 생산성·대민 서비스 강화, Datanet, 2017
7. 건설교통부, 자원순환형 철골조 유닛모듈러 주택개발연구, 한국건설교통기술평가원, 2005
8. 건설현장 스마트 안전관리시스템 개발 및 적용사례(https : //riskcenter. tistory.com/entry)
9. 김광석 외 3인, 4차 산업혁명과 제조혁신-스마트 팩토리 도입과 제조업 패러다임 변화, Samjong INSIGHT Issue 55(통권 제55호), 2018
10. 김석기 외 2인, IT 트렌드 스페셜리포트, 한빛미디어, 2017
11. 김주영·공항공사, 공공부문 정부3.0 클라우드 확산 선도, 국토일보, 2016
12. 김태현·이찬식, 공공발주공사 BIM 활용 실태조사, 한국건설관리학회, 2014
13. 김형관 외 2인, 건설산업 드론 적용가능성, 한국건설관리학회지 Vol.16 No.4, 2015
14. 대한건설정책연구원, 제4차 산업혁명에 따른 스마트 건설(Construction 4.0)의 비전과 전략, 2018
15. 대외경제정책연구원, 3D 프린터 산업 발전계획 발표, 2015
16. 류승훈, 드론산업 본격 육성 기업지원허브 입주기업 모집, 대한전문건설신문, 2017
17. 미래전략정책연구원, 10년 후 4차 산업혁명의 미래, 일상이상, 2017
18. 미래창조과학부 융합연구정책센터, 2014년도 15대 국가 융합기술 수준조사, 2014
19. 명순구 외 6인, 인공지능과 자율주행자동차 그리고 법, 세창출판사, 2017
20. 박규현·진상윤, 공공공사 BIM 발주지침 문제점 분석을 통한 입찰안내서 개선방안 도출, 대한건축학회논문집 Vol.31 No.3, 2015
21. 박영숙·제롬글렌, 일자리혁명 2030, 비즈니스북스, 2019
22. 박한구 외 4인, 4차 산업혁명 새로운 제조업의 미래, 호이테북스, 2017
23. 박홍식, 도로공사-드론 개발업체 맞손-드론 개발 착수, 뉴시스, 2017
24. 손경호, 미 주요 IT 기업 IoT 표준화 위해 뭉쳤다, ZDnet Korea, 2014
25. 스타트업투데이(국내 유일 창업 전문지)(http : //www.startuptoday.kr)

26. 시민의 소리, http : //www.siminsori.com
27. 이동우, 미래를 읽는 기술, 비즈니스북스, 2018
28. 이원영 외 2인, 드론은 산업의 미래를 어떻게 바꾸는가, 한스미디어, 2017
29. 이상호 외 2인, 스마트시티, 커뮤니케이션북스, 2017
30. 이상헌, 세상을 바꾸는 산업혁명의 미래, 메이트북스, 2018
31. 이승훈 외 3인, 건설산업의 자동화 및 로봇화 기술 응용 현황 및 전망, 유공압시스템학회지 제8권 제2호, 2011
32. 이홍일, 2030 건설시장 미래 전망, KB금융지주 경영연구소, 2015
33. 임석호, 특집기획Ⅱ-건설혁신생산체계 모듈러공법의 기술동향(모듈러 건축물의 기술개발 현황과 향후 과제), 2012
34. 임석호, MC적용 벽식공동주택의 시공효과분석에 관한 연구, 대한건축학회 논문집, 2002
35. 임석호, 공동주택 시공표준화를 위한 조립기준면 및 표준마무리재에 관한 연구, 한국주거학회논문집, 2009
36. 은용순 외 4인, 사이버물리시스템 연구 동향, 정보과학회지 제 31권 제12호, 2013
37. 유용신 외 4인, 시공단계의 BIM기반 건설사업관리 업무절차 모델 개발, 한국건설관리학회 논문집, Vol.14 No.1, 2013
38. 장문기, 4차 산업혁명의 새 패러다임 DRONE in 드론, 호영피앤시, 2017
39. 장병철 외 3인, 건설업계에 Augmented Reality 적용을 위한 기초연구, 한국건설관리학회 학술발표대회 논문집, 2008
40. 정원오, 도시의 혁신 스마트시티, ㈜교학사, 2018
41. 정성일 외 3인, IoT를 이용한 SMART 물관리시스템 구축, 한국통신학회 하계종합학술발표대회, 2015
42. 조재용·Nisi Deng, 특집 중국제조 2025, 한국건설관리학회지 제18권 제3호, 2017
43. 조용현 외 3인, 국내 건설회사 BIM 프로젝트의 사례 분석을 통한 BIM전략 수립 방안(2009년부터 2015년까지 프로젝트의 BIM Use를 중심으로), 한국 BIM 학회 논문집 Vol.6 No.2, 2016
44. 좋은정보사, 4차 산업혁명 시대를 주도하는 산업별 주력분야 분석 및 대응전략, 2017
45. 최재현·류한국, 건축공사 현장의 공사관리를 위한 BIM(Building Information Modeling) 적용과 효과 분석, 한국건축시공학회 논문집 Vol.15 No.1, 2015
46. 포춘코리아(FORTUNE KOREA)(http : //www.fortunekorea.co.kr)
47. 한국건설기술연구원, 탈현장 초고속주택(One Day Housing) 건설기술개발, 2011
48. 한국수자원공사, 2016 지속가능경영보고서, 2017

49. 한국수자원공사 기획조정실, Smart Water Management Initiative, 2015
50. 현대경제연구원, 지속가능 성장을 위한 VIP 리포트(독일의 창조경제 : Industry 4.0의 내용과 시사점), 2013
51. 황은경, 건축물 접합부 설계표준화 지침작성에 관한 연구, 대한건축학회 논문집, 2002
52. 홍현기, 인천공항 야심찬 4차 산업혁명, 경인일보, 2017
53. KB지식비타민, 똑똑한 도시 스마트시티(Smart City), KB금융지주 경영연구소, 2017
54. BCG Perspectives, Industry 4.0 : The Future of Productivity and Growth in Manufacturing Industries, https : //www. bcgperspectives. com
55. Carlos Balaguer and Mohamed Abderrahim, Robotics and Automation in Construction, 2008
56. Harwin. S. and Lucieer, Assessing the Accuracy of Georeferenced Point Clouds Produced vis Multi-View Stereopsis from Unmanned Aerial Vehicle(UAV) Imagery, Remote Sensing, 4(6), 2012
57. Industrialization of Construction, Perry & Heather, 2013
58. KDI경제정보센터, 지금은 4차 산업혁명 시대, 나라경제, 2018
59. LH 스마트도시개발처, LH 스마트시티 추진 현황, 2017년
60. Ming Sun & Rob Howard, Understanding IT in Construction, 2004
61. Perry Daneshgari and Heather Moor, Industrialization of Construction, 2013
62. President's Council of Advisors Science and Technology, Report to the President and Congress Ensuring Leadership in Federally Funded Research and Development in Information Technology, 2015
63. President's Council of Advisors Science and Technology, Report to the President on Ensuring American Leadership in Advanced Manufacturing, 2011
64. President's Council of Advisors Science and Technology, Report to the President and Congress Ensuring Leadership in Federally Funded Research and Development in Information Technology, 2015
65. The Federal Government, The new High-Tech Strategy Innovations for Germany, 2010
66. Union Bank Switzerland, Extreme automation and connectivity : The global, regional, and investment implications of the Fourth Industrial Revolution, UBS White Paper for the World Economic Forum, Annual Meeting, 2016
67. World Economic Forum, Winsun-Demonstrating the Viability of 3D Printing at Construction Scale, 2016
68. 経済産業省 産業構造審議會, 新産業構造ビジョン - 第4次産業革命をリードする日

本の戦 略, 2016

69. 國土交通省総合政策局, 國土交通省生産性革命プロジェクト, 2017
70. 國土交通省, i-Construction 委員會, i-Construction-建設現場の生産性革命-, 2016
71. 國務院, 國務院辦公廳關於大力發展 - 裝配式建築的指導意見, 71號, 2016
72. http : //lightwhite.tistory.com/573
73. http : //ikejung.tistory.com/147
74. http : //namu.wiki/
75. https : //www.youtube.com/watch?v=kI_58cOW4Ho
76. http : //namu.wiki/
77. http : //blog.lgcns.com/1337
78. http : //blog.lgcns.com/1635
79. https : //www.youtube.com/embed/8Va-9NdUwlA
80. https : //www.youtube.com/watch?v=BuuBlS_4UMo
81. https : //www.youtube.com/watch?v=8wlUL_31D7c
82. http : //blog.naver.com/PostView.nhn?blogId=7techanalyst&logNo=220975845756
83. http : //biz.khan.co.kr/khan_art_view.html?artid=201802140600005&code=930100
84. http : //m.post.naver.com/viewer/postView.nhn?volumeNo=12883520&
memberNo=39046504&searchKeyword=%EB%93%9C%EB%A1%A0 &searchRank=14

찾아보기

ㅁ

ㅂ

ㅅ

ㅈ

ㅎ

A

B

| 저자 소개 |

최명기崔銘起

학력
1981-1984 광주 진흥고 졸업
1984-1988 전남대 토목공학과 졸업
1990-1992 명지대 정보산업대학원 산업안전 석사수료
1998-2000 동신대학원 토목공학과 졸업, 공학석사
2007-2009 광운대 건설법무대학원 건설법무학과 졸업, 법학석사
2001-2005 동신대학원 토목공학과 졸업, 공학박사

자격
산업안전지도사(건설안전) / 건설안전기술사 / 토목시공기술사 / 토목품질시험기술사
도로 및 공항기술사 / 기술거래사 / CMP / Matriz 3rd 등 다수

경력
육군 공병 중위(학군 26기)
금호건설(주) 사원
한국산업안전보건공단 대리
성화대학교 토목환경과 조교수(산학협력처장)
동신대학교 토목공학과 산학협력중점 조교수
(사)한국건설가설협회 시험연구소장
現 고용노동부 대한민국산업현장교수단 건설분야 교수
現 (사)한국건설품질기술사회 부회장
행정안전부 중앙재난관리평가위원단 위원
건설교통부 중앙건설기술심의위원회 위원(10기)
국방부 특별건설기술심의위원, 소방청 중앙소방기술심의위원회 위원
해양수산부 설계기술자문위원, 서울특별시 감사위원회 명예하도급 호민관 등 다수

상훈 및 저서
행정안전부 장관 표창(재난관리 공로, 2009)
광주광역시장 표창(시민감사관 활동 우수, 2015)
전라남도지사 표창(건설기술 수준 향상, 2010)
건설안전공학(지우북스, 2020)
건설안전산업기사 필기시험문제(크라운출판사, 2019)
건설안전기사 필기시험문제(크라운출판사, 2018)
공항개론(구미서관, 2008)
공항토목시설공학(예문사, 2011)
비탈면 하천 습지해설(원기술, 2014)
Hi-pass 토목시공 기술사(예문사, 2010)

4차 산업혁명·포스트 코로나 시대,
생존 넘어 미래 건설산업을 이끌

스마트 건설과 안전

1판 1쇄 발행 2020년 7월 15일
1판 2쇄 발행 2021년 8월 30일

저자 최명기
발행인 서철종
발행처 도서출판 지우북스
주소 경기도 파주시 문발로 115 세종출판벤처타운 209호
전화 031-915-6670(代)
팩스 031-915-6671
이메일 jwbooks@nate.com
홈페이지 www.jwbooks.co.kr
출판등록 제406-251002017-000032호
ISBN 979-11-88673-60-5 93530
정가 24,000원